2021年版

全国二级造价工程师职业资格考试培训教材

建设工程计量与计价实务

（土木建筑工程）

◎ 四川省造价工程师协会　编

中国计划出版社

北　京

图书在版编目（CIP）数据

建设工程计量与计价实务. 土木建筑工程 / 四川省造价工程师协会编. -- 2版. -- 北京 : 中国计划出版社, 2021.7
2021年版全国二级造价工程师职业资格考试培训教材
ISBN 978-7-5182-1307-8

Ⅰ. ①建… Ⅱ. ①四… Ⅲ. ①土木工程—建筑造价管理—资格考试—教材 Ⅳ. ①TU723.3

中国版本图书馆CIP数据核字(2021)第127754号

2021年版全国二级造价工程师职业资格考试培训教材
建设工程计量与计价实务（土木建筑工程）
JIANSHE GONGCHENG JILIANG YU JIJIA SHIWU（TUMU JIANZHU GONGCHENG）
四川省造价工程师协会　编

责任编辑：张　颖　　封面设计：韩可斌
责任校对：王　巍　　责任印制：李　晨

中国计划出版社出版发行
网址：www.jhpress.com
地址：北京市西城区木樨地北里甲11号国宏大厦C座3层
邮政编码：100038　电话：（010）63906433（发行部）
三河富华印刷包装有限公司印刷

787mm×1092mm　1/16　22印张　540千字
2021年7月第2版　2021年7月第1次印刷
印数 1—30000册

ISBN 978-7-5182-1307-8
定价：88.00元

编审委员会名单

主　　任：谢洪学

副 主 任：王　飞　陶学明　胡兴福

委　　员：李海凌　李开恕　明安辉　刁立军　舒志乐
雷春林　弋　理　谭茹文　熊　伟　王　辉
项　健　肖光朋　郭丹丹　叶　萍　周　勇
李雪梅　赖明华　李　敏　卢永琴　曹　军
闵　弘　袁春林　胡　松　辜　琴

编 写 人 员

主　　编：陶学明

副 主 编：熊　伟　舒志乐

编写人员：项　健　肖光朋　李雪梅　郭丹丹　曹　军

审 定 人 员

主　　审：李开恕

审定人员：谢洪学　刁立军　弋　理

前　　言

为适应我国工程造价管理的改革和发展，满足工程建设计价需要，完善计价依据体系，合理确定和有效控制工程造价，维护工程建设各方的合法权益，四川省住房和城乡建设厅批准发布了2020年《四川省建设工程工程量清单计价定额》。为推进二级造价工程师职业资格制度的建立，满足建筑市场对二级造价工程师的迫切需求，使二级造价工程师职业资格考试和培训符合新的计价定额要求，四川省造价工程师协会按照考试大纲的要求，组织有关专家、学者修订完成了2021年版全国二级造价工程师职业资格考试培训教材《建设工程计量与计价实务》，分为“土木建筑工程”和“安装工程”两册。

2021年版二级造价工程师职业资格考试培训教材在保持2019年版教材的整体框架不变的基础上，按照2020年《四川省建设工程工程量清单计价定额》的内容和规定，对工程量清单编制的相关内容进行了较大的增改，对工程计价的相关内容进行了全面修订，同时也对工程基础知识进行了个别调整。

本次修订工作得到了各位主编、副主编、编写人员和审定专家的大力支持和配合，在此表示衷心的感谢！《建设工程计量与计价实务（土木建筑工程）》仍由陶学明任主编，熊伟、舒志乐任副主编；第一章内容由陶学明、舒志乐、郭丹丹修订，第二章内容由陶学明、李雪梅、项健、肖光朋、曹军修订，第三章内容由陶学明、熊伟、项健、肖光朋修订，附录内容由肖光朋、项健修订。

本教材主要作为四川省二级造价工程师职业资格考试培训用书，也可作为其他工程造价人员、高等院校工程造价和工程管理等相关专业学生的参考用书。

若在使用过程中发现本教材有不足之处，敬请广大读者提出宝贵意见和建议，意见和建议请提交四川省造价工程师协会（地址：四川省成都市交子大道233号中海国际中心C座501，邮箱：2455236267@qq.com）。

四川省造价工程师协会

2021年5月

兑换增值服务说明

为了提供更优质、更高效的知识服务，我社为购买正版造价工程师考试用书的读者提供网上视频增值服务，由名师对考试用书的重点、难点内容进行详细讲解，帮助读者掌握理解，提高应试水平。网上增值服务使用方法如下：

1. 计算机用户

访问 weike.jhpress.com → 注册用户并登录 → 进入个人中心点击“兑换增值服务” → 输入封面二维码涂层下的 20 位数字，验证兑换 → 在个人中心“我的增值服务包”享受增值服务

2. 移动端用户

扫描上面微课程二维码 → 关注“计划社微课程”服务号 → 点击菜单“我的服务”—“兑换增值服务” → 扫描或输入封面二维码涂层下的 20 位数字，验证兑换 → 在个人中心“我的增值服务包”享受增值服务

注：增值服务从兑换之日起 12 个月内有效，提供形式为在线观看。如果输入卡号或扫码后无法通过验证，请及时与我社联系。

客服电话：400 670 6390（工作日 9：00—17：00）

网上增值服务如有不完善之处，敬请广大读者提出宝贵意见和建议！

目　　录

第一章　土木建筑工程基础知识

第一节　工业与民用建筑工程的分类、组成及构造

建筑是建筑物与构筑物的总称，是根据人们物质生活和精神生活的要求，为了满足社会生活需要而建造的有组织的内部和外部的空间环境。满足功能要求并提供人们活动空间和场所的建筑称为建筑物，如工厂、住宅、学校、商店等；仅满足功能要求的建筑称为构筑物，如水塔、烟囱、桥梁、纪念碑等。

建筑物通常按其使用性质分为民用建筑和工业建筑两大类。工业建筑指供人们从事各类生产活动的建筑物，民用建筑是供人们从事非生产性活动使用的建筑物。民用建筑又分为居住建筑和公共建筑两类，居住建筑是供人们住宿、生活的建筑物，公共建筑是供人们进行各类社会、文化、经济、政治等活动的建筑物。

一、工业与民用建筑工程的分类

（一）工业建筑分类

1. 按厂房层数分类

（1）单层厂房。单层厂房指层数仅为一层的工业厂房。适用于有大型机器设备或有重型起重运输设备的厂房。

（2）多层厂房。多层厂房指层数在二层及二层以上的厂房，常用的层数为2~6层。适用于生产设备及产品较轻，可沿垂直方向组织生产的厂房，如食品、电子精密仪器工业等用厂房。

（3）混合层数厂房。同一厂房内既有单层又有多层的厂房称为混合层数的厂房。多用于化学工业、热电站的主厂房等。

2. 按工业建筑用途分类

（1）主要生产厂房。主要生产厂房指进行备料、加工、装配等主要工艺流程的厂房，如机械制造厂中的铸造车间、热处理车间、机加工车间和装配车间等。

（2）辅助生产厂房。辅助生产厂房指为主要生产厂房服务的厂房，如机械制造厂房的修理车间、工具车间等。

（3）动力用厂房。动力用厂房指为生产提供动力源的厂房，如发电站、变电所、锅炉房等。

（4）仓储建筑。贮存原材料、半成品、成品房屋（一般称仓库）。

（5）其他建筑，如水泵房、污水处理建筑等。

3. 按其主要承重结构的形式分类

（1）排架结构。排架结构是将厂房承重柱的柱顶与屋架或屋面梁做铰接连接，而柱下端则嵌固于基础中，构成平面排架，各平面排架再经纵向结构构件连接组成为一个空间结构。它是目前单层厂房中最基本、应用最普遍的结构形式。

（2）刚架结构。刚架结构的基本特点是柱和屋架（或梁）刚性连接，形成一个刚性构件。柱与基础的连接通常为铰接，如桥式吊车吨位较大，也可做成刚接。一般重型单层厂房多采用刚架结构。

（3）钢结构。钢结构厂房的主要承重构件是由钢材组成，包括钢柱、钢梁、钢屋架、钢屋盖等。其特点是质量轻，强度高，抗震性能好，施工工期短，适用于跨度较大、超高超重型的工业建筑。

（4）空间结构。空间结构是一种多向受力、大跨度、中间不设柱的结构体系。这种结构体系充分发挥了建筑材料的强度潜力，使结构由单向受力的平面结构，成为能多向受力的空间结构体系，提高了结构的稳定性。一般常见的有膜结构、网架结构、薄壳结构、悬索结构等。

4. 按车间生产状况分类

（1）冷加工车间。冷加工车间指在正常温度、湿度条件下进行生产的车间，如机械制造类的机械加工、机械装配、工具、机修等车间。

（2）热加工车间。热加工车间指在高温状态下进行生产，生产过程中散发出大量热量、烟尘等有害物的车间，如机械制造类的铸造、炼钢、轧钢、锻压等车间等。

（3）恒温恒湿车间。恒温恒湿车间指产品生产需要在稳定的温、湿度下进行的车间，如精密仪器、纺织等车间。

（4）洁净车间。产品生产需要在空气净化、无尘甚至无菌的条件下进行，如药品生产车间、集成电路车间等。

（5）其他特种状况的车间。有的产品生产对环境有特殊的需要，如防放射性物质、防电磁波干扰等车间。

（二）民用建筑分类

1. 按使用功能分类

（1）居住建筑。居住建筑是指供人们日常居住生活使用的建筑物。主要包括住宅建筑和宿舍建筑。住宅建筑是以家庭为单位的建筑形式，要求保证居住的安全和私密性，包括住宅、公寓、别墅等。宿舍建筑是指供学生、工人、单位职工集体居住的建筑形式，包括单身职工宿舍和学生宿舍。

（2）公共建筑。公共建筑是指供人们进行各种公共活动的建筑物，包括办公、科研、商业服务、文化、纪念、观演、体育、交通、医疗、学校（除宿舍外）、园林、独立建造的幼托建筑等。

2. 按建筑物的层数和高度分类

民用建筑按地上建筑高度或层数进行分类应符合下列规定：

（1）建筑高度不大于 27.0m 的住宅建筑、建筑高度不大于 24.0m 的公共建筑及建筑高度大于 24.0m 的单层公共建筑为低层或多层民用建筑。

（2）建筑高度大于 27.0m 的住宅建筑和建筑高度大于 24.0m 的非单层公共建筑，且高度不大于 100.0m 的，为高层民用建筑。

（3）建筑高度大于 100.0m 的为超高层建筑。

3. 按建筑的设计使用年限分类

民用建筑的设计使用年限应符合表 1.1.1 的规定。

表 1.1.1　设计使用年限分类

类　别	设计使用年限（年）	示　例
1	5	临时性建筑
2	25	易于替换结构构件的建筑
3	50	普通建筑和构筑物
4	100	纪念性建筑和特别重要的建筑

4. 按建筑物的承重结构材料分类

（1）砖木结构。建筑物的主要承重构件用砖木做成，其中竖向承重构件的墙体、柱子采用砖砌，水平承重构件的楼板、屋架采用木材。由于力学工程与工程强度的限制，一般砖木结构适用于低层建筑（1~3 层）。这种结构建造简单，材料容易准备，费用较低。

（2）砖混结构。砖混结构是指建筑物中竖向承重结构的墙、柱等采用砖或砌块砌筑，横向承重的梁、楼板、屋面板等采用钢筋混凝土结构。砖混结构是以小部分钢筋混凝土及大部分砖墙承重的结构。适合开间进深较小，房间面积小，多层或低层的建筑。

（3）钢筋混凝土结构。由钢筋和混凝土两种材料结合成整体，共同受力的工程结构。钢筋混凝土结构的主要承重构件，如梁、板、柱等均采用钢筋混凝土材料，而非承重墙采用砖砌或其他轻质材料做成。

（4）钢结构。主要承重构件均由钢材构成。钢结构的特点是强度高、自重轻、整体刚性好、变形能力强、抗震性能好，适用于建造大跨度和超高、超重型的建筑物。

（5）型钢混凝土组合结构。该结构是把型钢埋入钢筋混凝土中的一种独立的结构形式。型钢、钢筋、混凝土三者结合使型钢混凝土结构具备了比传统的钢筋混凝土结构承载力大、刚度大、抗震性能好的优点。与钢结构相比，其具有防火性能好，结构局部和整体稳定性好，节省钢材的优点。型钢混凝土组合结构应用于大型结构中，力求截面最小化，承载力最大化，以节约空间，但是造价比较高。

5. 按施工方法分类

（1）现浇、现砌式。房屋的主要承重构件均在现场砌筑和浇筑而成。

（2）装配式结构。该结构是装配式混凝土结构的简称，是以工厂预制构件为主要受力构件经现场装配或连接而成的混凝土结构。房屋建筑的主要预制梁、预制柱、内外墙板、叠合板、阳台、楼梯等均由工厂预制生产，运至施工现场后装配或连接完成。装配式结构是我国建筑结构发展的重要方向之一，它有利于我国建筑工业化的发展，提高生产效率，节约能源，发展绿色环保建筑，并且有利于提高和保证建筑工程质量。

6. 按主要承重结构体系分类

（1）混合结构。混合结构房屋一般是指楼盖和屋盖采用钢筋混凝土或钢木结构，而墙和柱采用砌体结构建造的房屋，大多用在住宅、办公楼、教学楼建筑中。因为砌体的抗压强度高而抗拉强度很低，所以住宅建筑最适合采用混合结构，一般在 6 层以下。混合结构不宜建造大空间的房屋。混合结构根据承重墙所在的位置，划分为纵墙承重和横墙承重两种方案。纵墙承重方案的特点是楼板支承于梁上，梁把荷载传递给纵墙。横墙的设置主要是为了满足房屋刚度和整体性的要求。其优点是房屋的开间相对大些，使用灵活。横墙承重方案的主要特点是楼板直接支承在横墙上，横墙是主要承重墙。其优点是房屋的横向刚度大，整体性好，但平面使用灵活性差。

（2）框架结构。框架结构是利用梁、柱组成的纵、横两个方向的框架形成的结构体系，同时承受竖向荷载和水平荷载。其主要优点是建筑平面布置灵活，可形成较大的建筑空间，建筑立面处理也比较方便；缺点是侧向刚度较小，当层数较多时，会产生较大的侧移，易引起非结构性构件（如隔墙、装饰等）破坏，而影响使用。

（3）剪力墙体系。剪力墙体系是利用建筑物的墙体（内墙和外墙）来抵抗水平力。剪力墙既承受垂直荷载，也承受水平荷载。在水平荷载作用下，墙体既受剪又受弯，所以称剪力墙。剪力墙一般为钢筋混凝土墙，厚度不小于160mm，剪力墙的墙段长度一般不超过8m，适用于小开间的住宅和旅馆等。在180m高的范围内都可以适用。剪力墙结构的优点是侧向刚度大，水平荷载作用下侧移小；缺点是间距小，建筑平面布置不灵活，不适用于大空间的公共建筑。另外，结构自重也较大。

（4）框架－剪力墙结构。框架－剪力墙结构是在框架结构中设置适当剪力墙的结构，具有框架结构平面布置灵活，有较大空间的优点，又具有侧向刚度较大的优点。框架－剪力墙结构中，剪力墙主要承受水平荷载，竖向荷载主要由框架承担。框架－剪力墙结构一般适用于不超过170m高的建筑。

横向剪力墙宜均匀对称布置在建筑物端部附近、平面形状变化处。纵向剪力墙宜布置在房屋两端附近。在水平荷载的作用下，剪力墙好比固定于基础上的悬臂梁，其变形为弯曲型变形，框架为剪切型变形。框架与剪力墙通过楼盖联系在一起，并通过楼盖的水平刚度使两者具有共同的变形。一般情况下，整个建筑的剪力墙至少承受80%的水平荷载。

（5）筒体结构。在高层建筑中，特别是超高层建筑中，水平荷载越来越大，起着控制作用。筒体结构是抵抗水平荷载最有效的结构体系。它的受力特点是，整个建筑犹如一个固定于基础上的封闭空心的筒式悬臂梁来抵抗水平力。筒体结构可分为框架－核心筒结构、筒中筒和多筒结构等，见图1.1.1。

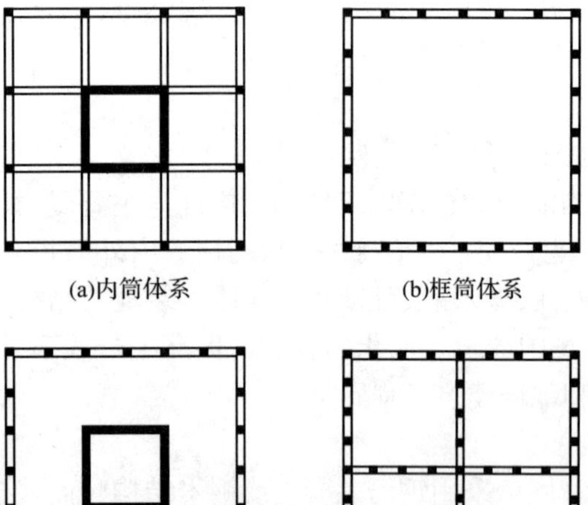

图1.1.1　筒式体系的形式

（6）桁架结构。桁架是由杆件组成的结构体系。在进行内力分析时，节点一般假定为铰节点，当荷载作用在节点上时，杆件只有轴向力，其材料的强度可得到充分发挥。桁架结构的优点是利用截面较小的杆件组成截面较大的构件。在制作运输安装过程中，大跨桁架必须进行吊装验算。

（7）网架结构。网架是由许多杆件按照一定规律组成的网状结构。网架结构可分为平板网架和曲面网架。它改变了平面桁架的受力状态，是高次超静定的空间结构。平板网架采用较多，其优点是：空间受力体系，杆件主要承受轴向力，受力合理，节约材料，整体性能好，刚度大，抗震性能好。杆件类型较少，适用于工业化生产。

（8）拱式结构。拱是一种有推力的结构，其主要内力是轴向压力，因此可利用抗压性能良好的混凝土建造大跨度的拱式结构。由于拱式结构受力合理，在建筑和桥梁中被广泛应用。它适用于体育馆、展览馆等建筑中。

（9）悬索结构。悬索结构是比较理想的大跨度结构形式之一。主要用于体育馆、展览馆中。悬索结构的主要承重构件是受拉的钢索，钢索是用高强度钢绞线或钢丝绳制成，悬索由承重索和稳定索组成。

（10）薄壁空间结构体系。薄壁空间结构也称壳体结构，其厚度比其他尺寸（如跨度）小得多，所以称薄壁。它属于空间受力结构，主要承受曲面内的轴向压力，弯矩很小。它的受力比较合理，材料强度能得到充分利用。薄壳常用于大跨度的屋盖结构，如展览馆、俱乐部、飞机库等。

二、工业建筑组成及构造

（一）单层厂房的组成

单层厂房是指层数为一层的厂房，它主要用于机械制造工业、冶金工业等重工业。单层厂房具有形成高大的使用空间，容易满足生产工艺流程要求，内部交通运输组织方便，有利于较重生产设备和产品放置，可实现厂房建筑构配件生产工业化以及现场施工机械化等特点。单层厂房一般由承重结构和围护结构组成。承重结构由承受各种竖向和水平荷载作用的构件组成，围护结构由非承重的各类构成组成。

1. 承重结构

（1）排架结构。排架结构由屋架或屋面梁、柱和基础组成，通常排架柱与屋架或屋面梁为铰接，而与其下基础为刚接，主要承受厂房的各种竖向荷载。

（2）纵向连系构件。纵向连系构件由吊车梁、圈梁、连系梁、基础梁等组成，与横向排架构成骨架，保证厂房的整体性和稳定性。

（3）支撑系统构件。支撑系统包括柱间支撑和屋盖支撑两大部分。支撑构件设置在屋架之间的称为屋架支撑，设置在纵向柱列之间的称为柱间支撑。支撑构件主要传递水平荷载，起保证厂房空间刚度和稳定性的作用。

2. 围护结构

单层厂房的围护结构包括外墙、屋顶、地面、门窗、天窗、地沟、散水、坡道等。

（二）单层厂房承重结构构造

1. 屋盖结构

（1）屋盖结构类型。屋盖结构根据构造不同可以分为两类：有檩体系屋盖或无檩体系屋盖。有檩体系屋面的刚度差，配件和接缝多，在频繁振动下易松动，但屋盖重量较轻，适合小机具吊装，适用于中小型厂房。无檩体系屋面板直接搁置在屋架或屋面梁上，整体性好，刚度大，大中型厂房多采用这种屋面结构形式。

（2）屋盖的承重构件。屋盖结构的主要承重构件，直接承受屋面荷载。按制作材料分为钢筋混凝土屋架、钢屋架、木屋架和钢木屋架。

1）钢筋混凝土屋架。桁架式钢筋混凝土屋架按外形可分为三角形、梯形、拱形、折线形等类型。三角形组合式屋架自重较轻，这种屋架的弦杆受力不太理想。拱形屋架受力最合理，但由于屋架端部屋面坡度太陡，适用于卷材屋面防水面中的中、重型厂房。折线形屋架吸收了拱形屋架的合理外形，改善了屋面坡度，是目前较常采用的一种屋架形式，见图 1.1.2。

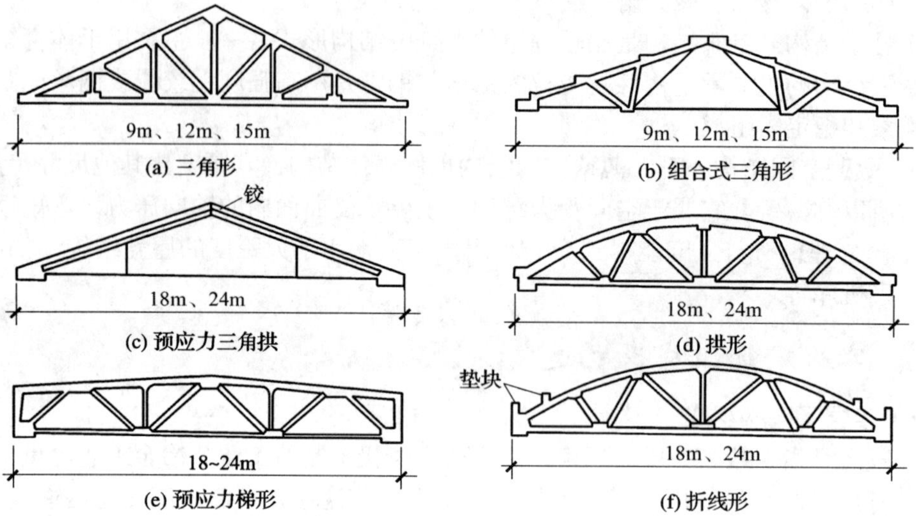

图 1.1.2　钢筋混凝土屋架类型

2）钢屋架。钢屋架包括无檩钢屋架和有檩钢屋架两大类。无檩钢屋架是将大型屋面直接支承在钢屋架上，屋架间距就是大型屋面板的跨度。有檩钢屋架是在屋架上设檩条，在檩条上再铺设屋面板，屋架间距就是檩条的跨度。钢屋架的特点是：自重轻，跨度大，整体性好，安装效率高，施工进度快。

2. 柱

厂房中的柱由柱身（包括上柱和下柱）、牛腿及柱上预埋铁件组成，柱是厂房中的主要承重构件之一，在柱顶上支承屋架，在牛腿上支承吊车梁。柱子的类型很多，按材料分为砖柱、钢筋混凝土柱、钢柱等，目前采用较多的是钢筋混凝土柱。

3. 基础

基础是厂房的主要承重构件，承担着厂房上部的全部重量，并传送到地基。所以基础起着承上传下的重要作用。

基础类型的选择主要取决于建筑物上部结构荷载的性质和大小、工程地质条件等。单层厂房一般是采用预制装配式钢筋混凝土排架结构，厂房的柱距与跨度较大，所以厂房的基础一般多采用独立式基础。

4. 吊车梁

吊车梁是有吊车的单层厂房的重要构件之一。当厂房设有桥式或梁式吊车时，需要在柱牛腿上设置吊车梁，吊车的轮子就在吊车梁铺设的轨道上运行。吊车梁直接承受吊车起重、运行和制动时的各种往返移动荷载；同时，吊车梁还要承担传递厂房纵向荷载（如山墙上的风荷载），保证厂房纵向刚度和稳定性的作用。

5. 支撑

单层厂房的支撑作用：可以使厂房形成整体的空间骨架，保证厂房的空间刚度；在施工和正常使用时保证构件的稳定和安全；承受和传递吊车纵向制动力、山墙风荷载、纵向地震力等水平荷载。单层厂房的支撑分屋架支撑和柱间支撑两类。

（1）屋架支撑。屋架支撑构件主要有：上弦横向支撑、上弦水平系杆、下弦横向水平支撑、下弦垂直支撑及水平系杆、纵向支撑、天窗架垂直支撑、天窗架上弦横向支撑等。支撑、系杆构件为钢构件或钢筋混凝土构件。横向水平支撑和垂直支撑一般布置在厂房端部和伸缩缝两侧的第二或第一柱间上。屋架支撑形式见图 1.1.3。

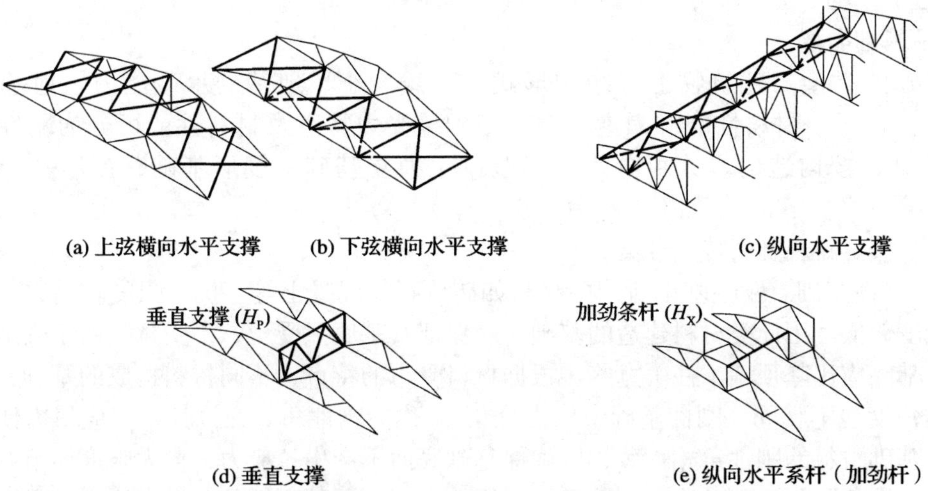

图 1.1.3　屋架支撑形式

（2）柱间支撑。柱间支撑的作用是加强厂房纵向刚度和稳定性，将吊车纵向制动力和山墙抗风柱经屋盖系统传来的风力经柱间支撑传至基础。柱间支撑形式见图 1.1.4。

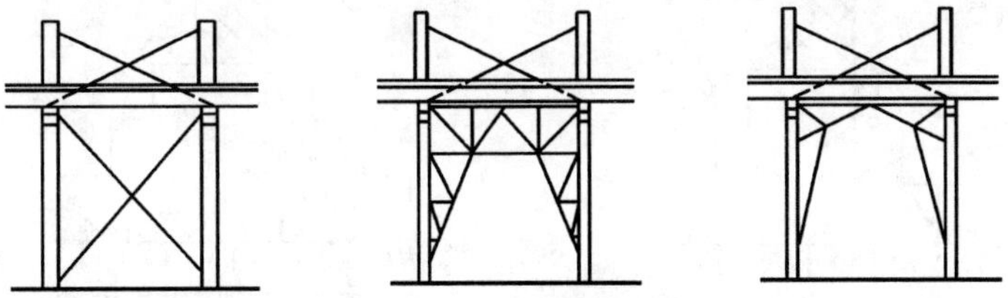

图 1.1.4　柱间支撑形式

三、民用建筑组成及构造

建筑物一般都由基础、墙、楼板与地面、楼梯、屋顶和门窗六大部分组成。建筑物还有一些附属部分，如阳台、雨篷、散水、勒脚、防潮层等，多层和大型建筑楼层之间还需设置电梯、自动扶梯或坡道等。

（一）地基

1. 地基与基础的关系

地基是支撑基础的土体或岩体，并承受由基础传来的建筑物的荷载。基础是房屋底部与地基接触的承重结构，它把房屋上部的荷载均匀转给地基，避免地基受到破坏和产生大量沉降。基础是建筑物的一个组成部分，而地基不是建筑物的组成部分。地基及基础的设计使用年限不应小于建筑结构的设计使用年限。

2. 地基的分类

地基分为天然地基和人工地基两大类。天然地基是指天然土层具有足够的承载能力，不需经过人工加固便可作为建筑的承载层，如岩土、砂土、黏土等。人工地基是指天然土层的承载力不能满足荷载要求，经过人工处理的土层。

（二）基础

1. 基础类型

基础的类型与建筑物上部结构形式、荷载大小、地基的承载能力、地基上的地质、水文情况、材料性能等因素有关。基础按受力特点及材料性能可分为刚性基础和柔性基础，按构造的方式可分为条形基础、独立基础、筏形基础、箱形基础、桩基础等。

（1）按材料及受力特点分类。

1）刚性基础。刚性基础所用的材料如砖、石、混凝土等，抗压强度较高，但抗拉及抗剪强度偏低。用此类材料建造的基础，应保证其基底只受压，不受拉。由于受地耐力的影响，基底应比基顶墙（柱）宽些。根据材料受力的特点，不同材料构成的基础，其传递压力的角度也不相同。刚性基础中压力分角 α 称为刚性角。在设计中，应尽力使基础大放脚与基础材料的刚性角相一致，以确保基础底面不产生拉应力，最大限度地节约基础材料。受刚性角限制的基础称为刚性基础，构造上通过限制刚性基础宽高比来满足刚性角的要求，见图 1.1.5。

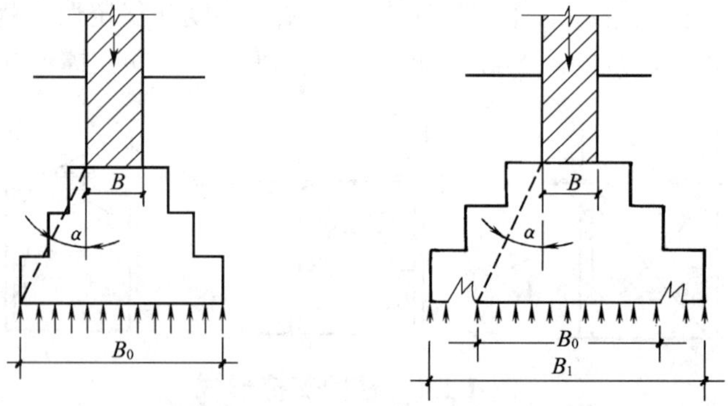

(a)基础受力在刚性角范围以内　　(b)基础宽度超过刚性角范围而破坏

图 1.1.5　刚性基础受力特点

①砖基础。砖基础具有就地取材、价格较低、设施简便的特点，在干燥和温暖的地区应用很广。砖基础的剖面为阶梯形，称为放脚。每一阶梯挑出的长度为砖长的 1/4。为保证基础外挑部分在基底反力作用下不至于发生破坏，大放脚的砌法有两皮一收和二一间隔收两种。在相同底宽的情况下，二一间隔收可减少基础高度，但为了保证基础的强度，底层需要用两皮一收砌筑。由于砖基础的强度及抗冻性较差，因此对砂浆与砖的强度等级，根据施工地区的潮湿程度和寒冷程度有不同的要求。

②混凝土基础。混凝土基础具有坚固、耐久、刚性角大，可根据需要任意改变形状的

特点，常用于地下水位高，受冰冻影响的建筑物。混凝土基础台阶宽高比为 1∶1~1∶1.5，实际使用时可把基础断面做成锥形或阶梯形。

③毛石混凝土基础。在上述混凝土基础中加入粒径为 70~150mm 的毛石，且毛石体积不超过总体积的 20%~30%，称为毛石混凝土基础。如基础体积较大，为了节约混凝土用量，在浇灌混凝土时，也可掺入毛石，做成毛石混凝土基础。

2）柔性基础。鉴于刚性基础受其刚性角的限制，要想获得较大的基底宽度，相应的基础埋深也应加大，这显然会增加材料消耗和挖方量，也会影响施工工期。在混凝土基础底部配置受力钢筋，利用钢筋抗拉，这样基础可以承受弯矩，也就不受刚性角的限制，所以钢筋混凝土基础也称为柔性基础。在相同条件下，采用钢筋混凝土基础比混凝土基础可节省大量的混凝土材料和挖土工程量，见图 1.1.6。

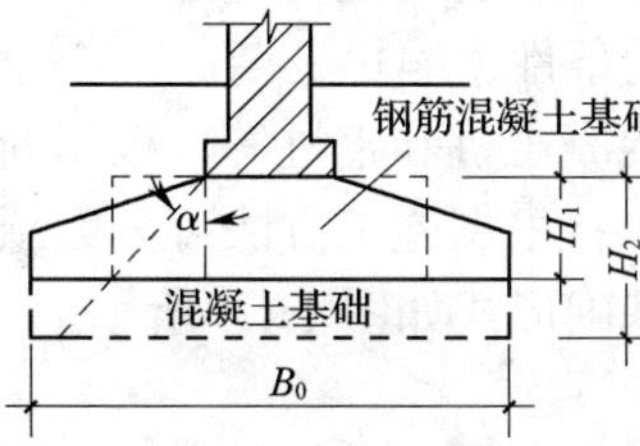

(a) 混凝土基础与钢筋混凝土基础比较

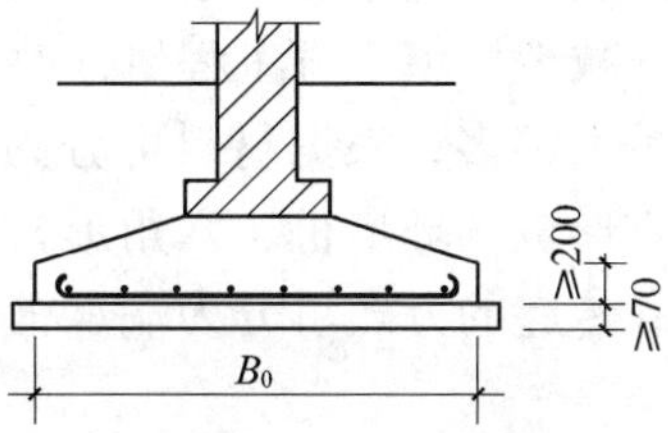

(b) 基础配筋情况

图 1.1.6　钢筋混凝土基础

通常情况下，钢筋混凝土基础下面设有素混凝土垫层，厚度 100mm 左右；无垫层时，钢筋保护层不宜小于 70mm，以保护受力钢筋不受锈蚀。

（2）按基础的构造形式分类。

1）独立基础。

①柱下独立基础。独立基础是柱子基础的主要类型。它所用材料根据柱的材料和荷载大小而定，常采用砖、石、混凝土和钢筋混凝土等。

现浇柱下钢筋混凝土基础的截面可做成阶梯形或锥形，预制柱下的基础一般做成杯形基础，等柱子插入杯口后，将柱子临时支撑，然后用细石混凝土将柱周围的缝隙填实。

②墙下独立基础。墙下独立基础是当上层土质松软，而在不深处有较好的土层时，为了节约基础材料和减少开挖土方量而采用的一种基础形式。

2）条形基础。条形基础是指基础长度远大于其宽度的一种基础形式。按上部结构形式，可分为墙下条形基础和柱下条形基础。

①墙下条形基础。条形基础是承重墙基础的主要形式，常用砖、毛石、混凝土建造。当上部结构荷载较大而土质较差时，可采用钢筋混凝土建造。

②柱下钢筋混凝土条形基础。当地基软弱而荷载较大时，采用柱下独立基础，底面积必然很大，因而互相接近。为增强基础的整体性并方便施工，节约造价，可将同一排的柱基础连通做成钢筋混凝土条形基础。

3）柱下十字交叉基础。荷载较大的高层建筑，如土质软弱，为了增强基础的整体刚度，减少不均匀沉降，可以沿柱网纵横方向设置钢筋混凝土条形基础，形成十字交叉基础。

4）筏形基础。如地基基础软弱而荷载又很大，采用十字基础仍不能满足要求或相邻基槽距离很小时，可用钢筋混凝土做成混凝土的筏形基础。按构造不同可分为平板式和梁板式两类。平板式筏形基础一般是一块厚度相等的钢筋混凝土平板。梁板式筏形基础又分为两类：一类是在底板上做梁，柱子支承在梁上；另一类是将梁放在底板的下方，底板上面平整，可作建筑物底层底面。

5）箱形基础。由顶板、底板及若干纵横隔墙组成的基础称箱形基础。箱形基础一般由钢筋混凝土建造，减少了基础底面的附加应力，因而适用于地基软弱土层厚、荷载大和建筑面积不太大的一些重要建筑物，目前高层建筑中多采用箱形基础。

6）桩基础。桩基由桩身和桩承台组成。桩基是按设计的点位将桩身置入土中的，桩的上端浇筑钢筋混凝土承台，承台上接柱或墙体，使荷载均匀地传递给桩基。采用桩基础能节省材料，减少挖填土方工程量，改善工人的劳动条件，缩短工期。

桩基的种类很多，根据材料可分为木桩、钢筋混凝土桩和钢桩等；根据断面形式可分为圆形桩、方形桩、环形桩、六角形桩及工字形桩等；根据施工方法可分为预制桩及灌注桩。根据荷载传递的方式可分为端承桩和摩擦桩。基础形式如图 1.1.7 所示。

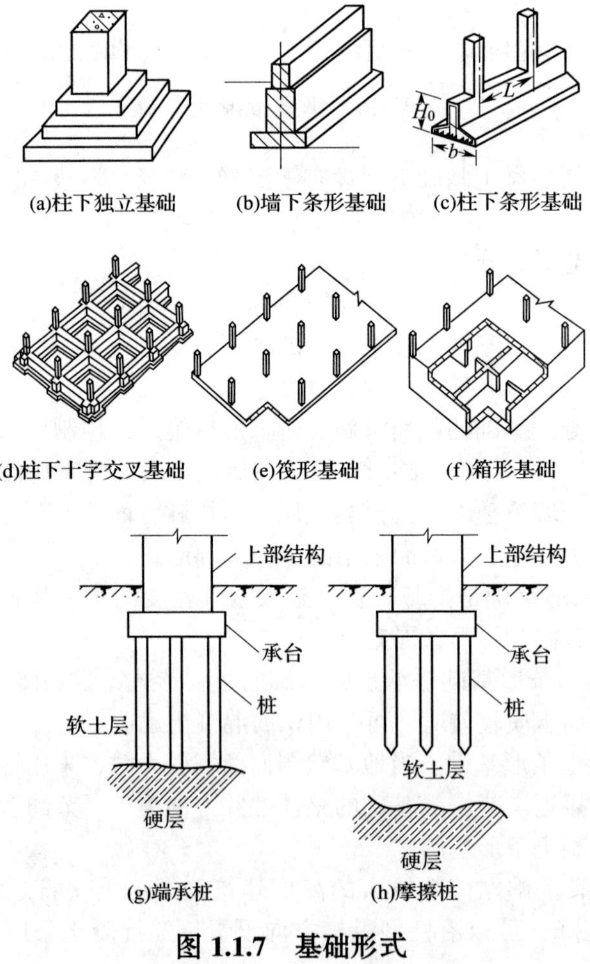

(a)柱下独立基础　(b)墙下条形基础　(c)柱下条形基础

(d)柱下十字交叉基础　(e)筏形基础　(f)箱形基础

(g)端承桩　(h)摩擦桩

图 1.1.7　基础形式

2. 基础埋深

从室外设计地面至基础底面的垂直距离称为基础的埋深。埋深大于或等于5m或埋深大于或等于基础宽度的4倍的基础称为深基础；埋深为0.5~5m或埋深小于基础宽度的4倍的基础称为浅基础。基础埋深除岩石地基外，不应浅于0.5m；基础顶面应低于设计地面100mm以上，以避免基础外露而遭受外界的破坏。

（三）墙

在一般砖混结构房屋中，墙既是承重结构，又是围护结构。在框架承重的房屋中，柱是主要承重结构，墙仅为分割房间、遮蔽风雨和阳光辐射的围护结构。

1. 墙的类型

墙在建筑物中主要起承重、围护及分隔作用，按墙在建筑物中的位置、受力情况、所用材料和构造方式不同可分为不同类型。

根据墙在建筑物中的位置，可分为内墙、外墙、横墙和纵墙；按受力不同，墙可分为承重和非承重墙。建筑物内部只起分隔作用的非承重墙称为隔墙。

按构造方式不同，又分为实体墙、空体墙和组合墙三种类型。实体墙是由一种材料构成，如普通砖墙、砌块墙；空体墙也是一种材料构成，但墙内留有空格，如空花墙（见图1.1.8）、空斗墙（见图1.1.9）、空气间壁墙等；组合墙则是由两种以上材料组合而成的墙。

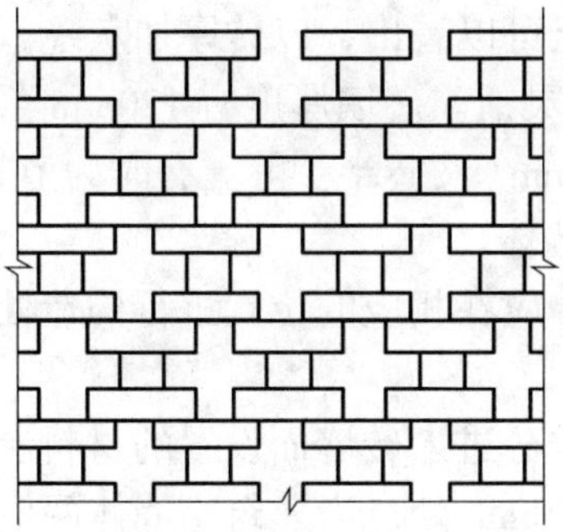

图1.1.8　空花墙

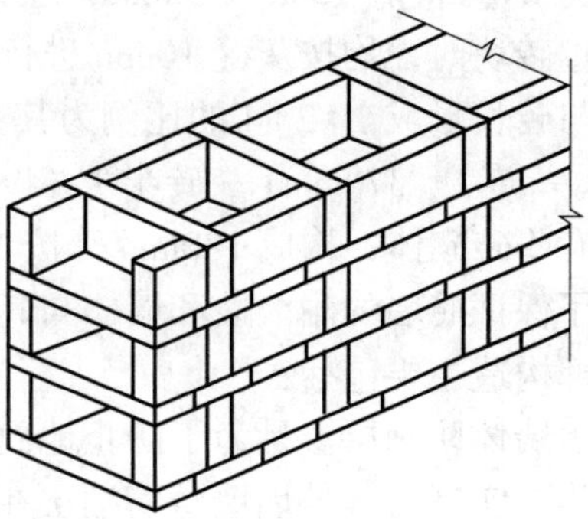

图1.1.9　空斗墙

按所用材料不同，有砖墙、石墙、土墙、加气混凝土或工业废料制成的砌块墙、板材墙、复合板墙等。

（1）几种特殊材料墙体。

1）预制钢筋混凝土墙。预制外墙板是装配在预制或现浇框架结构上的围护外墙，适用于一般办公楼、旅馆、医院、教学、科研楼等民用建筑。装配式墙体的建造构造，设计人员应根据确定的开间、进深、层高，进行全面墙板设计。

2）加气混凝土墙。有砌块、外墙板和隔墙板。加气混凝土砌块墙如无切实有效措施，不得在建筑物±0.00以下，或长期浸水、干湿交替部位，以及受化学侵蚀的环境，制品表面经常处于80℃以上的高温环境。加气混凝土墙可作承重墙或非承重墙。

3）压型金属板墙。压型金属板材是指采用各种薄型钢板（或其他金属板材）经过辊压冷弯成型为各种断面的板材，是一种轻质高强的建筑材料，有保温与非保温型两种。

4）石膏板墙。主要有石膏龙骨石膏板、轻钢龙骨石膏板、增强石膏空心条板等，适用于中低档民用和工业建筑中的非承重内隔墙。

（2）隔墙。隔墙是分隔室内空间的非承重构件。由于隔墙不承受任何外来荷载，且本身的重量还要由楼板或墙下小梁来承受，因此设计应使隔墙自重轻、厚度薄、便于安装和拆卸，有一定的隔声能力，同时还要能够满足特殊使用部位（如厨房、卫生间等）的防火、防水、防潮等要求。隔墙的类型很多，按其构造方式可分为块材隔墙、骨架隔墙、板材隔墙三大类。

1）块材隔墙。块材隔墙是用普通砖、空心砖、多孔砖、加气混凝土等块材砌筑而成的，常用的有普通砖隔墙和砌块隔墙。

2）骨架隔墙。又称龙骨隔墙。骨架隔墙由骨架和面层两部分组成，由于是先立墙筋（骨架）后做面层，因而又称为立筋式隔墙。

3）板材隔墙。板材隔墙是指单板高度相当房间净高，面积较大，且不依赖骨架，直接装配而成的隔墙。目前，采用的大多为条板，如加气混凝土条板、石膏条板、碳化石灰板、增强石膏空心板、水泥刨花板等。

2. 墙体细部构造

砖墙是用砂浆将砖按一定技术要求砌筑成的砌体，其主要材料是砖和砂浆。我国普通砖尺寸为240mm×115mm×53mm。用砖块的长、宽、高作为砖墙厚度的基数，在错缝或墙厚超过砖块时，均按灰缝10mm进行组砌。从尺寸上可以看出，以砖厚加灰缝、砖宽加灰缝后与砖长形成1∶2∶4的比例为其基本特征，组砌灵活。砖墙厚度有120mm（半砖）、240mm（一砖）、370mm（一砖半）、490（两砖）、620mm（两砖半）等。有时为节省材料，砌体中有些砖砌体，构成180mm等按1/4砖厚进位的墙体。

为了保证砖墙的耐久性和墙体与其他构件的连接，应在相应的位置进行构造处理。砖墙的细部构造主要包括：

（1）墙体防潮层。是为了防止地面以下土壤中的水分进入砖墙而设置的材料层。当室内地面均为实铺时，外墙墙身防潮层在室内地坪以下60mm处；当建筑物墙体两侧地坪不等高时，在每侧地表下60mm处，防潮层应分别设置，并在两个防潮层间的墙上加设垂直防潮层；当室内地面采用架空木地板时，外墙防潮层应设在室外地坪以上，地板木搁栅垫木之下。墙身防潮层一般有油毡防潮层、防水砂浆防潮层、细石混凝土防潮层和钢筋混凝土防潮层等。

（2）勒脚。为了防止雨水反溅到墙面，对墙面造成腐蚀破坏，结构设计中对窗台以下一定高度范围内进行外墙加厚，这段加厚部分称为勒脚。勒脚经常采用抹水泥砂浆、水刷石，或在勒脚部位将墙体加厚，或用坚固材料来砌，如石块、天然石板、人造板贴面。勒脚的高度一般为室内地坪与室外地坪高差，也可以根据立面的需要而提高勒脚的高度尺寸。

（3）散水和暗沟（明沟）。为了防止地表水对建筑基础的侵蚀，在建筑物的四周地面上设置暗沟（明沟）或散水。降水量大于900mm的地区应同时设置暗沟（明沟）和散水。暗沟（明沟）沟底应做纵坡，坡度为0.5%~1%，坡向窨井。外墙与暗沟（明沟）之间应做散水，散水宽度一般为600~1 000mm，坡度为3%~5%。降水量小于900mm的地区可只设置散水。暗沟（明沟）和散水可用混凝土现浇，也可用有弹性的防水材料嵌缝，以防渗水。

（4）过梁。过梁是门窗等洞口上设置的横梁，承受洞口上部墙体与其他构件（楼层、屋顶等）传来的荷载。洞口较小时，可直接用砖加构造钢筋砌筑，但广泛应用的是钢筋混凝土过梁。

（5）圈梁。圈梁是在房屋的檐口、窗顶、楼层、吊车梁顶或基础顶面标高处，沿砌体墙水平方向设置封闭状的按构造配筋的混凝土梁式构件。在抗震设防地区，设置圈梁是减轻震害的重要构造措施。

宿舍、办公楼等多层砌体民用房屋，且层数为3~4层时，应在底层和檐口标高处各设置一道圈梁。当层数超过4层时，除应在底层和檐口标高处各设置一道圈梁外，至少应在所有纵、横墙上隔层设置。钢筋混凝土圈梁宽度一般同墙厚，当墙厚不小于240mm时，其宽度不宜小于墙厚的2/3，高度不小于120mm。纵向钢筋数量不少于4根，直径不应小于10mm，箍筋间距不应大于250mm。当圈梁遇到洞口不能封闭时，应在洞口上部设置截面不小于圈梁截面的附加梁，其搭接长度不小于1m，且应大于两梁高差的2倍，但对有抗震要求的建筑物，圈梁不宜被洞口截断。

（6）构造柱。为了增强建筑物的整体性和稳定性，多层砖混结构建筑的墙体中应设置钢筋混凝土构造柱，并与各层圈梁相连接，形成能够抗弯抗剪的空间框架。它是防止房屋倒塌的一种有效措施。构造柱一般按构造配筋，并按先砌墙后浇灌混凝土柱的施工顺序制成。构造柱的设置部位在外墙四角、错层部位横墙与外纵墙交接处、较大洞口两侧，大房间内外墙交接处等。砖混结构中构造柱的最小截面尺寸为240mm × 180mm，竖向钢筋一般用4Φ12，箍筋间距不大于250mm，且在柱上下端应适当加密。构造柱可不单独设置基础，但构造柱应伸入室外地面下500mm，或与埋深小于500mm的基础圈梁相连。

（7）变形缝。变形缝包括伸缩缝、沉降缝和防震缝，它的作用是保证房屋在温度变化、基础不均匀沉降或地震时能有一些自由伸缩，以防止墙体开裂，结构破坏。

1）伸缩缝。又称温度缝，主要作用是防止房屋因气温变化而产生裂缝。其做法为：沿建筑物长度方向每隔一定距离预留缝隙，将建造物从屋顶、墙体、楼层等地面以上构件全部断开，基础因受温度变化影响较小，不必断开。伸缩缝的宽度一般为20~30mm，缝内应填保温材料。

2）沉降缝。当房屋相邻部分的高度、荷载和结构形式差别很大而地基又较弱时，房屋有可能产生不均匀沉降，致使某些薄弱部位开裂。为此，应在适当位置如复杂的平面或体形转折处、高度变化处、荷载、地基的压缩性和地基处理的方法明显不同处设置沉降缝。沉降缝与伸缩缝不同之处是除屋顶、楼板、墙身都要断开外，基础部分也要断开，即使相邻部分也可自由沉降、互不牵制。沉降缝宽度要根据房屋的层数定：2~3层时可取50~80mm，4~5层时可取80~120mm，5层以上时不应小于120mm。

3）防震缝。地震区设计的多层房屋，为防止地震使房屋破坏，应用防震缝将房屋分成若干形体简单、结构刚度均匀的独立部分。防震缝一般从基础顶面开始，沿房屋全高设置。缝的宽度按建筑物高度和所在地区的地震烈度来确定。一般多层砌体建筑的缝宽取50~100mm；多层钢筋混凝土结构建筑，高度15m及以下时，缝宽为100mm；当建筑高度超过15m时，按烈度增大缝宽。

（8）烟道与通风道。烟道用于排除燃煤灶的烟气。通风道主要用来排除室内的污浊空气。烟道设于厨房内，通风道常设于暗厕内。

烟道与通风道的构造基本相同，主要不同之处是烟道道口靠墙下部，距楼地面600~1 000mm，通风道道口靠墙上方，比楼板低约300mm。烟道与通风道宜设于室内十字形或丁字形墙体交接处，不宜设在外墙内。烟道与通风道不能共用，以免串气。

3. 墙体保温隔热

外墙的保温构造，按其保温层所在的位置不同分为单一保温外墙、外保温外墙、内保温外墙和夹芯保温外墙4种类型，见图1.1.10。

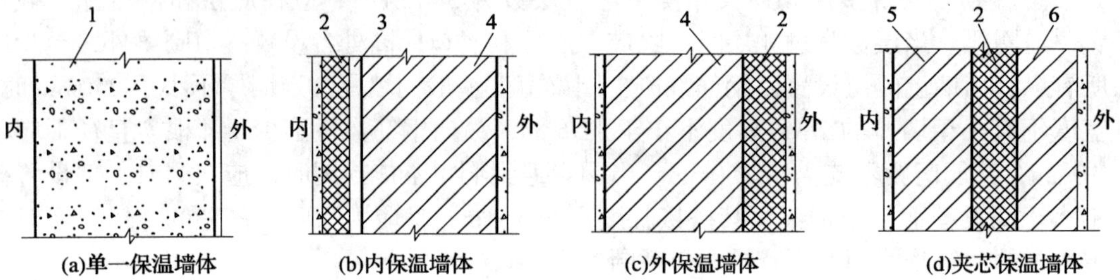

图1.1.10　外墙保温构造的类型

1—主体结构兼保温材料；2—保温材料；3—空气层；

4—主体结构；5—内层墙体；6—外层墙体

（1）外墙外保温。外墙外保温是指在建筑物外墙的外表面上设置保温层，即将保温材料置于主体围护结构的外侧，其构造由外墙、保温层、保温层的固定和面层等部分组成。常用的外保温材料有膨胀型聚苯乙烯板（EPS）、挤塑型聚苯乙烯板（XPS）、岩棉板、玻璃棉毡以及超轻保温浆料等。

（2）外墙内保温。外墙内保温构造由主体结构与保温结构两部分组成，主体结构一般为砖砌体、混凝土墙等承重墙体，也可以是非承重的空心砌块或加气混凝土墙体。保温结构由保温板和空气层组成，常用的保温板有GRC内保温板、玻纤增强石膏外墙内保温板、P-GRC外墙内保温板等，空气层的作用是既能防止保温材料变潮，也能提高墙体的保温能力。

（四）楼板与地面

楼板是多层建筑中沿水平方向分隔上下空间的结构构件。它除了承受并传递竖向荷载和水平荷载外，还应具有一定程度的隔声、防火、防水等能力。同时，建筑物中的各种水平设备管线，也将在楼板内安装，主要由楼板结构层、楼面面层、板底天棚三个部分组成。

1. 楼板的类型

楼板结构层目前基本采用钢筋混凝土楼板以及压型钢板与钢梁组合的楼板等形式。

钢筋混凝土楼板具有强度高、刚度好、耐久、防火，且具有良好的可塑性，便于机械化施工等特点，是目前我国工业与民用建筑楼板的基本形式。近年来，由于压型钢板在建筑上的应用，出现了以压型钢板为底模的钢衬板楼板。

钢筋混凝土楼板按施工方式的不同可以分为现浇整体式、预制装配式和装配整体式楼板。

2. 现浇钢筋混凝土楼板

在施工现场支模，绑扎钢筋，浇筑混凝土并养护，当混凝土强度达到规定的拆模强度，并拆除模板后形成的楼板，称为现浇钢筋混凝土楼板。现浇钢筋混凝土楼板一般为实心板，现浇楼板还经常与现浇梁一起浇筑，称现浇梁板，也称为有梁板。现浇梁板常见的类型有肋形楼板、井字梁楼板等。

现浇钢筋混凝土楼板主要分为板式、梁板式、井字形密肋式、无梁式四种。

（1）板式楼板。整块板为一厚度相同的平板。根据周边支承情况及板平面长短边边长的比值，又可把板式楼板分为单向板、双向板和悬挑板。

（2）梁板式楼板。梁板式楼板由主梁、次梁（肋）、板组成。当房屋的开间、进深较大，楼面承受的弯矩较大时，常采用这种楼板。梁板式楼板属于有梁板的一种。

（3）井字形密肋楼板。井字形密肋楼板没有主梁，都是次梁（肋），且肋与肋间的跨离较小，当房间的平面形状近似正方形，跨度在 10m 以内时，常采用这种楼板。井字形密肋楼板也属于有梁板的一种。

（4）无梁楼板。对于平面尺寸较大的房间或门厅，也可以不设梁，直接将板支承于柱上，这种楼板称无梁楼板。无梁楼板分无柱帽和有柱帽两种类型。

3. 预制装配式钢筋混凝土楼板

预制装配式钢筋混凝土楼板是在工厂或现场预制好的楼板，然后人工或机械吊装到房屋上经座浆灌缝而成。此做法可节省模板，改善劳动条件，提高效率，缩短工期，促进工业化水平。但预制楼板的整体性不好，灵活性也不如现浇板，更不宜在楼板上穿洞。

预制装配式钢筋混凝土板的主要类型有实心平板、槽形板、空心板、预应力圆孔板等。

4. 地面构造

地面主要由面层、垫层和基层三部分组成，当它们不能满足使用或构造要求时，可考虑增设结合层、隔离层、找平层、防水层、隔声层、保温层等附加层。

（1）面层。面层是地面上表面的铺筑层，也是室内空间下部的装修层。它起着保证室内使用条件和装饰地面的作用。

（2）垫层。垫层是位于面层之下用来承受并传递荷载的部分，它起到承上启下的作用。根据垫层材料的性能，可把垫层分为刚性垫层和柔性垫层。

（3）基层。基层是地面的最下层，它承受垫层传来的荷载，因而要求它坚固、稳定。实铺地面的基层为地表回填土，它应分层夯实，其压缩变形量不得超过允许值。

（五）阳台与雨篷

1. 阳台

阳台是楼房中人们与室外接触的场所。阳台主要由阳台板和栏杆扶手组成。阳台板是承重结构，栏杆扶手是围护安全的构件。阳台按其与外墙的相对位置分为挑阳台、凹阳台、半凹半挑阳台、转角阳台。

2. 雨篷

雨篷是设置在建筑物外墙出入口的上方用以挡雨并有一定装饰作用的水平构件。雨篷的支承方式多为悬挑式，按结构形式不同，雨篷有板式和梁板式两种。板式雨篷多做成变截面形式，梁板式雨篷为使其底面平整，常采用翻梁形式。当雨篷外伸尺寸较大时，其支承方式可采用立柱式，即在入口两侧设柱支承雨篷，形成门廊，立柱式雨篷的结构形式多为梁板式。

（六）楼梯

楼梯是建筑物中作为楼层间垂直交通用的构件，用于楼层之间和高差较大时的交通联系。在设有电梯、自动扶梯作为主要垂直交通手段的多层和高层建筑中也要设置楼梯。高层建筑尽管采用电梯作为主要垂直交通工具，但仍然要保留楼梯作为人员紧急疏散的主要交通设施。

1. 楼梯的组成

楼梯由连续梯级的梯段、平台（休息平台）和栏杆扶手三部分组成。

（1）楼梯段。楼梯段是联系两个不同标高平台的倾斜构件。为了减轻疲劳，梯段的踏步步数一般不宜超过 18 级，且一般不宜少于 3 级，以防行走时踩空。

（2）楼梯平台。按平台所处位置和高度不同，有中间平台和楼层平台之分。两楼层之间的平台称为中间平台。而与楼层地面标高齐平的平台称为楼层平台。楼梯梯段净高不宜小于 2.20m，楼梯平台过道处的净高不应小于 2m。

（3）栏杆与扶手。栏杆是布置在楼梯梯段和平台边缘处有一定安全保障度的围护构件。扶手一般附设于栏杆顶部，供作依扶用。扶手也可附设于墙上，称为靠墙扶手。

2. 楼梯的类型

按所在位置，楼梯可分为室外楼梯和室内楼梯两种。

按使用性质，楼梯可分为主要楼梯、辅助楼梯，疏散楼梯、消防楼梯等。

按所用材料，楼梯可分为木楼梯、钢楼梯、钢筋混凝土楼梯等。

按形式，楼梯可分为直跑式、双跑式、双分式、双合式、三跑式、四跑式、曲尺式、螺旋式、圆弧形、桥式、交叉式等。

楼梯的形式根据使用要求、在房屋中的位置、楼梯间的平面形状而定。

3. 钢筋混凝土楼梯构造

钢筋混凝土楼梯按施工方法不同，主要有现浇整体式和预制装配式两类。

（1）现浇钢筋混凝土楼梯。现浇钢筋混凝土楼梯是在施工现场支模绑扎钢筋并浇筑混凝土而形成的整体楼梯。楼梯段与休息平台整体浇筑，因而楼梯的整体刚性好，坚固耐久。钢筋混凝土楼梯示意图见图 1.1.11。

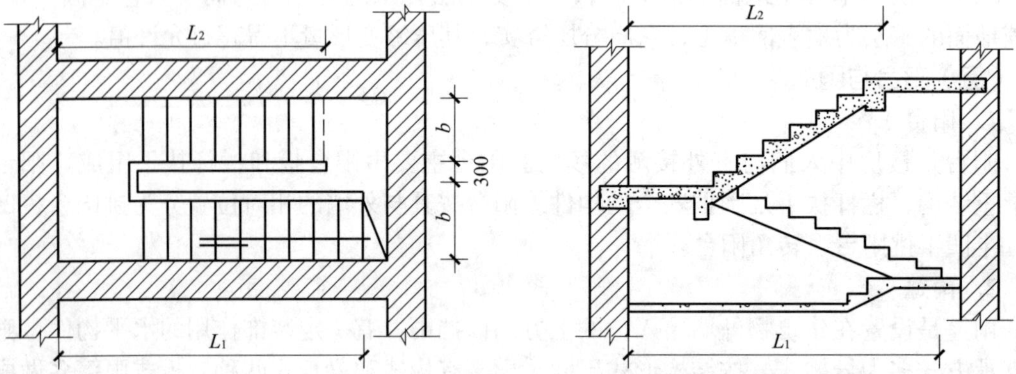

图 1.1.11 钢筋混凝土楼梯示意图

（2）预制装配式钢筋混凝土楼梯。装配式钢筋混凝土楼梯根据构件尺度的差别，大致可分为小型构件装配式、中型构件装配式和大型构件装配式。

1）小型构件装配式楼梯。小型构件装配式楼梯是将梯段、平台分割成若干部分，分别预制成小构件装配而成。

2）中型及大型构件装配式楼梯。中型构件装配式楼梯一般是由楼梯段和带有平台梁的休息平台板两大构件组合而成，楼梯段直接与楼梯休息平台梁连接，楼梯的栏杆与扶手在楼梯结构安装后再进行安装。大型构件装配式楼梯是将楼梯段与休息平台一起组成一个构件，每层由第一跑及中间休息平台和第二跑及楼层休息平台板两大构件组合而成。

4. 台阶与坡道

因建筑物构造及使用功能的需要，建筑物的室内外地坪有一定的高差，在建筑物的入口处可以选择台阶或坡道来衔接。

（1）室外台阶。室外台阶一般包括踏步和平台两部分。台阶的坡度应比楼梯小，通常踏步高度为100~150mm，宽度为300~400mm，见图1.1.12。

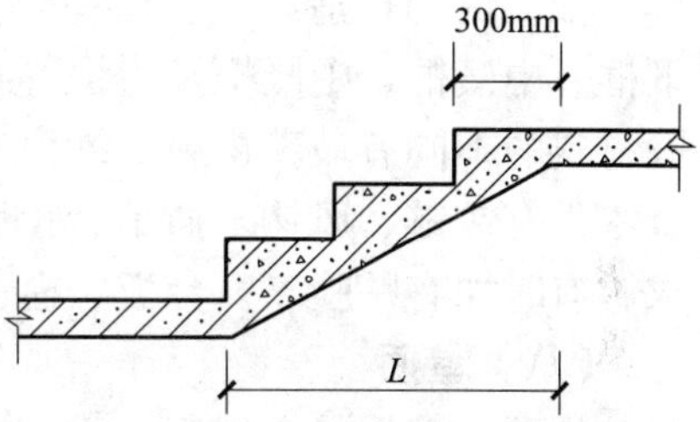

图 1.1.12　混凝土台阶示意图

（2）坡道。考虑车辆通行或有特殊要求的建筑物室外台阶处，应设置坡道或用坡道与台阶组合。

（七）门与窗

门、窗按其所处的位置不同分为围护构件或分隔构件，有不同的设计要求，分别具有保温、隔热、隔声、防水、防火、节能等功能。门的主要作用是室内外交通联系及交通疏散，并兼有采光、通风之用；窗的作用主要是采光和通风。

1. 门、窗的类型

（1）按所用的材料分类，有木门窗、钢门窗、塑钢门窗、铝合金门窗、玻璃钢门窗、不锈钢门窗、铁花门窗、隔热断桥铝门窗等。

1）木门窗。选用优质松木或杉木等制作。

2）钢门窗。由轧制成型的型钢经焊接而成。但易锈蚀，且自重大，目前采用较少。

3）塑钢门窗。在塑料型材内腔中加入钢片等，形成塑钢门窗。塑钢门窗具有耐腐蚀等功能，不用涂刷涂料，可节约施工时间和费用。因此在建筑中得到广泛应用。

4）铝合金门窗。铝合金门窗由经表面处理的专用铝合金型材制作构件，经装配组合制成。它具有质量轻、强度高、安装方便、密封性好、耐腐蚀、坚固耐用及色泽美观的特点。

5）隔热断桥铝门窗。隔热断桥铝又叫断桥铝，两面为铝材，中间用塑料型材腔体作隔热材料。其结构设计兼顾了塑料和铝合金两种材料的优势，具有节能、隔音、防噪、防尘、防水等功能，比普通门窗热量散失减少一半，目前在建筑中已得到广泛应用。

（2）按开启方式分类。门可分为平开门、弹簧门、推拉门、转门、折叠门、卷门、自动门等。窗可分为平开窗、推拉窗、悬窗、固定窗等。

（3）按镶嵌材料分类。窗可分为玻璃窗、百叶窗、纱窗、防火窗、防爆窗、保温窗、隔音窗等。按门板的材料，门可分为镶板门、拼板门、纤维板门、胶合板门、百叶门、玻璃门、纱门等。

（4）按特殊用途分类。门可分为防火门、防光门、隔声门、防辐射门、密闭门、防盗门、抗冲击波门、卸爆门等。

2. 门、窗的构造组成

（1）门的构造组成。一般门的构造主要由门樘和门扇两部分组成。门樘又称门框，由上槛、中槛和边框等组成，多扇门还有中竖框。门扇由上冒头、中冒头、下冒头和边梃等组成。为了通风采光，可在门的上部设腰窗（俗称上亮子），其构造同窗扇，门框与墙间的缝隙常用木条盖缝，称门头线，俗称贴脸。门上还有五金零件，常见的有铰链、门锁、插销、拉手、门吸、闭门器等。

（2）窗的构造组成。窗主要由窗樘和窗扇两部分组成。窗樘又称窗框，一般由上框、下框、中横框、中竖框及边框等组成。窗扇由上冒头、中冒头、下冒头及边梃组成。按镶嵌材料的不同有玻璃窗扇、纱窗扇和百叶窗扇等。窗扇与窗框用五金零件连接，常用的五金零件有铰链、风钩、插销、拉手及导轨、滑轮等。窗框与墙的连接处，为满足不同的要求，有时加有贴脸、窗台板、窗帘盒等。

（八）屋顶

屋顶是房屋最上层起承重和覆盖作用的构件。它的作用主要有三个：一是防御自然界的风、雨、雪、太阳辐射热和冬季低温等的影响；二是承受自重及风、沙、雨、雪等荷载及施工或屋顶检修人员的活荷载；三是屋顶是建筑物的重要组成部分，对建筑形象的美观起着重要的作用。

1. 屋顶的类型

由于地域不同、自然环境不同，屋面材料不同、承重结构不同，屋顶的类型也很多。归纳起来大致可分为三大类：平屋顶、坡屋顶和曲面屋顶。

（1）平屋顶。平屋顶是指屋面坡度在10%以下的屋顶，最常用的排水坡度为2%~3%。这种屋顶具有屋面面积小、构造简便的特点，但需要专门设置屋面防水层。这种屋顶是多层房屋常采用的一种形式。

（2）坡屋顶。坡屋顶是指屋面坡度在10%以上的屋顶。它包括单坡、双坡、四坡、歇山式、折板式等多种形式。这种屋顶的屋面坡度大，屋面排水速度快。其屋顶防水可以采用构件自防水（如平瓦、石棉瓦等自防水）的防水形式。

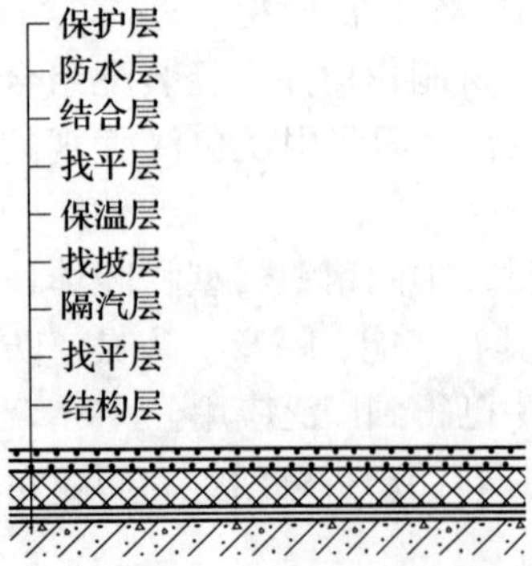

图 1.1.13　平屋顶构造图

（3）曲面屋顶。屋顶为曲面，如球形、悬索形、鞍形等等。这种屋顶施工工艺较复杂，但外部形状独特。

2. 平屋顶的构造

与坡屋顶相比，平屋顶具有屋面面积小，减少建筑所占体积，降低建筑总高度，屋面便于上人等特点，因而被广泛采用。

平屋顶（从下到上）主要由结构层、找平层、隔汽层、保温层（找坡层）、找平层、结合层、防水层、保护层等部分组成。其构造图如图 1.1.13 所示。

（1）平屋顶排水。要使屋面排水通畅，平屋顶应设置不小于 1% 的屋面坡度。设有保温层时，利用屋面保温层找坡；没有保温层时，利用屋面找平层找坡。找坡层的厚度最薄处不小于 20mm，平屋顶材料找坡的坡度宜为 2%。平屋顶排水应根据建筑物屋顶形式、气候条件、使用功能等，分为有组织排水和无组织排水两种方式。

（2）平屋顶柔性防水及构造。屋面防水工程应根据建筑物的类别、重要程度、使用功能要求确定防水等级，并按相应等级进行防水设防，对防水有特殊要求的建筑屋面，应进行专项防水设计。屋面防水等级和设防要求应符合表 1.1.2 的规定。

表 1.1.2　屋面防水等级和设防要求

防水等级	建筑类别	设防要求	具 体 做 法
Ⅰ级	重要建筑和高层建筑	两道	1．卷材防水层和卷材防水层； 2．卷材防水层和涂膜防水层； 3．复合防水层
Ⅱ级	一般建筑	一道	1．卷材防水层； 2．涂膜防水层； 3．复合防水层

柔性防水屋顶可采用防水卷材防水、涂膜防水或复合防水。

1）找平层。卷材、涂膜的基层宜设找平层，找平层设置在结构层或保温层上面。

2）结合层。当采用水泥砂浆及细石混凝土为找平层时，为了保证防水层与找平层能更好地黏结，采用沥青为基材的防水层，在施工前应在找平层上涂刷冷底子油做基层处理（用汽油稀释沥青），当采用高分子防水层时，可用专用基层处理剂。

3）防水层。采用卷材防水层时，卷材应铺设在表面平整、干燥的找平层上，待表面干燥后作为卷材防水屋面的基层。目前卷材防水使用较多的是合成高分子防水卷材和高聚物改性沥青防水卷材。当采用涂膜防水层时，是在屋面基层上涂刷防水涂料，经固化后形成一层有一定厚度和弹性的整体涂膜，从而达到防水目的的一种防水屋面形式。防水涂料按成膜物质的主要成分，可将涂料分成聚合物水泥防水涂膜、高聚物改性沥青防水涂膜和合成高分子防水涂料膜等。

4）保护层。保护层是防水层上表面的构造层。常用块体材料、水泥砂浆、细石混凝土等作为保护层。

5）平屋顶防水构造。屋面构造应包括檐口、檐沟和天沟、女儿墙和山墙、水落口、变形缝等。

①檐口。卷材防水屋面檐口 800mm 范围内的应满粘，卷材收头应采用金属压条钉压，并应用密封材料封严。涂膜防水屋面檐口的涂膜收头，应用防水涂料多遍涂刷。卷材防水和涂膜防水檐口下端均应做鹰嘴和滴水槽。檐口如图 1.1.14 和图 1.1.15 所示。

②檐沟和天沟。卷材或涂膜防水屋面檐沟和天沟的防水层下应增设附加层，附加层伸入屋面的宽度不应小于 250mm。檐沟防水层和附加层应由沟底翻上至外侧顶部，卷材收头应用金属压条钉压，并应用密封材料封严，涂膜收头应用防水涂料多遍涂刷。檐沟外侧下端也应做鹰嘴和滴水槽。

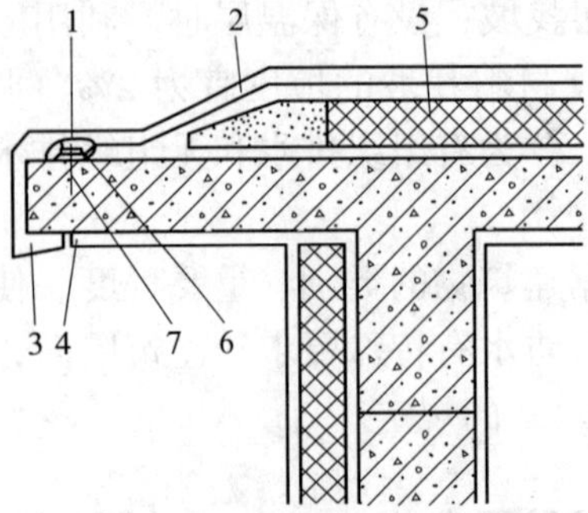

图 1.1.14　卷材防水屋面檐口

1—密封材料；2—卷材防水层；
3—鹰嘴；4—滴水槽；5—保温层；
6—金属压条；7—水泥钉

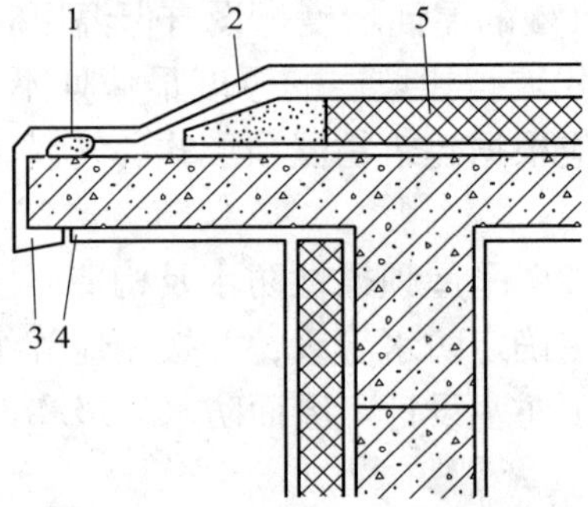

图 1.1.15　涂膜防水屋面檐口

1—涂料多遍涂刷；2—涂料防水层；
3—鹰嘴；4—滴水槽；5—保温层

③女儿墙。女儿墙压顶可采用混凝土或金属制品。压顶向内排水坡度不应小于 5%，压顶内侧下端应做滴水处理。女儿墙泛水处的防水层下应增设附加层，附加层在平面和立面的宽度均不应小于 250mm。低女儿墙泛水处的防水层可直接铺贴或涂刷至压顶下，卷材收头应用金属压条钉压固定，并应用密封材料封严；涂膜收头应用防水涂料多遍涂刷，如图 1.1.16 所示。高女儿墙泛水处的防水层泛水高度不应小于 250mm，泛水上部的墙体应做防水处理，如图 1.1.17 所示。

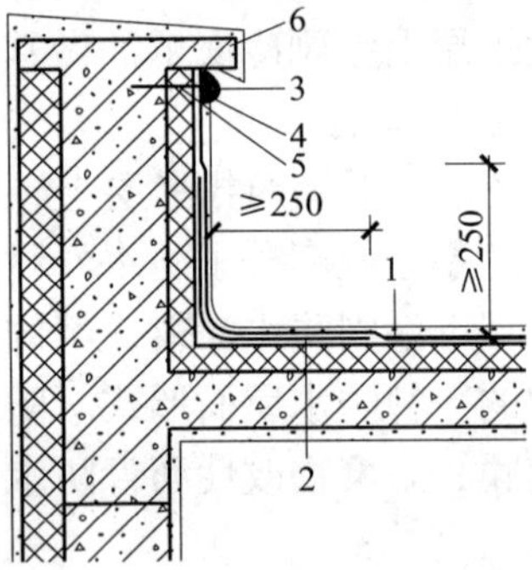

图 1.1.16　低女儿墙防水处理

1—防水层；2—附加层；3—密封材料；
4—金属压条；5—水泥钉；6—压顶

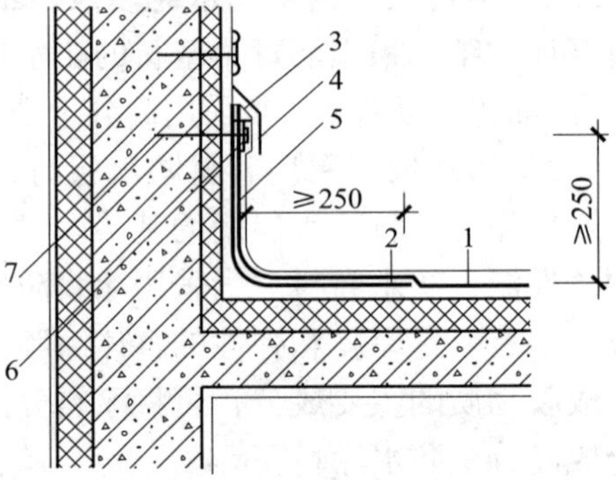

图 1.1.17　高女儿墙防水处理

1—防水层；2—附加层；3—密封材料；
4—金属盖板；5—保护层；
6—金属压条；7—水泥钉

（3）平屋顶的保温。保温层是指减少屋面热交换作用的构造层。在寒冷地区，为防止冬季室内热量通过屋顶向外散失，一般需设保温层，即在结构层上铺一定厚度的保温材料。保温层分为板状材料、纤维材料、整体材料三种类型。

3. 坡屋顶的构造

坡屋顶是指屋面坡度在 10% 以上的屋顶。与平屋顶相比较，坡屋顶的屋面坡度大，因而其屋面构造及屋面防水方式均与平屋面不同。屋面构造层次主要由屋顶天棚、承重结构层及屋面面层组成。必要时还应增设保温层、隔热层等。坡屋顶的构造如图 1.1.18 所示。

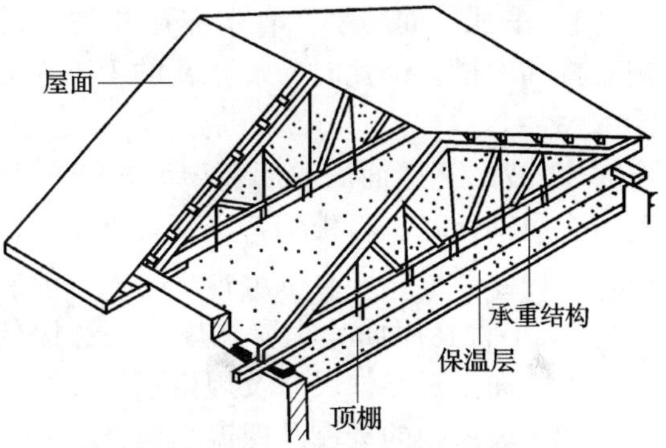

图 1.1.18　坡屋顶的构造

（1）坡屋顶的承重结构。

1）砖墙承重。砖墙承重又叫硬山搁檩，是将房屋的内外横墙砌成尖顶状，在上面直接搁置檩条来支承屋面的荷载。在山墙承檩的结构体系中，山墙的间距即为檩条的跨度。砖墙承重体系将屋架省略，施工方便，因而采用较多。砖墙承重如图 1.1.19（a）所示。

2）屋架承重。屋顶上搁置屋架，用来搁置檩条以支承屋面荷载。通常屋架搁置在房屋的纵向外墙或柱上，使房屋有一个较大的使用空间。屋架的形式较多，有三角形、梯形、矩形、多边形等。屋架承重如图 1.1.19（b）所示。

3）梁架结构。民间传统建筑多采用由木柱、木梁、木枋构成的这种结构，又称为穿斗结构。梁架结构如图 1.1.19（c）所示。

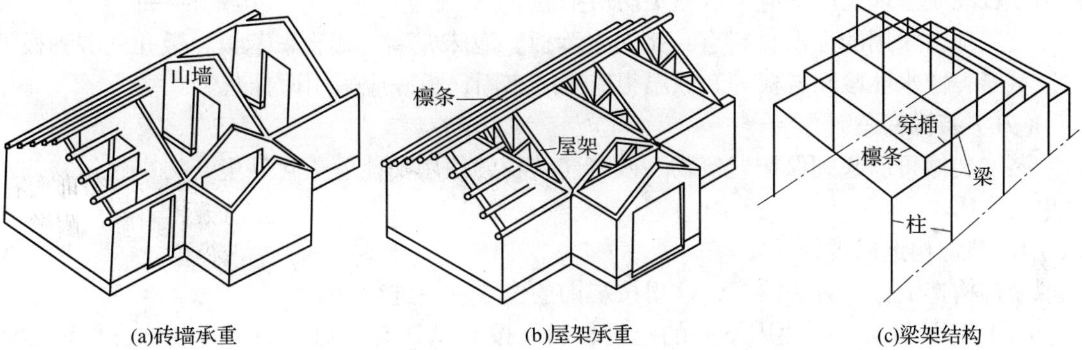

图 1.1.19　坡屋顶的承重结构方式

4）钢筋混凝土梁板承重。钢筋混凝土承重结构层按施工方法有两种：一种是现浇钢筋混凝土梁和屋面板，另一种是预制钢筋混凝土屋面板直接搁置在山墙上或屋架上。

对于空间跨度不大的民用建筑，钢筋混凝土折板结构是目前坡屋顶建筑使用较为普遍的一种结构形式，如图 1.1.20 所示。这种结构形式无需采用屋架、檩条等结构构件，而且整个结构层整体现浇，提高了坡屋顶建筑的防水、防渗性能。在这种结构形式中，屋面瓦可直接用水泥砂浆粘贴于结构层上。

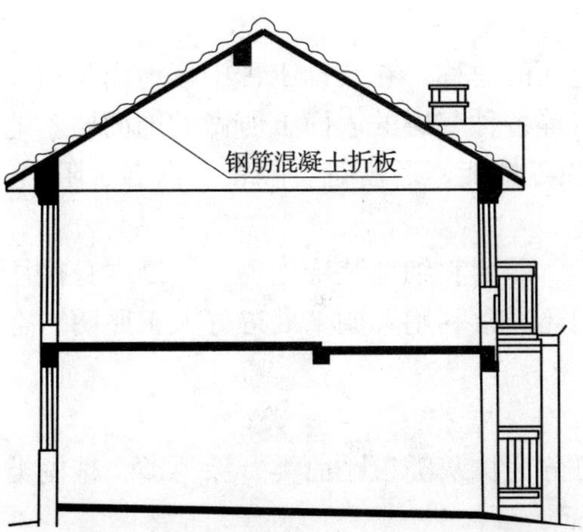

图 1.1.20　钢筋混凝土折板结构

（2）坡屋顶屋面。

1）平瓦屋面。平瓦有水泥瓦和黏土瓦两种，其外形按防水及排水要求设计，瓦的四边有榫和沟槽。铺瓦时，每张瓦的上下左右利用榫、槽相互搭接密合，避免雨水从接缝处渗入。

2）波形瓦屋面。波形瓦屋面包括水泥石棉波形瓦、钢丝网水泥瓦、玻璃钢瓦、钙塑瓦、金属钢板瓦、石棉菱苦土瓦等。根据波形瓦的波浪大小又可分为大波瓦、中波瓦和小波瓦三种。波形瓦具有重量轻、耐火性能好等优点，但易折断破碎，强度较低。

3）小青瓦屋面。小青瓦屋面在我国传统房屋中采用较多，目前有些地方仍然采用。小青瓦断面呈弧形，尺寸及规格不统一。铺设时分别将小青瓦仰俯铺排，覆盖成垅。

（3）坡屋顶的天棚及保温。

1）天棚。为了室内美观及保温隔热的需要，坡屋面房屋多数均设天棚（吊顶），把屋面的结构层隐蔽起来，以满足室内使用要求。

天棚可以沿屋架下弦表面做成平天棚，也可沿屋面坡向做成斜天棚。

天棚的骨架主要有：主吊顶筋（主搁栅）与屋架或檩条拉接，天棚龙骨（次搁栅）与主吊顶筋连接。按材质，天棚骨架又可分为木骨架、轻钢骨架等。

2）坡屋面的保温。坡屋顶应该设置保温隔热层，当结构层为钢筋混凝土板时，保温层宜设在结构层上部。当结构层为轻钢结构时，保温层可设置在上侧或下侧。坡屋顶保温层和细石混凝土现浇层均应采取屋顶防滑措施。

坡屋顶常采用的保温材料有：挤塑聚苯板、泡沫玻璃、膨胀聚苯板、微孔硅酸钙板硬泡聚氨酯、憎水性珍珠岩板等。保温板应固定牢固，板底应采用薄抹灰。

（九）装饰构造

装饰装修可以起到保护建筑物、改善建筑物的使用功能、美化环境、提高建筑物艺术效果的作用。

1. 装饰构造的类别

装饰构造的分类方法很多，这里按装饰的位置不同进行分类。

（1）墙面装饰。指使用不同的建筑材料，按照设计要求对墙面进行装饰，也称饰面装修。可分为室内和室外两部分，是建筑装饰设计的重要环节。它对改善建筑物的功能质量、美化环境等都有重要作用。墙面装饰有保护和改善墙体的热功能性、美观方面的功能。

（2）楼地面装饰。楼地面是底层地面和楼层地面的总称。在装饰工程中楼地面是指在普通的水泥地面、混凝土地面、砖地面以及灰土层等各种基层的表面上所做的饰面层。地面饰面层要求有足够的强度和耐磨、防潮、抗腐蚀等性能，还需符合隔音、保温、阻燃、防滑等构造要求。

（3）天棚装饰。指对天棚的高低、造型、色彩、照明和细部装饰处理。天棚本身往往具有保温、隔热、隔声、吸音等作用。此外，人们还经常利用天棚来处理好人工照明、空气调节、音响、防火等技术问题。

2. 墙体饰面装修构造

按材料和施工方式的不同，常见的墙体饰面可分为抹灰类、贴面类、涂料类、裱糊类和铺钉类等。

饰面装修一般由基层和面层组成，基层即支托饰面层的结构构件或骨架，其表面应平整，并应有一定的强度和刚度。面层附着于基层表面起美观和保护作用，它应与基层牢固结合，且表面需平整均匀。通常将面层最外表面的涂料作为饰面装修构造类型的命名。

（1）抹灰类。抹灰类是指用石灰砂浆、水泥砂浆、水泥石灰混合砂浆、聚合物水泥砂浆、膨胀珍珠岩水泥砂浆，以及麻刀灰、纸筋灰、石膏灰等作为饰面层的装修做法。

一般抹灰按质量要求分为普通抹灰、中级抹灰和高级抹灰三级。普通标准的抹灰一般由底层和面层组成；装修标准较高的房间，当采用中级或高级抹灰时，还要在面层与底层之间加一层或多层中间层，同时还可能在面层与基层之间粘贴玻璃纤维网格布或挂钢丝网。

（2）贴面类。贴面类是指利用各种天然石材或人造板、块，通过绑、挂或直接粘贴于基层表面的饰面做法。这类装修具有耐久性好、施工方便、装饰性强、质量高、易于清洗等优点。常用的贴面材料有陶瓷面砖、马赛克，以及水磨石、水刷石、剁斧石等水泥预制板和天然的花岗岩、大理石板等。其中，质地细腻的材料常用于室内装修，如瓷砖、大理石板等。而质感粗放的材料，如陶瓷面砖、马赛克、花岗岩板等，多用作室外装修。

（3）涂料类。涂料类是指利用各种涂料敷于基层表面，形成完整牢固的膜层，起到保护墙面和美观的一种饰面做法，是饰面装修中最简便的一种形式。

建筑材料中涂料的品种很多，选用时应根据建筑物的使用功能、墙体周围环境、墙身不同部位，以及施工和经济条件等，选择性价比高的涂料。用于外墙面的涂料，应具有良好的耐久、耐冻、耐污染性能。内墙涂料除应满足装饰要求外，还应有一定的强度和耐擦洗性能。炎热多雨地区选用的涂料，应有较好的耐水性、耐高温性和防霉性。寒冷地区则对涂料的抗冻性要求较高。

（4）裱糊类。裱糊类是将各种装饰性墙纸、墙布等卷材裱糊在墙面上的一种饰面做法。依面层材料的不同，有塑料面墙纸（PVC 墙纸）、纺织物面墙纸、金属面墙纸及天然木纹面墙纸等。墙布是指可以直接用作墙面装饰材料的各种纤维织物的总称。墙纸或墙布的裱贴是在抹灰的基层上进行，它要求基层表面平整、阴阳角顺直。

（5）铺钉类。铺钉类指利用天然板条或各种人造薄板借助于钉、胶粘等固定方式对墙面进行的饰面做法。铺钉类装修是由骨架和面板两部分组成，施工时先在墙面上立骨架（墙筋），然后在骨架上铺钉装饰面板。

3. 楼地面装饰构造

楼地面的装修材料和做法应根据房间的使用要求和装修要求并结合经济条件加以选用。楼地面装饰按材料形式和施工方式可分为四大类，即整体浇筑楼地面、块料楼地面、卷材楼地面和涂料楼地面。

（1）整体浇筑楼地面。整体浇筑楼地面是指用现场浇筑的方法做成整片的楼地面。按楼地面材料不同有水泥砂浆楼地面、水磨石楼地面、混凝土楼地面等。

1）水泥砂浆楼地面。水泥砂浆地面通常是用水泥砂浆一次抹压而成，即单层做法。水泥砂浆地面构造简单，施工方便，造价低，耐水，是目前应用最广泛的一种低档地面做法。但地面易起灰，无弹性，热传导性高，装饰效果较差。

2）水磨石楼地面。水磨石地面是将用水泥作胶结材料、大理石或白云石等中等硬度石料的石屑作骨料而形成的水泥石屑浆浇抹硬结后，经磨光打蜡而成。水磨石地面坚硬、耐磨、光洁，不透水，不起灰，它的装饰效果也优于水泥砂浆地面，但造价高于水泥砂浆地面，施工较复杂，无弹性，吸热性强，常用于人流量较大的交通空间和房间。

3）混凝土楼地面。常用普通混凝土、细石混凝土、耐磨混凝土等，通过浇筑、找平和打磨而成。混凝土楼地面坚韧耐用，造价较低，吸热性强，具有防水和防火功能。

（2）块料楼地面。块料楼地面是指利用板材或块材铺贴而成的地面。按地面材料不同有陶瓷板块楼地面、石板楼地面、塑料板块楼地面和木楼地面等。

1）陶瓷板块楼地面。用作地面的陶瓷板块有陶瓷锦砖和缸砖、陶瓷彩釉砖、瓷质无釉砖等各种陶瓷地砖。陶瓷锦砖（又称马赛克）是以优质瓷土烧制而成的小块瓷砖，它有各种颜色、多种几何形状，并可拼成各种图案。

2）石板楼地面。石板楼地面包括天然石楼地面和人造石楼地面。天然石有大理石和花岗石等。天然石地面具有较好的耐磨、耐久性能和装饰性，但造价较高。人造石板有预制水磨石板、人造大理石板等，价格低于天然石板。

3）塑料板块楼地面。塑料楼地面材料的种类很多，目前聚氯乙烯塑料地面材料应用最广泛。它是以聚氯乙烯树脂为主要胶结材料，添加增塑剂、填充料、稳定剂、润滑剂和颜料等经塑化热压而成。可加工成块材，也可加工成卷材，其材质有软质和半硬质两种。目前在我国应用较多的是半硬质聚氯乙烯块材。

4）木楼地面。木楼地面按构造方式有空铺式和实铺式两种。空铺式木地面是将支承木地板的搁栅架空搁置，使地板下有足够的空间便于通风，以保持干燥，防止木板受潮变形或腐烂。空铺式木地面构造复杂，耗费木材较多，因而采用较少。

实铺式木地面有铺钉式和粘贴式两种做法。铺钉式实铺木地面是将木搁栅搁置在混凝土垫层或钢筋混凝土楼板上的水泥砂浆或细石混凝土找平层上，在搁栅上铺钉木地板。粘贴式实铺木地面是将木地板用沥青胶或环氧树脂等黏结材料直接粘贴在找平层上。

木地面具有良好的弹性、吸声能力和低吸热性，易于保持清洁，但耐火性差，保养不善时易腐朽，且造价较高。

（3）卷材楼地面。卷材楼地面是用成卷的卷材铺贴而成。常见的地面卷材有软质聚氯乙烯塑料地毡、油地毡、橡胶地毡和地毯等。

（4）涂料楼地面。涂料楼地面是利用涂料涂刷或涂刮而成。它是水泥砂浆地面的一种表面处理形式，用来改善水泥砂浆地面在使用和装饰方面的不足。地面涂料品种较多，有溶剂型、水溶性和水乳型等地面涂料。

为保护墙面，防止外界碰撞损坏墙面，或擦洗地面时弄脏墙面，通常在墙面靠近地面处设踢脚线（又称踢脚板）。踢脚线的材料一般与地面相同，故可看作是地面的一部分，即地面在墙面上的延伸部分。踢脚线通常凸出墙面，也可与墙面平齐或凹进墙面。

4. 天棚装饰构造

一般天棚多为水平式，但根据房间用途不同，天棚可做成弧形、凹凸形、阶梯形、吊挂式、藻井式等。依构造方式不同，天棚有直接式天棚和悬吊式天棚之分。

（1）直接式天棚。直接式天棚系指直接在钢筋混凝土楼板下喷、刷、粘贴装修材料的一种构造方式。在工业与民用建筑中应用较多。直接式天棚装修常用的方法有以下几种：直接喷、刷涂料、抹灰装修、贴面式装修。

（2）悬吊式天棚。悬吊式天棚又称吊天花，简称吊顶。在现代建筑中，为提高建筑物的使用功能，除照明、给排水管道、煤气管需安装在楼板层中外，空调管、灭火喷淋、感知器、广播设备等管线及其装置，均需安装在天棚上。为处理好这些设施，往往必须借助于悬吊天棚来解决。吊顶龙骨依所采用材料、装修标准以及防火要求的不同分为木质龙骨和金属龙骨两大类。

四、装配式建筑

装配式建筑是指建筑的部分或全部构件在构件预制工厂生产完成，然后通过相应的运输方式运到施工现场，采用安装机械和可靠的安装方式将构件组装起来，成为具备使用功能的建筑物的建筑施工方式。装配式建筑（PC 建筑）具有设计标准化、生产工厂化、施工装配化、装修一体化、管理信息化的特点，同时节能环保，施工受气候条件制约小，节约劳动力，符合绿色建筑的要求，是我国大力提倡的建筑方式。

（一）装配式建筑分类

1. 装配式砌块建筑

用预制的块状材料砌成墙体的装配式建筑，适于建造 3~5 层建筑，如提高砌块强度或配置钢筋，还可适当增加层数。建筑砌块有小型、中型、大型之分：小型砌块适于人工搬运和砌筑，工业化程度较低，灵活方便，使用较广；中型砌块可用小型机械吊装，可节省砌筑劳动力；大型砌块现已被预制大型板材所代替。

2. 装配式板材建筑

由预制的大型内外墙板、楼板和屋面板等板材装配而成，又称大板建筑。它是工业化体系建筑中全装配式建筑的主要类型。板材建筑可以减轻结构重量，提高劳动生产率，扩大建筑的使用面积和防震能力。板材建筑的内墙板多为钢筋混凝土的实心板或空心板；外墙板多为带有保温层的钢筋混凝土复合板，也可用轻骨料混凝土、泡沫混凝土或大孔混凝土等制成带有外饰面的墙板。

3. 装配式盒式建筑

从板材建筑的基础上发展起来的一种装配式建筑。这种建筑工厂化的程度很高，现场安装快。一般不但在工厂完成盒子的结构部分，而且内部装修和设备也都安装好，甚至可连家具、地毯等一概安装齐全。盒子吊装完成、接好管线后即可使用。盒式建筑的装配形式有全盒式、板材盒式、核心体盒式、骨架盒式等。

4. 装配式骨架板材建筑

由预制的骨架和板材组成。其承重结构一般有两种形式：一种是由柱、梁组成承重框架，再搁置楼板和非承重的内外墙板的框架结构体系；另一种是柱子和楼板组成承重的板柱结构体系，内外墙板是非承重的。承重骨架一般多为重型的钢筋混凝土结构，也有采用钢和木作成骨架和板材组合，常用于轻型装配式建筑中。钢筋混凝土框架结构体系的骨架板材建筑有全装配式、预制和现浇相结合的装配整体式两种。

5. 装配式升板升层建筑

板柱结构体系的一种，但施工方法则有所不同。这种建筑是在底层混凝土地面上重复浇筑各层楼板和屋面板，竖立预制钢筋混凝土柱子，以柱为导杆，用放在柱子上的油压千斤顶把楼板和屋面板提升到设计高度，加以固定。外墙可用砖墙、砌块墙、预制外墙板、轻质组合墙板或幕墙等，也可以在提升楼板时提升滑动模板、浇筑外墙。

升层建筑是在升板建筑每层的楼板还在地面时先安装好内外预制墙体，一起提升的建筑。升层建筑可以加快施工速度，比较适用于场地受限制的地方。

（二）装配式结构

装配式结构是装配式钢筋混凝土结构的简称，是以预制构件为主要受力构件经装配而成的混凝土结构。装配式钢筋混凝土结构是我国建筑结构发展的重要方向之一。

装配式结构可分为装配整体式框架结构、装配整体式剪力墙结构、装配整体式框架－剪力墙结构、装配整体式部分框支剪力墙结构。

1. 装配整体式框架结构

装配整体式框架结构是指梁、板、柱均由预制混凝土构件组成，在现场进行结构吊装而成。主要用于需要开敞大空间的厂房、商场、办公楼、教学楼等建筑，也应用于民用住宅等民用建筑。

2. 装配整体式剪力墙结构

装配整体式剪力墙结构可以分为部分预制剪力墙结构和全预制剪力墙结构。剪力墙结构、电梯井结构等一系列竖向结构都全部采用预制的，称为全预制装配整体式剪力墙结构；部分预制剪力墙结构主要指内墙现浇、外墙预制的装配式剪力墙结构。主要用于高层和超高层公共建筑和住宅建筑。

3. 装配整体式框架－剪力墙结构

框架－剪力墙结构是在框架结构中布置一定数量的剪力墙，构成灵活自由地使用空间，满足不同建筑功能的要求，同时又有足够的剪力墙，有相当大的侧向刚度。装配整体式框架－剪力墙结构是将框架－剪力墙结构中的部分受力构件采用工厂预制，关键节点和重要受力构件采用现浇的结构形式。主要用于高层和超高层公共建筑和住宅建筑。

4. 装配整体式部分框支剪力墙结构

部分框支剪力墙指地面以上有部分框支剪力墙的剪力墙结构。框支剪力墙（在转换层结构中）由柱梁体系以上进行结构转换，然后延伸出的剪力墙，为框支剪力墙。装配整体式部分框支剪力墙结构采用部分受力构件由工厂预制，主要连接点和部分受力构件采用现浇的结构形式。适用于高层的公共建筑和住宅建筑。

（三）装配式结构主要预制构件

装配式结构的主要预制构件有：叠合梁、预制柱、预制叠合板剪力墙、装配整体式钢筋混凝土楼板、预制外墙挂板、预制阳台、预制楼梯、预制空调板等。

1. 叠合梁

叠合梁是分两次浇捣混凝土的梁，第一次在预制场做成预制梁；第二次在施工现场进行。一般框架梁的横截面为矩形或T形，当楼盖结构为预制板装配式楼盖时，为减少结构所占的高度，增加建筑净空，框架梁截面常为十字形或花篮形，在装配整体式框架结构中，常将预制梁做成T形截面，在预制板安装就位后，再现浇部分混凝土，即形成所谓的叠合梁。

2. 预制叠合板剪力墙

预制叠合板剪力墙是由两片混凝土墙板叠合而成的，属半装配式钢筋混凝土结构。预制叠合板剪力墙由钢筋桁架拉结两侧在工厂预制完成的墙板，然后在空腔内现浇混凝土形成整体，俗称“双皮墙”。后浇混凝土和预制混凝土墙片整体受力，共同承担外部荷载。

3. 装配整体式钢筋混凝土楼板

装配整体式钢筋混凝土楼板是将楼板中的部分构件预制安装后，再通过现浇的部分连接成整体。这种楼板的整体性较好，可节省模板，施工速度较快。

（1）叠合楼板。叠合楼板是由预制板和现浇钢筋混凝土层叠合而成的装配整体式楼板。预制板既是楼板结构的组成部分，又是现浇钢筋混凝土叠合层的永久性模板，现浇叠合层内应设置负弯矩钢筋，并可在其中敷设水平设备管线。叠合楼板的预制部分可以采用预应力实心薄板，也可采用钢筋混凝土空心板。

（2）密肋填充块楼板。密肋填充块楼板的密肋小梁有现浇和预制两种。现浇密肋填充块楼板以陶土空心砖，矿渣混凝土空心块等作为肋间填充块，然后现浇密肋和面板。密肋填充块楼板底面平整，隔声效果好，能充分利用不同材料的性能，节约模板且整体性好。

4. 预制外墙挂板

预制混凝土外墙挂板是装配在钢结构或混凝土结构上，起围护、装饰作用的非承重预制混凝土外墙板，简称外墙挂板。外墙挂板按构件构造可分为钢筋混凝土外墙挂板、预应力混凝土外墙挂板两种形式；按与主体结构连接节点构造可分为点支承连接、线支承连接两种形式，按保温形式可分为无保温、外保温、夹心保温等三种形式，按建筑外墙功能定位可分为围护墙板和装饰墙板。

5. 预制阳台

一般的阳台主要由混凝土制成的阳台底板、阳台栏杆或栏板构成。装配式预制阳台，是将阳台底板及与阳台栏杆或栏板连接件在工厂内预制完成，在施工现场吊装及安装完成。

6. 预制楼梯

预制装配式钢筋混凝土楼梯是将楼梯分成休息板、楼梯梁、楼梯段三个部分。将构件在加工厂进行预制，施工时将预制构件进行装配、焊接而成。

第二节 常用建筑材料

一、建筑结构材料

（一）建筑钢材

钢材是钢锭、钢坯或钢材通过压力加工制成的各种形状、尺寸和性能的材料。钢材具有强度高，塑性、韧性和耐热性好，材质均匀，工作可靠性高，可焊接和铆接，能承受冲击和振动荷载等优异性能，是土木建筑工程中使用量最大的材料品种之一。

建筑钢材通常可分为钢筋混凝土结构用钢筋和钢结构用钢。钢筋混凝土结构用钢筋，按加工方法可分为热轧钢筋、热处理钢筋、冷拉钢筋、冷拔低碳钢丝和钢绞线等；按表面形状可分为光圆钢筋和螺纹钢筋；钢结构用钢主要有普通碳素结构钢和低合金结构钢。品种有型钢、钢管。型钢中有角钢、工字钢和槽钢等。

1. 钢筋混凝土结构用钢筋

钢筋混凝土结构用钢筋主要有热轧钢筋、冷加工钢筋、热处理钢筋、钢丝和钢绞线。

（1）热轧钢筋。热轧钢筋是建筑工程中用量最大的钢材之一，主要用于钢筋混凝土结构。按照现行国家标准规定，热轧光圆钢筋分 HPB300 一种牌号；普通热轧带肋钢筋俗称螺纹钢，分为 HRB400、HRB500、HRB600、HRB400E、HRB500E 五种牌号；细晶粒热轧带肋钢筋分 HRBF400、HRBF500、HRBF400E、HRBF500E 四种牌号。细晶粒热轧钢筋指通过控冷控轧的方法，使钢筋组织晶粒细化，可提高强度，降低脆性。后缀有 E 的表示抗震钢筋。

热轧钢筋的品种规格及应用见表 1.2.1。

表 1.2.1　热轧钢筋的品种规格及应用表

类别	牌号	屈服强度（MPa）	公称直径（mm）	应 用 范 围
热轧光圆钢筋	HPB300	300	6~22	用于一般钢筋混凝土结构的受力筋、分布筋、箍筋，构造柱、圈梁及次要构件的构造钢筋等
普通热轧带肋钢筋	HRB400	400	6~50	HRB400 用于常规的钢筋混凝土结构、HRB500 多应用于受荷较大且由承载力控制截面配筋的纵向受力钢筋，HRB600 主要用于抗震性能要求较高的钢筋混凝土结构
	HRB500	500		
	HRB600	600		
	HRB400E	400		
	HRB500E	500		
细晶粒热轧带肋钢筋	HRBF400	400	6~50	结构构件中的受力钢筋的变形性能直接影响结构在地震力作用下的延性，对考虑地震作用的主要结构构件的纵向受力钢筋可采用细晶粒热轧钢筋
	HRBF500	500		
	HRBF400E	400		
	HRBF500E	500		

（2）冷加工钢筋。冷加工钢筋是在常温下对热轧钢筋进行机械加工（冷拉、冷拔、冷轧、冷扭、冲压等）而成。常见的品种有冷拉热轧钢筋、冷轧带肋钢筋和冷拔低碳钢丝。

1）冷拉热轧钢筋。在常温下将热轧钢筋拉伸至超过屈服点小于抗拉强度的某一应力，然后卸荷，即制成了冷拉热轧钢筋。冷拉可使钢筋的屈服强度、抗拉强度提高，但也造成钢材变脆、塑性、韧性降低。实践中可将冷拉、除锈、调直、切断合并为一道工序，这样可简化流程，提高效率。

2）冷轧带肋钢筋。用低碳钢热轧盘圆条直接冷轧或经冷拔后再冷轧，形成三面或两面横肋的钢筋。冷轧带肋钢筋克服了冷拉、冷拔钢筋握裹力低的缺点，具有强度高、握裹力强、节约钢材、质量稳定等优点，但塑性降低，强屈比变小。

3）冷拔低碳钢丝。低碳钢热轧圆盘条或热轧光圆钢筋经一次或多次冷拔制成的光圆钢丝。冷拔低碳钢丝宜作为构造钢筋使用，作为结构构件中纵向受力钢筋使用时应采用钢丝焊接网。

（3）热处理钢筋。热处理钢筋是钢厂将热轧的带肋钢筋（中碳低合金钢）经淬火和高温回火调质处理而成，以热处理状态交货的钢筋。热处理钢筋强度高，用材省，锚固性好，预应力稳定，主要用作预应力钢筋混凝土轨枕，也可以用于预应力混凝土板、吊车梁等构件。

（4）钢丝与钢绞线。预应力混凝土用钢丝是用优质碳素结构钢经冷加工及时效处理或热处理等工艺过程制得，具有高强度，安全可靠，便于施工等优点。预应力混凝土用钢丝按照加工状态分为冷拉钢丝和消除应力钢丝两类。钢丝按外形分为光面钢丝（P）、螺旋肋钢丝（H）和刻痕钢丝（I）三种。

钢绞线是以热轧盘条钢为原料，经冷拔后将钢丝若干根捻制而成。

2. 钢结构用钢

钢结构用钢主要是热轧成型的钢板、型钢等，其中型钢又分热轧型钢和冷弯薄壁型钢。符合钢结构要求的材质不多，主要有普通碳素结构钢及低合金高强度结构钢。

（1）热轧型钢。按钢材的外形，钢结构常用热轧型钢有：工字钢、H 型钢、T 型钢、槽钢、等边角钢、不等边角钢等。型钢是钢结构中采用的主要钢材。型钢的规格表示方法：工字钢用“I”与高度值 × 腿宽度值 × 腰宽度值表示，如 I450 × 150 × 11.5（简记为 I45a）；槽钢用“[”与高度值 × 腿宽度值 × 腰宽度值表示，如 [200 × 75 × 9.0（简记为 [20#b）；等边角钢用“L”与边宽度值 × 边宽度值 × 边厚度值表示，如 L 200 × 200 × 24（简记为 L 200 × 24）；不等边角钢用“L”与长边宽度值 × 短边宽度值 × 边厚度值表示，如 L 160 × 100 × 16。

（2）冷弯薄壁型钢。薄壁型钢是用薄钢板（通常 2~6mm）冷弯或者模压而成，其界面形状多样，可分为 C 型钢、H 型钢等开口薄壁型钢及方形、矩形等空心薄壁型钢。

（3）钢板和压型钢板。用光面轧辊轧制而成的扁平钢材称为钢板。按轧制温度的不同，钢板又可分热轧和冷轧两类。土木建筑工程用钢板的钢种主要是碳素结构钢。钢板规格表示方法为“– 宽度 × 厚度 × 长度”，单位为 mm，如 –500 × 6 × 2 000。按厚度来分类，热轧钢板可分为厚板（厚度大于 4mm）和薄板（厚度不大于 4mm）两种；冷轧钢板只有薄板。

（二）水泥

水泥是一种粉状水硬性无机胶凝材料，加水搅拌后成浆体，能在空气中硬化或者在水中硬化，并能把砂、石等材料牢固地胶结在一起。在建筑材料中，经过一系列理化作用，能从浆体变成坚固的石状体，并能将其他固体物料胶结成整体而具有一定机械强度的物质，统称为胶凝材料。根据化学组成的不同，胶凝材料可分为无机与有机两大类。无机胶凝材料按其硬化条件的不同又可分为气硬性和水硬性两类。只能在空气中硬化的称气硬性胶凝材料；既能在空气中，还能更好地在水中硬化的称水硬性胶凝材料，水泥就是良好的水硬性胶凝材料。

1. 硅酸盐水泥与普通硅酸盐水泥

（1）硅酸盐水泥。凡以硅酸钙为主的硅酸盐水泥熟料，5% 以下的石灰石或粒化高炉矿渣，适量石膏磨细制成的水硬性胶凝材料，统称为硅酸盐水泥，国际上统称为波特兰水泥。硅酸盐水泥分两种类型，不掺加混合材料的称为 Ⅰ 型硅酸盐水泥，代号 P · Ⅰ；掺加不超过水泥质量 5% 的石灰石或粒化高炉矿渣混合材料的称为Ⅱ型硅酸盐水泥，代号 P·Ⅱ。硅酸盐水泥的强度等级分为 42.5、42.5R、52.5、52.5R、62.5、62.5R 六个等级。后缀有 R 的表示早强型水泥。

（2）普通硅酸盐水泥。由硅酸盐水泥熟料、5%~20% 的混合材料、适量石膏磨细制成的水硬性胶凝材料，称为普通硅酸盐水泥，代号 P·O。普通硅酸盐水泥的强度等级分为 42.5、42.5R、52.5、52.5R 四个等级。

（3）硅酸盐水泥熟料的组成。硅酸盐水泥熟料主要矿物组成及其含量范围和各种熟料单独与水作用所表现特性，见表 1.2.2。

表 1.2.2 硅酸盐水泥熟料矿物组成与主要特征

矿物名称	组成化学式	代号 / 含量（%）		主要特征				
				水化速度	水化热	强度	体积收缩	抗硫酸盐侵蚀性
硅酸三钙	$3CaO \cdot SiO_2$	C_3S	37~60	快	大	高	中	中
硅酸二钙	$2CaO \cdot SiO_2$	C_2S	15~17	慢	小	早期低，后期高	中	最好
铝酸三钙	$3CaO \cdot Al_2O_3$	C_3A	7~15	最快	最大	低	最大	差
铁铝酸四钙	$4CaO \cdot Al_2O_3 \cdot Fe_2O_3$	C_4AF	10~18	较快	中	中	最小	好

2. 常用水泥的主要特性及适用范围

常用水泥的主要特性及适用范围见表 1.2.3。

表 1.2.3 常用水泥的主要特性及适用范围

水泥种类	硅酸盐水泥	普通硅酸盐水泥	矿渣硅酸盐水泥	火山灰质硅酸盐水泥	粉煤类硅酸盐水泥
强度等级	42.5，42.5R 52.5，52.5R 62.5，62.5R	42.5，42.5R 52.5，52.5R	32.5，32.5R 42.5，42.5R 52.5，52.5R	32.5，32.5R 42.5，42.5R 52.5，52.5R	32.5，32.5R 42.5，42.5R 52.5，52.5R
主要特性	1. 早期强度较高，凝结硬化快； 2. 水化热较大； 3. 耐冻性好； 4. 耐热性较差； 5. 耐腐蚀及耐水性较差； 6. 干缩性较小	1. 早期强度较高，凝结硬化较快； 2. 水化热较大； 3. 耐冻性较好； 4. 耐热性较差； 5. 耐腐蚀及耐水性较差； 6. 干缩性较小	1. 早期强度低，后期强度增长较快，凝结硬化慢； 2. 水化热较小； 3. 耐热性较好； 4. 耐硫酸盐侵蚀和耐水性较好； 5. 抗冻性较差； 6. 干缩性较大； 7. 抗碳化能力差	1. 早期强度低，后期强度增长较快，凝结硬化慢； 2. 水化热较小； 3. 耐热性较差； 4. 耐硫酸盐侵蚀和耐水性较好； 5. 抗冻性较差； 6. 干缩性较大； 7. 抗渗性较好； 8. 抗碳化能力差	1. 早期强度低，后期强度增长较快，凝结硬化慢； 2. 水化热较小； 3. 耐热性较差； 4. 耐硫酸盐侵蚀和耐水性较好； 5. 抗冻性较差； 6. 干缩性较小； 7. 抗碳化能力较差

续表 1.2.3

水泥种类	硅酸盐水泥	普通硅酸盐水泥	矿渣硅酸盐水泥	火山灰质硅酸盐水泥	粉煤类硅酸盐水泥
适用范围	适用于快硬早强的工程、配制高强度等级混凝土	适用于制造地上、地下及水中的混凝土、钢筋混凝土及预应力钢筋混凝土结构，包括受反复冰冻的结构；也可配制高强度等级混凝土及早期强度要求高的工程	1. 适用于高温车间和有耐热、耐火要求的混凝土结构； 2. 大体积混凝土结构； 3. 蒸汽养护的混凝土结构； 4. 一般地上、地下和水中混凝土结构； 5. 有抗硫酸盐侵蚀要求的一般工程	1. 适用于大体积工程； 2. 有抗渗要求的工程； 3. 蒸汽养护的混凝土构件； 4. 可用于一般混凝土结构； 5. 有抗硫酸盐侵蚀要求的一般工程	1. 适用于地上、地下水中及大体积混凝土工程； 2. 蒸汽养护的混凝土构件； 3. 可用于一般混凝土工程； 4. 有抗硫酸盐侵蚀要求的一般工程
不适用范围	1. 不宜用于大体积混凝土工程； 2. 不宜用于受化学侵蚀、压力水（软水）作用及海水侵蚀的工程	1. 不适用于大体积混凝土工程； 2. 不宜用于化学侵蚀、压力水（软水）作用及海水侵蚀的工程	1. 不适用于早期强度要求较高的工程； 2. 不适用于严寒地区并处在水位升降范围内的混凝土工程	1. 不适用于处在干燥环境的混凝土工程； 2. 不宜用于耐磨性要求高的工程； 3. 其他同矿渣硅酸盐水泥	1. 不适用于有抗碳化要求的工程； 2. 其他同矿渣硅酸盐水泥

（三）沥青

沥青是一种有机胶凝材料，主要用于生产防水材料和铺筑沥青路面等。常用的沥青主要是石油沥青，也会使用少量的煤沥青。

1. 石油沥青

石油沥青是石油原油经蒸馏等提炼出各种轻质油（如汽油、柴油等）及润滑油以后的残留物，或再经加工而得的产品。在常温下呈固体、半固体或黏性液体，颜色为褐色或黑褐色。

土木建筑工程中使用的石油沥青主要是建筑石油沥青和道路石油沥青。

（1）建筑石油沥青。建筑石油沥青按针入度不同分为 10 号、30 号和 40 号三个牌号。主要用作制造油纸、油毡、防水涂料和沥青嵌缝膏。绝大部分用于屋面及地下防水、沟槽防水防腐蚀及管道防腐等工程。

（2）道路石油沥青。按道路交通量可分为重交通道路石油沥青和中、轻交通道路石油沥青。重交通道路石油沥青按针入度范围分为 AH–130、AH–110、AH–90、AH–70、AH–50、AH–30 六个牌号。重交通道路石油沥青主要用于高速公路、一级公路路面，机场道面及重要的城市道路路面工程。中、轻交通道路石油沥青主要用于一般的道路路面、车间地面等工程。

2. 改性石油沥青

改性沥青是指添加了橡胶、树脂、高分子聚合物、磨细了的胶粉等改性剂，或采用对沥青进行轻度氧化加工，从而使沥青的性能得到改善的沥青混合物。常用的改性沥青主要有橡胶改性沥青。

橡胶改性沥青有较好的混溶性，能使沥青具有橡胶的很多优点，如高温变形性小，低温柔性好。常用的橡胶改性沥青有氯丁橡胶改性沥青、丁基橡胶改性沥青、热塑性弹性体（SBS）橡胶改性沥青、再生橡胶改性沥青等。SBS 橡胶改性沥青具有良好的耐高温性、优异的低温柔性和耐疲劳性，是目前应用最成功和用量最大的一种改性沥青，主要用于制作防水卷材和铺筑高等级公路路面等。

（四）混凝土

混凝土是指以胶凝材料将骨料胶结成整体的工程复合材料的统称。按所用胶凝材料的种类不同，混凝土可分为水泥混凝土（也称普通混凝土）、沥青混凝土、树脂混凝土、聚合物混凝土等。水泥混凝土是以水泥、骨料和水为主要原料，也可加入外加剂和矿物掺合料等材料，经拌和、成型、养护等工艺制成的、硬化后具有强度的工程材料，是土木建筑工程中最常用的混凝土。

1. 普通混凝土

普通混凝土指以水泥为主要胶凝材料，与水、砂、石子，必要时掺入化学外加剂和矿物掺合料，按适当比例配合，经过均匀搅拌、密实成型及养护硬化而成的人造石材。在混凝土中，砂、石起骨架作用，称为骨料；水泥与水形成水泥浆，水泥浆包裹在骨料表面并填充其空隙。混凝土主要划分为两个阶段与状态：凝结硬化前的塑性状态，即新拌混凝土或混凝土拌和物；硬化之后的坚硬状态，即硬化混凝土或混凝土。混凝土强度等级是以立方体抗压强度标准值划分，我国普通混凝土强度等级划分为 14 级：C15、C20、C25、C30、C35、C40、C45、C50、C55、C60、C65、C70、C75 及 C80。

普通混凝土的组成及影响因素主要有：

（1）水泥。水泥是影响混凝土强度、耐久性及经济性的重要因素。配制混凝土时，应根据工程性质与特点、工程部位、工程所处环境以及施工条件等，根据不同品种水泥的特性进行合理的选择。水泥强度等级的选择，应与混凝土的设计强度等级相适应。对于一般强度的混凝土，水泥强度等级宜为混凝土强度等级的 1.5~2.0 倍，对于较高强度等级的混凝土，水泥强度宜为混凝土强度等级的 0.9~1.5 倍。

（2）砂。粒径在 4.75mm 以下的细骨料（砂）。主要有天然砂和机制砂两类。天然砂包括河砂、湖砂、海砂和山砂。机制砂是经过除土处理，由机械破碎、筛分制成的岩石颗粒，但不含软质岩、风化岩石的颗粒。砂按细度模数分为粗、中、细三种规格：3.7~3.1 为粗砂，3.0~2.3 为中砂，2.2~1.6 为细砂。粗、中、细砂均可作为普通混凝土用砂，但以中砂为佳。砂按技术要求分为Ⅰ类、Ⅱ类、Ⅲ类。

（3）石子。粒径大于 4.75mm 的骨料称为粗骨料（石子），包括碎石和卵石。碎石是由天然岩石或卵石经破碎、筛分而得到的粒径大于 4.74mm 的岩石颗粒；卵石是由自然风化、水流搬运和分选、堆积形成的，粒径大于 4.75mm 的岩石颗粒。碎石表面粗糙，颗粒多棱角，与水泥浆黏结力强，配制的混凝土强度高。卵石表面光滑，少棱角，空隙率及表面积小，拌制混凝土需用水泥浆量少，与水泥浆黏结力较差，故用其配制的混凝土强度较低。卵石、碎石按技术要求分为Ⅰ类、Ⅱ类、Ⅲ类。

（4）水。混凝土拌合用水和混凝土养护用水应符合现行行业标准《混凝土用水标准》JGJ 63–2006 的规定。混凝土拌合用水不应有漂浮明显的油脂和泡沫，不应有明显的颜色和异味。混凝土企业设备洗刷水不宜用于预应力混凝土、装饰混凝土，不得用于使用碱活性或潜在碱活性骨料的混凝土。

（5）外加剂。混凝土外加剂是指在拌制混凝土过程中掺入的用于改善新拌混凝土或硬化混凝土性能的材料。常用混凝土外加剂有：减水剂、早强剂、引气剂及引气减水剂、缓凝剂、泵送剂、膨胀剂。

1）减水剂。混凝土减水剂是指在保持混凝土坍落度基本相同的条件下，具有减水增强作用的外加剂。

2）早强剂。混凝土早强剂是指能提高混凝土早期强度，并对后期强度无显著影响的外加剂。

3）引气剂及引气减水剂。引气剂是在混凝土搅拌过程中，能引入大量分布均匀的稳定而封闭的微小气泡，以减少拌合物泌水离析，改善和易性，同时显著提高硬化混凝土抗冻融耐久性的外加剂。兼有引气和减水作用的外加剂称为引气减水剂。

4）缓凝剂。缓凝剂是指延缓混凝土凝结时间，并不显著降低混凝土后期强度的外加剂。兼有缓凝和减水作用的外加剂称为缓凝减水剂。

5）泵送剂。泵送剂是指能改善混凝土拌合物的泵送性能，使混凝土具有能顺利通过输送管道，不阻塞，不离析，黏塑性良好的外加剂。

6）膨胀剂。膨胀剂能使混凝土产生一定的体积膨胀，其与水反应生成膨胀性水化物，与水泥混凝土凝结硬化过程中产生的收缩相抵消。

2. 预拌混凝土

预拌混凝土是指由水泥、集料、水以及根据需要掺入的外加剂、矿物掺合料等组分按一定比例，在搅拌站经计量、拌制后出售的并采用运输车，在规定时间内运至使用地点的混凝土拌合物。多作为商品出售，故也称商品混凝土。预拌混凝土作为半成品，质量稳定、技术先进、节能环保，能提高施工效率，有利于文明施工。国家提倡或强制要求采用商品混凝土施工，在采用商品混凝土时要考虑混凝土的经济运距，一般以 15~20km 为宜，运输时间一般不宜超过 1h。

预拌混凝土分为常规品和特制品。常规品代号 A，特制品代号 B，包括的混凝土种类有高强混凝土、自密实混凝土、纤维混凝土、轻骨料混凝土和重混凝土。预拌混凝土供货量应以体积计量，计量单位为 m^3。预拌混凝土体积应由运输车实际装载的混凝土拌合物质量除以混凝土拌合物的表观密度求得（一辆运输车实际装载量可由用于该车混凝土中全部原材料的质量之和求得，或可由运输车卸料前后的重量差求得）。预拌混凝土供货量应以运输车的发货总量计算。如需要以工程实际量（不扣除混凝土结构中的钢筋所占体积）进行复核时，其误差应不超过 ±2%。

（五）砌筑材料

砌筑材料是指用来砌筑、拼装或用其他方法构成承重或非承重墙体或构筑物的材料。常用的砌筑材料主要包括砖、瓦、砌块、石材和砌筑砂浆。

1. 砖

（1）烧结砖。经焙烧而制成的砖称为烧结砖。常结合主要原材料命名，如烧结黏土砖、烧结粉煤灰砖、烧结页岩砖等。按规格尺寸及空心率，烧结砖有烧结普通砖、烧结多孔砖、烧结空心砖等。

1）烧结普通砖。烧结普通砖的外形为直角六面体，其标准尺寸为240mm×115mm×53mm，也称为标砖。烧结普通砖强度划分五个等级：MU30、MU25、MU20、MU15、MU10。烧结普通砖具有较高的强度，良好的绝热性、耐久性、透气性和稳定性，且原料广泛，生产工艺简单，因而可用作墙体材料，砌筑柱、拱、窑炉、烟囱、沟道及基础等。

2）烧结多孔砖。烧结多孔砖是以黏土、页岩、煤矸石、粉煤灰等为主要原料烧制的主要用于结构承重的多孔砖。多孔砖大面有孔，孔多而小，孔洞垂直于大面（即受压面），孔洞率不小于25%。烧结多孔砖主要用于六层以下建筑物的承重墙体。

3）烧结空心砖。烧结空心砖是以黏土、页岩、煤矸石、粉煤灰等为主要原料烧制的主要用于非承重部位的空心砖。其顶面有孔、孔大而少，孔洞为矩形条孔或其他孔形，孔洞率不小于40%。由于其孔洞平行于大面和条面，垂直于顶面，使用时大面承压，承压面与孔洞平行，所以这种砖强度不高，而且自重较轻，因而多用于非承重墙。如多层建筑内隔墙或框架结构的填充墙等。

（2）蒸养（压）砖。蒸养（压）砖属于硅酸盐制品，是以石灰和含硅原料（砂、粉煤灰、炉渣、矿渣、煤矸石等）加水拌和，经成型、蒸养（压）而制成的。目前使用的主要有粉煤灰砖、灰砂砖和炉渣砖。这种砖与烧结普通砖尺寸规格相同。按抗压、抗折强度值可划分为MU25、MU20、MU15、MU10四个强度等级。

2. 砌块

砌块是一种比砖体型大的块状建筑制品。其原材料来源广、品种多，可就地取材，价格便宜。按尺寸大小分为大型、中型、小型三类。目前以生产中小型砌块为主。按材料分为混凝土、水泥砂浆、加气混凝土、粉煤灰硅酸盐、煤矸石、人工陶粒、矿渣废料等砌块。按结构构造分为实心砌块和空心砌块两种，空心率小于25%或无孔洞的砌块为实心砌块，空心率大于或等于25%的砌块为空心砌块，都能用作承重墙和隔断。

（1）加气混凝土砌块。加气混凝土砌块是一种轻质多孔、保温隔热、防火性能良好、可钉、可锯、可刨和具有一定抗震能力的新型建筑材料。加气混凝土是以硅质材料（砂、粉煤灰及含硅尾矿等）和钙质材料（石灰、水泥）为主要原料，掺加发气剂（铝粉），通过配料、搅拌、浇注、预养、切割、蒸压、养护等工艺过程制成的轻质多孔硅酸盐制品。因其经发气后含有大量均匀而细小的气孔，故名加气混凝土。

加气混凝土砌块具有重量轻、保温隔热、强度高、加工性好等特点，加气混凝土砌块质量只相当于黏土砖的1/4~1/3，普通混凝土的1/5，适用于高层建筑的填充墙和低层建筑的承重墙。

（2）粉煤灰砌块。粉煤灰是煤燃烧后的烟气中的细灰，是燃煤电厂排出的主要固体废弃物。粉煤灰砌块是以粉煤灰、石灰为主要原料，掺加适量石膏、外加剂和集料等，经坯料配制、轮碾碾练、机械成型、水化和水热合成反应而制成的实心粉煤灰砌块。

粉煤灰砌块质量比黏土砖略轻，具有保温、隔热、节能、隔音效果优良、可加工性好等特点。是一种能源回收再利用的绿色环保的材料，可以替代混凝土空心砌块及墙板作为非承重墙体材料使用。

3. 石材

（1）天然石材。天然石材是指从天然岩体中开采出来的，并经加工成块状或板状材料的总称。天然石材资源丰富、强度高、耐久性好、色泽自然，在土木建筑工程中常用作砌体材料、装饰材料及混凝土的集料。

天然石材是采自地壳表层的岩石。根据其生成条件，按地质分类法可分为岩浆岩（火成岩）、沉积岩（水成岩）和变质岩三大类。常用的天然石材有毛石、料石、石板等。

1）毛石。毛石是指以开采所得、未经加工的形状不规则的石块。毛石主要用于砌筑建筑物的基础、勒角、墙身、挡土墙、堤岸及护坡，还可以用来浇筑片石混凝土。

2）料石。料石是指以人工斩凿或机械加工而成，形状比较规则的六面体块石。按外形可划分为条石、方石、拱石（楔形）。料石主要用于建筑物的基础、勒脚、墙体等部位，半细料石和细料石主要用作镶面材料。

3）石板。石板是用致密的岩石凿平或锯成的一定厚度的岩石板材。石板材一般作为装饰用饰面。

（2）人造石材。人造石材是以不饱和聚酯树脂为黏结剂，以花岗石碎料、大理石或方解石、白云石、硅砂、玻璃粉等无机物粉料为骨料，以及适量的阻燃剂、颜色等，经配料混合、瓷铸、振动压缩、挤压等方法成型固化制成的。常用的人造石材有人造花岗石、人造大理石和水磨石三种。与天然石材相比，人造石材具有天然石材的花纹、质感和装饰效果，而且花色、品种、形状等多样化，并具有质量轻、强度高、耐腐蚀、耐污染、施工方便等优点。属建材绿色环保产品，是现代建筑首选的饰面材料。

4. 砌筑砂浆

砌筑砂浆指的是将砖、石、砌块等块料经砌筑成为砌体的砂浆。它起黏结、衬垫和传力作用，是砌体的重要组成部分。砂浆按用途可分为砌筑砂浆、抹面砂浆、其他特种砂浆等；按所用胶凝材料的不同，可分为水泥砂浆、石灰砂浆、水泥石灰混合砂浆等；按生产形式可分成现场拌制砂浆和预拌砂浆。

水泥砂浆宜用于砌筑潮湿环境以及强度要求较高的砌体。水泥石灰混合砂浆宜用于砌筑干燥环境中的砌体。多层房屋的墙一般采用强度等级为M5的水泥石灰混合砂浆，砖柱、砖拱、钢筋砖过梁等一般采用强度等级为M5~M10的水泥砂浆，砖基础一般采用不低于M5的水泥砂浆，低层房屋或平房可采用石灰砂浆，简易房屋可采用石灰黏土砂浆。

（1）砂浆的材料组成。砂浆的组成材料包括胶凝材料、细骨料、掺合料、水、纤维和外加剂等。

常用的胶凝材料有水泥、石灰、石膏等。在选用时应根据使用环境、用途等合理选择。对于砌筑砂浆的用砂即细骨料，应优先选用中砂，既可满足和易性要求，又可节约水泥。掺合料是指为改善砂浆和易性而加入的无机材料，如石灰膏、电石膏、黏土膏、粉煤灰、沸石粉等。为改善砂浆韧性，提高抗裂性，常在砂浆中加入纤维，如纸筋、麻刀、木纤维、合成纤维等。拌制砂浆的水应是不含有害物质的洁净水，食用水可用来拌制各类砂浆。若用工业废水和矿泉水时，须经化验合格后才能使用。砂浆使用外加剂可改善水泥砂浆的性能，克服空鼓、开裂等状况。常用的砂浆外加剂有石灰王、抹得乐、岩砂精、砂浆王、砂浆宝、水泥添加剂、水泥塑化剂等。

（2）预拌砂浆。预拌砂浆是指由专业化厂家生产的，用于建设工程中的各种砂浆拌和物。按生产方式，可将预拌砂浆分为湿拌砂浆和干混砂浆两大类。

湿拌砂浆是指将水泥、细骨料、矿物掺合料、外加剂、添加剂和水按一定比例，在搅拌站经计量、拌制后，运至使用地点，并在规定时间内使用的拌合物。湿拌砂浆按用途可分为湿拌砌筑砂浆、湿拌抹灰砂浆、湿拌地面砂浆和湿拌防水砂浆。因特种用途的砂浆黏度较大，无法采用湿拌的形式生产，因而湿拌砂浆中仅包括普通砂浆。

干混砂浆是将水泥、干燥骨料或粉料、添加剂以及根据性能确定的其他组分，按一定比例，在专业生产厂计量、混合而成的混合物，在使用地点按规定比例加水或配套组分拌合使用。按用途分为干混砌筑砂浆、干混抹灰砂浆、干混地面砂浆、干混普通防水砂浆、干混界面砂浆、干混自流平砂浆和干混饰面砂浆等。干混砂浆既有普通干混砂浆又有特种干混砂浆。普通干混砂浆主要用于砌筑、抹灰、地面及普通防水工程，而特种干混砂浆是指具有特种性能要求的砂浆。

二、建筑装饰材料

常用的建筑装饰材料有天然饰面石材、人造饰面石材、陶瓷制品、玻璃制品、塑料制品、石膏制品、木材以及金属材料等。

1. 饰面石材

（1）天然饰面石材。天然饰面石材一般用致密岩石凿平或锯解而成厚度不大的石板，要求饰面石板具有耐久、耐磨、色彩美观、无裂缝等性质。常用的天然饰面石板有花岗石板、大理石板等。花岗石板材质地坚硬密实、强度高、密度大、耐磨、耐酸、抗风化、耐久性好，主要应用于大型公共建筑或装饰等级要求较高的室内外装饰工程。大理石板材质地较密实、抗压强度较高、质地较软，属中硬石材，适用于各类公共建筑工程的室内装饰工程。

（2）人造饰面石材。人造饰面石材是采用无机或有机胶凝材料作为胶黏剂，以天然砂、碎石、石粉或工业渣等为粗、细填充料，经成型、固化、表面处理而成的一种人造材料。它一般具有质量轻、强度大、厚度薄、色泽鲜艳、花色繁多、装饰性好、耐腐蚀、耐污染、便于施工、价格较低的特点。按照所用材料和制造工艺不同，可把人造饰面石材分为水泥型人造石材、聚酯型人造石材、复合型人造石材、烧结型人造石材和微晶玻璃人造石材。其中聚酯型人造石材和微晶玻璃型人造石材是目前应用较多的品种。人造饰面石材适用于室内外墙面、地面、柱面、台面等装饰。

2. 陶瓷制品

陶瓷是以黏土为主要原料以及各种天然矿物经过粉碎混炼、成型和煅烧制得的材料及各种制品。陶瓷制品具有一定的强度、硬度，化学稳定性好，耐久性高。凡是用于建筑室内外装饰的各种陶瓷及其制品统称建筑陶瓷。用作建筑饰面的陶瓷主要有釉面砖、墙面砖、地面砖、陶瓷锦砖等。

（1）釉面砖。釉面砖又称瓷砖，釉面砖为正面挂釉，背面有凹凸纹，以便于粘贴施工。它是建筑装饰工程中最常用的、最重要的饰面材料之一。釉面砖按釉面颜色分为单色

（含白色）、花色及图案砖三种；按形状分为正方形、长方形和异形配件砖三种；按外观质量分为优等品、一等品与合格品三个等级。因釉面砖砖体多孔，吸收大量水分后将产生湿胀现象，导致釉面开裂、剥落，因此不用于室外。

（2）墙地砖。墙地砖是墙砖和地砖的总称，该类产品作为墙面、地面装饰都可使用，故称为墙地砖，实际上包括建筑物外墙装饰贴面用砖和室内外地面装饰铺贴用砖。

（3）陶瓷锦砖。俗称马赛克，是以优质瓷土烧制成的小块瓷砖。出厂前按设计图案将其反贴在牛皮纸上，每张大小约30cm，称作一联。基本形状有正方形、长方形、六角形等多种。陶瓷锦砖色泽稳定、美观、耐磨、耐污染、易清洗，抗冻性能好，坚固耐用，且造价较低，主要用于室内地面铺装。

（4）瓷质砖。瓷质砖又称同质砖、通体砖、玻化砖，是由天然石料破碎后添加化学黏合剂压合经高温烧结而成。瓷质砖具有天然石材的质感，而且更具有高光性、高硬度、高耐磨、高抗污性、吸水率低，色差少以及规格多样化和色彩丰富的优点，是卫浴间常用的墙面和地面材料。

3. 建筑玻璃

在土木建筑工程中，玻璃是一种重要的建筑材料。建筑玻璃的功能不仅满足采光要求，而且具有调节光线、保温隔热、节约能源、控制噪声、降低建筑物自重、改善建筑环境、提高建筑艺术水平等功能。

（1）平板玻璃。建筑玻璃的主要品种是平板玻璃，具有表面晶莹光洁、透光、隔声、保温、耐磨、材质稳定等优点。平板玻璃按颜色属性分为无色透明平板玻璃和本体着色平板玻璃。按生产方法分为普通平板玻璃和浮法玻璃两类。根据相关国家标准，平板玻璃按其公称厚度，可分为2mm、3mm、4mm、5mm、6mm、8mm、10mm、12mm、15mm、19mm、22mm、25mm共12种规格，厚度3mm的玻璃用量最大，厚度3~5mm的平板玻璃一般直接用于有框门窗的采光，厚度8~12mm的平板玻璃可用于隔断、橱窗、无框门。平板玻璃的另外一个重要用途是作为钢化、夹层、镀膜、中空等深加工玻璃的原片。

（2）装饰玻璃。装饰玻璃是专门用于装修的玻璃产品，大部分都经过深加工处理，主要有彩色平板玻璃、釉面玻璃、磨花玻璃、喷砂玻璃、压花玻璃、喷花玻璃、中空玻璃等。

（3）安全玻璃。

1）防火玻璃。普通玻璃因热稳定性较差，遇火易发生炸裂，故防火性能较差。防火玻璃是经特殊工艺加工和处理、在规定的耐火试验中能保持其完整性和隔热性的特种玻璃。防火玻璃按耐火极限可分为五个等级：0.50h、1.00h、1.50h、2.00h、3.00h。防火玻璃主要用于有防火隔热要求的建筑幕墙、隔断等构造和部位。

2）钢化玻璃。钢化玻璃是用普通平板玻璃经过再加工处理而成的一种预应力玻璃，不易破碎，即使破碎也会以无锐角的颗粒形式碎裂，对人体伤害大大降低。钢化玻璃具有较好的机械性能和热稳定性，常用作建筑物的门窗、隔墙、幕墙及橱窗、家具等。

3）夹丝玻璃。夹丝玻璃也称防碎玻璃或钢丝玻璃。它是由压延法生产的，即在玻璃熔融状态时将经预热处理的钢丝或钢丝网压入玻璃中间，经退火、切割而成。夹丝玻璃表面可以是压花的或磨光的，颜色可以制成无色透明或彩色的。夹丝玻璃常用于建筑的天窗、采光屋顶、阳台及须有防盗、防抢功能要求的营业柜台的遮挡部位。

4）夹层玻璃。夹层玻璃是将玻璃与玻璃和（或）塑料等材料用中间层分隔并通过处理使其黏结为一体的复合材料的统称。常见和大多使用的是玻璃与玻璃，用中间层分隔并通过处理使其黏结为一体的玻璃构件。夹层玻璃的层数有2层、3层、5层、7层，最多可达9层。夹层玻璃有着较高的安全性，一般在建筑上用于高层建筑的门窗、天窗、楼梯栏板和有抗冲击作用要求的商店、银行、橱窗、隔断及水下工程等安全性能高的场所或部位等。

（4）节能装饰型玻璃。节能装饰型玻璃通常指的是隔热和遮阳性能好的玻璃。适用这类玻璃以后可以大大减少住宅、办公大楼的耗电量，节省空调、暖气的使用费。节能装饰型玻璃通常具有令人赏心悦目的外观色彩，而且具有特殊的对光和热的吸收、透射和反射能力，用建筑物的外墙窗玻璃幕墙，可以起到显著的节能效果，现已被广泛地应用于各种高级建筑物之上。建筑上常用的节能装饰玻璃有吸热玻璃、热反射玻璃和中空玻璃等。

1）吸热玻璃。吸热玻璃是在玻璃本体内掺入金属化合物，使其对太阳光有选择地吸收，同时呈现不同的颜色。吸热玻璃也可用镀膜方法生产。吸热玻璃的节能是通过太阳光透过玻璃时将30%~40%的光能转化为热能而被玻璃吸收，热能以对流和辐射的形式散发出去从而减少太阳能进入室内。因此吸热玻璃具有较好的隔热性能。

2）镀膜玻璃。镀膜玻璃分为阳光控制镀膜玻璃和低辐射镀膜玻璃，是一种既能保证可见光良好透过又可有效反射热射线的节能装饰型玻璃。镀膜玻璃是由无色透明的平板玻璃镀覆金属膜或金属氧化物而制得。根据外观质量，阳光控制镀膜玻璃和低辐射镀膜玻璃可分为优等品和合格品。

3）中空玻璃。中空玻璃由于在两片或多片玻璃之间形成了一定厚度的气体层，中间空气或其他气体层的流动被限制从而减少了玻璃的对流和传导传热，因此它具有较好的保温隔热能力。同时中空玻璃的单片还可以采用镀膜玻璃和其他节能玻璃，能将这些玻璃的优点都集中于中空玻璃上，从而发挥出更好的节能作用。中空玻璃主要用于保温隔热、隔声等功能要求较高的建筑物，如宾馆、住宅、医院、商场、写字楼等，也广泛用于车船等交通工具。

4）真空玻璃。真空玻璃是目前节能效果最好的玻璃。真空玻璃将两片平板玻璃四周密闭起来，将其间隙抽成真空并密封排气孔，两片玻璃之间的间隙仅为0.1~0.2mm，而且两片玻璃中一般至少有一片是低辐射玻璃。

4. 建筑涂料

涂饰于物体表面能与基体材料很好地黏结并形成完整而坚韧保护膜的物料，称为建筑涂料。涂料的作用主要有三个方面，即保护作用、装饰作用、特殊功能作用。涂料的一般组成包含成膜物质、颜填料、溶剂、助剂等。建筑涂料主要用于墙面与地面装饰涂敷，组成主体是乳液涂料和溶剂型合成树脂涂料。建筑涂料按其使用不同而分为外墙涂料、内墙涂料及地面涂料。

（1）建筑涂料的基本组成。涂料最早是以天然植物油脂、天然树脂、生漆等为主要原料的植物油脂，以前称为油漆。目前，合成树脂在很大程度上已取代了天然树脂，正式命名为涂料，所以油漆仅是一类油性涂料。根据涂料中各成分的作用，其基本组成可分为主要成膜物质、次要成膜物质和辅助成膜物质三个部分。

1）主要成膜物质。主要成膜物质也称胶黏剂。它的作用是将其他组分黏结成一个整体，并能牢固附着在被涂基层的表面形成坚韧的保护膜。现代建筑涂料中，成膜物质多用树脂，尤以合成树脂为主。

2）次要成膜物质。次要成膜物质不能单独成膜，它包括颜料与填料。颜料不溶于水和油，赋予涂料美观的色彩。填料能增加涂膜厚度，提高涂膜的耐磨性和硬度，减少收缩，常用的有碳酸钙、硫酸钡、滑石粉等。

3）辅助成膜物质。辅助成膜物质不能构成涂膜，但可用于改善涂膜的性能或影响成膜过程，常用的有助剂和溶剂。

（2）对外墙涂料的基本要求。外墙涂料主要起装饰和保护外墙墙面的作用，要求有良好的装饰性、耐水性、耐候性、耐污染性和施工及维修容易等。常用于外墙的涂料有苯乙烯－丙烯酸酯乳液涂料、丙烯酸酯系外墙涂料、聚氨酯系外墙涂料、合成树脂乳液砂壁状涂料等。

（3）对内墙涂料的基本要求。内墙涂料与人的接触较密切，对内墙涂料的基本要求有色彩丰富、细腻、调和，耐碱性、耐水性，且耐粉化性良好，透气性良好，涂刷方便，重涂容易。常用于内墙的涂料有聚乙烯醇水玻璃涂料（106 内墙涂料）、聚醋酸乙烯乳液涂料、醋酸乙烯－丙烯酸酯有光乳液涂料、多彩涂料等。

（4）对地面涂料的基本要求。地面涂料的主要功能是装饰与保护室内地面。为了获得良好的装饰效果和使用性能，对地面涂料的基本要求是应有良好的耐碱性、耐水性、耐磨性、抗冲击性，与水泥砂浆有良好的黏结性能，涂刷施工方便，重涂容易。

地面涂料的应用主要有两方面：一是用于木质地面的涂饰，如常用的聚氨酯漆、钙酯地板漆和酚醛树脂地板漆等；二是用于地面装饰，做成无缝涂布地面等，如常用的过氯乙烯地面涂料、聚氨酯地面涂料、环氧树脂厚质地面涂料等。

5. 建筑装饰钢材

在现代建筑装饰工程中，钢材制品得到广泛应用。常用的主要有不锈钢钢板和钢管、彩色不锈钢板、彩色涂层钢板和彩色涂层压型钢板，以及镀锌钢卷帘门板及轻钢龙骨等。

（1）不锈钢及其制品。不锈钢是指含铬量在 12% 以上的铁基合金钢。用于建筑装饰的不锈钢材主要有薄板（厚度小于 2mm）和用薄板加工制成的管材、型材等。

用于装饰的板材按反光率分为镜面板、亚光板和浮雕板三种类型，常用装饰不锈钢板的厚度为 0.35~2mm（薄板），幅面宽度为 500~1 000mm，长度为 1 000~2 000mm，市场上常见的幅面规格为 1 200mm × 2 440mm。不锈钢装饰管材按截面可分为等径圆管和变径花形管，按壁厚可分为薄壁管（小于 2mm）或厚壁管（大于 4mm），按其表面光泽度可分为抛光管、亚光管和浮雕管。

装饰不锈钢主要应用于内外墙、柱饰面、幕墙及室内外楼梯扶手、护栏、电梯间护壁、门口包镶等工程部位。

（2）轻钢龙骨。建筑用轻钢龙骨（简称龙骨）是以连续热镀锌钢板（带）或以连续热镀锌钢板（带）为基材的彩色涂层钢板（带）作原料，采用冷弯工艺生产的薄壁型钢。龙骨按荷载类型分类，有上人龙骨和不上人龙骨。

（3）彩色涂层钢板。彩色涂层钢板发挥金属材料与有机材料各自的特性，具有较高的强度、刚性、良好的可加工性（可剪、切、弯、卷、钻），多变的色泽和丰富的表面质感，且涂层耐腐蚀、耐湿热、耐低温。应用于各类建筑物的外墙板、屋面板、室内的护壁板、吊顶板，还可用于排气管道、通风管道和其他类似的有耐腐蚀要求的构件及设备。

（4）彩色压型钢板。彩色压型钢板是以镀锌钢板为基材，经辊压、冷弯成异型断面，表面涂装彩色防腐涂层或烤漆而制成的轻型复合板材。也可采用彩色涂层钢板直接成型制作彩色压型钢板。该种板材的基材钢板厚度只有 0.5~1.2mm，属薄型钢板。广泛用于外墙、屋面、吊顶及夹芯保温板材的面板等。

6. 建筑装饰木材

木材泛指用于土木建筑工程中的木制材料。工程中所用的木材主要取自树木的树干部分。木材因取得和加工容易，自古以来就是一种主要的建筑材料。土建工程中常用木材按其用途和加工程度有原条、原木、锯材等类别，主要用于脚手架、木结构构件和家具等。为了提高木材利用率，充分利用木材的性能，经过深加工和人工合成，可以制成各种装饰材料和人造板材。

（1）木质合成金属装饰材料。木质合成金属装饰材料是以木材、木纤维作芯材，再合成金属层（铜和铝），在金属层上进行着色氧化、电镀贵重金属，再涂膜养护等工序加工制成。木质芯材金属化后克服了木材易腐烂、虫蛀、易燃等缺点，又保留了木材易加工、安装的优良工艺性能，主要用于装饰门框、墙面、柱面和顶棚等。

（2）木地板。木地板可分为实木地板、强化木地板、实木复合地板和软木地板。实木地板是由天然木材经锯解、干燥后直接加工而成，其断面结构为单层。强化木地板是多层结构地板，由表面耐磨层、装饰层、缓冲层、人造板基材和平衡层组成，具有很高的耐磨性，力学性能较好，安装简便，维护保养简单。实木复合地板是利用珍贵木材或木材中的优质部分以及其他装饰性强的材料作表层，材质较差或质地较差部分的竹、木材料作中层或底层，经高温高压制成的多层结构的地板。软木主要生长在地中海沿岸及我国秦岭地区的栓皮栎橡树，而软木制品的原料就是栓皮栎橡树的树皮。软木地板与实木地板相比，更具有环保性、隔音性，防潮效果也更好。软木地板可分为粘贴式软木地板和锁扣式软木地板。其独有的隔音效果和保温性能也非常适合应用于卧室、会议室、图书馆、录音棚等场所。

（3）人造木材。人造木材是将木材加工过程中的大量边角、碎料、刨花、木屑等，经过再加工处理，制成各种人造板材。

1）胶合板。胶合板又称层压板，是将原木旋切成大张薄片，各片纤维方向相互垂直交错，用胶黏剂加热压制而成。胶合板一般是 3~13 层的奇数，并以层数取名，如三合板、五合板等。胶合板可用于隔墙板、天花板、门芯板、室内装修和家具等。

2）纤维板。纤维板是将树皮、刨花、树枝等木材废料经切片、浸泡、磨浆、施胶、成型及干燥或热压等工序制成。纤维板按密度大小分为硬质纤维板、中密度纤维板和软质纤维板。硬质纤维板密度大、强度高，主要用作壁板、门板、地板、家具和室内装修等。中密度纤维板是家具制造和室内装修的优良材料。软质纤维板表观密度小、吸声绝热性能好，可作为吸声或绝热材料使用。

3）胶板夹合板（细木工板）。胶合夹心板分实心板和空心板两种。实心板内部将干燥的短木条用树脂胶拼成，表皮用胶合板加压加热黏结制成。空心板内部则由厚纸蜂窝结构填充，表面用胶合板加压加热黏结制成。主要适用于家具制作、室内装修等。

4）刨花板。刨花板是利用木材或木材加工剩余物作原料，加工成刨花（或碎料），再加入一定数量的合成树脂胶粘剂，在一定温度和压力作用下压制而成的一种人造板材，简称刨花板，又称碎料板。普通刨花板由于成本低，性能优，用作芯材比木材更受欢迎，而饰面刨花板则由于材质均匀、花纹美观，质量较小等原因，大量应用在家具制作，室内装修，车船装修等方面。

三、建筑功能材料

（一）防水材料

土木建筑工程的围护结构为防止雨水、雪水和地下水的渗透，防止空气中的湿气、蒸汽和其他有害气体与液体的侵蚀等所采用的材料统称防水材料。

1. 防水卷材

防水卷材有聚合物改性沥青防水卷材、合成高分子防水卷材和沥青防水卷材三大系列。

（1）聚合物改性沥青防水卷材。聚合物改性沥青防水卷材是以合成高分子聚合物改性沥青为涂盖层，纤维织物或纤维毡为胎体，粉状、粒状、片状或薄膜材料为覆面材料制成的可卷曲片状防水材料。由于在沥青中加入了高聚物改性剂，它克服了传统沥青防水卷材温度稳定性差、延伸率小的不足，具有高温不流淌、低温不脆裂、拉伸强度高、延伸率较大等优异性能，且价格适中。

常见的有 SBS 改性沥青防水卷材、APP 改性沥青防水卷材、PVC 改性焦油沥青防水卷材等。此类防水卷材一般单层铺设，也可复层使用，根据不同卷材可采用热熔法、冷粘法、自粘法施工。

1）SBS 改性沥青防水卷材。SBS 改性沥青防水卷材属弹性体沥青防水卷材中的一种，弹性体沥青防水卷材是用沥青或热塑性弹性体（如苯乙烯－丁二烯嵌段共聚物 SBS）改性沥青（简称“弹性体沥青”）浸渍胎基，两面涂以弹性体沥青涂盖层，上表面撒以细砂、矿物粒（片）料或覆盖聚乙烯膜，下表面撒以细砂或覆盖聚乙烯膜所制成的一类防水卷材。

该类防水卷材广泛适用于各类建筑防水、防潮工程，尤其适用于寒冷地区和结构变形频繁的建筑物防水，并可采用热熔法施工。

2）APP 改性沥青防水卷材。APP 改性沥青防水卷材属塑性体沥青防水卷材中的一种。塑性体沥青防水卷材是用沥青或热塑性塑料（如无规聚丙烯 APP）改性沥青（简称“塑性体沥青”）浸渍胎基，两面涂以塑性体沥青涂盖层，上表面撒以细砂、矿物粒（片）料或覆盖聚乙烯膜，下表面撒以细砂或覆盖聚乙烯膜所制成的一类防水卷材。

该类防水卷材广泛适用于各类建筑防水、防潮工程，尤其适用于高温或有强烈太阳辐射地区的建筑物防水。

3）沥青复合胎柔性防水卷材。沥青复合胎柔性防水卷材是指以橡胶、树脂等高聚物材料作改性剂制成的改性沥青材料为基料，以两种材料复合毡为胎体，细砂、矿物粒（片）料、聚酯膜、聚乙烯膜等为覆盖材料，以浸涂、滚压等工艺而制成的防水卷材。

该类防水卷材适用于工业与民用建筑的屋面、地下室、卫生间等部位的防水防潮，也可用于桥梁、停车场、隧道等建筑物的防水。

（2）合成高分子防水卷材。合成高分子防水卷材是以合成橡胶、合成树脂或它们两者的共混体为基料，加入适量的化学助剂和填充料等，经混炼、压延或挤出等工序加工而制成的可卷曲的片状防水材料。其中又可分为加筋增强型与非加筋增强型两种。常用的有再生胶防水卷材、三元乙丙橡胶防水卷材、三元丁橡胶防水卷材、聚氯乙烯防水卷材、氯化聚乙烯防水卷材、氯化聚乙烯－橡胶共混防水卷材等。一般单层铺设，可采用冷粘法或自粘法施工。

2. 防水涂料

防水涂料是一种流态或半流态物质，可用刷、喷等工艺涂布在基层表面，经溶剂或水分挥发或各组分间的化学反应，形成具有一定弹性和一定厚度的连续薄膜，使基层表面与水隔绝，起到防水、防潮作用。防水涂料广泛适用于工业与民用建筑的屋面防水工程、地下室防水工程和地面防潮、防渗等，特别适用于各种不规则部位的防水。

防水涂料按成膜物质的主要成分可分为聚合物改性沥青防水涂料和合成高分子防水涂料两类。

（1）高聚物改性沥青防水涂料。指以沥青为基料，用合成高分子聚合物进行改性，制成的水乳型或溶剂型防水涂料。常用的类型有再生橡胶改性防水涂料、氯丁橡胶改性沥青防水涂料、SBS橡胶改性沥青防水涂料、聚氯乙烯改性沥青防水涂料等。

（2）合成高分子防水涂料。指以合成橡胶或合成树脂为主要成膜物质制成的单组分或多组分的防水涂料。常用的有聚氨酯防水涂料、丙烯酸酯防水涂料、环氧树脂防水涂料和有机硅防水涂料等。

3. 建筑密封材料

建筑密封材料是能承受接缝位移以达到气密、水密目的而嵌入建筑接缝中的材料。建筑密封材料分为定型密封材料和非定形密封材料。不定型密封材料通常是黏稠状的材料，分为弹性密封材料和非弹性密封材料。按组成材料分为改性沥青密封材料和合成高分子密封材料。常用的不定型密封材料有沥青嵌缝油膏、聚氯乙烯接缝膏、塑料油膏、丙烯酸类密封膏、聚氨酯密封膏、聚硫密封膏和硅酮密封膏等。定形密封材料是具有一定形状和尺寸的密封材料，包括密封条带和止水带，如铝合金门窗橡胶密封条、丁腈橡胶－PVC门窗密封条、自黏性橡胶、橡胶止水带、塑料止水带等。

（二）保温隔热材料

在土建工程中，常把用于控制室内热量外流的材料称为保温材料，将防止室外热量进入室内的材料称为隔热材料，两者统称为绝热材料。绝热材料主要用于墙体及屋顶、热工设备及管道、冷藏库等工程或冬季施工的工程。

目前应用较为广泛的纤维状保温材料，如岩棉、矿渣棉、玻璃棉、硅酸铝棉等制品；多孔状保温材料，如泡沫玻璃、玻化微珠、膨胀蛭石以及加气混凝土，泡沫塑料类如聚苯乙烯泡沫塑料、聚氨酯泡沫塑料、酚醛泡沫塑料、脲醛泡沫塑料等；层状保温材料，如铝箔、金属或非金属镀膜玻璃以及织物为基材制成的镀膜制品。

1. 纤维状绝热材料

(1) 岩棉及矿渣棉。岩棉及矿渣棉统称为矿物棉，由熔融的岩石经喷吹制成的称为岩棉，由熔融矿渣经喷吹制成的称为矿渣棉。矿渣棉可作为建筑物的墙体、屋顶、天花板等处的保温隔热和吸声材料，以及热力管道的保温材料。燃烧性能为不燃材料。

(2) 石棉。石棉是一种天然矿物纤维，具有耐火、耐热、耐酸碱、绝热、防腐、隔声及绝缘等特性。松散的石棉很少单独使用，常制成石棉粉、石棉纸板、石棉毡等制品用于建筑工程。由于石棉中的粉尘对人体有害，民用建筑很少使用，目前主要用于工业建筑的隔热、保温及防火覆盖等。

(3) 玻璃棉。玻璃棉是将玻璃熔化后从流口流出的同时，用压缩空气喷吹形成乱向的玻璃纤维。玻璃棉是玻璃纤维的一种，广泛用于温度较低的热力设备和房屋建筑中的保温隔热，同时它还是良好的吸声材料。玻璃棉燃烧性能为不燃材料。

2. 多孔状绝热材料

(1) 膨胀蛭石。蛭石是一种复杂的镁、铁含水铝硅酸盐矿物，由云母类矿物经风化而成，具有层状结构。煅烧后的膨胀蛭石可以呈松散状，铺设于墙壁、楼板、屋面等夹层中，作为绝热、隔声材料。也可与水泥、水玻璃等胶凝材料配合，浇注成板，用于墙、楼板和屋面板等构件的绝热。

(2) 膨胀珍珠岩。膨胀珍珠岩是由天然珍珠岩煅烧而成，呈蜂窝泡沫状的白色或灰白色颗粒，是一种高效能的绝热材料。膨胀珍珠岩具有吸湿小、无毒、不燃、抗菌、耐腐、施工方便等特点。以膨胀珍珠岩为主，配合适量胶凝材料，经搅拌成型养护后制成的一定形状的板、块、管壳等制品称为膨胀珍珠岩制品。

(3) 玻化微珠。玻化微珠是一种酸性玻璃质熔岩矿物质（松脂岩矿砂），内部多孔、表面玻化封闭，呈球状体细径颗粒。广泛应用于外墙内外保温砂浆、装饰板、保温板的轻质骨料。

玻化微珠保温砂浆是以玻化微珠为轻质骨料与玻化微珠保温胶粉料按照一定的比例搅拌均匀混合而成的用于外墙内外保温的一种新型无机保温砂浆材料。玻化微珠保温砂浆具有优良的保温隔热性能和防火耐老化性能、不空鼓开裂、强度高等特性。

3. 有机绝热材料

有机绝热材料是以天然植物材料或人工合成的有机材料为主要成分的绝热材料。常用品种有泡沫塑料、钙塑泡沫板、木丝板、纤维板和软木制品等。

(1) 泡沫塑料。泡沫塑料是以合成树脂为基料，加入适当发泡剂、催化剂和稳定剂等辅助材料，经加热发泡而制成的具有轻质、保温、绝热、吸声、防震性能的材料。

(2) 植物纤维类绝热板。该类绝热材料可用稻草、麦秸、甘蔗渣等为原料经加工而成。可用于墙体、地板、顶棚等，也可用于冷藏库、包装箱等。

（三）防火材料

防火材料是指各种对现代防火起到绝对性作用的、多用于建筑的材料。常用的防火材料包括防火涂料、水性防火阻燃液、防火堵料等。

1. 物体的阻燃和防火

燃烧是一种同时伴有放热和发光效应的剧烈的氧化反应。放热、发光、生成新物质是燃烧现象的三个特征。可燃物、助燃物和火源通常被称为燃烧三要素。这三个要素必须同时存在并且互相接触，燃烧才可能进行。根据燃烧理论可知，只要对燃烧三要素中的任何一种因素加以抑制，就可达到阻止燃烧进一步进行的目的。材料的阻燃和防火即是这一理论的具体实施。

2. 阻燃剂

目前已工业化生产的阻燃剂有多种类型，主要是针对高分子材料的阻燃设计的。

按使用方法分类，阻燃剂可分为添加型阻燃剂和反应型阻燃剂两类。添加型阻燃剂又可分为有机阻燃剂和无机阻燃剂。添加型阻燃剂是通过机械混合方法加入聚合物中，使聚合物具有阻燃性；反应型阻燃剂则是作为一种单体参加聚合反应，因此使聚合物本身含有阻燃成分，其优点是对聚合物材料使用性能影响较小，阻燃性持久。

3. 防火涂料

防火涂料是指涂覆于物体表面上，能降低物体表面的可燃性，阻隔热量向物体的传播，从而防止物体快速升温，阻滞火势的蔓延，提高物体耐火极限的物质。

防火涂料主要由基料和防火助剂两部分组成。除了应具有普通涂料的装饰作用和对基材提供的物理保护作用外，还需要具有隔热、阻燃和耐火的功能，要求它们在一定的温度和一定时间内形成防火隔热层。因此防火涂料是一种集装饰和防火为一体的特种涂料。

按防火涂料的使用目标分类，可分为饰面性防火涂料、钢结构防火涂料、电缆防火涂料、预应力混凝土楼板防火涂料、隧道防火涂料、船用防火涂料等多种类型。其中，钢结构防火涂料根据其使用场合可分为室内用和室外用两类，根据其涂层厚度和耐火极限又可分为厚质型、薄型和超薄型三类。

4. 水性防火阻燃液

水性防火阻燃液又称水性防火剂、水性阻燃剂，水性防火阻燃液（水基型阻燃处理剂）是指以水为分散介质，采用喷涂或浸渍等方法使木材、织物等获得规定的燃烧性能的阻燃剂。

根据水性防火阻燃液的使用对象，可分为木材用水基型阻燃处理剂，织物用水基型阻燃处理剂，木材及织物用水基型阻燃处理剂三类。

5. 防火堵料

防火堵料是专门用于封堵建筑物中的各种贯穿物，如电缆、风管、油管、气管等穿过墙壁、楼板形成的各种开孔以及电缆桥架等，具有防火隔热功能且便于更换的材料。

根据防火封堵材料的组成、形状与性能特点可分为三类：以有机高分子材料为胶黏剂的有机防火堵料，以快干水泥为胶凝材料的无机防火堵料，将阻燃材料用织物包裹形成的防火包。这三类防火堵料各有特点，在建筑物的防火封堵中均有应用。

第三节　土建工程主要施工工艺与方法

一、土石方工程施工

土石方工程是建筑工程施工的主要工程之一，它包括土石方的开挖、运输、填筑、平整与压实等主要施工过程。土石方工程施工前应进行挖、填方的平衡计算，综合考虑土石方施工机械的选用和匹配，土石方运距最短、运程合理和各个工程项目的合理施工程序，做好土方平衡调配，减少重复挖运和回填。

（一）土石方工程主要分类

1. 场地平整

依据工程条件确定场地平整标高，计算场地平整土方量，确定挖方、填方的平衡调配，正确选择土方施工机械，拟定合理的施工方案。

2. 基坑（槽）的开挖

做好基坑（槽）排水降水、边坡处理、监测、支撑等技术工作，防止流沙、管涌、塌方等问题产生。根据现场条件和技术经济分析，选择合理的放坡或支护边坡方式开挖。一般将开挖深度在5m以内的称为浅基坑（槽），挖深超过5m（含5m）的称为深基坑（槽）。

3. 土方回填与夯实

正确选择回填土和填土压实的方法。填土必须具有一定的密实度，以避免建筑物产生不均匀沉陷。填方应分层进行，并尽量采用同类土填筑。合理进行土方量调配，使土方总施工量最小。

（二）土石方工程主要开挖工作

土石方工程施工前，应制定开挖方案，做好场地清理工作，包括清理地面及地下各种障碍，排除地面水，修筑好临时道路及供水、供电等临时设施，做好材料、机具及土方机械的进场工作。同时做好土石方工程测量、放线工作，并根据土方施工设计做好土方工程的辅助工作，如边坡稳定、基坑（槽）支护、降低地下水等。

1. 基坑开挖方案

基坑开挖方案内容主要包括边坡放坡或支护方式选择，支护结构稳定性考虑，土方机械选择，基坑开挖时间、分层开挖深度及开挖顺序，坡道位置和车辆进出道路，施工进度和劳动组织安排，降水排水措施，监测方案，质量控制和安全措施，以及开挖对周围建筑物需采取保护的措施等。

2. 开挖放坡

土方边坡坡度以其高度（H）与底宽度（B）之比表示。在现场条件容许的情况下，采取放坡开挖方案通常比较经济。边坡坡度应根据土质、开挖深度、开挖方法、施工工期、地下水位、坡顶荷载及气候条件等因素确定。

施工中除应正确确定边坡，还要进行护坡，以防边坡发生滑动。因此在土方施工中，要预估各种可能出现的情况，采取必要的措施护坡防坍，特别要注意及时排除雨水、地面水，防止坡顶集中堆载及振动。必要时可采用钢丝网细石混凝土（或砂浆）护坡面层加固。如果是永久性土方边坡，则应做好永久性加固措施。

3. 基坑（槽）支护

在城市中心地区施工，或有地下水渗入基坑（槽）时，往往不可能按要求的坡度放坡开挖，这时就需要进行基坑（槽）支护，以保证施工的顺利和安全，并减少对相邻建筑、管线等的不利影响。

基坑（槽）支护结构的主要作用是支撑土壁。基坑（槽）支护结构的形式有多种，根据受力状态可分为横撑式支撑、板桩式支护结构等，其中，板桩式支护结构又分为悬臂式和支撑式。

（1）横撑式支撑。开挖较窄的沟槽，多用横撑式土壁支撑。横撑式土壁支撑根据挡土板的不同，分为水平挡土板式［图 1.3.1（a）］以及垂直挡土板式［图 1.3.1（b）］两类。前者挡土板的布置又分间断式和连续式两种。湿度小的黏性土挖土深度小于 3m 时，可用间断式水平挡土板支撑；对松散、湿度大的土可用连续式水平挡土板支撑，挖土深度可达 5m。对松散和湿度很高的土可用垂直挡土板式支撑，其挖土深度不限。挡土板、立柱及横撑的强度、变形及稳定等可根据实际布置情况进行结构计算。

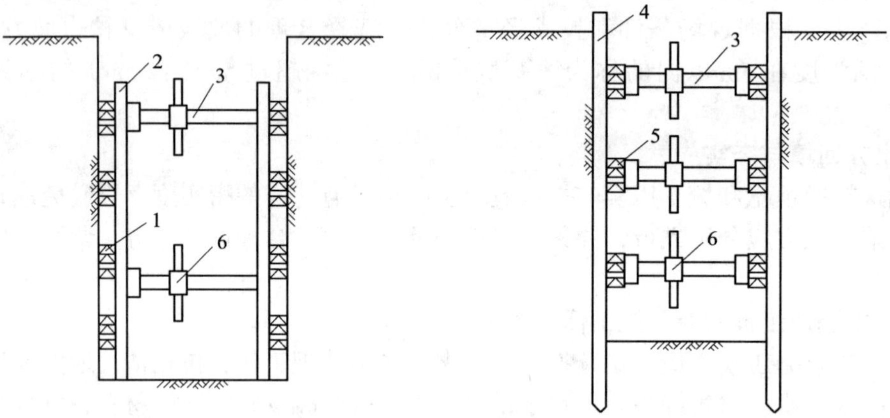

(a) 间断式水平挡土板支撑　(b)垂直挡土板支撑

图 1.3.1　横撑式支撑

1—水平挡土板；2—立柱；3—工具式横撑；4—垂直挡土板；5—横楞木；6—调节螺丝

（2）板式支护结构。板式支护结构由两大系统组成：挡墙系统和支撑（或拉锚）系统（图 1.3.2）。悬臂式板桩支护结构则不设支撑（或拉锚）。

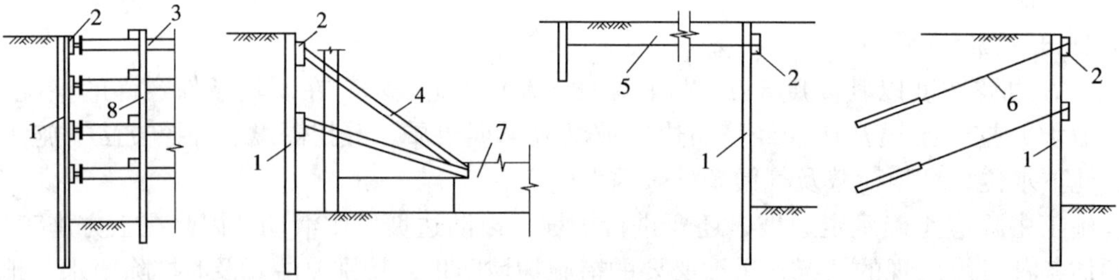

图 1.3.2　板式支护结构

1—板桩墙；2—围檩；3—钢支撑；4—斜撑；5—拉锚；6—土锚杆；7—先施工的基础；8—竖撑

挡墙系统常用的材料有槽钢、钢板桩、钢筋混凝土板桩、灌注桩及地下连续墙等。钢板桩有平板形和波浪形两种。钢板桩截面积小，易于打入，在基础施工完毕后还可拔出重复使用。

支撑系统一般采用大型钢管、H 型钢或格构式钢支撑，也可采用现浇钢筋混凝土支撑。拉锚系统材料一般用钢筋、钢索、型钢或土锚杆。根据基坑开挖的深度及挡墙系统的截面性能，可设置一道或多道支点。基坑较浅、挡墙具有一定刚度时，可采用悬臂式挡墙而不设支撑点。支撑或拉锚与挡墙系统通过围檩、冠梁等连接成整体。

板桩墙的施工根据挡墙系统的形式选取相应的方法。一般钢板桩、混凝土板桩采用打入法，而灌注桩及地下连续墙则采用就地成孔（槽）现浇的方法。

4. 降水与排水

土石方开挖前应做好地面排水和地下降水工作。排除地面水一般采取在基坑周围设置排水沟、截水沟或筑土堤等办法，并尽量利用原有的排水系统，使临时排水系统与永久排水设施相结合。地下降水方法可分为重力降水（如积水井、明渠等）和强制降水（如轻型井点、深井泵、电渗井点等）。土石方工程中采用较多的是明排水法和轻型井点降水。

（1）明排水。明排水是在基坑开挖过程中，在坑底设置集水坑，并沿坑底周围或中央开挖排水沟，使水流入集水坑，然后用水泵抽走（见图 1.3.3）。抽出的水应予引开，以防倒流。

明排水法由于设备简单和排水方便，采用较为普遍。宜用于粗粒土层，也用于渗水量小的黏土层。集水坑应设置在基础范围以外，地下水走向的上游。根据地下水量大小、基坑平面形状及水泵能力，集水坑每隔 20~40m 设置一个。

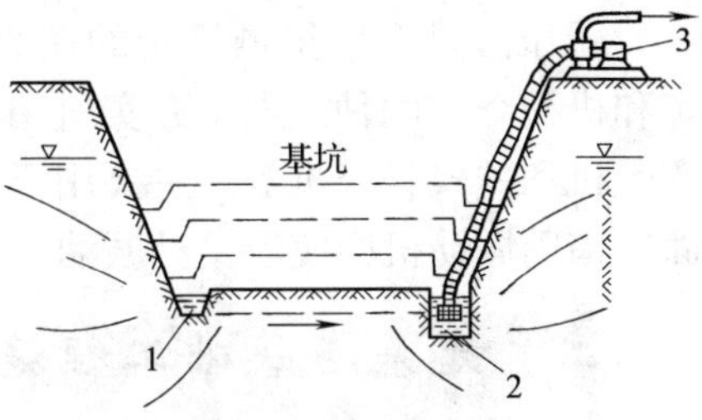

图 1.3.3　集水坑降水法

1—排水沟；2—集水坑；3—水泵

（2）井点降水。井点降水是在基坑开挖之前，预先在基坑四周埋设一定数量的滤水管（井），利用抽水设备抽水，使地下水位降落到坑底以下，并在基坑开挖过程中仍不断抽水。这样，可使所挖的土始终保持干燥状态，也可防止流砂发生，土方边坡也可陡些，从而减少挖方量。

井点降水有轻型井点、电渗井点、喷射井点、管井井点及深井井点等，井点降水的方法应根据土的渗透系数、降低水位的深度、工程特点及设备条件等选用。

（三）土石方的填筑与压实

1. 填筑压实的施工要求

（1）填方宜采用同类土填筑，如采用不同透水性的土分层填筑时，下层宜填筑透水性较大的填料，上层宜填筑透水性较小的填料，或将透水性较小的土层表面做成适当坡度，以免形成水囊。

（2）基坑（槽）回填前，应清除沟槽内积水和有机物，检查基础的结构混凝土达到一定的强度后方可回填。

（3）填方应按设计要求预留沉降量，如无设计要求时，可根据工程性质、填方高度、填料类别、压实机械及压实方法等，同有关部门共同确定。

（4）填方压实工程应由下至上分层铺填，分层压（夯）实，分层厚度及压（夯）实遍数应根据压（夯）实机械、密实度要求、填料种类及含水量确定。

2. 土料选择与填筑方法

为了保证填土工程的质量，必须正确选择土料和填筑方法。

碎石类土、砂土、爆破石渣及含水量符合压实要求的黏性土可作为填方土料。淤泥、冻土、膨胀性土及有机物含量大于8%的土，以及硫酸盐含量大于5%的土均不能作为填土。填方土料为黏性土时，填土前应检验其含水量是否在控制范围以内，含水量大的黏性土不宜作填土用。

填方施工应接近水平地分层填土、分层压实，每层的厚度根据土的种类及选用的压实机械而定。应分层检查填土压实质量，符合设计要求后，才能填筑上层。当填方位于倾斜的地面时，应先将斜坡挖成阶梯状，然后分层填筑，以防填土横向移动。

3. 填土压实方法

填土压实方法有碾压法、夯实法及振动压实法。

平整场地等大面积填土多采用碾压法，小面积的填土工程多用夯实法，而振动压实法主要用于压实非黏性土。

碾压法是利用机械滚轮的压力压实土壤，使之达到所需的密实度。夯实法分人工夯实和机械夯实两种。人工夯实所用的工具有木夯、石夯等，常用的夯实机械有夯锤、内燃夯土机和蛙式打夯机等。主要用于小面积回填土。振动压实法是将振动压实机放在土层表面，借助振动机构使压实机振动，土颗粒发生相对位移而达到紧密状态。

二、地基与基础工程施工

（一）地基加固处理

当建筑物的天然地基存在承载能力不足、不均匀沉降、液化、失稳等问题时，必须采用相应的地基处理措施以保证建筑物的安全与正常使用。地基处理的方法有很多，工程中人们常常采用的一类方法是采取措施使土中孔隙减少，土颗粒之间靠近，密度加大，土的承载力提高；另一类方法是在地基中掺加各种物料，通过物理化学作用把土颗粒胶结在一起，使地基承载力提高，刚度加大，变形减小。地基加固处理常用方法有以下几种。

1. 换填地基法

换填地基法是先将基础底面以下一定范围内的软弱土层挖去，然后回填强度较高、压缩性较低并且没有侵蚀性的材料，如中粗砂、碎石或卵石、灰土、素土、石屑、矿渣等，再分层夯实后作为地基的持力层。换填地基按其回填的材料可分为灰土地基、砂和砂石地基、粉煤灰地基等。

2. 夯实地基法

夯实地基法主要有重锤夯实法和强夯法两种。

（1）重锤夯实法　重锤夯实法是利用起重机械将夯锤（2~3t）提升到一定的高度，然后自由下落产生较大的冲击能来挤密地基、减少孔隙、提高强度，经不断重复夯击，使地基得以加固，达到满足建筑物对地基承载力和变形要求。

重锤夯实法适用于地下水距地面0.8m以上稍湿的黏土、砂土、湿陷性黄土、杂填土和分层填土，但在有效夯实深度内存在软黏土层时不宜采用。

（2）强夯法。这是我国目前最为常用和最经济的深层地基处理方法之一。强夯法是用起重机械将大吨位（一般为8~30t）夯锤起吊到6~30m高度后，自由落下，给地基土以强大的冲击能量的夯击，使土中出现冲击波和很大的冲击应力，迫使土层孔隙压缩，土体局部液化，在夯击点周围产生裂隙，形成良好的排水通道，孔隙水和气体逸出，使土料重新排列，经时效压密达到固结，从而提高地基承载力，降低其压缩性的一种有效的地基加固方法。

强夯法适用于加固碎石土、砂土、低饱和度粉土、黏性土、湿陷性黄土、高填土、杂填土以及"围海造地"地基、工业废渣、垃圾地基等的处理；也可用于防止粉土及粉砂的液化，消除或降低大孔土的湿陷性等级。强夯法不得用于不允许对工程周围建筑物和设备有一定振动影响的地基加固，必须采用时，应采取防振、隔振措施。

3. 水泥粉煤灰碎石桩（CFG 桩）

水泥粉煤灰碎石桩（CFG 桩）是在碎石桩基础上加进一些石屑、粉煤灰和少量水泥，加水拌和制成的具有一定黏结强度的桩。桩的承载能力来自桩全长产生的摩阻力及桩端承载力，桩越长承载力越高，桩土形成的复合地基承载力提高幅度可达 4 倍以上且变形量小，适用于多层和高层建筑地基，是近年来新开发的一种地基处理技术。

褥垫层是保证桩和桩间土共同作用承担荷载，是水泥粉煤灰碎石桩形成复合地基的重要条件。褥垫层材料宜用中砂、粗砂、级配砂石和碎石，最大粒径不宜大于 30mm。不宜采用卵石，因为卵石咬合力差，施工时扰动较大、褥垫厚度不容易保证均匀。褥垫层的位置位于 CFG 桩和建筑物基础之间，厚度可取 200~300mm。

（二）桩基础施工

由桩和连接桩顶的桩承台（简称承台）组成的深基础或由柱与桩基连接的单桩基础，简称桩基础。若桩身全部埋于土中，承台底面与土体接触，则称为低承台桩基；若桩身上部露出地面而承台底位于地面以上，则称为高承台桩基。建筑工程桩基通常为低承台桩基础。它具有承载能力大、抗震性能好、沉降量小等特点。采用桩基施工可省去大量土方、排水、支撑、降水设施，而且施工简便，可以节约劳动力和压缩工期。

按桩体在土中受力情况的不同，可以分为端承桩和摩擦桩（见图 1.3.4）。按施工方法的不同，桩可以分为预制桩和灌注桩。

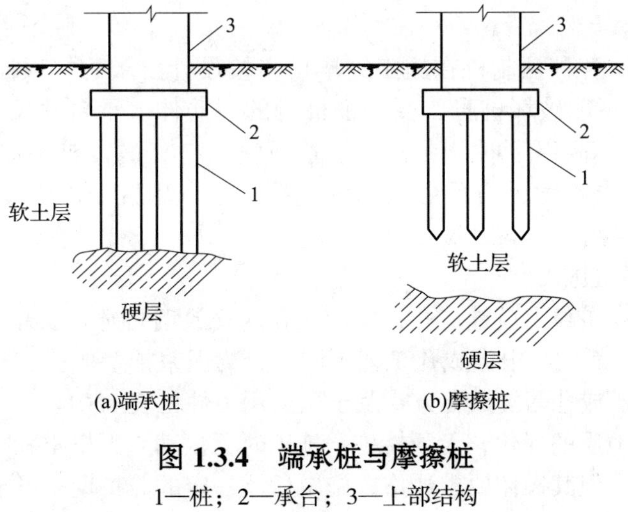

图 1.3.4　端承桩与摩擦桩

1—桩；2—承台；3—上部结构

端承桩系使基桩坐落于硬土层或岩层上使其可以承载建筑物荷载。摩擦桩系利用地层与基桩的摩擦力来承载建筑物荷载。

预制桩是通过打桩机将预制的钢筋混凝土桩打入地下。灌注桩是首先在施工场地上钻孔，当达到所需深度后将钢筋放入并浇灌混凝土。

1. 钢筋混凝土预制桩施工

钢筋混凝土桩坚固耐久，不受地下水和潮湿变化的影响，可做成各种需要的断面和长度，而且能承受较大的荷载，在建筑工程中广泛应用。

常用的钢筋混凝土预制桩断面有实心方桩与预应力混凝土空心管桩两种。方形桩边长通常为200~550mm，桩内设纵向钢筋或预应力钢筋和横向钢筋，在尖端设置桩靴。预应力混凝土管桩直径为400~600mm，在工厂内用离心法制成。

（1）桩的制作。长度在10m以下的短桩，一般多在工厂预制，较长的桩因不便于运输，通常就在打桩现场附近露天预制。

（2）起吊和运输。钢筋混凝土预制桩应在混凝土达到设计强度的70%方可起吊，达到100%方可运输和打桩。如提前吊运，应采取措施并经验算合格后方可进行。

（3）堆放。桩堆放时，地面必须平整、坚实，不得产生不均匀沉陷。桩堆放时应设置垫木，垫木的位置与吊点位置相同，各层垫木应上下对齐，堆放层数不宜超过4层。不同规格的桩应分别堆放。

（4）沉桩。沉桩的施工方法为将各种预先制作好的桩以不同的沉入方式沉至地基内达到所需要的深度。

沉桩的方式主要有锤击沉桩（打入桩）、静力压桩（压入桩）、射水沉桩（旋入桩）和振动沉桩（振入桩）。

（5）接桩与拔桩。钢筋混凝土预制长桩受运输条件和打桩架的高度限制，一般分成数节制作，分节打入，在现场接桩。常用接桩方式有焊接、法兰接及硫黄胶泥锚接等几种形式，其中焊接接桩应用最多。

当已打入的混凝土预制桩由于某种原因拔出时，长桩可用拔桩机进行，一般桩可用人字桅杆借卷扬机或用钢丝绳捆紧桩头部借横梁用液压千斤顶抬起，采用蒸汽锤打桩的，可直接用蒸汽锤拔桩。

（6）桩头处理。各种预制桩在施工完毕后，按设计要求的桩顶标高将桩头多余的部分截去。截桩头时不能破坏桩身，要保证桩身的主筋伸入承台，长度应符合设计要求。当桩顶标高在设计标高以下时，在桩位上挖成喇叭口，凿掉桩头混凝土，剥出主筋并焊接接长至设计要求长度，与承台钢筋绑扎在一起，用桩身同强度等级的混凝土与承台一起浇筑接长桩身。

2. 混凝土灌注桩施工

灌注桩是直接在桩位上就地成孔，然后在孔内安放钢筋笼（也有直接插筋或省缺钢筋的），再灌注混凝土而成。根据成孔工艺不同，分为泥浆护壁成孔、干作业成孔、人工挖孔、沉管成孔和爆扩成孔等。成孔方式及土质适用条件见表1.3.1。

灌注桩能适应地层的变化，无须接桩，施工时无振动、无挤土和噪声小，适宜于在建筑物密集地区使用。但其操作要求严格，施工后需一定的养护期方可承受荷载，成孔时有大量土基或泥浆排出。

（1）泥浆护壁成孔灌注桩。泥浆护壁成孔灌注桩按成孔工艺和成孔机械不同分为：冲击成孔灌注桩，正、反循环钻孔灌注桩，钻孔扩底灌注桩，其使用范围见表1.3.1。

泥浆护壁成孔灌注桩的施工流程见图1.3.5。灌注桩的桩顶标高至少要比设计标高高出0.8~1.0m，桩底清孔质量按不同成桩工艺有不同的要求，应按相关规范要求执行。

表 1.3.1　灌注桩成孔方式及土质适用条件

序号	成孔方式与设备		土质适用条件
1	泥浆护壁成孔桩	冲击钻	黏性土、粉土、砂土、填土、碎石土、风化岩层
		旋挖钻	黏性土、粉土、砂土、人工填土、风化岩层
		潜水钻	黏性土、淤泥、淤泥质土及砂土
2	干作业成孔桩	长螺旋钻孔	地下水位以上的黏性土、砂土及人工填土、非密实的碎石类土、强风化岩
		钻孔扩底	地下水位以上的坚硬、硬塑的黏性土、中密以上的砂土风化岩层
		人工挖孔	地下水位以上的黏性土、黄土、人工填土
3	沉管成孔桩	夯扩	桩端持力层为埋深不超过 20m 的中、低压缩性黏性土、粉土、砂土、碎石类土
		振动	黏性土、粉土、砂土
4	爆扩成孔		地下水位以上的黏性土、黄土、碎石土及风化岩

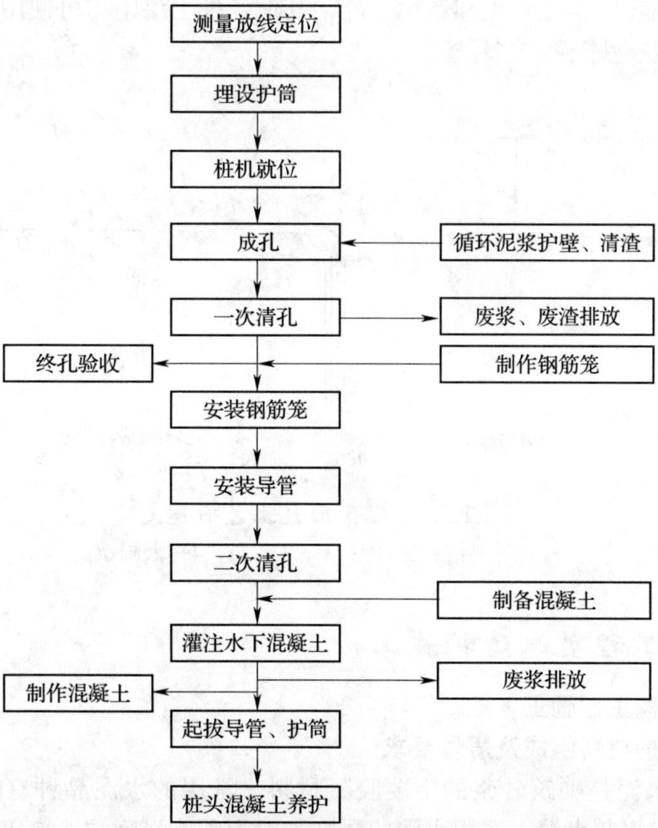

图 1.3.5　泥浆护壁成孔灌注桩施工流程

（2）干作业成孔灌注桩。干作业成孔灌注桩系指在地下水位以上地层可采用机械或人工成孔并灌注混凝土的成桩工艺。干作业成孔灌注具有施工振动小、噪声低、环境污染少的优点。其使用范围见表 1.3.1。

（3）人工挖孔灌注桩。人工挖孔灌注桩是采用人工挖土成孔，浇筑混凝土成桩。人工挖孔灌注桩的特点是：

1）单桩承载力高，结构受力明确，沉降量小；

2）可直接检查桩直径、垂直度和持力层情况，桩质量可靠；

3）施工机具设备简单，工艺操作简单，占场地小；

4）施工无振动、无噪音、无环境污染，对周边建筑无影响。

（4）沉管成孔灌注桩。沉管成孔灌注桩是目前采用最为广泛的一种灌注桩。它有锤击沉管灌注桩、振动沉管灌注桩和套管夯打灌注桩三种。利用锤击沉桩设备沉管、拔管时，称为锤击灌注桩；利用激振器振动沉管、拔管时，称为振动灌注桩。

（5）爆扩成孔灌注桩。爆扩成孔灌注桩又称爆扩桩，是由桩柱和扩大头两部分组成。爆扩桩的一般施工过程是：采用简易的麻花钻（手工或机动）在地基上钻出细而长的小孔，然后在孔内安放适量的炸药，利用爆炸的力量挤土成孔（也可用机钻成孔）；接着在孔底安放炸药，利用爆炸的力量在底部形成扩大头（见图 1.3.6）；最后灌注混凝土或钢筋混凝土而成。这种桩成孔方法简便，能节省劳动力，降低成本，做成的桩承载力也较大。爆扩桩的适用范围较广，除软土和新填土外，其他各种土层中均可使用。爆扩桩成孔方法有两种，即一次爆扩法及两次爆扩法。

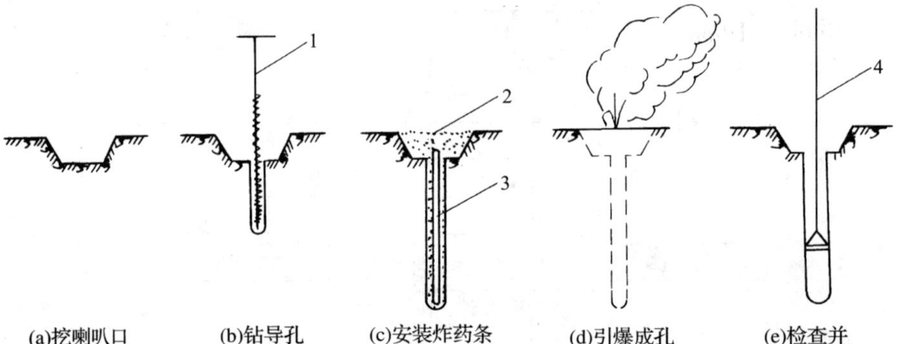

图 1.3.6 爆扩成孔工艺流程图

1—手提钻；2—砂；3—炸药条；4—太阳铲

三、建筑工程主体结构施工

（一）砌体结构工程施工

1. 砌筑砂浆的材料组成及质量要求

（1）水泥。水泥是砌筑砂浆的主要胶凝材料。常用的水泥品种有普通水泥、矿渣水泥、火山水泥、粉煤灰水泥。选用水泥的强度一般为砂浆强度的 4~5 倍。工程上较多采用的强度等级为 M5.0~M7.5。水泥强度过高，水泥用量少，但会影响砂浆的和易性。为了使砂浆更为好用，常往砂浆里掺入一些石灰膏黏土膏及工业废料粉煤灰。

（2）石灰。工地上消解石灰是在化灰池里进行的。消解方法视石灰消解速度不同而不同。块状生石灰，消石灰粉使用前都要淋成石灰膏，并且要充分“陈伏”使石灰中的过火灰彻底熟化，以免影响工程质量。

（3）砂子。砂子是砂浆中的骨料，要求坚固清洁，级配适宜，最大粒径通常应控制在砂浆厚度的1/5~1/4，使用前必须过筛。砂子中的含泥量应有所控制，水泥砂浆、混合砂浆的强度等级大于或等于5M时，含泥量应小于或等于5%；强度等级小于5M时，含量应小于或等于10%。若使用细砂配制砂浆时，砂子的含泥量应经试验确定。

（4）水。拌制砂浆应使用饮用水，未经试验鉴定的非洁净水、生活污水、工业废水均不能拌制砂浆及养护砂浆。

2. 砌体结构施工基本规定

（1）砌筑顺序。基底标高不同时，应从低处砌起，并应由高处向低处搭砌。当设计无要求时，搭接长度L不应小于基础底的高差H，搭接长度范围内下层基础应扩大砌筑。砌体的转角处和交接处应同时砌筑，当不能同时砌筑时，应按规定留槎、接槎。

（2）砌筑墙体应设置皮数杆。

（3）在墙上留置临时施工洞口。

（4）预埋预留。对设计要求的洞口、沟槽、管道应于砌筑时正确留出或预埋，未经设计同意，不得打凿墙体和在墙体上开凿水平沟槽。宽度超过300mm的洞口上部，应设置钢筋混凝土过梁。

3. 砖砌体工程施工

砌砖施工通常包括抄平、放线、摆砖样、立皮数杆、挂准线、铺灰、砌砖等工序。如果是清水墙，则还要进行勾缝。

（1）地面以下或防潮层以下的砌体，不应采用多孔砖。

（2）不同品种的砖不得在同一楼层混砌。

（3）多孔砖的孔洞应垂直于受压面砌筑。半盲孔多孔砖的封底面应朝上砌筑。

（4）砖墙灰缝宽度宜为10mm，且不应小于8mm，也不应大于12mm。竖向灰缝不应出现瞎缝、透明缝和假缝。

（5）砖砌体的转角处和交接处应同时砌筑，严禁无可靠措施的内外墙分砌施工。

（6）非抗震设防及抗震设防烈度为6度、7度地区的临时间断处，当不能留斜槎时，除转角处外，可留直槎，但直槎必须做成凸槎，且应加设拉结钢筋（见图1.3.7）。

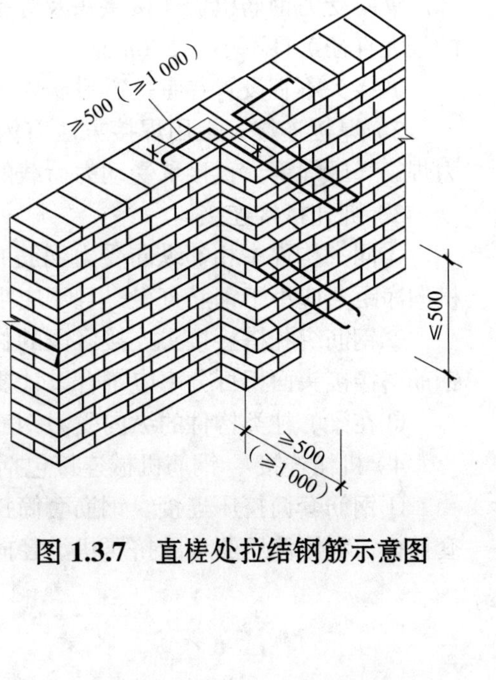

图1.3.7　直槎处拉结钢筋示意图

4. 填充墙砌体工程施工

（1）填充墙在平面和竖向的布置宜均匀对称，以避免形成薄弱层或短柱。

（2）砌筑填充墙时，轻骨料混凝土小型空心砌块和蒸压加气混凝土砌块的产品龄期不应小于

28d，蒸压加气混凝土砌块的含水率宜小于30%。

（3）砌体的砂浆强度等级不应低于M5；实心块体的强度等级不宜低于MU2.5，空心块体的强度等级不宜低于MU3.5；墙顶应与框架梁密切结合。

（4）填充墙应沿框架柱全高每隔500~600mm设2ϕ6拉筋，拉筋伸入墙内的长度，抗震设防烈度为6、7度时宜沿墙全长贯通，抗震设防烈度为8、9度时应全长贯通。

（5）墙长大于5m时，墙顶与梁宜有拉结；墙长超过8m或为层高的2倍时，宜设置钢筋混凝土构造柱；墙高超过4m时，墙体半高处宜设置与柱连接且沿墙全长贯通的钢筋混凝土水平系梁。

（6）植筋工艺流程：钻孔→清孔→填胶黏剂→安装钢筋→凝胶。

（7）楼梯间和人流通道的填充墙，尚应采用钢丝网砂浆面层加强。

（8）在厨房、卫生间、浴室等处采用轻骨料混凝土小型空心砌块、蒸压加气混凝土砌块砌筑墙体时，墙底部宜现浇混凝土坎台，其高度宜为150mm。

（9）蒸压加气混凝土砌块、轻骨料混凝土小型空心砌块不应与其他块体混砌，不同强度等级的同类块体也不得混砌。

（10）填充墙砌体砌筑，应待承重主体结构检验批验收合格后进行。填充墙与承重主体结构间的空（缝）隙部位施工，应在填充墙砌筑14d后进行。

（二）混凝土结构工程施工

1. 钢筋工程施工

（1）钢筋加工。钢筋加工包括冷拉、调直、除锈、剪切和弯曲等，宜在常温状态下进行，加工过程中不应对钢筋进行加热。钢筋应一次弯折到位。

（2）钢筋连接。钢筋的连接方法有焊接连接、绑扎搭接连接和机械连接。

1）钢筋连接的基本要求。

①钢筋的接头宜设置在受力较小处。同一纵向受力钢筋不宜设置两个或两个以上接头，接头末端至钢筋弯起点的距离不应小于钢筋直径的10倍。

②当受力钢筋采用机械连接接头或焊接接头时，设置在同一构件内的接头宜相互错开。纵向受力钢筋机械连接接头及焊接接头连接区段的长度为35倍d（d为纵向受力钢筋的较大直径）且不小于500mm。

③接头不宜设置在有抗震设防要求的框架梁端、柱端的箍筋加密区。

2）焊接连接。常用焊接方法有闪光对焊、电弧焊、电阻点焊、电渣压力焊、埋弧压力焊、气压焊等。直接承受动力荷载的结构构件中，纵向钢筋不宜采用焊接接头。

3）绑扎搭接连接。

①同一构件中相邻纵向受力钢筋的绑扎搭接接头宜相互错开。绑扎搭接接头中钢筋的横向净距不应小于钢筋直径，且不应小于25mm。

②钢筋绑扎搭接接头连接区段的长度为1.3l_l（l_l为搭接长度）。同一连接区段内，纵向钢筋搭接接头面积百分率应符合设计要求，当设计无具体要求时，应符合相关规定。

③在梁、柱类构件的纵向受力钢筋搭接长度范围内，应按设计要求配置箍筋。

4）机械连接。钢筋机械连接包括套筒挤压连接和螺纹套管连接。

①钢筋套筒挤压连接。钢筋套筒挤压连接是指将需要连接的两根变形钢筋插入特制钢套筒内，利用液压驱动的挤压机沿径向或轴向压缩套筒，使钢套筒产生塑性变形，靠变形

后的钢套筒内壁紧紧咬住变形钢筋来实现钢筋的连接。这种方法适用于竖向、横向及其他方向的较大直径变形钢筋的连接。

②钢筋螺纹套管连接。钢筋螺纹套筒连接分为锥螺纹套管连接和直螺纹套管连接两种。锥形螺纹套管连接是指将用于这种连接的钢套管内壁，用专用机床加工有锥螺纹，钢筋的对接端头也在套丝机上加工有与套管匹配的锥螺纹，连接时，经对螺纹检查无油污和损伤后，先用手旋入钢筋，然后用扭矩扳手紧固至规定的扭矩，即完成连接。钢筋螺纹套筒连接施工速度快，不受气候影响，自锁性能好，对中性好，能承受拉、压轴向力和水平力，可在施工现场连接同径或异径的竖向、水平或任何倾角的钢筋，已在我国广泛应用。

2. 模板工程施工

模板是保证混凝土浇筑成型的模型，钢筋混凝土结构的模板系统是由模板、支撑及紧固件等组成。

（1）模板类型与基本要求。

1）木模板。木模板是由板条与拼条钉拼而成的模板系统。

2）组合模板。组合模板是一种工具式模板，是工程施工中用得最多的一种模板，有组合钢模板、钢框竹（木）胶合板模板等。它由具有一定模数的若干类型的板块、角模、支撑和连接件组成，用它可以拼出多种尺寸和几何形状，也可用它拼成大模板、隧道模和台模等。钢框木胶合板模板由于自重轻、面积大、拼缝少、维修方便等优点，使用广泛。

3）大模板。大模板是一种大尺寸的工具式模板。一块大模板由面板、主肋、次肋、支撑桁架、稳定机构及附件组成（见图 1.3.8）。面板要求平整、刚度好。次肋的作用是固定面板，把混凝土侧压力传递给主肋。面板若按单向板设计，则只有水平（或垂直）次肋；面板若按双向板设计，则不分主、次肋。主肋是穿墙螺栓的固定支点，承受传来的水平力和垂直力，一般用背靠背的两个槽钢，间距为 1~1.2m。一般是一块墙面用一块大模板。因为其重量大，装拆皆需起重机械吊装，但可提高机械化程度，减少用工量和缩短工期，是目前我国剪力墙和筒体体系的高层建筑施工用得较多的一种模板，已形成一种工业化建筑体系。

4）滑升模板。滑升模板是一种工具式模板，由模板系统、操作平台系统和液压系统三个部分组成。适用于现场浇筑高耸的构筑物和高层建筑物等，如烟囱、筒仓、电视塔、竖井、沉井、双曲线冷却塔和剪力墙体系及筒体体系的高层建筑等。

5）爬升模板。爬升模板简称爬模，国外也称跳模，是施工剪力墙体系和筒体体系的钢筋混凝土结构高层建筑的一种有效的模板体系。由于模板能自爬，不需起重运输机械吊运，减少了高层建筑施工中起重运输机械的吊运工作量。

6）台模。台模是一种大型工具式模板，主要用于浇筑平板式或带边梁的楼板，一般是一个房间一块台模，有时甚至更大。

7）隧道模板。隧道模板是用于同时整体浇筑墙体和楼板的大型工具式模板，能将各开间沿水平方向逐段逐间整体浇筑，故施工的建筑物整体性好、抗震性能好、施工速度快，但模板的一次性投资大，模板起吊和转运需较大的起重机。

8）永久式模板。永久式模板是指一些施工时起模板作用而浇筑混凝土后又是结构本身组成部分之一的预制板材。目前国内外常用的有异型（波形、密肋形等）金属薄板（亦称压型钢板）、预应力混凝土薄板、玻璃纤维水泥模板、小梁填块（小梁为倒 T 形，填块放在梁底凸缘上，再浇混凝土）、钢桁架型混凝土板等。

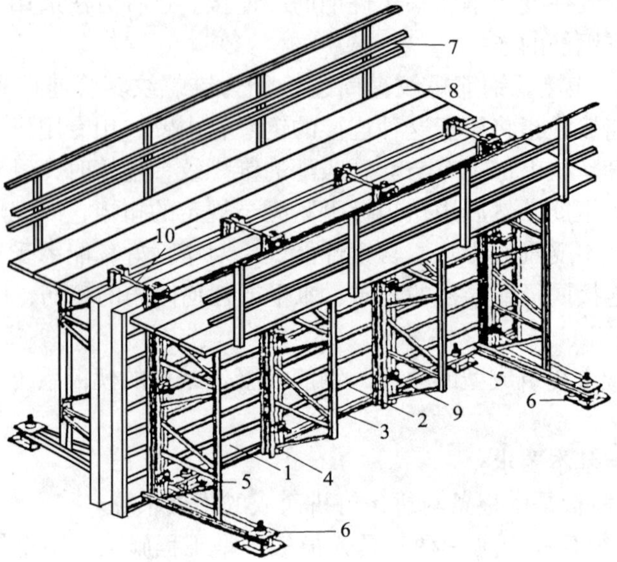

图 1.3.8　大模板构造示意图

1—面板；2—次肋；3—支撑桁架；4—主肋；5—调整水平用的螺旋千斤顶；6—调整垂直用的螺旋千斤顶；7—栏杆；8—脚手板；9—穿墙螺栓；10—卡具

（2）模板安装。

1）模板的安装，必须保证正确地形成图纸上所要求的形状、线形和尺寸，并在规定的误差范围内。

2）当在模板内浇注混凝土时，模板将会发生轻度挠曲，所以在安装模板时应留出适当的修正量。

3）模板应正确安装，并精确定位，所有的模板应在垂直或水平的连接处安装固定。

4）必须避免利用下层模板作为上层模板的支承。如必须这样做，则下层模板必须能承受上下层的全部荷载，并待上层混凝土达到规定的强度后，才允许拆除下层模板。

5）模板与混凝土的接触面应清理干净并涂刷隔离剂，但不得采用影响结构性能或妨碍装饰工程施工的隔离剂。

6）对跨度不小于 4m 的钢筋混凝土梁、板，其模板应按设计要求起拱；当设计无具体要求时，起拱高度宜为跨度的 1/1 000~3/1 000。

（3）模板拆除。

1）模板拆除要求：

①底模及其支架拆除时的混凝土强度应符合设计要求；当设计无具体要求时，混凝土强度应符合相关规范的规定。

②对后张法预应力混凝土结构构件，侧模宜在预应力张拉前拆除；底模支架的拆除应按施工技术方案执行，当无具体要求时，不应在结构构件建立预应力前拆除。

③后浇带模板的拆除和支顶应按施工技术方案执行。

④侧模拆除时的混凝土强度应能保证其表面及棱角不受损伤。

⑤模板拆除时，不应对楼层形成冲击荷载。拆除的模板和支架宜分散堆放并及时

清运。

2）模板拆除顺序。模板的拆除顺序一般是先拆非承重模板，后拆承重模板；先拆侧模板，后拆底模板。框架结构模板的拆除顺序一般是柱、楼板、梁侧模、梁底模。拆除大型结构的模板时，必须事先制定详细方案。

3. 混凝土工程施工

混凝土工程是钢筋混凝土工程中的重要组成部分，混凝土工程的施工过程有混凝土的制备、运输、浇筑和养护等。由于我国现行规定强制要求使用预拌混凝土（商品混凝土），所以混凝土的材料组成及制备要求在现场施工中已很少涉及。

（1）混凝土的浇筑。

1）混凝土浇筑的一般规定：

①混凝土浇筑前不应发生离析或初凝现象，如已发生，须重新搅拌。浇筑混凝土前，应清除模板内或垫层上的杂物。

②混凝土运输、输送、浇筑过程中严禁加水，混凝土运输、输送、浇筑过程中散落的混凝土严禁用于结构浇筑。

③先浇筑竖向结构。在浇筑竖向结构混凝土前，应先在底部填厚度不大于30mm、与混凝土内砂浆成分相同的水泥砂浆；浇筑过程中混凝土不得发生离析现象。

④混凝土自高处倾落时，其自由倾落高度不宜超过2m；若混凝土自由下落高度超过2m，应设串筒、斜槽、溜管或振动溜管等。

⑤混凝土输送宜采用泵送方式。混凝土的浇筑工作应尽可能分段、分层连续进行，随浇随捣。

⑥节点处的混凝土实行“先高后低”的浇捣原则，即先浇高强度等级混凝土，后浇低强度等级混凝土，严格控制在先浇筑的混凝土初凝前继续浇捣梁板的混凝土，事先做好技术交底和准备工作。

⑦混凝土浇筑层厚度应符合表1.3.2的规定。

表1.3.2　混凝土浇筑层厚度要求

<table>
<tr><th>项次</th><th colspan="2">捣实混凝土方法</th><th>浇筑层厚度（mm）</th></tr>
<tr><td>1</td><td colspan="2">插入式振捣</td><td>振捣器作用部分长度的1.25倍</td></tr>
<tr><td>2</td><td colspan="2">表面振动</td><td>200</td></tr>
<tr><td rowspan="3">3</td><td rowspan="3">人工捣固</td><td>在基础、无筋混凝土或配筋稀疏的结构中</td><td>250</td></tr>
<tr><td>在梁、墙板、柱结构中</td><td>200</td></tr>
<tr><td>在配筋密集的结构中</td><td>150</td></tr>
<tr><td rowspan="2">4</td><td rowspan="2">轻骨料
混凝土</td><td>插入式振捣器</td><td>300</td></tr>
<tr><td>表面振动（振动时需加荷载）</td><td>200</td></tr>
</table>

2）大体积混凝土结构浇筑。大体积混凝土结构是指混凝土结构物实体最小几何尺寸不小于1m的大体量混凝土，或预计会因混凝土中胶凝材料水化引起的温度变化和收缩而导致有害裂缝产生的混凝土。大体积混凝土结构由于承受的荷载大，整体性要求高，往往

不允许留设施工缝，要求一次连续浇筑完毕。

大体积混凝土结构的浇筑方案一般分为全面分层、分段分层和斜面分层三种（见图 1.3.9）。全面分层法要求的混凝土浇筑强度较大，斜面分层法混凝土浇筑强度较小，施工中可根据结构物的具体尺寸、捣实方法和混凝土供应能力，认真选择浇筑方案。目前应用较多的是斜面分层法。

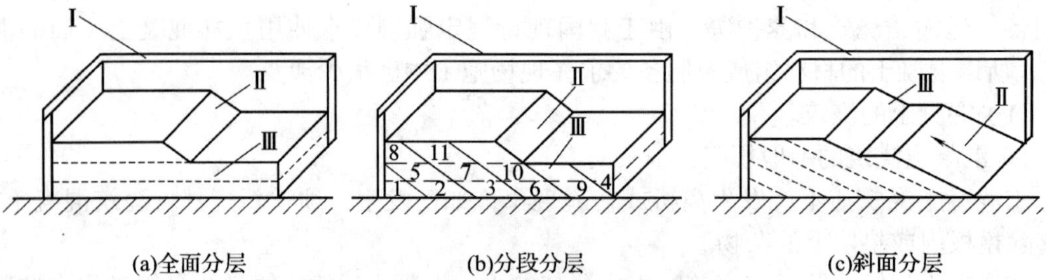

图 1.3.9 大体积混凝土浇筑方案

Ⅰ—模板；Ⅱ—新浇筑的混凝土；Ⅲ—已浇筑的混凝土

3）混凝土密实成型。混凝土振动密实成型：用于振动捣实混凝土拌合物的振动器按其工作方式可分为内部振动器、外部振动器、表面振动器和振动台四种。具体见本章第四节。

（2）混凝土的养护。混凝土养护一般可分为标准养护、加热养护和自然养护。选择养护方式应考虑现场条件、环境温湿度、构件特点、技术要求、施工操作等因素。

1）标准养护。混凝土在温度为 20℃ ±3℃、相对湿度为 90% 以上的潮湿环境或水中进行的养护，称为标准养护。标准养护用于对混凝土立方体试件进行养护。

2）加热养护。为了加速混凝土的硬化过程，对混凝土拌合物进行加热处理，使其在较高的温度和湿度环境下迅速凝结、硬化的养护，称为加热养护。常用的热养护方法是蒸汽养护。

3）自然养护。在常温下（平均气温不低于 5℃）采用适当的材料覆盖混凝土，并采取浇水润湿、防风防干、保温防冻等措施所进行的养护，称为自然养护。

4. 混凝土冬期与高温施工

（1）混凝土冬期施工。当室外日平均气温连续 5 日稳定低于 5℃时，应采取冬期施工措施；当混凝土未达到受冻临界强度而气温骤降至 0℃以下时，应按冬期施工的要求采取应急防护措施。

1）混凝土受冻临界强度。混凝土受冻临界强度是指混凝土在遭受冻结前具备抵抗冰胀应力的能力，使混凝土受冻后的强度损失不超过 5% 而必须的临界强度。

2）混凝土冬期施工措施。在混凝土冬期施工时，可采用下列措施：

①宜采用硅酸盐水泥或普通硅酸盐水泥；采用蒸汽养护时，宜采用矿渣硅酸盐水泥。

②降低水灰比，减少用水量，使用低流动性或干硬性混凝土。

③浇筑前将混凝土或其组成材料加温，提高混凝土的入模温度，使混凝土既早强又不易冻结。

④对已经浇筑的混凝土采取保温或加温措施，人工制造一个适宜的温湿条件，对混凝土进行养护。

⑤搅拌时，加入一定的外加剂，加速混凝土硬化，使其尽快达到临界强度，或降低水的冰点，使混凝土在负温下不致冻结。

3）混凝土冬期养护方法。养护法的三个基本要素是混凝土的入模温度、维护层的总传热系数和水泥水化热值。应通过热工计算调整以上三个要素，目的是使混凝土冷却到0℃时，混凝土强度能达到临界强度的要求。

混凝土冬期养护方法主要有三类：

①混凝土养护期间不加热的方法，如蓄热法、掺外加剂法等。

②混凝土养护期间加热的方法，如电热法、蒸汽加热法和暖棚法等。

③综合方法，即把上述两类方法综合应用，如目前常用的综合蓄热法，即在蓄热法基础上掺外加剂（早强剂或防冻剂）或进行短时加热等综合措施。

（2）高温期混凝土施工。当日平均气温达到30℃及以上时，应按高温施工要求采取措施。

高温施工宜采用低水泥用量的原则，并可采用粉煤灰取代部分水泥；宜选用水化热较低的水泥；混凝土坍落度不宜小于70mm，混凝土浇筑入模温度不应高于35℃。

5. 装配式混凝土施工

（1）材料要求。装配整体式结构中，预制构件的混凝土强度等级不宜低于C30；预应力混凝土预制构件的混凝土强度等级不宜低于C40，且不应低于C30；现浇混凝土的强度等级不应低于C25。

预制构件吊环应采用未经冷加工的HPB300钢筋制作。预制构件吊装用内埋式螺母或内埋式吊杆及配套的吊具，应根据相应的产品标准和应用技术规定选用。

（2）构件预制。预制构件制作前，应对其技术要求和质量标准进行技术交底，并应制定生产方案；生产方案应包括生产工艺、模具方案、生产计划、技术质量控制措施、成品保护、堆放及运输方案等内容。

（3）连接构造要求。

1）装配整体式结构中，节点及接缝处的纵向钢筋连接宜根据接头受力、施工工艺等要求选用机械连接、套筒灌浆连接、浆锚搭接连接、焊接连接、绑扎搭接连接等连接方式，并应符合国家现行有关标准的规定。

2）预制构件与后浇混凝土、灌浆料、坐浆材料的结合面应设置粗糙面、键槽。

3）预制楼梯与支承构件之间宜采用简支连接。预制楼梯宜一端设置固定铰，另一端设置滑动铰，其转动及滑动变形能力应满足结构之间位移的要求。预制楼梯设置滑动铰的端部应采取防止滑落的构造措施。

（4）构件储运。应制定预制构件的运输与堆放方案，其内容应包括运输时间、次序、堆放场地、运输线路、固定要求、堆放支垫及成品保护措施等。对于超高、超宽、形状特殊的大型构件的运输和堆放，应有专门的质量安全保证措施。

（5）结构施工。

1）一般规定。装配式结构施工前应制定施工组织设计、施工方案；施工组织设计的内容应符合现行国家标准《建筑施工组织设计规范》GB/T 50502-2009的规定；施工方案的内容应包括构件安装及节点施工方案、构件安装的质量管理及安全措施等。

2）构件吊装与就位。吊装用吊具应按国家现行有关标准的规定进行设计、验算或试验检验。吊具应根据预制构件形状、尺寸及重量等参数进行配置。对尺寸较大或形状复杂的预制构件，宜采用有分配梁或分配桁架的吊具。未经设计允许不得对预制构件进行切割、开洞。

安装施工前，应进行测量放线、设置构件安装定位标识，应复核构件装配位置、节点连接构造及临时支撑方案等，应检查复核吊装设备及吊具处于安全操作状态，应核实现场环境、天气、道路状况等满足吊装施工要求。装配式结构施工前，宜选择有代表性的单元进行预制构件试安装，并应根据试安装结果及时调整完善施工方案和施工工艺。

预制构件吊装就位后，应及时校准并采取临时固定措施，每个预制构件的临时支撑不宜少于 2 道，并应符合现行国家标准《混凝土结构工程施工规范》GB 50666–2011 的相关规定。

3）构件安装。

①安装准备。墙、柱构件安装前，应清洁结合面；多层预制剪力墙底部采用坐浆材料时，其厚度不宜大于 20mm。

②钢筋套筒连接施工。采用钢筋套筒灌浆连接、钢筋浆锚搭接连接的预制构件就位前，应检查套筒、预留孔的规格、位置、数量和深度，被连接钢筋的规格、数量、位置和长度。

钢筋套筒灌浆前，应在现场模拟构件连接接头的灌浆方式，每种规格钢筋应制作不少于 3 个套筒灌浆连接接头，进行灌注质量以及接头抗拉强度的检验；经检验合格后，方可进行灌浆作业。

钢筋套筒灌浆连接接头、钢筋浆锚搭接连接接头应按检验批划分要求及时灌浆，灌浆作业应符合国家现行有关标准及施工方案的要求。

③后浇混凝土施工。后浇混凝土施工时，预制构件结合面疏松部分的混凝土应剔除并清理干净；模板应保证后浇混凝土部分形状、尺寸和位置准确，并应防止漏浆。同一配合比的混凝土，每工作班且建筑面积不超过 1 000m^2 应制作 1 组标准养护试件，同一楼层应制作不少于 3 组标准养护试件。构件连接部位后浇混凝土及灌浆料的强度达到设计要求后，方可拆除临时固定措施。

（三）钢结构工程施工

1. 钢结构构件的连接方式

钢结构的连接方式分为焊接、螺栓连接、铆接等。

（1）焊接。焊接连接有气焊、接触焊和电弧焊等方法。在电弧焊中又分为手工焊、自动焊和半自动焊三种。钢结构的焊接方法应根据结构特性、材料性能、厚度以及生产条件确定。采用电弧焊时，常用的焊条型号是 E43××型和 E50××型。

焊接是使用最普遍的方法，该方法对几何形体适应性强，构造简单，省材省工，易于自动化，工效高；但是焊接属于热加工过程，对材质要求高，对于工人的技术水平要求也高，焊接程序严格，质量检验工作量大。

（2）螺栓连接。螺栓连接分为普通螺栓连接和高强度螺栓连接两种。

普通螺栓连接一般有粗制螺栓和精制螺栓两种。粗制螺栓由圆钢热压而成，表面粗糙，受剪能力较差，一般用于安装连接中；精致螺栓抗剪能力好，制作比较费工，成本较高，较少采用。普通螺栓连接装卸便利，设备简单，工人易于操作；但是对于该方法，螺栓精度低时不宜受剪，螺栓精度高时加工和安装难度较大。

高强螺栓连接加工方便，对结构削弱少，可拆换，能承受动力荷载，耐疲劳，塑性、韧性好，安装工艺略为复杂，造价略高。

（3）铆接。铆钉连接传力可靠，韧性和塑性好，质量易于检查，抗动力荷载好；但是由于铆接时必须进行钢板的搭接，费钢、费工，现在已基本不用。

2. 钢构件组装与预拼装

（1）钢构件组装施工。钢结构零、部件的组装是指遵照施工图的要求，把已经加工完成的各零件或半成品等钢构件采用装配的手段组合成为独立的成品。根据钢构件的特性以及组装程度，可分为部件组装、组装、预总装。

1）部件组装是装配最小单元的组合，它一般是由两个或两个以上的零件按照施工图的要求装配成为半成品的结构部件。

2）组装也称拼装、装配、组立，是把零件或半成品按照施工图的要求装配成为独立的成品构件。

3）预总装是根据施工图的要求把相关的两个以上成品构件，在工厂制作场地上，按其各个构件的空间位置总装起来。其目的是客观地反映出各构件的装配节点，以保证构件安装质量。目前，这种装配方法已广泛应用在高强度螺栓连接的钢结构件制造中。

钢构件的组装方法较多，但较常采用的是地样组装法和胎膜组装法。在选择构件组装方法时，必须根据构件的结构特性和技术要求，结合制造厂的加工能力、机械设备等情况，选择能有效控制组装精度、耗时少、效益高的方法进行。

（2）钢构件预拼装。钢构件拼装方法有构件平装法、构件立拼法和利用模具拼装法三种。

1）构件平装法。构件平装法适用于拼装跨度较小、构件相对刚度较大的钢结构。

该拼装方法操作方便，不需要稳定加固措施，也不需要搭设脚手架。焊缝焊接大多数为平焊缝；焊接操作简易，不需要技术很高的焊接工人，焊缝质量易于保证，校正及起拱方便、准确。

2）构件立拼法。构件立拼法主要适用于跨度较大、侧向刚度较差的钢结构。

该拼装方法可一次拼装多榀，块体占地面积小，不用铺设或搭设专用拼装操作平台或枕木墩，节省材料和工时。但需搭设一定数量的稳定支架，块体的校正、起拱较难，钢构件的连接节点及预制构件的连接件的焊接立缝较多，增加了焊接操作的难度。

3）利用模具拼装法。利用模具拼装法的模具是符合工件几何形状或轮廓的模型（内模或外模）。用模具来拼装组焊钢结构，具有产品质量好、生产效率高等许多优点。

3. 钢结构单层厂房安装

单层厂房钢结构构件，包括柱、钢屋架、吊车梁、天窗架、檩条及墙架等，构件的形式、尺寸、重量及安装标高都不同，因此所采用的起重设备、吊装方法等也需随之变化，与其相适应，以达到经济合理的目的。单跨结构宜从跨端一侧向另一侧、中间向两端或两端向中间的顺序进行吊装。多跨结构宜先吊主跨、后吊副跨；当有多台起重设备共同作业时，也可多跨同时吊装。单层钢结构在安装过程中，应及时安装临时柱间支撑或稳定缆绳，应在形成空间结构稳定体系后再扩展安装。

（1）钢柱安装。一般钢柱的刚性较好，吊装时通常采用一点起吊。常用的吊装方法有旋转法、滑行法和递送法。对于重型钢柱也可采用双机抬吊。

（2）钢屋架安装。钢屋架侧向刚度较差，安装前需进行吊装稳定性验算，稳定性不足时应进行吊装临时加固，通常可在钢屋架上下弦处绑扎杉木杆加固。

钢屋架吊点必须选择在上弦节点处，并应符合设计要求。吊装就位时，应以屋架下弦两端的定位标记和柱顶的轴线标记严格定位并临时固定。为使屋架起吊后不致发生摇摆，碰撞其他构件，起吊前宜在离支座节间附近用麻绳系牢，随吊随放松，控制屋架位置。如果吊装机械性能允许，屋面系统结构可采用扩大拼装后进行组合吊装，即在地面上将两榀屋架及其上的天窗架、檩条、支撑等拼装成整体后一次吊装。

（3）吊车梁安装。在钢柱吊装完成经调整固定于基础上之后，即可吊装吊车梁。

钢吊车梁均为简支梁。梁端之间留有 10mm 左右的空隙。梁的搁置处与牛腿面之间留有空隙，设钢垫板。梁与牛腿用螺栓连接，梁与制动架之间用高强螺栓连接。

（4）钢桁架安装。钢桁架可用自行杆式起重机（尤其是履带式起重机）、塔式起重机和桅杆式起重机等进行吊装。由于桁架的跨度、重量和安装高度不同，吊装机械和吊装方法亦随之而异。

4. 多层及高层、高耸钢结构安装

多层及高层钢结构宜划分多个流水作业段进行安装，流水段宜以每节框架为单位。

流水作业段内的构件吊装宜符合下列规定：①吊装可采用整个流水段内先柱后梁、或局部先柱后梁的顺序，单柱不得长时间处于悬臂状态；②钢楼板及压型金属板安装应与构件吊装进度同步；③特殊流水作业段内的吊装顺序应按安装工艺确定，并应符合设计文件的要求。

多层及高层钢结构安装时，楼层标高可采用相对标高或设计标高进行控制，当采用设计标高控制时，应以每节柱为单位进行柱标高调整，并应使每节柱的标高符合设计的要求。建筑物总高度的允许偏差和同一层内各节柱的柱顶高度差应符合现行国家标准《钢结构工程施工质量验收规范》GB 50205–2001 的有关规定。

高耸钢结构可采用高空散件（单元）法、整体起扳法和整体提升（顶升）法等安装方法。

5. 压型钢板施工

（1）压型钢板类型。压型钢板有镀锌压型钢板、涂层压型钢板和锌铝复合涂层压型钢板等。

（2）压型钢板选用。压型钢板截面形式不同，其应用范围也不相同，其要求如下：

高波板，即波高大于 50mm 的压型钢板，多用于单坡长度较长的屋面。

中波板，即波高为 35~50mm 的压型钢板，多用于屋面板。

低波板，即波高为 12~35mm 的压型钢板，多用于墙面板和现场复合的保温屋面，也可用于墙面的内板。

（3）压型钢板安装。对于压型钢板用于屋面板或墙面板时，其安装施工内容有：

1）压型钢板施工安装之前，应订制相应的施工图纸，并根据设计文件编制施工组织设计及对施工人员进行技术培训和安全生产交底。

2）安装压型板屋面和墙面前必须编制施工排放图，根据设计文件核对各类材料的规格、数量，检查压型钢板及零配件的质量，发现质量不合格的要及时修复或更换。

3）复核与压型钢板施工安装有关钢构件的安装精度，清除檩条的安装焊缝药皮和飞溅物，并涂刷防锈漆进行防腐处理。

4）压型钢板用于墙面的施工工序：墙板安装按檩条位置从一端开始进行，板与板之间必须咬紧，再用螺钉固定，墙板接缝处做好防水处理。压型钢板安装时，应边铺设边调整其位置，边固定。

5）压型金属板应可靠搭接，搭接长度应符合设计要求，且不应小于规定的数值。

6）压型金属板安装应平整、顺直，板面不应有施工残留物和污物，檐口和墙面下端应呈直线，不应有未经处理的错钻孔洞。

6. 轻型钢结构施工

（1）轻型钢结构材料。主要有彩色涂层钢板、冷弯薄壁型钢和 H 型钢。冷弯薄壁型钢是用薄钢板（厚度为 0.3~1mm，最厚为 1.6mm）在压型机上冷压而成的。H 型钢的翼缘宽，侧向刚度大，抗弯能力强，比工字钢大 5%~10%。

（2）轻型钢结构的制作。轻型钢结构制作流程如图 1.3.10 所示。

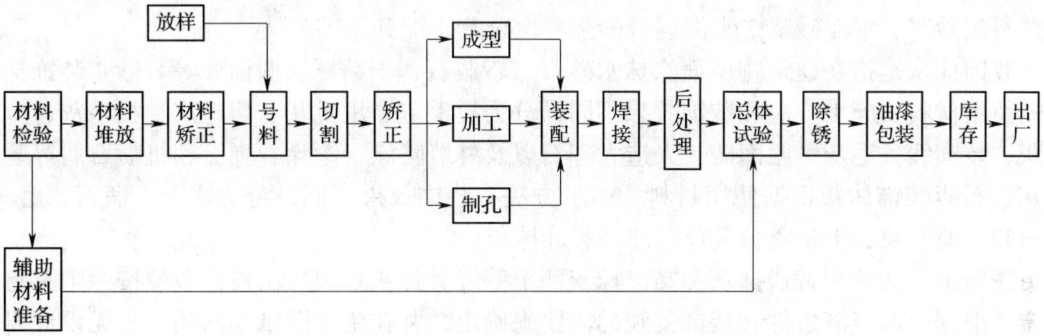

图 1.3.10　轻型钢结构制作流程

（3）轻型钢结构的安装。构件的安装应符合下列要求：

1）宜采取综合安装方法，对容易变形的构件应做强度和稳定性计算，必要时应采取加固措施，以确保施工时结构的安全。

2）刚架安装宜先立柱，然后将在地面组装好的斜梁吊起就位，并与柱连接。

3）结构吊装时，应采取适当措施，防止产生过大的弯扭变形，同时应将绳扣与构件的接触部位加垫块垫好，以防损伤构件。构件悬吊应选择好吊点。构件的捆绑和悬吊部位应采取防止构件局部变形和损坏的措施。

4）结构吊装就位后，应及时系牢支撑及其他连系构件，以保证结构的稳定性，且各种支撑的拧紧程度以不将构件拉弯为原则。

5）所有上部结构的吊装必须在下部结构就位、校正并系牢支撑构件以后再进行。

7. 钢结构涂装施工

（1）表面处理。经处理的钢材表面不应有焊渣、焊疤、灰尘、油污、水和毛刺等；对于镀锌构件，酸洗除锈后，钢材表面应露出金属色泽，并应无污渍、锈迹和残留酸液。

（2）防腐涂装施工：

1）主要施工工艺流程为：基面处理→底漆涂装→中间漆涂装→面漆涂装→检查验收。

2）涂装施工顺序为：一般应按先上后下、先左后右、先里后外、先难后易的原则施涂，不漏涂，不流坠，使漆膜均匀、致密、光滑和平整。

3）油漆防腐涂装。油漆防腐涂装可采用涂刷法、手工滚涂法、空气喷涂法和高压无气喷涂法。

4）金属热喷涂。钢结构表面处理与热喷涂施工的间隔时间，晴天或湿度不大的气候条件下应在 12h 以内，雨天、潮湿、有盐雾的气候条件下不应超过 2h。

（3）防火涂装施工。防火涂料施工可采用喷涂、抹涂或滚涂等方法。主要施工工艺流程为：基层处理→调配涂料→涂装施工→检查验收。

四、建筑装饰装修工程施工

（一）抹灰工程施工

抹灰工程是用抹面砂浆涂抹在房屋建筑的墙、地、顶棚、表面上的一种传统做法的装饰工程。具有保护基层和增加美观的作用，为建筑物提供特殊功能的系统施工过程。

按施工工艺不同，抹灰工程分为一般抹灰、装饰抹灰等。一般抹灰是指在建筑物墙面涂抹石灰砂浆、水泥砂浆、水泥混合砂浆、聚合物水泥砂浆等。

装饰抹灰是指在建筑物墙面涂抹水砂石、斩假石、干粘石、假面砖等。砂浆装饰抹灰根据使用材料、施工方法和装饰效果不同，分为拉毛灰、甩毛灰、搓毛灰、扫毛灰、拉条抹灰、装饰线条毛灰、假面砖、人造大理石以及外墙喷涂、滚涂、弹涂和机喷石屑等装饰抹灰。石喳装饰抹灰根据使用材料、施工方法、装饰效果不同，分为刷石、假石、磨石、粘石和机喷石粒、干粘瓷粒及玻璃球等装饰抹灰。

按施工方法分为普通抹灰和高级抹灰两个等级。抹灰等级应由设计单位按照国家有关规定，根据技术经济条件和装饰美观的需要来确定，并在施工图纸中注明。当无设计要求时候，按普通抹灰施工。

（1）抹灰工程施工流程为：基层处理→浇水处理→抹灰饼→墙面充筋→分层抹灰→设置分格缝→保护成品。

（2）抹灰工程基层处理。基层处理应符合下列规定：

1）砖砌体：应清除表面杂物、尘土，抹灰前应洒水湿润。

2）混凝土：表面应凿毛或在表面洒水润湿后涂刷 1∶1 水泥砂浆（加适量胶黏剂）。

3）加气混凝土：应在湿润后边刷界面剂边抹强度不小于 M5 的水泥混合砂浆。

（3）浇水湿润。一般在抹灰的前一天，用水管或喷壶顺墙自上而下浇水湿润，不同的墙体不同的环境需要不同的浇水量。浇水分次进行，以墙体既湿润又不泌水为宜。

（4）大面积抹灰前应设置标筋。抹灰应分层进行，每遍厚度宜为 5~7mm。抹石灰砂浆和水泥混合砂浆每遍厚度宜为 7~9mm。当抹灰总厚度超出 35mm 时，应采取加强措施。

（二）吊顶工程施工

（1）吊顶准备。后置埋件、金属吊杆、龙骨应进行防腐处理。木吊杆、木龙骨、造型木板和木饰面板应进行防腐、防火、防蛀处理。重型灯具、电扇及其他重型设备严禁安装在吊顶龙骨上。

（2）龙骨安装。龙骨的安装应符合下列要求：

1）应根据吊顶的设计标高在四周墙上弹线。弹线应清晰、位置应准确。

2）主龙骨吊点间距、起拱高度应符合设计要求。当设计无要求时，吊点间距应小于1.2m，应按房间短向跨度适当起拱。主龙骨安装后应及时校正其位置标高。

3）吊杆应通直，距主龙骨端部距离不得超过300mm。当吊杆与设备相遇时，应调整吊点构造或增设吊杆。

4）次龙骨应紧贴主龙骨安装。固定板材的次龙骨间距不得大于600mm，在潮湿地区和场所，间距宜为300~400mm。用沉头自攻钉安装饰面板时，接缝处次龙骨宽度不得小于40mm。

5）暗龙骨系列横撑龙骨应用连接件将其两端连接在通长次龙骨上。明龙骨系列的横撑龙骨与通长龙骨搭接处的间隙不得大于1mm。

（3）吊顶板面安装。

1）纸面石膏板和纤维水泥加压板安装应符合下列规定：

①板材应在自由状态下进行安装，固定时应从板的中间向板的四周固定。

②纸面石膏板螺钉与板边距离：纸包边宜为10~15mm，切割边宜为15~20mm；水泥加压板螺钉与板边距离宜为8~15mm。

③板周边钉距宜为150~170mm，板中钉距不得大于200mm。

④安装双层石膏板时，上下层板的接缝应错开，不得在同一根龙骨上接缝。

2）石膏板、钙塑板的安装应符合下列规定：

①当采用钉固法安装时，螺钉与板边距离不得小于15mm，螺钉间距宜为150~170mm，均匀布置，并应与板面垂直，钉帽应进行防锈处理，并应用与板面颜色相同涂料涂饰或用石膏腻子抹平。

②当采用粘接法安装时，胶黏剂应涂抹均匀，不得漏涂。

（三）轻质隔墙工程施工

（1）轻钢龙骨的安装应符合下列规定：

1）应按弹线位置固定沿地龙骨、沿顶龙骨及边框龙骨，龙骨的边线应与弹线重合。龙骨的端部应安装牢固，龙骨与基体的固定点间距不应大于1m。

2）安装竖向龙骨应垂直，龙骨间距应符合设计要求。潮湿房间和钢板网抹灰墙，龙骨间距不宜大于400mm。

3）安装支撑龙骨时，应先将支撑卡安装在竖向龙骨的开口方向，卡距宜为400~600mm，距龙骨两端的距离宜为20~25mm。

4）安装贯通系列龙骨时，低于3m的隔墙安装一道，3~5m隔墙安装两道。

5）饰面板横向接缝处不在沿地龙骨、沿顶龙骨上时，应加横撑龙骨固定。

（2）木龙骨的安装应符合下列规定：

1）木龙骨的横截面积及纵、横向间距应符合设计要求。

2）骨架横、竖龙骨宜采用开半榫、加胶、加钉连接。

3）安装饰面板前应对龙骨进行防火处理。

（3）纸面石膏板的安装应符合下列规定：

1）石膏板宜竖向铺设，长边接缝应安装在竖龙骨上。

2）龙骨两侧的石膏板及龙骨一侧的双层板的接缝应错开，不得在同一根龙骨上接缝。

3）轻钢龙骨应用自攻螺钉固定，木龙骨应用木螺钉固定。沿石膏板周边钉间距不得大于 200mm，板中钉间距不得大于 300mm，螺钉与板边距离应为 10~15mm。

4）安装石膏板时应从板的中部向板的四边固定。钉头略埋入板内，但不得损坏纸面，钉眼应进行防锈处理。

5）石膏板的接缝应按设计要求进行板缝处理。石膏板与周围墙或柱应留有 3mm 的槽口，以便进行防开裂处理。

（4）胶合板的安装应符合下列规定：

1）胶合板安装前应对板背面进行防火处理。

2）轻钢龙骨应采用自攻螺钉固定。木龙骨采用圆钉固定时，钉距宜为 80~150mm，钉帽应砸扁；采用钉枪固定时，钉距宜为 80~100mm。

3）阳角处宜做护角。

4）胶合板用木压条固定时，固定点间距不应大于 200mm。

（5）玻璃砖墙的安装应符合下列规定：

1）玻璃砖墙宜以 1.5m 高为一个施工段，待下部施工段胶结材料达到设计强度后再进行上部施工。

2）当玻璃砖墙面积过大时应增加支撑。玻璃砖墙的骨架应与结构连接牢固。

3）玻璃砖应排列均匀整齐，表面平整，嵌缝的油灰或密封膏应饱满密实。

（四）墙面铺装工程施工

（1）墙面砖铺贴应符合下列规定：

1）墙面砖铺贴前应进行挑选，并应浸水 2h 以上，晾干表面水分。

2）铺贴前应进行放线定位和排砖，非整砖应排放在次要部位或阴角处。每面墙不宜有两列非整砖，非整砖宽度不宜小于整砖的 1/3。

3）铺贴前应确定水平及竖向标志，垫好底尺，挂线铺贴。墙面砖表面应平整，接缝应平直，缝宽应均匀一致。阴角砖应压向正确，阳角线宜做成 45° 角对接，在墙面突出物处，应整砖套割吻合，不得用非整砖拼凑铺贴。

4）结合砂浆宜采用 1∶2 水泥砂浆，砂浆厚度宜为 6~10mm。水泥砂浆应满铺在墙砖背面，一面墙不宜一次铺贴到顶，以防塌落。

（2）墙面石材铺装应符合下列规定：

1）墙面石材铺贴前应进行挑选，并应按设计要求进行预拼。

2）强度较低或较薄的石材应在背面粘贴玻璃纤维网布。

3）当采用湿作业法施工时，固定石材的钢筋网应与预埋件连接牢固。每块石材与钢筋网拉接点不得少于 4 个。拉接用金属丝应具有防锈性能。灌注砂浆前应将石材背面及基层湿润，并应用填缝材料临时封闭石材板缝，避免漏浆。灌注砂浆宜用 1∶2.5 水泥砂浆，灌注时应分层进行，每层灌注高度宜为 150~200mm，且不超过板高的 1/3，插捣应密实。待其初凝后方可灌注上层水泥砂浆。

4）当采用粘贴法施工时，基层处理应平整但不应压光。胶黏剂的配合比应符合产品说明书的要求。胶液应均匀、饱满的刷抹在基层和石材背面，石材就位时应准确，并应立即挤紧、找平、找正，进行顶、卡固定。溢出胶液应随时清除。

（3）木装饰装修墙制作安装应符合下列规定：

1）打孔安装木砖或木楔，深度不应小于 40mm，木砖或木楔应做防腐处理。

2）龙骨间距应符合设计要求。当设计无要求时：横向间距宜为 300mm，竖向间距宜为 400mm。龙骨与木砖或木楔连接应牢固。龙骨本质基层板应进行防火处理。

（五）涂饰工程施工

（1）施工环境。混凝土或抹灰基层涂刷溶剂型涂料时，含水率不得大于 8%；涂刷水性涂料时，含水率不得大于 10%；木质基层含水率不得大于 12%。施工现场环境温度宜为 5~35℃，并应注意通风换气和防尘。

（2）涂饰施工方法。常用的施工方法有滚涂法、喷涂法、刷涂法等。

1）木质基层涂刷调和漆：先满刷清油一遍，待其干后用油腻子将钉孔、裂缝、残缺处嵌刮平整，干后打磨光滑，再刷中层和面层油漆。

2）对泛碱、析盐的基层应先用 3% 的草酸溶液清洗，然后用清水冲刷干净或在基层上满刷一遍耐碱底漆，待其干后刮腻子，再涂刷面层涂料。

3）浮雕涂饰的中层涂料应颗粒均匀，用专用塑料辊蘸煤油或水均匀滚压，厚薄一致，待完全干燥固化后，才可进行面层涂饰，面层为水性涂料应采用喷涂，溶剂型涂料应采用刷涂。间隔时间宜在 4h 以上。

（六）地面工程施工

（1）石材、地面砖铺贴应符合下列规定：

1）石材、地面砖铺贴前应浸水湿润。天然石材铺贴前应进行对色、拼花并试拼、编号。

2）结合层砂浆宜采用体积比为 1∶3 的干硬性水泥砂浆，厚度宜高出实铺厚度 2~3mm。铺贴前应在水泥砂浆上刷一道水灰比为 1∶2 的素水泥浆或干铺水泥 1~2mm 后洒水。

3）铺贴后应及时清理表面，24h 后应用 1∶1 水泥浆灌缝，选择与地面颜色一致的颜料与白水泥拌和均匀后嵌缝。

（2）竹、实木地板铺装应符合下列规定：

1）基层平整度误差不得大于 5mm。

2）铺装前应对基层进行防潮处理，防潮层宜涂刷防水涂料或铺设塑料薄膜。

3）铺装前应对地板进行选配，宜将纹理、颜色接近的地板集中使用于一个房间或部位。

4）木龙骨应与基层连接牢固，固定点间距不得大于 600mm。

5）毛地板应与龙骨成 30° 或 45° 铺钉，板缝应为 2~3mm，相邻板的接缝应错开。

6）在龙骨上直接铺装地板时，主次龙骨的间距应根据地板的长宽模数计算确定，地板接缝应在龙骨的中线上。

7）毛地板及地板与墙之间应留有 8~10mm 的缝隙。

（3）强化复合地板铺装应符合下列规定：

1）防潮垫层应满铺平整，接缝处不得叠压。

2）安装第一排时应凹槽面靠墙。地板与墙之间应留有 8~10mm 的缝隙。

3）房间长度或宽度超过 8m 时，应在适当位置设置伸缩缝。

（4）地毯铺装应符合下列规定：

1）地毯对花拼接应按毯面绒毛和织纹走向的同一方向拼接。

2）当使用张紧器伸展地毯时，用力方向应呈 V 字形，应由地毯中心向四周展开。

3）当使用倒刺板固定地毯时，应沿房间四周将倒刺板与基层固定牢固。

4）地毯铺装方向，应是毯面绒毛走向的背光方向。

5）满铺地毯，应用扁铲将毯边塞入卡条和墙壁间的间隙中或塞入踢脚下面。

6）裁剪楼梯地毯时，长度应留有一定余量，以便在使用中可挪动常磨损的位置。

（七）幕墙工程施工

建筑幕墙是建筑物主体结构外围的围护结构，具有防风、防雨、隔热、保温、防火、抗震和避雷等多种功能，具有新颖耐久、美观时尚，装饰感强、施工快捷、便于维修等特点，是一种广泛运用于现代建筑的结构构件。按幕墙材料可分为玻璃幕墙、石材幕墙、金属幕墙、混凝土幕墙和组合幕墙。玻璃幕墙是国内外目前最常用的一种幕墙，广泛运用于现代化高档公共建筑的外墙装饰，是用玻璃板片作墙面板材与金属构件组成悬挂在建筑物主体结构上的非承重连续外围护墙体。

1. 建筑幕墙施工的准备工作

（1）预埋件。常用建筑幕墙预埋件有平板型和槽型两种，其中平板型预埋件最为广泛应用。

（2）预埋件安装。预埋件的锚筋应置于混凝土构件最外排主筋的内侧。为防止预埋件在混凝土浇捣过程中产生位移，应将预埋件与钢筋或模板连接固定。梁板顶面的埋件一般与混凝土浇捣同步进行，随捣随埋，预埋板下面的混凝土应注意振捣密实。

2. 玻璃幕墙施工

玻璃幕墙的施工工序较多，施工技术和安装精度比较高，凡从事玻璃安装施工的企业，必须取得相应专业资格后方可承接业务。

（1）有框玻璃幕墙施工。有框玻璃幕墙主要由幕墙立柱、横梁、玻璃、主体结构、预埋件、连接件以及连接螺栓、垫杆和胶缝、开启扇组成。竖直玻璃幕墙立柱应悬挂连接在主体结构上并使其处于受拉状态。

有框玻璃幕墙施工工艺流程为：测量、放线→调整和后置预埋件→确认主体结构轴线和各面中心线→以中心线为基准向两侧排基准竖线→按图样要求安装钢连接件和立柱、校正误差→钢连接件满焊固定、表面防腐处理→安装横框→上下边密封、修整→安装玻璃组件→安装开启窗扇一填充泡沫塑料棒→注胶→清洁、整理→检查、验收。

（2）全玻璃幕墙施工。由玻璃板和玻璃肋制作的玻璃幕墙称为全玻璃幕墙，采用较厚的玻璃隔声效果较好、通透性强，用于外墙装饰时使室内外环境浑然一体，被广泛用于各种底层公共空间的外装饰。全玻璃幕墙按构造方式可分为吊挂式和坐落式两种。以吊挂式全玻璃幕墙为例，其施工流程为：定位放线→上部钢架安装→下部和侧面嵌槽安装→玻璃肋、玻璃板安装就位→镶嵌固定及注入密封胶→表面清洗和验收。

（3）点支撑玻璃幕墙施工。点支撑幕墙是指在幕墙玻璃的四角打孔，用幕墙专用钢爪将玻璃连接起来，并将荷载传给相应构件，最后传给主体结构的一种幕墙做法。点式连接玻璃幕墙主要有玻璃肋点式连接玻璃幕墙、钢桁架点式连接玻璃幕墙和拉索式点式连接玻璃幕墙。玻璃肋点式连接玻璃幕墙是指玻璃肋支撑在主体结构上，在玻璃肋上面安装连接板和钢爪，玻璃开孔后与钢爪（4 脚支架）用特殊螺栓连接的幕墙形式，如图 1.3.11 所示。钢桁架点式玻璃幕墙是指在金属桁架上安装钢爪，在面板玻璃的四角进行打孔，钢爪上的特殊螺栓穿过玻璃孔，紧固后将玻璃固定在钢爪上形成幕墙，如图 1.3.12 所示。

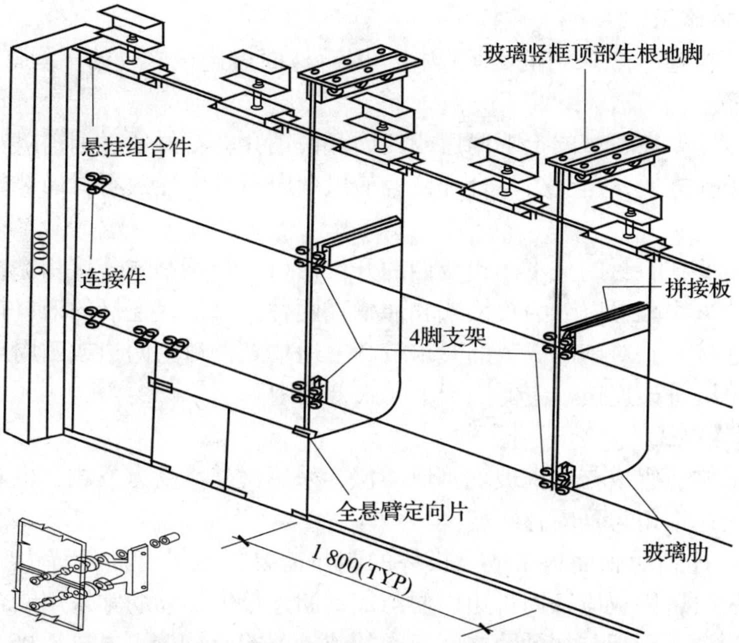

图 1.3.11　玻璃肋点式连接玻璃幕墙示意

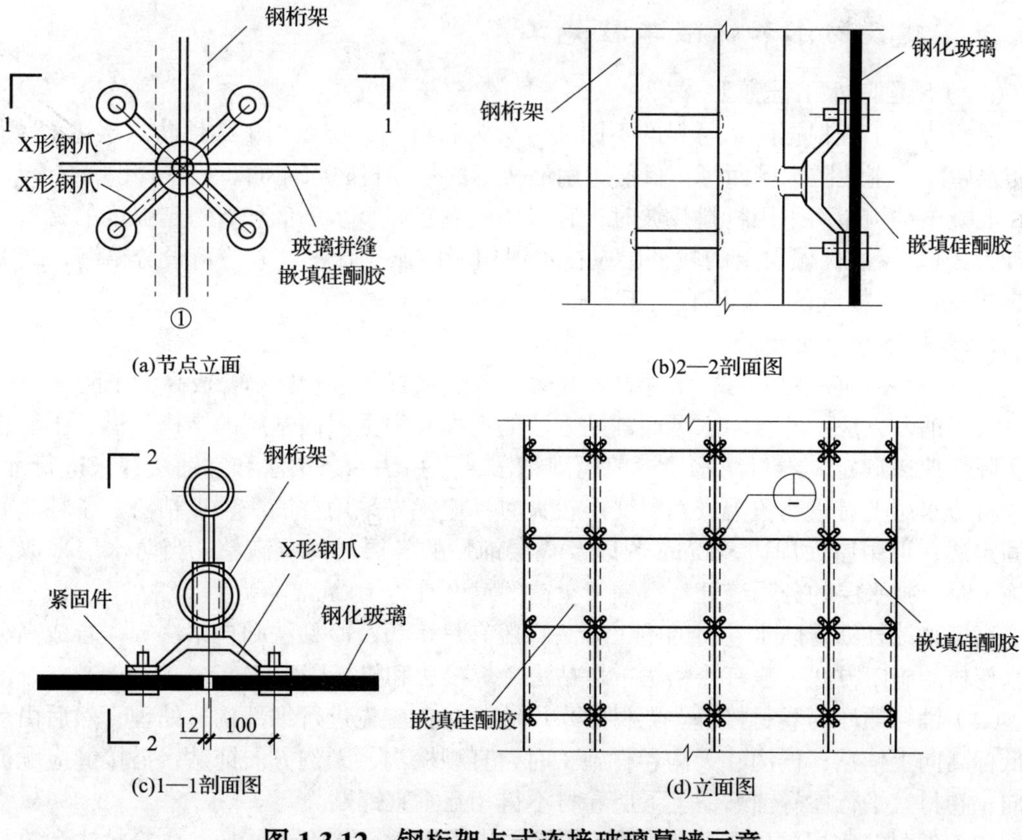

图 1.3.12　钢桁架点式连接玻璃幕墙示意

3. 石材幕墙施工

石材幕墙的构造一般采用框支承结构，因石材面板连接方式的不同，可分为钢销式、槽式和背拴式等。

钢销式连接需要在石材的上下两边或四周开设销孔，石材通过钢销以及连接板与幕墙骨架连接。它拓孔方便，但受力不合理，容易出现应力集中导致石材局部破坏，使用受到限制。

槽式连接需要在石材的上下两边或四周开设槽口，与钢销式连接相比，它的适应性更强。根据槽口的大小，可以分为短槽式和通槽式两种。短槽式连接的槽口较小，通过连接片与幕墙骨架连接，它对施工安装的要求较高。通槽式槽口为两边或四周通长，通过通长铝合金型材与幕墙骨架连接，主要用于单元式幕墙中。

4. 铝板幕墙施工

铝板幕墙的构造组成与隐框玻璃幕墙类似，采用框支承受力方式，也需要制作铝板板块，铝板板块通过铝角与幕墙骨架连接。

铝板板块由加劲肋和面板组成。板块的制作需要在铝板背面设置边肋和中肋等加劲肋。在制作板块时，铝板应四周折边以便与加劲肋连接。加劲肋常采用铝合金型材，以槽形或角形型材为主。面板与加劲肋之间通常的连接方式有铆接、电栓焊接、螺栓连接以及化学黏结等。为了方便板块与骨架体系的连接需在板块的周边设置铝角，铝角一端常通过铆接方式固定在板块上，另一端采用自攻螺丝固定在骨架上。

五、建筑防水和保温工程施工

（一）屋面防水工程施工

屋面防水工程根据防水材料的不同又可分为卷材防水层屋面（柔性防水层屋面）、涂膜防水屋面、刚性防水屋面等。目前应用最普遍的是卷材防水屋面。

混凝土结构屋面采用材料找坡时，宜采用质量轻、吸水率低和有一定强度的材料，坡度宜为 2%。屋面保温层上的找平层应在水泥初凝前压实抹平，并应留设分格缝，缝宽宜为 5~20mm，纵横缝的间距不宜大于 6m。

1. 卷材防水屋面施工

卷材防水层应采用沥青防水卷材、高聚物改性沥青防水卷材和合成高分子防水卷材。

（1）铺贴方法。卷材防水屋面铺贴方法的选择应根据屋面基层的结构类型、干湿程度等实际情况来确定。卷材防水层一般用满粘法、点粘法、条粘法和空铺法等来进行铺贴。当卷材防水层上有重物覆盖或基层变形较大时，应优先采用空铺法、点粘法、条粘法或机械固定法，但距屋面周边 800mm 内以及叠层铺贴的各层之间应满粘；当防水层采取满粘法施工时，找平层的分隔缝处宜空铺，空铺的宽度宜为 100mm。

高聚物改性沥青防水卷材的施工方法一般有热熔法、冷粘法和自粘法等。合成高分子防水卷材的施工方法一般有冷粘法、自粘法、焊接法和机械固定法。

（2）铺贴顺序与卷材接缝。卷材防水层施工时，应先进行细部构造处理，然后由屋面最低标高向上铺贴；檐沟、天沟卷材施工时，宜顺檐沟、天沟方向铺贴，搭接缝应顺流水方向；卷材宜平行屋脊铺贴，上下层卷材不得相互垂直铺贴。

（3）卷材防水层的施工环境温度。热熔法和焊接法不宜低于 –10℃，冷粘法和热粘法不宜低于5℃，自粘法不宜低于10℃。

（4）卷材防水屋面施工的注意事项。为了保证防水层的施工质量，所选用的基层处理剂、接缝胶黏剂、密封材料等配套材料应与铺贴的卷材性能相容。铺贴卷材前，应根据屋面特征及面积大小，合理划分施工流水段并在屋面基层上放出每幅卷材的铺贴位置，弹上标记。卷材在铺贴前应保持干燥。通常采用浇油法或刷油法在干燥的基层上涂满沥青玛琋脂，应随浇（涂）随铺卷材。铺贴时，卷材要展平压实，使之与下层紧密黏结，卷材的接缝应用沥青玛琋脂赶平压实。对容易渗漏的薄弱部位（如檐沟、檐口、天沟、变形缝、水落口、泛水、管道根部、天窗根部、女儿墙根部、烟囱根部等屋面阴阳角转角部位）用附加卷材或防水材料、密封材料做附加增强处理，然后才能铺贴防水层，防水层施工至末尾还应做收头处理。

2. 涂膜防水屋面施工

涂膜防水屋面是在屋面基层上涂刷防水涂料，经固化后形成一层有一定厚度和弹性的整体结膜，从而达到防水的目的。

（1）涂膜防水层施工工艺和方法。涂膜防水层施工的工艺流程为：清理、修理基层表面→喷涂基层处理剂（底涂料）→特殊部位附加增强处理→涂布防水涂料及铺贴胎体增强材料→清理与检查修整→保护层施工。

（2）涂膜防水层施工的一般要求。

1）涂膜防水层的施工应按“先高后低，先远后近”的原则进行。遇高低跨屋面时，一般先涂高跨屋面，后涂低跨屋面。对同一屋面上，先涂布排水较集中的水落口、天沟、檐沟、檐口等节点部位，在进行大面积涂布。

2）涂膜应根据防水涂料的品种分层分遍涂布，待先涂的涂层干燥成膜后，方可涂后一遍涂料，且前后两遍涂料的涂布方向应相互垂直。

3）当需铺设胎体增强材料时，屋面坡度小于15%时可平行屋脊铺设，屋面坡度大于15%时应垂直于屋脊铺设。采用二层胎体增强材料时，上下层不得相互垂直铺设，搭接缝应错开，其间距不应小于幅宽的1/3。

4）涂膜防水层应沿找平层分隔缝增设带有胎体增强材料的空铺附加层，其空铺宽度宜为100mm。天沟、檐沟、檐口、泛水和立面涂膜防水层的收头，应用防水涂料多遍涂刷或用密封材料封严。涂膜防水层上应设置保护层，以提高防水层的使用年限。

（二）地下防水工程施工

地下工程防水方案主要有以下三类：一是结构自防水。它是以地下结构本身的密实性（即防水混凝土）实现防水功能，使结构承重和防水合为一体。二是表面防水层防水，即在结构的外表面加设防水层，以达到防水的目的。常用的防水层有水泥砂浆防水层、卷材防水层、涂膜防水层等。三是防排结合，即采用防水加排水措施，排水方案可采用盲沟排水、渗排水、内排水等。地下工程防水等级分为4级，地下防水工程不得在雨天、雪天和五级风及其以上时施工。

1. 防水混凝土施工

防水混凝土是以调整混凝土的配合比或掺外加剂的方法来提高混凝土的密实度、抗渗性、抗蚀性，满足设计对地下工程的抗渗要求，达到防水的目的。防水混凝土结构具有取材容易、施工简便、工期短、造价低、耐久性好等优点，因此在地下工程防水中广泛应用。目前，常用的防水混凝土有普通防水混凝土、外加剂或掺和料防水混凝土和膨胀水泥防水混凝土。

（1）防水混凝土在施工中应注意的事项。

1）保持施工环境干燥，避免带水施工。

2）防水混凝土采用预拌混凝土时，入泵坍落度宜控制在120~140mm，坍落度每小时损失不应大于20mm，坍落度总损失值不应大于40mm。

3）防水混凝土浇筑时的自落高度不得大于1.5m；防水混凝土应采用机械振捣，并保证振捣密实。

4）防水混凝土应自然养护，养护时间不少于14d。

5）喷射混凝土终凝2h后应采取喷水养护，养护时间不得少于14d；当气温低于5℃时，不得喷水养护。

6）防水混凝土结构的变形缝、施工缝、后浇带、穿墙管、埋设件等设置和构造必须符合设计要求。

（2）防水构造处理。

1）施工缝处理。防水混凝土应连续浇筑，宜少留施工缝。当留设施工缝时，应遵守相关标准的规定。

2）贯穿铁件处理。地下建筑施工中墙体模板的穿墙螺栓，穿过底板的基坑围护结构等，均是贯穿防水混凝土的铁件。由于材质差异，地下水分较易沿铁件与混凝土的界面向地下建筑内渗透。为保证地下建筑的防水要求，可在铁件上加焊一道或数道止水铁片，延长渗水路径、减小渗水压力，达到防水目的。

2. 表面防水层防水施工

表面防水层防水有刚性、柔性两种。

（1）水泥砂浆防水层。水泥砂浆防水层是一种刚性防水层，它是依靠提高砂浆层的密实性来达到防水要求。这种防水层取材容易，施工方便，防水效果较好，成本较低，适用于地下砖石结构的防水层或防水混凝土结构的加强层。水泥砂浆防水层又可分为：

1）刚性多层法防水层。利用素灰（即较稠的纯水泥浆）和水泥砂浆分层交叉抹面而构成的防水层，具有较高的抗渗能力。

2）刚性外加剂法防水层。在普通水泥砂浆中掺入防水剂，使水泥砂浆内的毛细孔填充、胀实、堵塞，获得较高的密实度，提高抗渗能力。

（2）涂膜防水施工。涂膜防水层施工具有较大的随意性，无论是形状复杂的基面，还是面积狭小的节点，凡是能涂刷到的部位，均可做涂抹防水层，因此在地下工程中广泛应用。地下工程涂膜防水层的设置有内防水、外防水和内外结合防水。

（3）卷材防水层。卷材防水层是用沥青胶结材料粘贴油毡而成的一种防水层，属于柔性防水层。这种防水层具有良好的韧性和延伸性，可以适应一定的结构振动和微小变形，防水效果较好，目前仍作为地下工程的一种防水方案而被较广泛采用。

卷材防水层施工的铺贴方法，按其与地下防水结构施工的先后顺序分为外贴法和内贴法两种。

1）外贴法。外贴法是指在地下建筑墙体做好后，直接将卷材防水层铺贴墙上，然后砌筑保护墙（见图1.3.13）。

2）内贴法。内贴法施工是指在地下建筑墙体施工前，先砌筑保护墙，然后将卷材防水层铺贴在保护墙上，最后进行地下建筑墙体浇筑（见图 1.3.14）。

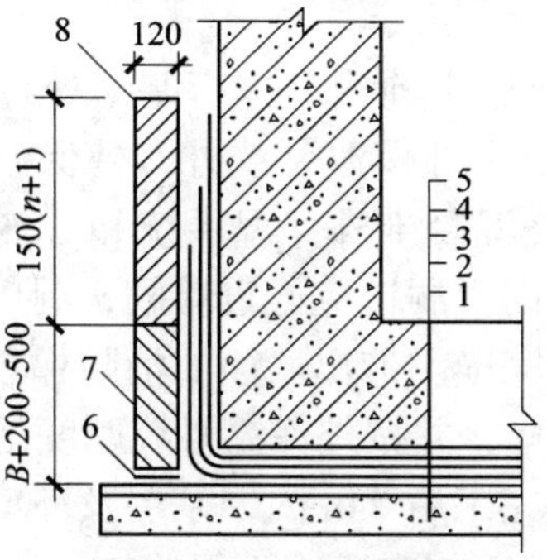

图 1.3.13　外贴法

1—垫层；2—找平层；3—卷材防水层；4—保护层；5—构筑物；6—油毡；7—永久保护墙；8—临时性保护墙

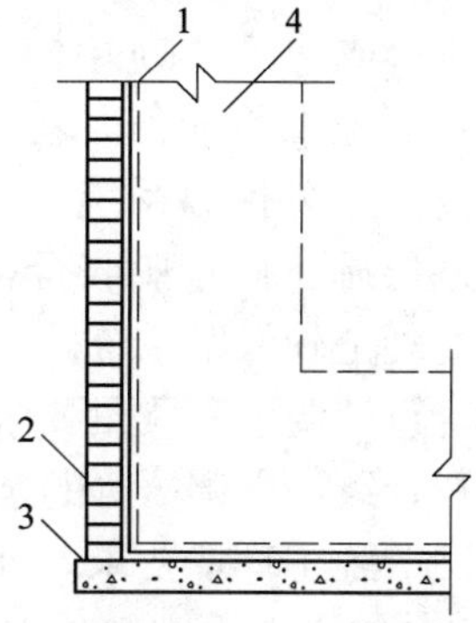

图 1.3.14　内贴法

1—卷材防水层；2—保护墙；3—垫层；4—尚未施工的构筑物

3. 止水带防水

为适应建筑结构沉降、温度伸缩和地震影响等因素产生的变形，在地下建筑的变形缝（沉降缝、伸缩缝或抗震缝）、地下通道的连接口等处，两侧的基础结构之间留有一定宽度的空隙，两侧的基础是分别浇筑的，这是防水结构的薄弱环节，如果这些部位产生渗漏时，抗渗堵漏较难实施。为防止变形缝处的渗漏水现象，除在构造设计中考虑防水的能力外，通常还采用止水带防水。

（1）止水带材料。常见的止水带材料有橡胶止水带、塑料止水带、氯丁橡胶板止水带和金属止水带等。

（2）止水带构造形式。有粘贴式、可卸式和埋入式等。目前较多采用的是埋入式。根据防水设计的要求，有时在同一变形缝处可采用数层、数种止水带的构造形式。

（三）楼层、厕浴间、厨房间防水施工

住宅和公共建筑中穿过楼地面或墙体的上下水管道，供热、燃气管道一般都集中明敷在厕浴间和厨房间，其防水方法应用柔性涂膜防水层和刚性防水砂浆防水层，或两者复合的防水层防水。防水涂料涂布于复杂的细部构造部位，能形成没有接缝的、完整的涂膜防水层。由于防水涂膜的延伸性较好，基本能适应基层变形的需要。

1. 涂膜防水

涂膜防水的材料可以用合成的高分子防水涂料和高聚物改性沥青防水涂料。该防水层必须在管道安装完毕，管孔四周堵填密实后，进行地面工程之前，做一道柔性防水层。防水层必须翻至墙面并做到离地面 150mm 处，施工中应按规定操作，这样才能起到良好的楼层间防渗漏作用。

2. 刚性防水

其理想材料是具有微胀性能的补偿收缩混凝土和补偿收缩水泥砂浆。厕浴间、厨房间中的穿楼板管道、地漏口、蹲便器下水管等节点是重点防水部位。

（四）保温工程施工

1. 外墙外保温工程

外墙外保温工程是将外墙外保温系统通过组合、组装、施工或安装，固定在外墙外表面上所形成的建筑物实体。施工的基本要求如下：

（1）施工前准备。基层应坚实、平整。保温层施工前，应进行基层处理。除 EPS 板现浇混凝土外保温系统和 EPS 钢丝网架板现浇混凝土外保温系统外，外保温工程的施工应在基层施工质量验收合格后进行。除 EPS 板现浇混凝土外保温系统和 EPS 钢丝网架板现浇混凝土外保温系统外，外保温工程施工前，外门窗洞口应通过验收，洞口尺寸、位置应符合设计要求和质量要求，门窗框或辅框应安装完毕。伸出墙面的消防梯、水落管、各种进户管线和空调器等的预埋件、联结件应安装完毕，并按外保温系统厚度留出间隙。

（2）施工环境要求。外保温工程施工期间以及完工后 24h 内，基层及环境空气温度应不低于 5℃。夏季应避免阳光曝晒。在 5 级以上大风天气和雨天不得施工。

（3）构造要求。外保温工程应做好系统在檐口、勒脚处的包边处理。装饰缝、门窗四角和阴阳角等处应做好局部加强网施工。基层墙体变形缝处应做好防水和保温构造处理。

泡沫塑料保温板表面不得长期裸露，安装上墙后应及时做抹面层。

（4）外贴饰面砖。当外保温系统的饰面层采用粘贴饰面砖做法时，系统供应商应提供包括饰面砖拉伸黏结强度内容的耐候性检验报告，对于粘贴饰面砖的建筑物高度，严寒、寒冷地区不宜超过 20m，夏热冬冷、夏热冬暖地区不宜超过 40m。

2. 屋面保温工程

屋面保温工程施工的基本要求如下：

（1）保温材料要求。保温材料的导热系数、表观密度或干密度、抗压强度或压缩强度、燃烧性能必须符合设计要求。

（2）干铺法施工。板状材料保温层采用干铺法施工时，保温材料应紧靠在基层表面上，应铺平垫稳；分层铺设的板块上下层接缝应相互错开，板间缝隙应采用同类材料的碎屑嵌填密实。

（3）纤维材料保温层施工。纤维材料保温层的纤维材料填充后，不得上人踩踏。装配式骨架纤维保温材料施工时，先在基层上铺设保温龙骨或金属龙骨，龙骨间填充纤维保温材料，再在龙骨上铺钉水泥纤维板。

（4）泡沫混凝土施工。在浇筑泡沫混凝土前，应将基层上的杂物和油污清理干净。基层应浇水湿润，但不得有积水。在浇筑过程中，应随时检查泡沫混凝土的湿密度。

（5）种植隔热层施工。种植隔热层与防水层之间宜设细石混凝土保护层。种植隔热层的屋面坡度大于 20% 时，其排水层、种植土层应采取防滑措施。排水层应与排水系统连通，挡墙或挡板泄水孔的留设应符合设计要求，并不得堵塞。

（6）蓄水隔热层施工。蓄水隔热层与屋面防水层之间应设隔离层。蓄水池的所有孔洞应预留，不得后凿，设置的给水管、排水管和溢水管等均应在蓄水池混凝土施工前安装完毕。每个蓄水区的防水混凝土应一次浇筑完毕，不得留施工缝。

六、市政管网工程施工

管道工程是市政工程不可缺少的组成部分，城市排水管道主要分为污水管道和雨水管道，污水管道和雨水管道主干管一般沿道路纵向布置，平行于道路中心线。一般情况下，污水管道比雨水管道埋置较深，故先施工污水管道，后施工雨水管道，污水管道和雨水管道主要由管道、基础、接口抹带、检查井等构成。

（一）管道施工

市政管道一般在道路红线内平面位置和标高不同，应分别进行施工。按照室外管道的沟槽开挖方式不同，可分为开槽埋管法和不开槽埋管法等施工方法，不开槽埋管法又分为顶管法、盾构法、浅埋暗挖法等施工方法；按照管道安装方式的不同，可分为柔性接口安装和刚性接口安装等施工方法。

1. 开槽埋管法施工

城市排水管道的施工，就开槽法施工而言，一般的施工程序为：施工准备工作→沟槽土方开挖→管道垫层、基础的浇筑→管道附属构筑物的施工→管道安装（下管和稳管）→管道工程的中间检查与验收→管道试压、冲洗、闭水试验→砌筑附属构筑物→土方回填→管道工程的检查和验收等程序。

管道敷设一般采用混凝土平基的施工方法，混凝土平基排水管道的敷设一般有三种施工方法：

（1）先打平基，等平基达到一定强度后，再稳管、打管座及抹带。

（2）“四合一”施工，即平基、稳管、管座、抹带四个工序合在一起施工。

（3）在垫块上稳管，然后灌注混凝土基础及抹带。

2. 不开槽埋管法施工

管道不开槽施工法指在不开挖或只开挖少量作业坑的条件下，利用岩土钻掘技术进行敷设、修复和更换管道。它高效、优质、对环境友善，具有不影响交通、不污染环境等优点。

（1）顶管法。顶管法是首先开挖工作坑，在工作坑内安装后背，再按照设计管线的位置和坡度在工作坑修筑基础，在基础上设置导轨，将管子放在导轨上，利用管子和后背之间的千斤顶进行顶进。顶进前，先在管子前端开挖土方，形成坑道，然后操纵千斤顶将管子顶入土中。然后再退镐，向管道和千斤顶之间放入顶铁，重复上述操作，直到管端与千斤顶之间能放入一节管子后，撤去顶镐，再下另一节管子继续上述方法顶进。

（2）盾构法。盾构法是暗挖法施工中的一种全机械化施工方法。它是将盾构机械在地下推进，通过盾构外壳和管片支承四周围岩，防止土体向隧道内坍塌；同时在开挖面前方用切削装置进行土体开挖，并通过出土机械运出洞外，靠千斤顶在后部加压顶进，并拼装预制混凝土管片，继续开挖，逐段形成隧道结构的一种机械化施工方法。

（3）浅埋暗挖法。浅埋暗挖法的技术核心是依据新奥法的基本原理，施工中采用多种辅助措施加固围岩，充分调动围岩的自承能力，开挖后及时支护、封闭成环，使其与围岩共同作用形成联合支护体系，是一种抑制围岩过大变形的综合配套施工技术。适用于不宜明挖施工的含水量较小的各种地层，尤其对城市城区地面建筑物密集、交通运输繁忙、地下管线密布，且对地沉陷要求严格的情况下修建埋置较浅的地下结构工程更为适用。

（二）检查井和雨水口施工

1. 检查井施工

检查井通常设在管渠交会、转向处，管径、坡度、高程改变处，在直线管段上相隔一定距离也必须设置检查井，检查井主要有圆形、矩形和扇形三种类型，检查井主要由井基、井身、井盖、盖座、爬梯等部分组成。检查井的砌筑均在井的基础混凝土浇筑后进行，应首先放出构筑的中心和平面位置，砌筑前应将砖用水浸透，砌筑应满铺满挤、上下搭砌，水平灰缝厚度和竖向灰缝宽度宜为 10mm，并不得有通缝。

2. 雨水口施工

雨水口的构造包括进水箅、井筒和连接管三个部分组成，进水箅可用铸铁、钢筋混凝土或其他材料做成，箅条应为纵横交错的形式，以便收集从路面上不同方向流来的雨水，井筒一般用砖砌，深度不大于 1m，雨水口的形式有落底和不落底两种，雨水口的进水方式有平箅式、立式和联合式等。平箅式雨水口有缘石平箅式和地面平箅式，缘石平箅式雨水口适用于有缘石的道路，地面平箅式适用于无缘石的路面、广场、地面低洼聚水处等。立式雨水口适用于有缘石的道路，联合式雨水口适用于路面较宽、有缘石、径流量较集中且有杂物处。

七、路桥工程施工

（一）道路工程施工

1. 路基施工

（1）一般路基施工，包括路堑开挖、路堤填筑、压实和整修等。路堑土方开挖采用机械挖土，有横挖法、纵挖法和混合法；横挖法适用于短而深的路堑，按其横断面从路堑两端挖掘，用人力挖堑时，为加快进度可在不同高度处分为几个阶梯挖掘，其深度视工作便利与安全而定，一般为 1.5~2.0m，如图 1.3.15 所示。纵挖法分为分层纵挖法、通道纵挖法和分段纵挖法，分层纵挖法适用于较长的路堑开挖；通道纵挖法适用于较长、较深、两端地面纵坡较小的路堑开挖。分段纵挖法适用于过长，弃土运距过远，一侧堑壁较薄的傍山路堑开挖，如图 1.3.16 所示。混合法即将横挖法与纵挖法混合使用，适用于路堑纵向长度和挖深都很大时，先将路堑纵向挖通后，然后沿横向坡面挖掘，以增加开挖坡面，如图 1.3.17 所示。路堑石方开挖采用爆破法，常用爆破技术有预裂爆破、光面爆破和微差爆破。

（2）软土路基施工。软土泛指软黏土、淤泥质土、淤泥、泥炭质土、泥炭等软弱土，因其含水率高、孔隙比大、压缩性高、抗剪强度低，作为路基时必须加固。对于软土层厚度小于 3m、埋深较浅的软土地基，宜采用无机结合料浅层拌和、挖除换填、抛石挤淤等浅层地基处理措施；软土层较厚、路基填土高度超过地基极限填土高度时，应采用排水固结法、粒料桩、加固土桩、刚性桩等深层地基处理措施。

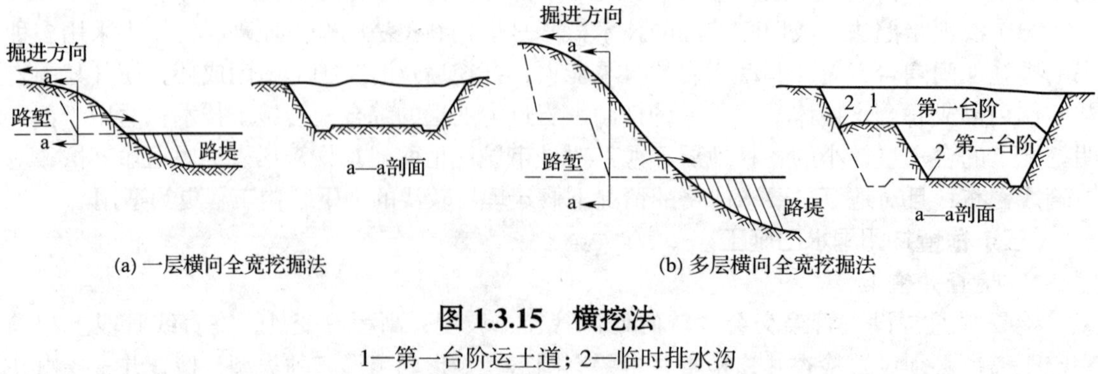

图 1.3.15 横挖法

1—第一台阶运土道；2—临时排水沟

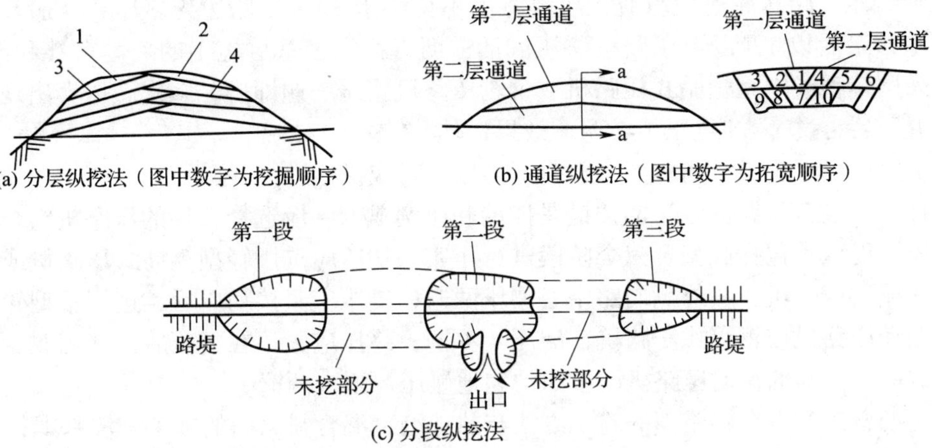

图 1.3.16　纵挖法

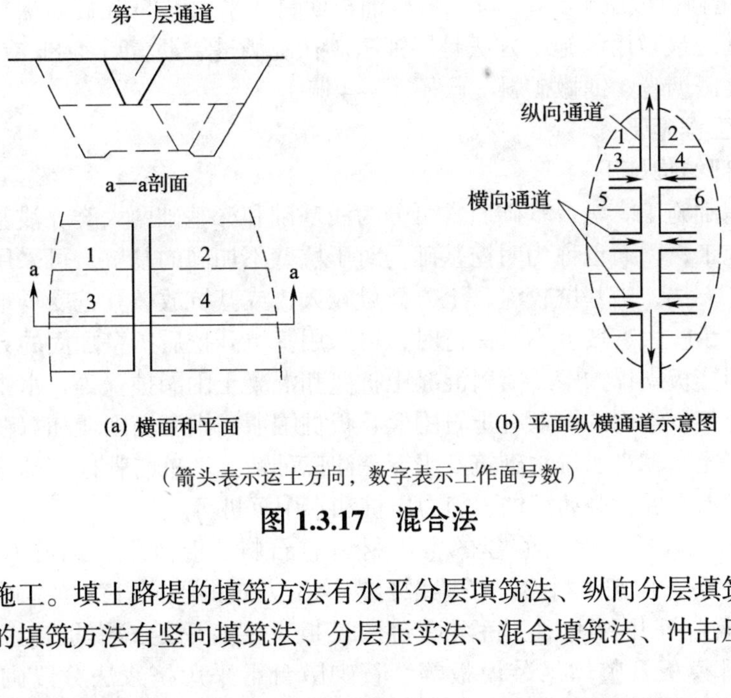

（箭头表示运土方向，数字表示工作面号数）

图 1.3.17　混合法

（3）路堤施工。填土路堤的填筑方法有水平分层填筑法、纵向分层填筑法和竖向填筑法，填石路堤的填筑方法有竖向填筑法、分层压实法、混合填筑法、冲击压实法和强力夯实法等。

对于路堤中设置的涵洞，如钢筋混凝土盖板涵，可就地浇筑混凝土涵洞基础和涵墙；对钢筋混凝土圆管涵，在开挖基槽、铺筑垫层、浇筑管基后，进行排管、处理接缝、砌筑端墙及铺砌洞口等完成施工；对混凝土拱涵，可就地灌筑、分块预制砌筑、分段预制安装施工；对石砌拱涵，可采用砌筑施工；箱涵的施工方法与盖板涵类似。

2. 路面施工

（1）路面基层施工。对级配砂（砾）石、水泥稳定土、石灰稳定土和工业废渣基层，其施工方法有路拌法和厂拌法两种。

级配砂砾石基层施工每层摊铺虚厚不宜超过 30cm，摊铺长度至少为一个碾压段 30~50m，碾压前应洒水，洒水量应使全部砂砾湿润，碾压宜用双轮压路机自路边向路中逐次倒轴碾压，碾压轮迹应重叠，重叠宽度不得小于 30cm，路边先碾压 3~4 遍，碾压应先轻后重，最后以 12t 以上压路机碾压成活；沥青稳定土基层施工的关键在拌和与碾压，碾压可采用轻型或中型轮胎式压路机或钢轮压路机碾压一遍即可，多次碾压会出现裂缝和推移。碾压后再过 2~3d 复压 1~2 遍，效果最佳。

（2）路面面层施工。沥青混合料摊铺可用人工或机械进行。

热拌沥青混合料路面施工的关键是摊铺和压实成型。应选择合理的压路机组合，按初压、复压、终压（包括成型）三个阶段进行压实。初压应选用轻型钢筒式压路机或关闭振动装置的振动压路机，从外侧向路中心碾压两遍；复压应紧接初压后，选用重型轮胎式压路机、振动压路机或钢筒式压路机，碾压 4~6 遍；终压应紧接在复压后，选用双轮钢筒式压路机或关闭振动的振动压路机，慢而均匀地碾压，至少两遍。

乳化沥青碎石混合料路面的施工方法与热拌沥青混合料路面的施工方法基本相同。

沥青贯入式路面的施工要在主层矿料摊铺后，首先用 6~8t 压路机进行慢速初压，然后用 10~20t 压路机碾压，直至主层矿料嵌挤紧密后，分三层逐层浇洒沥青、铺撒嵌缝料以及用 10~12t 压路机碾压（4~6 遍）；最后铺封面料，采用 6~8t 压路机碾压 2~4 遍。

沥青表面处理最常用的施工方法是层铺法。在浇洒透层沥青后 4~8h 或者已做封层后，分双层或三层浇洒沥青、铺撒矿料、碾压（3~4 遍）。

（二）桥梁工程施工

1. 桥梁下部结构施工

（1）墩台基础施工。墩台基础通常可分为浅基础和深基础两大类，浅基础往往采用敞坑开挖的方式施工，因而也称为明挖基础，对于坑壁不加固的基坑，可采用垂直开挖和放坡开挖两种施工方法，当基坑较深、土方数量较大，或基坑放坡开挖受场地限制，或基坑地质松软、含水量较大、坡度不易保持时，可采用基坑开挖后护壁加固的方法施工，护壁加固方式可采用挡板支撑护壁、喷射混凝土护壁和混凝土围圈护壁等。水中基础开挖最常用的是围堰法施工，常用的围堰有土石围堰、板桩围堰、钢套箱围堰和双壁围堰。基础圬工浇（砌）筑有无水砌筑、排水砌筑及水下灌注三种情况。桩与管柱基础施工常用的方法有锤击沉桩、射水沉桩、振动沉桩、静力压桩和水中沉桩等。

（2）墩台施工。桥梁墩台修建的常用材料有石料、混凝土、钢筋混凝土、预应力混凝土等，此外还有加筋土桥台。桥梁墩台按施工方式的不同分为砌筑墩台、装配式墩台和现场浇注墩台等几种类型。桥梁墩台的模板类型有固定式模板、拼装式模板、组合钢模板、滑升模板及整体吊装模板等。石砌墩台可采用挤浆法分段砌筑，墩台高度小于 6m 的多采用固定式轻型脚手架，高度为 6~25m 的可采用简易活动脚手架，较高的墩台可采用悬吊脚手架。混凝土墩台的施工与其他钢筋混凝土构件的施工方法及所用模板基本相同，墩台高度小于 30m 的可采用固定模板，大于 30m 的常采用滑动模板施工。

在跨越山谷、险沟、海洋的大桥建设中，由于施工场地狭窄，机械设备难以达到施工现场或是运输成本过高等原因，大桥的墩台常采用装配式墩台，砌块式墩台的施工大体上与石砌墩台相同，只是预制块的形式因墩台形状不同而有很多变化。装配式柱式墩是将桥墩分解成若干轻型部件，在工厂或工地集中预制，再运送到现场装配成桥梁，装配式柱式墩形式有双柱式、排架式、板凳式和刚架式。

2. 桥梁上部结构的施工

桥梁承载结构应根据结构特征和现场条件选用适当的施工方法。

（1）梁式桥施工。我国建成的超过55万座公路桥梁中，95%以上为梁式桥，由此可见，梁式桥一直是我国公路桥梁的主流结构形式，梁式桥种类繁多，按结构体系不同可分为简支梁、悬臂梁、连续梁、T形刚构、连续刚构等，按截面形式不同可分为T形梁、箱形梁、桁架梁等。普通简支梁（板）桥通常采用支架现浇法，预应力混凝土简支梁（板）桥常采用预制安装法施工；等截面连续梁（板）桥可选用逐孔现浇法、先简支后连续法及顶推法施工；预应力混凝土变截面连续梁桥常采用支架现浇法和悬臂施工法施工；预应力混凝土连续钢构桥一般采用悬臂浇筑法施工；钢梁挢是将工厂加工好的构件运至现场，选用拖拉法、悬臂拼装法、整孔吊装法、支架拼装法、缆索吊拼装法、转体法及顶推法等方法进行拼装施工。

（2）拱桥施工。拱桥以其跨越能力大、承载能力高、造价经济、养护费用少、造型美观等特有的优势而成为建筑历史最悠久、竞争力较强的桥型。拱桥按拱圈（肋）结构的材料分有石拱桥、钢拱桥、混凝土拱桥、钢筋混凝土拱桥。石拱桥主拱圈施工一般采用拱架法施工，拱架的形式有落地式拱架和拱式拱架；钢筋混凝土系杆拱桥多采用支架法和预制拼装法施工；整体型上承式拱桥可采用支架安装、无支架吊装、转体和悬臂安装等方法施工；大跨径桁式组合拱桥通常采用悬臂安装施工；普通型钢筋混凝土拱桥可选用有支架、无支架缆索吊装法、转体法及悬臂法施工。

（3）悬索桥施工。悬索桥的施工主要包括锚碇、桥塔、主缆、吊索和加劲梁等的制作和安装，其中锚碇结构分为重力式、隧道式及岩锚式三种，以前两种为主，岩锚式一般与隧道式组合，锚碇一般是大体积混凝土结构，施工中要根据施工单位的能力和温度控制的可行方案，对锚块进行平面分仓和竖向分层；混凝土桥塔通常采用滑模、爬模、翻转模板法和提升支架法；钢桥塔一般为预制吊装施工；主缆架设主要采用空中纺线法（AS法）和预制平行丝股法（PPWS法）施工；桁架式加劲梁可采用单根杆件、桁架片或桁架段架设法施工，箱形加劲梁或小跨悬索桥的混凝土箱（板）加劲梁则采用节段预制吊装法施工。

（4）斜拉桥施工。斜拉桥的上部结构由主梁、桥塔和斜拉索三大部分组成，一般大跨度斜拉桥主梁多采用悬臂浇筑或悬臂拼装的方法施工，中小跨度的斜拉桥则可根据桥址处的地形、水文气象条件和结构自身的特点，采用支架法、顶推法或平转等施工方法。

八、隧道工程施工

（一）隧道开挖方法

隧道开挖方法按开挖面是否出露可分为明挖法和暗挖法，明挖法按工艺特点又可分为基坑开挖法、盖挖法和沉管法，暗挖法按地层开挖方法的特点可分为矿山法（常采用钻爆法施工）、盾构法、掘进机法和顶进法。

1. 钻爆法

钻孔爆破法是常规、传统的开挖方法。

钻爆法施工的基本工序为钻孔、装药、放炮、散烟、清撬、出渣、支护和衬砌，辅助工作有测量、放线、通风、排水及监测等。

2. TBM 法

掘进机开挖隧道简称 TBM（Tunnel Boring Machine）法，是用特制的大型切削设备，将岩石剪切、挤压、破碎，然后通过配套的运输设备将碎石运出。常用的是全断面掘进机开挖施工，自配的皮带运输机出渣，随挖随出，整体管理方便、效率高。

此外，还有独臂钻开挖施工，适用于开挖软岩，不适用于开挖地下水较多、围岩不太稳定的底地层。

3. 盾构法

盾构法与管网施工盾构法类似。

（二）隧道支护方法

1. 喷射混凝土支护

喷射混凝土支护是将掺有速凝剂的混凝土拌合物喷射到新开挖出的岩壁，及时胶结加固岩壁，从而形成一层支护结构，阻止松动块体脱落引起应力释放，影响围岩的稳定性，从而对围岩起到支护作用，喷射混凝土可作为Ⅱ～Ⅴ级围岩中的隧道工程围岩的临时支护或永久支护，也可与各种形式的锚杆、钢筋网、钢纤维和钢拱架等构成复合式支护结构，喷射混凝土分为干喷、潮喷、湿喷及混合式喷射等，因干喷回弹和粉尘严重，一般不采用，现基本采用湿喷。其施工工艺流程如图 1.3.18 所示。

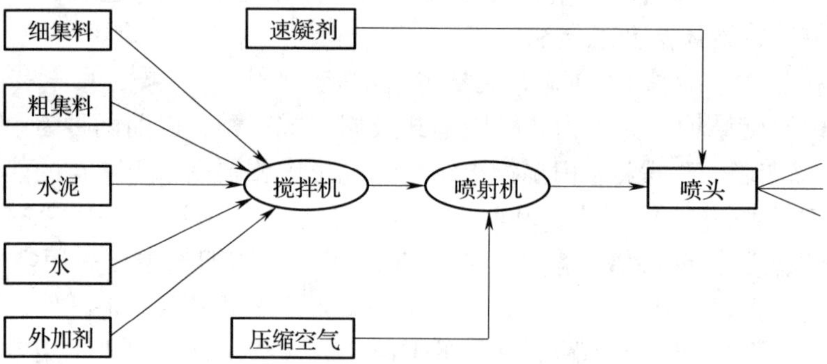

图 1.3.18　湿喷工艺流程图

2. 锚杆支护

在喷锚支护中锚杆起着主要作用。除了与喷射混凝土联合使用外，锚杆也可以单独使用，隧道开挖后应尽快钻孔安设锚杆。锚杆按提供锚固力的方式不同可分为机械型锚杆和胶结型锚杆，按分布方式可将其分为局部锚杆和系统锚杆。局部锚杆是加固个别松动岩块的，随需要的加固点而布置；系统锚杆是加固整体围岩的，应根据围岩的稳定性及其加固需要在开挖面有规律地布置。锚杆按特征又可分为全长黏结型锚杆、端头锚固锚杆、摩擦型锚杆、预应力锚杆和自钻式锚杆等。

3. 钢架支护

目前使用的钢架主要有格栅钢架和型钢钢架。型钢钢架是热弯或冷弯加工而成，具有刚度大、承受能力强、能及时受力的特点，在软弱破碎围岩中，需采用超前支护的围岩地段或处理塌方时使用较多。但型钢钢架与喷射混凝土黏结不好，与围岩间的空隙难于用喷射混凝土紧密充填，由于型钢两侧喷射的混凝土被型钢隔离，导致钢架附近喷射混凝土出现裂缝。格栅钢架是由普通钢筋通过焊接加工而成，它与型钢架相比，有受力好、质量轻、刚度可调节、省钢材、易制造、易安装，钢架两侧喷射混凝土能连成整体、相互依靠等优点，应大力推广使用。格栅主钢筋直径一般宜用 ϕ22~ϕ25，联系钢筋可用 ϕ8~ϕ14，分节段焊接，用拼接板及螺栓连接而成。

第四节　土建工程常用施工机械

一、土石方工程施工机械

在土木建筑工程中，土石方工程是施工条件十分复杂、工程量大、工期又较长的工程之一。土石方工程施工机械的广泛应用，对于提高劳动生产率、加快施工进度、保证施工质量、降低施工成本有着十分重要的意义。

土石方工程施工的主要作业有铲、挖、运、卸、填、压等。根据施工作业的要求，土石方工程施工机械按工作性质和用途的不同，可分为推土机、铲运机、挖掘机、装载机、压实机械，以及一些辅助性土方机械，如松土机、拔根机、平地机等。

（一）推土机

1. 推土机的特点

推土机是一种既能浅挖又能短距离推运的土方机械。在平整场地时它具有独特的优势。运距在 100m 之内生产率最高，尤其在 30~60m 短距离转运土方时最为经济。它被广泛地使用在基坑的开挖、管沟的回填、工地的现场清除、场地平整等作业中。

推土机的类型很多，按行走装置的不同有轮胎式和履带式之分，后者如图 1.4.1 所示。按工作装置的构成不同可分为固定式与回转式两种。前者的推土铲与主机轴线固定，后者的推土铲可在水平面左右回转约 25° 角，在垂直面内可倾斜 8°~12°，故回转式能适应较多的工况而获得广泛使用。按工作装置的操纵系统不同，它可分为机械式和液压式两种。

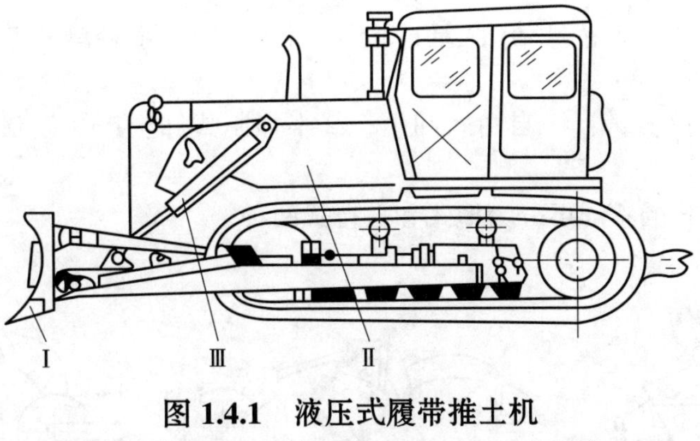

图 1.4.1　液压式履带推土机

Ⅰ—铲刀；Ⅱ—铲刀升降油缸；Ⅲ—支承臂

2. 推土机施工

推土机操作灵活、运输方便，所需工作面较小，行驶速度较快，易于转移。推土机可以单独使用，也可以卸下铲刀牵引其他无动力的土方机械，如拖式铲运机、松土机、羊足碾等。使用推土机推土的几种施工方法如下：

（1）下坡推土法。推土机顺地面坡势进行下坡推土，可以借机械本身的重力作用增加铲刀的切土力量，因而可增大推土机铲土深度和运土数量，提高生产效率，在推土丘、回填管沟时均可采用。

（2）分批集中、一次推送法。在较硬的土中，推土机的切土深度较小，一次铲土不多，可分批集中，再整批地推送到卸土区。应用此法，可使铲刀的推送数量增大，缩短运输时间，提高生产效率 12%~18%。

（3）并列推土法。在较大面积的平整场地施工中，采用两台或三台推土机并列推土。能减少土的散失，因为两台或三台单独推土时，有四边或六边向外撒土，而并列后只有两边向外撒土，一般可使每台推土机的推土量增加 20%。并列推土时，铲刀间距 15~30cm。并列台数不宜超过四台，否则互相影响。

（4）沟槽推土法。就是沿第一次推过的原槽推土，前次推土所形成的土埂能阻止土的散失，从而增加推运量。这种方法可以和分批集中、一次推送法联合运用。能够更有效地利用推土机，缩短运土时间。

（5）斜角推土法。将铲刀斜装在支架上，与推土机横轴在水平方向形成一定角度进行推土。一般在管沟回填且无倒车余地时可采用这种方法。

（二）铲运机

1. 铲运机的特点和用途

铲运机是一种能独立、综合地完成铲装、运输、卸土三个工序的土方机械，它又是土方工程中最主要的和应用最广泛的土方工程机械之一。

铲运机的挖土、装土、运土、卸土和推土等过程，都能自己单独连续地完成，因而具有较高的效率和经济性。其铲斗容量较大（目前最大的有 $30m^3$ 以上），运距可较远（自行式铲运机的运距有的可达 50m），操作人员少，一般铲运机仅需一名司机。

2. 铲运机的分类

根据铲斗容量、卸土方法、行走机构可分为以下几种：

（1）按斗容量分为：①小容量：$3m^3$ 以下；②中等容量：$4\sim14m^3$；③大容量：$15\sim25m^3$ 或更大。

（2）按卸土方法分为：①自由式卸土；②半强制式卸土；③强制式卸土，如图 1.4.2 所示。

（3）按牵引方式的不同可分为拖式和自行式两种。

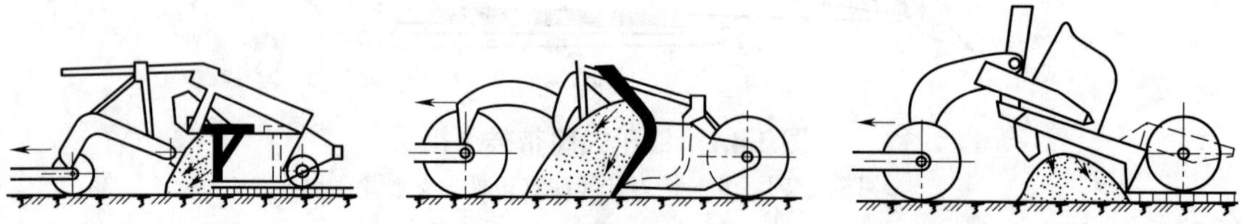

(a) 强制式卸土　　(b) 半强制式卸土　　(c) 自由式卸土

图 1.4.2　铲斗卸土方式

3. 铲运机施工

铲运机对行驶道路要求较低，行驶速度快，操纵灵活，运转方便，生产效率高。常用于坡度在 20° 以内的大面积场地平整，开挖大型基坑、沟槽，以及填筑路基等土方工程。铲运机可在Ⅰ～Ⅲ类土中直接挖土、运土，适宜运距为 600~1 500m，当运距为 200~350m 时效率最高。

（1）铲运机的开行路线。由于挖填区的分布不同，根据具体条件，选择合理的铲运路线，对生产率影响很大。根据实践，铲运机的开行路线有以下几种：

1）环形路线。施工地段较短、地形起伏不大的挖、填工程，适宜采用环形路线，如图 1.4.3（a）、（b）所示。当挖土和填土交替，而挖填之间距离又较短时，则可采用大环形路线［见图 1.4.3（c）］。大环形路线的优点是一个循环能完成多次铲土和卸土，从而减少了铲运机的转弯次数，提高了工作效率。

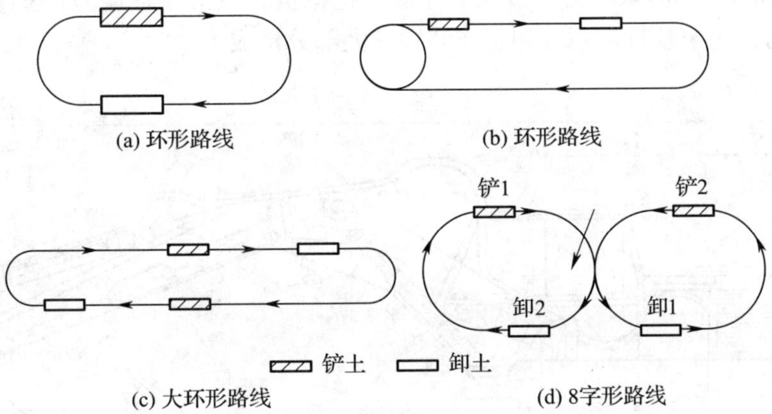

图 1.4.3　铲运机开行路线

2）8 字形路线。对于挖、填相邻、地形起伏较大，且工作地段较长的情况，可采用 8 字形路线［图 1.4.3（d）］。其特点是铲运机行驶一个循环能完成两次作业，而每次铲土只需转弯一次，比环形路线可缩短运行时间，提高生产效率。

（2）铲运机铲土的施工方法。

1）下坡铲土。应尽量利用有利地形进行下坡铲土。这样可以利用铲运机的重力来增大牵引力，使铲斗切土加深，缩短装土时间从而提高生产率。一般地面坡度以 5°~7° 为宜。如果自然条件不允许，可在施工中逐步创造一个下坡铲土的地形。

2）跨铲法。跨铲法是预留土埂，间隔铲土的方法。可使铲运机在挖两边土槽时减少向外撒土量，挖土埂时增加了两个自由面，阻力减小，铲土容易，土埂高度不应大于 300mm，宽度以不大于拖拉机两履带间净距为宜。

3）助铲法。在地势平坦、土质较坚硬时，可采用推土机助铲以缩短铲土时间。此法的关键是双机要紧密配合，否则达不到预期效果。

当铲运机铲土接近设计标高时，为了正确控制标高，宜沿平整场地区域每隔 10m 左右，配合水平仪抄平，先铲出一条标准槽，以此为准，使整个区域平整达到设计要求。

（三）挖掘机

挖掘机分为单斗挖掘机和多斗挖掘机。土木建筑工程中主要使用单斗挖掘机。

1. 单斗挖掘机的特点

单斗挖掘机是用于开挖和装载土石方的主要机械之一。它的用途是多种多样的，可以配备各种不同的工作装置，进行各种形式的土方或石方作业。它可以挖Ⅳ级以下的土壤和爆破后Ⅴ～Ⅵ级的岩石，并且挖掘力较大，在现代施工中，所有土石方工作量约有 55%~60% 是由它完成的。它被极为广泛地应用于建筑、铁路、公路、水利和军事等工程。

建筑工程上用的挖掘机按动力传动的不同，可以分为机械式和液压式两类。在中小型单斗挖掘机中，机械式很少使用，而单斗液压挖掘机由于其优点突出，是目前广泛使用的机型。

图 1.4.4 所示为 WY-60 型履带式单斗液压挖掘机。该机斗容量为 $0.6m^3$，它由转台及转台上部机构、底架及行走系统和工作装置三大部分构成。

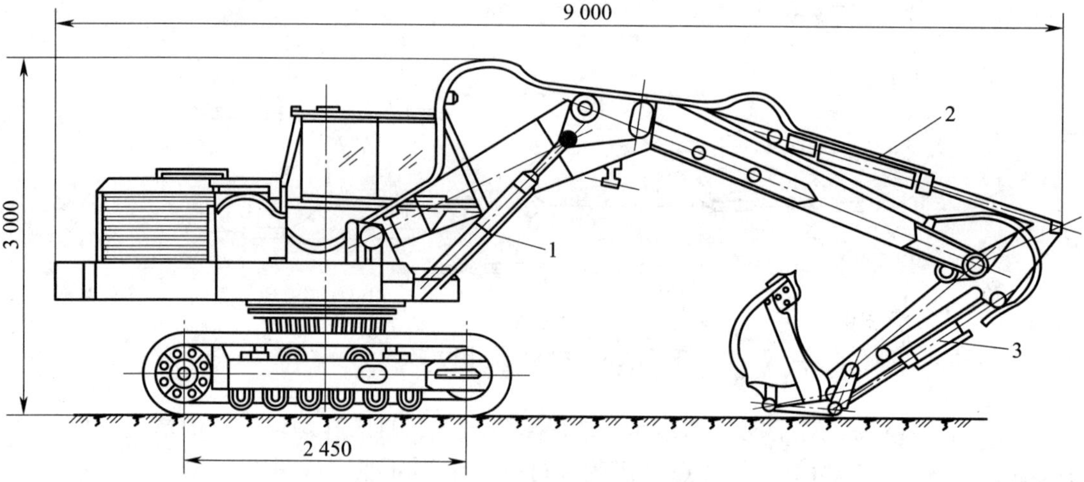

图 1.4.4　WY-60 型履带式单斗液压挖掘机

1—动臂油缸；2—斗柄油缸；3—铲斗油缸

2. 单斗挖掘机的类型和分级

单斗液压挖掘机按其工作装置的不同，可分为反铲、正铲、装载、抓铲、破碎和起重等多种形式，常见的为反铲和正铲两种形式。反铲挖掘机的可用于挖掘停机面以下的岩土或挖壕沟、基抗等。液压挖掘机以反铲的作业效率为最高。

液压挖掘机的工作装置按结构不同分为铰接式和伸缩臂式两种。前者应用广泛，而后者仅可用于平整、清理场地和坡道作业等。

按行走机构的不同，液压挖掘机可分为履带式、轮胎式、汽车式、悬挂式及拖式等形式。履带式具有良好的通过性，轮胎式具有良好的越野性。

按斗容量大小来区分，单斗液压挖掘机有小型、中型、重型和巨型四类。铲斗容积 $1m^3$ 以下为小型，$1\sim5\ m^3$ 为中型，$5\sim15\ m^3$ 为重型，$15\ m^3$ 以上为巨型挖掘机。

国产液压挖掘机斗容量主要有 0.2 m^3、0.4 m^3、0.6 m^3、1.0 m^3、2.0 m^3 和 2.5m^3 6 种规格。

3. 单斗挖掘机施工

当场地起伏高差较大、土方运输距离超过 1 000m，且工程量大而集中时，可采用挖掘机挖土，配合自卸汽车运土，并在卸土区配备推土机平整土堆。

（1）正铲挖掘机。正铲挖掘机的挖土特点是：前进向上，强制切土。其挖掘力大，生产率高，能开挖停机面以内的Ⅰ～Ⅳ级土，开挖大型基坑时需设下坡道，适宜在土质较好、无地下水的地区工作。

根据挖掘机与运输工具的相对位置不同，正铲挖土和卸土的方式有以下两种：正向挖土、侧向卸土；正向挖土、后方卸土。

（2）反铲挖掘机。反铲挖掘机的特点是：后退向下，强制切土。其挖掘力比正铲小，能开挖停机面以下的Ⅰ～Ⅲ级的砂土或黏土，适宜开挖深度 4m 以内的基坑，对地下水位较高处也适用。反铲挖掘机的开挖方式可分为沟端开挖与沟侧开挖。

（3）抓铲挖掘机。抓铲挖掘机的挖土特点是：直上直下，自重切土。其挖掘力较小，只能开挖Ⅰ～Ⅱ级土，可以挖掘独立基坑、沉井，特别适于水下挖土。

二、起重机械

起重机械是土木建筑工程施工机械中的重要组成部分，是一种用作垂直运输并做短距离水平运输的机械设备，广泛地应用于建设构件、建设材料和各类设备的提升、安装、搬运和装卸等作业。

1. 起重机械的类型

（1）塔式起重机。可分为上回转式塔式起重机、上回转自升塔式起重机、下回转式塔式起重机、轨道式塔式起重机、固定式塔式起重机、内爬式塔式起重机等。

（2）汽车起重机。可分为机械式汽车起重机、液压式汽车起重机等。

（3）履带起重机。可分为机械式履带起重机、液压式履带起重机等。

（4）其他建筑起重机。

2. 起重机的主要参数

起重机的性能参数是其工作性能和技术经济的指标，是设计和选用起重机的主要依据。

（1）起重量（Q）。起重量是起重机起吊重物的质量，单位为 t 或 kg。起重量通常不包括起重钩、吊环之类吊具的质量，但包括抓斗、电磁吸盘的质量，而塔式起重机的起重量则要包括吊具的质量。起重机起吊质量参数通常以额定起重量表示，即起重机在各种工况下安全作业所允许起吊重物的最大质量。起重机所起吊的质量与起重机的工作幅度密切相关，当工作幅度改变时，相对应的起重量也随之变化，因而起重机的最大额定起重量是指起重机在最小工作幅度下所允许起吊重物的最大质量值，但由于幅度太小，无法使用，故只是一种名义上的起重能力。

（2）幅度（R）。起重机回转中心轴线至起重吊钩中心线的水平距离称为幅度（或称起重半径），单位为 m。起重机的幅度与起重臂的长度和仰角有关。由于起重机的幅度是表示起重机在不移位时的工作范围，因此幅度也是衡量起重机工作性能的一个重要参数，如图 1.4.5 所示。

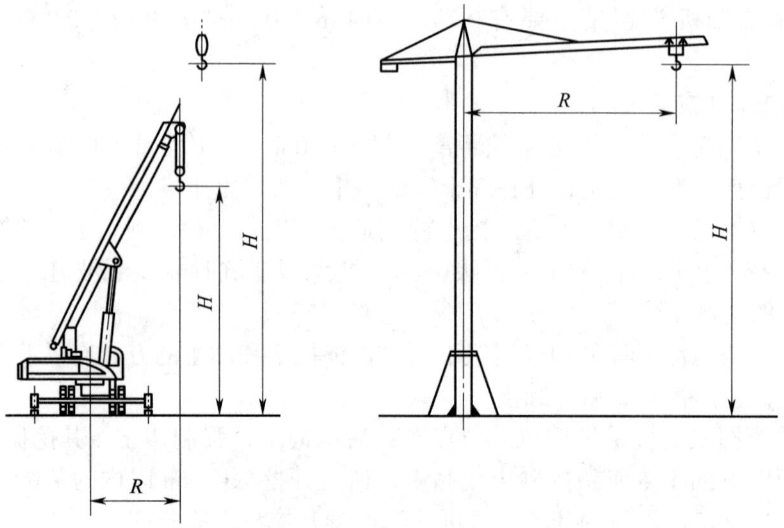

图 1.4.5　起重机的幅度和起升高度

（3）起重力矩（M）。起重量 Q 与相应于该起重量时的工作幅度 R 的乘积为起重力矩 $M=QR$，单位为 kN · m。起重力矩是综合起重量和幅度两个因素的参数，能比较全面和确切地反映起重机的起重能力。我国塔式起重机规定以基本臂最大工作幅度与相应的起重量的乘积作为额定起重力矩来表示塔式起重机的起重能力。

（4）起升高度（H）。起升高度是指地面或轨面（指轨道式起重机）到吊钩钩口中心的垂直距离，单位为 m。

起重机的起升高度如图 1.4.5 所示。

（5）工作速度（v）。起重机的工作速度主要包括起升、变幅、回转和行走的速度。对伸缩式起重机还包括吊臂伸缩速度和支腿收放速度。起升速度是指起重吊钩的上升速度，单位为 m/min。变幅速度是指起重吊钩从最大幅度移到最小幅度的平均线速度，单位为 m/min。回转速度是指转台每分钟的转数，单位为 r/min。行走速度是指起重机整机移动速度，单位为 m/min 或 km/h。

（6）自重、配重。自重是指起重机处于工作状态时其自身的全部重量，单位为 t。它反映了起重机设计制造和材料的生产技术水平。配重是为了平衡起重臂工作时的起重荷载而配置的。

3. 汽车起重机

汽车起重机是指装在通用或专用汽车底盘上的起重机，汽车原有的驾驶室用作起重机行驶操纵，在回转平台上另设有一驾驶室，专门用于起重作业操纵，因而有两个驾驶室。汽车起重机行驶速度高，多在 60km/h 以上，一般可与汽车编队行驶，具有载重汽车的行驶性能，因而转移工地迅速方便。汽车起重机作业时，必须先打开支腿，增大机械的支承面积，以保证必要的稳定性。

汽车起重机的分类如下：

（1）汽车起重机按传动方式可分为机械传动、电传动、液压传动三种。目前汽车起重机广泛采用液压传动，因其具有结构紧凑、传动比大、传动平稳、操纵省力、重量轻等特点。

（2）汽车起重机按起重臂的结构形式可分为桁架臂和箱型伸缩臂两种。桁架臂用钢丝绳滑轮组变幅，箱形伸缩臂用液压油缸变幅。

（3）按起重量大小分为：小型（3~12t）、中型（16~50t）、大型（65~125t）。125t 以上为特大型。常用汽车起重机的起重量为 16~40t。

4. 塔式起重机

塔式起重机是土木建筑及设备安装工程中主要使用的建筑起重机。由于塔式起重机其共同的特点是都有一个直立的塔身，在其上部装有直接进行起吊工作的起重臂，构造上形成了广阔的“T”形的工作空间，因而具有较高的有效起吊高度和较大的作业空间。又因塔式起重机一般均为全回转且幅度可改变，如以塔身为中心，吊臂长度为半径可形成较大的有效施工覆盖面，因而在现代多层、高层及超高层建筑的施工中得到广的应用。随着建筑物的层数增加，塔式起重机独具的优越性就更显突出，已成为现代建筑施工中必不可少的垂直运输机械。

（1）塔式起重机的特点。

1）塔式起重机的吊臂很长，其直立塔身又靠近建筑物，且吊臂装在塔身的顶部，故幅度利用率大，可达全幅度的 80%。

2）塔式起重机的塔身高度大，因而具有较高的起升高度，可满足不同层数及高度的建筑物与构筑物的施工。

3）塔式起重机具有可靠的自身稳定与平衡，无须牵缆。起吊性能好，起吊重物能同时进行垂直和水平运输，并同时可做 360° 全回转运动，机动、灵活、迅速。

4）能起吊各种类型的建筑材料、制品、预制构件及建筑设备，特别适合起吊超长、超宽的重大物件。

5）塔式起重机具有多种工作速度。起升机构一般包括正常作业的起吊速度，安装就位的慢速度、空钩下降的快速度等，所以大幅地提高了生产效率。

6）机械化、标准化程度高，能适应频繁的工地转移，并且工作平稳，安全可靠。

（2）塔式起重机的类型。塔式起重机的类型很多，常用的主要有以下几种类型：

1）自升式塔式起重机。它是依靠自身的液压装置，通过增加或减少塔身的标准节来增高或减低塔身的高度。

2）内爬式塔式起重机。它是一种安装在建筑物内部（电梯井、楼梯间或特设开间等）的塔式起重机。借助建筑物的结构作为塔身支承，当建筑物施工高度增加时，通过专门的爬升装置沿建筑物向上爬升。

3）附着式塔式起重机。这种塔式起重机当塔身达到一定高度时，为保证整机的稳定性，通过专门的支撑装置（附着装置），将塔身按每隔 20m 高度左右锚固在建筑物外部，以改善塔身受力。

4）上回转塔式起重机（或称上旋式）。回转支承安装在塔身上部，塔机旋转时，塔身及以下装置不转动，而回转支承以上的吊臂、平衡臂等绕塔身中心线做 360° 全回转运动。

5）小车变幅塔式起重机。利用起重小车沿水平起重臂运行来实现变幅的塔式起重机。

6）动臂变幅塔式起重机。利用起重臂的仰俯实现变幅的塔式起重机。

三、混凝土机械

混凝土结构和钢筋混凝土结构在土木建筑工程中的应用日益广泛，使得混凝土机械已成为土木建筑施工机械的重要组成部分。

1. 强制式混凝土搅拌机

混凝土搅拌机是把具有一定配合比的砂、石、水泥和水等物料搅拌成均匀的、质量符合要求的混凝土的机械。

强制式搅拌机主要是根据剪切机理进行搅拌。在这种搅拌机中有随搅拌轴转动的叶片。这些不同角度和位置的叶片转动时通过物料，克服物料的惯性、摩擦力和黏滞力，强制其产生周向、径向、轴向运动，而叶片通过后的空间又由翻越叶片的物料、两侧倒塌的物料和相邻叶片推送过来的物料所填充。这种由叶片强制物料产生剪切位移达至均匀混合的搅拌，比原有的自落式搅拌机要强烈得多。因此强制式搅排机除可用于搅拌一般骨料的塑性混凝土外，还特别适用于搅拌干硬性混凝土和轻骨料混凝土。

2. 混凝土搅拌站

混凝土搅拌站是用来集中搅拌混凝土的联合装置，又称混凝土工厂。由于它的机械化、自动化程度较高，所以生产效率也很高，并能保证混凝土的质量和节省水泥。随着土建工程的快速发展，以及城市建设环保要求和绿色施工的推行，采用集中搅拌，以商品混凝土形式提供预拌混凝土的搅拌站已是现代土建工程施工的必要配置。同时，混凝土搅拌站为推广混凝土泵送施工，实现搅拌、输送、浇筑机械联合作业创造了条件。

混凝土搅拌站是由搅拌主机、物料称量系统、物料输送系统、物料贮存系统、控制系统五大组成系统和其他附属设施组成。

3. 移动式混凝土搅拌站

移动式混凝土搅拌站是将混凝土搅拌站的物料储料、称量、输送、搅拌、卸料及全自动控制系统整体集中在一个拖挂单元的混凝土生产设备。它与固定式全自动搅拌站的所有动作过程、操作方式、维修保养完全相同。特别适用于需要频繁转场、施工期短和施工线长的施工单位的需求，同时具备移动灵活、拆装迅捷简便、存放管理简单等独有的特点。

4. 混凝土输送泵和泵车

混凝土输送泵和泵车是输送混凝土的专用机械。它们以泵为动力，沿管道连续输送混凝土，可以一次完成水平和垂直运输，将混凝土直接输送到浇筑地点。中间环节少，生产效率高，特别是对施工场地狭窄，浇筑工作面小，或配筋密集的建筑物浇筑，是一种有效而经济的输送机械。由于泵送混凝土作业具有机械化程度高、机动性好、输送量大、占用人力少、工人劳动强度低、施工组织简单、工程进度快、造价低、混凝土质量高等优点。因此，人们常用混凝土搅拌站、混凝土搅拌输送车和混凝土输送泵或泵车的运用程度来衡量混凝土工程施工机械化水平的高低。

混凝土输送泵按泵的转移方式分为固定式、拖式和臂架式，按泵的构造和工作原理分为挤压式、活塞式和风动式。其中活塞式混凝土泵又因传动方式不同分为机械式和液压式两类。风动式为压缩空气输送。

5. 混凝土振动机械

浇灌后的混凝土仍然是疏松的，内部存在空洞、气泡。因此必须对混凝土拌和物进行捣实，使其具有足够的密实性，以保证混凝土浇筑物的质量。混凝土振动器是对浇灌后的混凝土进行振实的机械。

按与混凝土接触的方式不同，混凝土振动机械分为内部振动器、外部振动器、表面振动器和振动台四种（见图 1.4.6）。

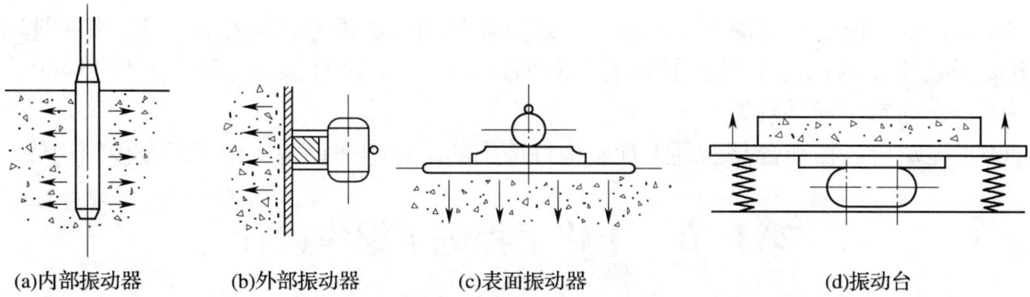

图 1.4.6　振动机械示意图

（1）内部振动器。内部振动器又称插入式振动器，其工作部分是一棒状空心圆柱体，内部装有偏心振子，在电动机带动下产生高速转动而产生高频微幅的振动。内部振动器适用于基础、柱、梁、墙等深度或厚度较大的结构构件的混凝土捣实。

振动棒振捣混凝土应按分层浇筑厚度分别进行振捣，振动棒的前端应插入前一层混凝土中，插入深度不应小于 50mm；振动棒应垂直于混凝土表面并快插慢拔均匀振捣；当混凝土表面无明显塌陷、有水泥浆出现、不再冒气泡时，可结束该部位振捣。振动棒与模板的距离不应大于振动棒作用半径的 50%；振捣插点间距不应大于振动棒的作用半径的 1.4 倍。振捣棒移动方式有行列式和交错式两种（见图 1.4.7）。

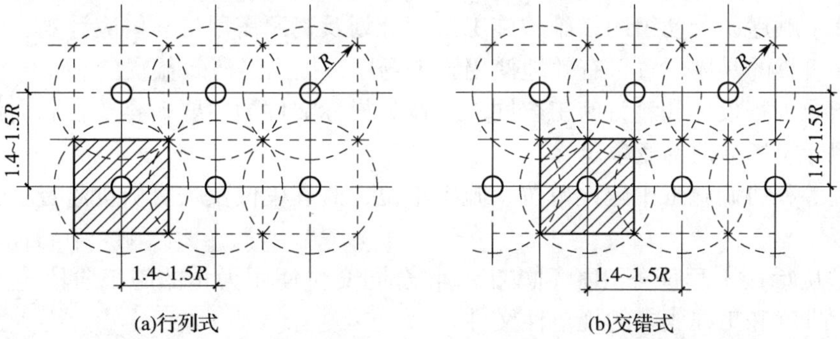

图 1.4.7　振动棒插点的布置（R=8~10 倍振动棒直径）

（2）外部振动器。外部振动器又称附着式振动器。它靠底部螺栓或其他锁紧装置固定在混凝土构件的建筑模板外部，通过模板间接地将振动波传给混凝土使其密实。通常在一个成型构件的模板上或成型机上，根据振动传递范围的需要，装上一台或数台附着式振动器，同时对构件进行密实作业。使用外部振动器时，应考虑其有效作用范围为 1~1.5m，作用深度约为 250mm。当构件尺寸较厚时，需在构件两侧安设振动器同时进行振动。当钢筋配置较密和构件断面较深、较窄时，也可采取边浇筑边振动的方法。

附着式振动器具有体积小，结构简单和操作方便的优点，它适用于形状复杂的薄壁构件和钢筋密集的特殊构件的密实成型。

（3）表面振动器。表面振动器又称平板振动器，是放在混凝土表面进行振捣，适用于振捣楼板、地面和薄壳等薄壁构件。当采用表面振动器时，要求振动器的平板与混凝土保持接触，其移动间距应保证振动器的平板能覆盖已振实部分的边缘，应相互搭接30~50mm，以保证衔接处混凝土的密实。最好振捣两遍，两遍方向互相垂直。第一遍主要使混凝土密实，第二遍主要使混凝土表面平整。每一位置的延续时间一般为25~40s，以混凝土表面均匀出现浮浆为准。

（4）振动台。振动台是混凝土预制构件厂中的固定生产设备，用于振实预制构件。

第五节 土建工程施工组织设计

施工组织设计是以施工项目为对象编制的，用于规范和指导施工的技术、经济和管理的综合性文件，是解决工程项目如何建造的问题。由于受建筑产品及其施工特点的影响，每一个工程项目开工前，都必须根据工程特点与施工条件来编制施工组织设计。

一、施工组织设计概述

（一）施工组织设计的作用

施工组织设计是根据国家有关技术政策、建设项目要求、施工组织的原则，结合工程的具体条件，确定经济合理的施工方案，对拟建工程在人力和物力、时间和空间、技术和组织等方面统筹安排，以保证按照既定目标，优质、低耗、高速、安全地完成施工任务。其主要作用是：

（1）根据国家有关技术、建设项目要求，结合工程的具体条件，明确工程的具体施工方案，施工顺序，劳动组织措施，施工进度计划及资源需用量与供应计划，明确临时设施、材料和机具的具体位置，有效地使用施工场地，提高经济效益。

（2）指导工程投标和签订施工合同，并作为投标文件的主要内容及合同文件的组成部分，参与招标投标活动的竞争。

（3）统筹和协调施工中建设单位、施工单位、监理单位及政府质量监督、安全监督等的工作衔接。

（4）是从承接工程任务开始到竣工验收合同交付使用为止的施工阶段全过程控制质量、安全、进度和工程成本的规范性文件。

（5）是工程造价进度款结算、工程变更、竣工结算的重要依据。

（二）施工组织设计分类

1. 按编制阶段分类

根据编制阶段的不同，施工组织设计可划分为两类：一类是投标前编制的施工组织设计，简称“标前设计”；另一类是中标后编制的施工组织设计，简称“标后设计”。

（1）标前设计是投标前编制的施工组织设计。在工程投标阶段编制的施工组织设计，应充分反映对投标工程的施工计划安排、组织实施、控制措施的统筹和施工企业的综合实力，是实现中标、提高市场竞争力的重要途径。

（2）标后设计是签订工程承包合同后编制的施工组织设计，其主要作用是指导施工进场前的准备工作和工程施工全过程的管控工作。

2. 按编制对象范围分类

施工组织设计按编制对象和范围不同可划分为三类：施工组织总设计、单位工程施工组织设计和分部分项工程施工组织设计（施工方案）。

（1）施工组织总设计。它是以一个建设项目为编制对象，规划其施工全过程各项活动的技术、经济的全局性控制性文件。它是整个建设项目施工的战略部署，涉及范围较广，内容比较概括。一般是由总承包单位的总工程师负责，会同设计和分包单位的工程师共同编制。施工组织总设计是施工单位编制年度施工计划和单位工程施工组织设计的依据。

（2）单位工程施工组织设计。它是以单位工程为编制对象，用来指导其施工全过程各项活动的技术、经济的局部性、指导性文件。它是拟建工程施工的战术安排，是施工单位年度施工计划和施工组织总设计的具体化，内容更详细。它是在施工图设计完成后，由承包单位工程项目主管工程师负责编制的，可作为编制季度、月度计划和分部分项工程施工组织设计的依据。

（3）分部分项工程施工组织设计，也称施工方案。它是以某些新结构、新工艺、技术复杂的或缺乏施工经验的分部分项工程为编制对象，如大型吊装工程、复杂的基础工程以及有特殊要求的高级装饰工程等。用来指导其施工活动的技术、经济文件。它结合施工单位的月、旬作业计划，把单位工程施工组织设计进一步具体化，是部分特殊专业工程的具体施工设计。

（三）施工组织设计编制原则

（1）必须执行工程建设程序，遵守现行相关法律、法规，贯彻落实工程项目所在地的管理制度及政策。

（2）符合施工合同或招标文件中有关工程进度、质量、安全、环境保护、造价等方面的要求。

（3）积极开发、使用新技术和新工艺，推广应用新材料和新设备。在目前市场经济条件下，施工企业应当积极利用工程特点、组织开发、创新施工技术和施工工艺。

（4）坚持科学的施工程序和合理的施工顺序，采用流水施工和网络计划等方法。科学配置资源，合理布置现场，采取季节性施工措施，实现均衡施工，达到合理的技术经济指标。

（5）采取技术和管理措施，推广建筑节能和绿色施工。

（6）与质量、环境和职业健康安全三个管理体系有效结合，采取必要的技术管理措施，大力推进科学文明施工。

（四）施工组织设计编制依据

（1）与工程建设有关的法律、法规和相关文件。

（2）国家现行有关标准和技术经济指标。

（3）工程所在地区行政主管部门的批准文件，建设单位对施工的要求。

（4）工程施工合同和招标投标文件。

（5）工程设计文件。

（6）工程施工范围内的现场条件、工程地质及水文地质、气象等自然条件。

（7）与工程有关的资源供应情况。

（8）施工企业的生产能力、机具设备状况、技术水平等。

二、施工组织设计的编制内容

施工组织设计的内容是根据不同工程的特点和要求，以及现有的和可能创造的施工条件，从实际出发，决定人力、材料、机械、资金和施工方法等各种生产要素的结合方式。不同类型的施工组织设计的主要内容各不相同，一般包括工程概况、施工部署与施工方案、施工进度计划、施工平面布置图、劳动力、机械设备、材料和构件等供应计划、建筑工地施工业务的组织规划、主要技术经济指标的确定等。

（一）工程概况

（1）本项目的性质、规模、建设地点、结构特点、建设期限、分批交付使用的条件、合同条件。

（2）本地区地形、地质、水文和气象情况。

（3）施工力量、劳动力、机具、材料、构配件等资源供应情况。

（4）施工环境及施工条件等。

（二）施工部署及施工方案

（1）根据工程情况，结合人力、材料、机械设备、资金、施工方法等条件，全面部署施工任务，合理安排施工顺序，确定主要工程的施工方案。

（2）对拟建工程可能采用的几个施工方案进行定性、定量的分析，通过技术经济评价，选择最佳方案。

（三）施工进度计划

施工进度计划是对构成整个施工项目的各项施工活动做出全盘统筹的预期进展计划。编制施工进度计划要结合施工合同、施工方案、施工程序、工期、资源条件以及各单位（单项）工程的制约关联等，对各个单位（单项）工程的施工进展做出协调安排。据此确定出各个单位（单项）工程的准备工作、施工期限及其开工和竣工的日期。

施工进度计划是施工组织设计在时间上的体现和安排。编制施工进度计划应采用先进的计划理论和方法，如流水施工横道图、垂直图、网络图等，合理确定施工顺序和各工序的作业时间，使工期、成本和资源的利用达到最佳结合状态，即资源均衡、工期合理、成本低廉。其主要内容包括：编制说明，施工进度计划，分期分批施工工程的开工日期、完工日期以及工期一览表，资源需要量以及供应平衡表等。

编制施工进度计划的具体步骤如下：

（1）列出工程项目一览表及其各项工程量。

（2）确定各单位工程的施工期限。

（3）确定各单位工程开工、竣工时间和相互搭接关系。根据施工期限、施工程序、单位工程之间相互制约关系，借助网络计划等工具和软件，确定各单位工程的开工、竣工时间和相互可能搭接的施工时间。

（4）编制施工进度计划。施工进度计划属于控制性计划，不宜过细，一般用图表表示，通常有横道图和网络图两种。当采用横道图表达进度计划时，项目的排列可按施工总体方案所确定的工程展开程序排列，并进行流水施工排序优化。横道图上应表达出各施工项目的开工、竣工时间及其施工持续时间。

当采用网络图表达施工进度计划时，应确定关键工作、关键线路和进行工期优化。用网络图表达进度计划比横道图更加直观、明了，既能够清楚表达出各项目之间的逻辑关系，同时又可以应用计算机进行计算和输出，对进度计划进行动态调整、优化、统计资源数量和输出图表等。

（四）资源需要量计划

施工资源是为完成施工项目所需的人力、物资设备、资金和技术资源等生产要素的总称。施工进度计划编制好后，即可根据工程项目的工程量和总进度计划对施工强度的要求，通过查定额指标或类似工程的经验资料，编制出劳动力、材料、构件、半成品和施工机械设备等各种主要资源的需要量计划，以便按施工先后顺序有效组织运输供应和劳动力的合理调配，保证施工按计划、正常进行。资源需要量计划包括以下几个方面：

（1）综合劳动力需要量计划。

（2）主要材料、构件及半成品需要量计划。

（3）主要施工机械需要量计划。

（4）资金需要量计划。项目实施以前，只有对所需的资金做出初步估计，才能对资金筹措与使用做出合理规划，平衡资金的供求，减少筹资成本，提高资金使用效益。资金需要量计划主要包括预测项目的现金流入量、现金流出量，以及确定各时期现金的不足或多余。

（五）施工总平面图设计

施工总平面图是施工组织设计的一个重要组成部分，是以整个工程为对象，具体指导现场施工部署的平面表达，用来正确处理全工地在施工期间所需各项设施和永久性建筑之间的空间关系。通常按施工方案、施工进度的要求对施工现场的交通道路、仓库、加工场所、水电管线等临时建筑和临时设施做出合理规划，并反映在施工总平面图上。

施工总平面图设计的内容包括：

（1）项目施工用地范围内的地形状况、施工用的各种道路。

（2）地上、地下相邻的既有建筑物、构筑物及其他设施的位置和尺寸。

（3）全部拟建的建筑物、构筑物及其基础设施的位置和尺寸。

（4）临时施工设施，包括生产、生活设施及施工现场必备的文明、安全、消防、保卫、防污染设施和环境保护设施。

（六）主要施工管理计划

施工组织设计的主要施工管理计划应包括进度管理计划、质量管理计划、安全管理计划、环境管理计划、成本管理计划以及其他管理计划等内容。各项管理计划的制订应根据项目的特点有所侧重。

1. 进度管理计划

（1）项目施工进度管理应按照项目施工的技术规律和合理的施工顺序，保证各工序在时间上和空间上的顺利衔接。

（2）进度管理计划应包括以下内容：

1）对项目施工进度计划进行逐级分解，通过阶段性目标的实现保证最终工期目标的完成。

2）建立施工进度管理的组织机构并明确职责，制定相应管理制度。

3）针对不同施工阶段的特点制定进度管理的相应措施，包括施工组织措施、技术措施和合同措施等。

4）建立施工进度动态管理机制，及时纠正施工过程中的进度偏差，并制定特殊情况下的赶工措施。

5）根据项目周边环境特点，制定相应的协调措施，减少外部因素对施工进度的影响。

2. 质量管理计划

（1）质量管理计划应在施工单位质量管理体系的框架内编制。

（2）质量管理计划应包括下列内容：

1）按照项目具体要求确定质量目标并进行目标分解，质量指标应具有可测量性。

2）建立项目质量管理的组织机构并明确职责。

3）制定符合项目特点的技术保障和资源保障措施，通过可靠的预防控制措施，保证质量目标的实现。

4）建立质量过程检查制度，并对质量事故的处理做出相应规定。

3. 安全管理计划

（1）安全管理计划应在施工单位安全管理体系的框架内编制。

（2）安全管理计划应包括下列内容：

1）确定项目重要危险源，制定项目职业健康安全管理目标。

2）建立有管理层次的项目安全管理组织机构并明确职责。

3）根据项目特点，进行职业健康安全方面的资源配置。

4）建立有针对性的安全生产管理制度和职工安全教育培训制度。

5）针对项目重要危险源，制定相应的安全技术措施，对达到一定规模的危险性较大的分部分项工程和特殊工种的作业应制订专项安全技术措施的编制计划。

6）根据季节、气候的变化制定相应的季节性安全施工措施。

7）建立现场安全检查制度，并对安全事故的处理做出相应规定。

4. 环境管理计划

（1）环境管理计划应在施工单位环境管理体系的框架内编制。

（2）环境管理计划应包括下列内容：

1）确定项目重要环境因素，制定项目环境管理目标。

2）建立项目环境管理的组织机构并明确职责。

3）根据项目特点进行环境保护方面的资源配置。

4）制定现场环境保护的控制措施。

5）建立现场环境检查制度，并就环境事故的处理做出相应的规定。

5. 成本管理计划

（1）成本管理计划应以项目施工预算和施工进度计划为依据编制。

（2）成本管理计划应包括下列内容：

1）根据项目施工预算，制定项目施工成本目标。

2）根据施工进度计划，对项目施工成本目标进行阶段分解。

3）建立施工成本管理的组织机构并明确职责，制定相应管理制度。

4）采取合理的技术、组织和合同等措施，控制施工成本。

5）确定科学的成本分析方法，制定必要的纠偏措施和风险控制措施。

（3）必须正确处理成本与进度、质量、安全和环境等之间的关系。

三、施工组织设计的编制方法

（一）施工方案

1. 施工部署

一般情况下，施工部署的内容包括确定工程开展程序、拟定主要工程项目的施工方案、明确施工任务的划分与组织安排、编制施工准备工作计划等内容。

（1）确定工程开展程序。确定建设项目中各项工程的合理开展程序是关系整个建设项目能否尽快投产使用的关键。对于一些小型工业与民用建筑或大型建设项目的某一系统，由于工期较短或生产工艺的要求，可采取一次性建成投产。对于一些大中型的工业建设项目，一般要根据建设项目总目标的要求，分期分批建设。

（2）拟定主要工程项目的施工方案。施工组织设计主要拟定一些主要工程项目的施工方案，与单位工程施工组织设计中的施工组织设计方案所要求的内容和深度不同。这些项目是整个建设项目中工程量大、施工难度大、工期长，对整个建设项目的完成起关键作用的建筑物或构筑物，以及全场范围内工程量大、影响全局的特殊分项工程。拟定主要工程项目施工方案的目的是进行技术和资源的准备工作，同时也是为了施工顺利进行和现场的合理布局。

（3）明确施工任务的划分与组织安排。在明确施工项目管理体制、机构的条件下，划分参与建设的各施工单位的施工任务，明确总包单位与分包单位的关系，建立施工现场统一的组织领导机构及职能部门，确定综合的和专业化的施工组织，明确各施工单位之间的分工与协作关系，划分施工阶段，确定各施工单位分期分批的主导施工项目和穿插施工项目。

（4）编制施工准备工作计划。施工准备工作是顺利完成项目建设任务的一个重要阶段。其作用是为整个建设项目的顺利施工创造条件。根据施工开展的顺序和主要工程项目的方案，编制施工项目全场性的施工准备工作计划。

2. 单位工程施工方案

施工方案是单位工程施工组织设计的核心。

（1）确定施工流向。确定施工流向（流水方向）主要解决施工项目在平面上、空间上的施工顺序，是指导现场施工的主要环节。不同的施工流向可产生不同的质量、进度和成本效果，是组织施工很重要的一个环节，在确定施工流向时，应着重考虑建设单位生产和使用的要求，平面上各部分施工的繁简程度，施工技术与组织上的要求等。

（2）确定施工顺序。施工顺序是指单位工程中各分项工程或工序之间进行施工的先后次序。确定各施工过程的施工顺序，必须符合由结构构造确定的工艺顺序，还应与所选用的施工方法和施工机械协调一致，同时还要考虑施工组织、施工质量、安全技术的要求，以及当地气候条件等因素。它主要解决各工序在时间上的衔接与搭接问题，以充分利用空间、争取时间、缩短工期为主要目的。

（3）流水段的划分。流水段的划分必须满足施工顺序、施工方法和流水施工条件的要求。

（4）确定施工方法。施工方法是针对拟建工程的主要分部分项工程而言的，其内容应简明扼要、重点突出。凡新技术、新工艺和对拟建工程起关键作用的项目，以及工人在操作上还不够熟练的项目，应详细而具体地拟定该项目的操作过程和方法、质量要求和保证质量的技术安全措施，可能发生的问题和预防措施等。凡常规做法和工人熟练项目，不必详细拟定，只要对这些项目提出拟建工程中的特殊要求即可。

（5）施工机械的选择。从施工组织的角度选择机械时，应首先根据工程特点选择适宜的主导施工机械，各种辅助机械应与直接配套的主导机械的生产能力协调一致。同时，同一工地上应力求建筑机械的种类和型号少一些，尽量利用施工单位现有机械，以利于机械管理。

3. 分部分项工程施工方案

分部分项工程施工方法是以某些施工难度大或施工技术复杂的大型设备安装或大型结构构件吊装为对象编制的专门的、更为详细的专业工程施工组织设计文件，是用于指导单位工程中复杂的分部分项工程或处于特殊条件下施工的分部分项工程的技术措施，用于解决土建施工中的重大技术问题。分部工程施工组织设计应突出作业性。

（二）施工平面布置

1. 施工总平面图设计

施工总平面图是拟建工程项目施工现场的总体平面布置图，用于表示全工地在施工期间所需各项设施和永久性建筑物之间的合理布局关系。

（1）施工总平面图设计原则，应在保证施工现场各项施工过程顺利进行的前提下，平面布置科学合理，尽量减少施工用地。同时，合理组织运输、减少二次运输。合理划分整个施工场区，尽量利用永久性建筑物、构筑物或现有设施为施工服务。临时设施应方便生产和生活，办公区、生活区和生产区宜分离设置，应符合节能、环保、安全和消防等要求，遵守当地主管部门和建设单位的相关规定。

（2）施工总平面图设计依据包括工程设计文件，以及建设项目的总平面图、区域规划图、地形图、竖向设计图，建设项目范围内部相关的已有和拟建的各种地上、地下设施和管线位置等。同时参考建设项目的施工部署、主要建筑物的施工方案和施工进度计划等技术资料，施工现场的自然条件、技术经济条件和社会环境调查报告，施工资源配置，施工现场的水、电、暖、气、通信等接入位置和容量等情况。

（3）施工总平面图设计编制方法。应明确施工用地范图内的地形状况，以及全部拟建的建（构）筑物和其他基础设施的位置。确定为全工地施工服务的临时设施的位置，对施工现场必备的安全、消防、保卫和环境保护等设施做出规划，确定永久性测量放线桩位置，对各种机械设备的设置和工作范围、施工工艺路线进行布置。

2. 单位工程施工平面图设计

单位工程施工平面图设计是对建筑物或构筑物施工现场的平面规划，是施工方案在施工现场空间上的体现，反映了已建工程和拟建工程之间，以及各种临时建筑、设施相互之间的空间关系。施工现场的合理布置和科学管理是文明施工的前提，同时对加快施工速度，降低施工成本，提高工程质量和保证施工安全有极其重要的意义。因此每个工程在施工之前都要进行现场布置和规划，在施工组织设计中均要进行单位工程施工平面图设计。

单位工程施工平面图应包括的主要内容一般有：

（1）建设工程平面图上已建和拟建的地上及地下一切工程项目和管线。

（2）测量放线标桩、地形等高线、土方取弃场地。

（3）塔式起重机以及垂直运输设施（如井架等）的位置。

（4）材料、加工半成品、构件和机具堆场。

（5）生产、生活用临时设施（包括钢筋棚、仓库、办公室、供水供电线路和道路等）并附一览表。一览表中应分别列出名称、规格和数量。

（6）安全、防火设施。

（三）施工组织设计的实施

1. 施工组织设计的审核及批准

（1）施工组织设计实施前应严格执行编制、审核、审批程序。没有批准的施工组织设计不得实施。

（2）施工组织设计编制应坚持“谁负责实施，谁组织编制”的原则。施工组织总设计由施工总承包单位组织编制，当工程未实行施工总承包时，施工组织总设计应由建设单位负责组织各施工单位编制，单位工程或专项工程施工组织设计由施工单位组织编制。

（3）施工组织设计编制、审核和审批。施工组织总设计应由总承包单位技术负责人审批后，向监理报批。单位工程施工组织设计应由施工单位技术负责人或技术负责人授权的技术人员审批。重点、难点分部分项工程施工方案应由施工单位技术部门组织相关专家评审，施工单位技术负责人批准。施工单位完成内部编制、审核、审批程序后，报总承包单位审核、审批。然后由总承包单位项目经理或其授权人签章后，向监理报批。

2. 施工组织设计交底

单位工程的施工组织设计经项目监理机构审核确认，即成为指导施工项目各项施工活动的技术经济文件，必须严肃对待，认真执行。在实施项目开工之前，要召开生产技术会议，逐级进行交底，详细地讲解单位工程施工组织设计的内容、要求、施工环节和保证措施，使各级技术管理人员全面掌握单位工程施工组织设计，保证单位工程施工组织设计贯彻执行。

3. 施工组织设计的执行

施工组织设计一经批准，施工单位和工程相关单位应认真贯彻执行，未经审批不得修改。施工组织设计的修改或补充涉及原则性重大变更，须履行原审批手续。施工中应组织有关人员在施工过程中做好记录，积累资料，工程结束后及时做出总结。

四、施工组织设计技术经济分析

施工组织设计的技术经济分析常用的方法有定性分析和定量分析两种，一般以定性分析为主，定量分析为辅。

1. 定性分析

施工组织设计的定性技术经济分析评价是结合施工实际经验，对若干施工方案的优缺点进行分析比较，如技术上是否可行、施工复杂程度和安全可靠性如何、劳动力和机械设备能否满足需要、是否能充分发挥现有机械的作用、保证质量的措施是否完善可靠、施工组织设计是否能为后续工序提供有利条件、施工组织是否合理、是否能体现文明施工等。

2. 定量分析

施工组织设计的定量分析是通过计算各个施工方案的主要技术经济指标，进行综合比较分析，从中选择技术经济最优的方案。常用的技术经济指标有：

（1）施工周期指标。当要求工程尽快完成以便尽早投入生产或使用时，选择施工方案就要在确保工程质量、安全和成本较低的条件下，优先考虑缩短施工周期的方案。施工周期指建设项目从正式开工到全部投产使用为止的持续时间。应计算的相关指标有施工准备期、部分投产期和单位工程工期等。

（2）劳动量消耗指标。它能反映施工机械化程度和劳动生产率水平。通常，在施工方案中劳动量消耗越小，则机械化程度和劳动生产率越高。劳动生产率应计算的相关指标有：

1）全员劳动生产率［元/（人·年）］。

2）单位用工（工日/m^2竣工面积）。

3）劳动力不均衡系数（施工期高峰人数与平均人数的比值）。

（3）主要材料消耗指标。它反映了各个施工方案的主要材料节约情况。需要计算的指标有：

1）节约钢材百分比。

2）节约木材百分比。

3）节约水泥百分比。

（4）成本指标。它反映了施工方案的成本高低。一般需计算完成施工方案需发生的直接费和间接费。成本分析的指标有：

1）降低成本额，即全部承包成本－全部计划成本。

2）降低成本率，即降低成本额与承包成本额的比值。

（5）经济指标。拟定的施工方案需要增加新的投资时，如购买或租赁新的施工机械或设备，则需要用净现值法或净年值法等经济指标进行多方案比选。

（6）施工现场场地综合利用指标。临时设施及材料堆场占地面积与扣减了待建建筑物占地面积的施工现场占地面积的比值。

第二章　工 程 计 量

第一节　工程计量概述

一、工程计量的含义

工程计量，即计算工程量，是工程计价的基础，也是确定工程造价的主要因素。所谓工程量，是指承包人按照施工图纸及相关技术经济文件的要求拟完成或已完成的，且符合现行国家计量规范中计算规则的应予计量的工程数量。工程量计算是工程计价活动的重要环节，是依据工程设计图纸、施工组织设计及有关技术经济文件，按照相关工程国家标准的计算规则、计量单位等规定，进行工程数量的计算活动，在工程建设中简称工程计量。

由于工程计价的多阶段性和多次性，工程计量也具有多阶段性和多次性。工程计量不仅包括招标阶段工程量清单编制中工程量的计算，也包括投标报价以及合同履约阶段的变更、索赔、支付和结算中工程量的计算和确认。

（一）工程量的含义

工程量是工程计量的结果，是指按一定规则并以物理计量单位或自然计量单位所表示的建设工程各分部分项工程、措施项目或结构构件的数量。物理计量单位是指以公制度量表示的长度、面积、体积和重量等计量单位。如预制钢筋混凝土方桩以“m”为计量单位，墙面抹灰以“m^2”为计量单位，混凝土以“m^3”为计量单位等。自然计量单位指建筑成品表现在自然状态下的简单点数所表示的“个、条、樘、块”等计量单位。如门窗工程可以以“樘”为计量单位，桩基工程可以以“根”为计量单位等。

（二）工程量计算规则

工程量计算规则是工程计量的主要依据之一，是工程量数值的取定方法。采用的规范或定额不同，工程量计算规则也不尽相同。在计算工程量时，应按照规定的计算规则进行，我国现行的工程量计算规则主要有：

（1）工程量计算规范中的工程量计算规则。现行的工程量计算规范有：

1）《房屋建筑与装饰工程工程量计算规范》GB 50854-2013；

2）《仿古建筑工程工程量计算规范》GB 50855-2013；

3）《通用安装工程工程量计算规范》GB 50856-2013；

4）《市政工程工程量计算规范》GB 50857-2013；

5）《园林绿化工程工程量计算规范》GB 50858-2013；

6）《矿山工程工程量计算规范》GB 50859-2013；

7）《构筑物工程工程量计算规范》GB 50860-2013；

8）《城市轨道交通工程工程量计算规范》GB 50861-2013；

9）《爆破工程工程量计算规范》GB 50862-2013。

上述九个专业的工程量计算规范（以下简称工程量计算规范），用于规范工程计量行为，统一各专业工程量清单的编制、项目设置和工程量计算规则。采用该工程量计算规则计算的工程量一般为施工图纸的净量，不考虑施工余量。

（2）各类定额中的工程量计算规则。住房城乡建设部发布的现行消耗量定额有：

1）《房屋建筑与装饰工程消耗量定额》TY01-31-2015；

2）《通用安装工程消耗量定额》TY02-31-2015；

3）《市政工程消耗量定额》ZYA1-31-2015。

上述定额一般简称消耗量定额。在各消耗量定额中规定了分部分项工程和措施项目的工程量计算规则。除了上述住房城乡建设部统一发布的定额外，还有各个地方或行业发布的各类定额，如四川省发布的2020年版《四川省建设工程工程量清单计价定额》，其中也都规定了与之相对应的工程量计算规则。采用该计算规则计算工程量除了依据施工图纸外，一般还要考虑采用的施工方法和施工余量。

二、工程量计算依据

工程量的计算需要根据施工图及其相关说明，技术规范、标准、定额，有关的图集，有关的计算手册等，按照一定的工程量计算规则逐项进行。主要依据有：

（1）国家发布的工程量计算规范和国家、地方和行业发布的各类定额及其工程量计算规则。

（2）经审定的施工设计图纸及其说明。施工图纸全面反映建筑物（或构筑物）的结构构造、各部位的尺寸及工程做法，是工程量计算的基础资料和基本依据。除了施工设计图纸及其说明外，还应配合有关的标准图集进行工程量计算。

（3）经审定的施工组织设计或施工方案。施工图纸主要表现拟建工程的实体项目，分项工程的具体施工方法及措施应按施工组织设计或施工方案确定。

（4）经审定通过的其他有关技术经济文件，如工程施工合同、招标文件的商务条款等。

三、工程量计算规范

工程量计算规范包括正文、附录和条文说明三部分。正文部分包括总则、术语、工程计量、工程量清单编制。附录对分部分项工程和可计量的措施项目的项目编码、项目名称、项目特征描述的内容、计量单位、工程量计算规则及工作内容做了规定；对于不能计量的措施项目则规定了项目编码、项目名称和工作内容及包含范围。

1. 项目编码

项目编码是指分部分项工程和措施项目清单名称的阿拉伯数字标识。工程量清单项目编码采用十二位阿拉伯数字表示，一至九位应按计量规范附录规定设置，十至十二位应根据拟建工程的工程量清单项目名称设置，同一招标工程的项目编码不得有重码。当同一标段（或合同段）的一份工程量清单中含有多个单位工程且工程量清单是以单位工程为编制对象时，在编制工程量清单时应特别注意对项目编码十至十二位的设置不得有重码的规定。

2. 项目名称

工程量清单的分部分项工程和措施项目的项目名称应按工程量计算规范附录中的项目

名称结合拟建工程的实际确定。工程量计算规范中的项目名称是具体工作中对清单项目命名的基础，应在此基础上结合拟建工程的实际，对项目名称具体化，特别是归并或综合性较大的项目应区分项目名称，分别编码列项。

3. 项目特征

项目特征是表征构成分部分项工程项目、措施项目自身价值的本质特征，是对体现分部分项工程量清单、措施项目清单价值的特有属性和本质特征的描述。从本质上讲，项目特征体现的是对清单项目的质量要求，是确定一个清单项目综合单价不可缺少的重要依据，在编制工程量清单时，必须对项目特征进行准确和全面的描述。工程量清单项目特征描述的重要意义在于：项目特征是区分具体清单项目的依据，项目特征是确定综合单价的前提，项目特征是履行合同义务的基础。如实际项目实施中施工图纸中特征与分部分项工程项目特征不一致或发生变化，即可按合同约定调整该分部分项工程的综合单价。

项目特征应按工程量计算规范附录中规定的项目特征，结合拟建工程项目的实际予以描述，能够体现项目本质区别的特征和对报价有实质影响的内容都必须描述。项目特征描述的内容应按工程量计算规范附录中的规定，结合拟建工程的实际，能满足确定综合单价的需要。若采用标准图集或施工图纸能够全部或部分满足项目特征描述的要求，项目特征描述可直接采用详见 ×× 图集或 ×× 图号的方式。对不能满足项目特征描述要求的部分，仍应用文字描述。

4. 计量单位

清单项目的计量单位应按工程量计算规范附录中规定的计量单位确定。规范中的计量单位均为基本单位，与消耗量定额中所采用基本单位扩大一定的倍数不同。如质量以“t”或“kg”为单位，长度以“m”为单位，面积以“m^2”为单位，体积以“m^3”为单位，自然计量的以“个、件、根、组、系统”为单位。

工程量计算规范附录中有两个或两个以上计量单位的，应结合拟建工程项目的实际情况，选择其中一个确定，在同一个建设项目（或标段、合同段）中，有多个单位工程的相同项目计量单位必须保持一致。不同的计量单位汇总后的有效位数也不相同，根据工程量计算规范规定，工程计量时每一项目汇总的有效位数应遵守下列规定：

（1）以“t”为单位，应保留小数点后三位数字，第四位小数四舍五入；

（2）以“m、m^2、m^3、kg”为单位，应保留小数点后两位数字，第三位小数四舍五入；

（3）以“个、件、根、组、系统”为单位，应取整数。

5. 工程量计算规则

工程量计算规范统一规定了工程量清单项目的工程量计算规则。其原则是按施工图图示尺寸（数量）计算清单项目工程数量的净值，一般不需要考虑具体的施工方法、施工工艺和施工现场的实际情况而发生的施工余量。如“现浇构件钢筋”，其计算规则为“按设计图示钢筋长度乘单位理论质量计算”，其中“设计图示钢筋长度”即为钢筋的净量，包括设计（含规范规定）标明的搭接、锚固长度，其他如施工搭接或下料余量不计算工程量，在综合单价中综合考虑。

6. 工作内容

工作内容是指为了完成工程量清单项目所需要发生的具体施工作业内容。工程量计算规范附录中给出的是一个清单项目所可能发生的工作内容，在确定综合单价时需要根据清单项目特征中的要求、具体的施工方案等确定清单项目的工作内容，是进行清单项目组价的基础。

工作内容不同于项目特征。项目特征体现的是清单项目质量或特性的要求或标准，工作内容体现的是完成一个合格的清单项目需要具体做的施工作业和操作程序，对于一项明确了分部分项工程项目或措施项目，工作内容确定了其工程成本。不同的施工工艺和方法，工作内容也不一样，工程成本也就有了差别。在编制工程量清单时一般不需要描述工作内容。

如“010401001 砖基础”其项目特征为：①砖品种、规格、强度等级；②基础类型；③砂浆强度等级；④防潮层材料种类。工作内容为：①砂浆制作、运输；②砌砖；③防潮层铺设；④材料运输。通过对比可以看出，如“砂浆强度等级”是对砂浆质量标准的要求，体现的是用什么样规格的材料去做，属于项目特征；“砂浆制作、运输”是砌筑过程中的工艺和方法，体现的是如何做，属于工作内容。

四、工程量计算方法

为了避免漏算或重算，提高计算的准确程度，工程量的计算应按照一定的顺序进行。具体的计算顺序应根据具体工程和个人习惯来确定，一般有以下几种顺序：

1. 单位工程计算顺序

一个单位工程，其工程量计算顺序一般有以下几种：

（1）按图纸顺序计算。根据图纸排列的先后顺序，由建施到结施；每个专业图纸由前向后，按“先平面→再立面→再剖面，先基本图→再详图”的顺序计算。

（2）按工程量计算规范顺序计算。按工程量计算规范附录先后顺序，由前向后，逐项对照计算。

（3）按计价定额的分部分项顺序计算。按计价定额的章、节、子目次序，由前向后，逐项对照，定额项与图纸设计内容能对上号时就计算。

（4）按施工顺序计算。按施工顺序计算工程量，可以按先施工的先算，后施工的后算的方法进行。如由平整场地、基础挖土方开始算起，直到装饰工程等全部施工内容结束。

2. 单个分部分项工程计算顺序

（1）按照顺时针方向计算法。先从平面图的左上角开始，自左至右，然后再由上而下，最后转回到左上角为止，这样按顺时针方向转圈依次进行计算。例如，计算外墙、地面、天棚等分部分项工程都可以按照此顺序进行计算。

（2）按“先横后竖、先上后下、先左后右”计算法。在平面图上从左上角开始，按“先横后竖、从上而下、自左到右”的顺序计算工程量。例如，房屋的条形基础土方、砖石基础、砖墙砌筑、门窗过梁、墙面抹灰等分部分项工程均可按这种顺序计算工程量。

（3）按图纸分项编号顺序计算法。按照图纸上所标注结构构件、配件的编号顺序进行计算。例如，计算混凝土构件、门窗、屋架等分部分项工程均可以按照此顺序计算。

（4）按照图纸上定位轴线编号计算。对于造型或结构复杂的工程，为了计算和审核方便，可以根据施工图纸轴线编号来确定工程量计算顺序。例如，某房屋一层墙体、抹灰分项，可按 A 轴上，①～③轴、③～④轴这样顺序进行工程量计算。

按一定顺序计算工程量的目的是防止漏项少算或重复多算的现象发生，只要能实现这一目的，采用哪种顺序方法计算都可以。

第二节　建筑工程识图基本原理与方法

一、建筑制图与识图概述

（一）建筑制图

为使建筑工程图样达到规格统一，图面简洁清晰，便于进行技术交流，满足设计、施工、管理等要求，建筑制图应按照现行国家标准《房屋建筑制图统一标准》GB/T 50001-2017 执行。

1. 图样幅面

所有设计图样的幅面及图框尺寸均应符合表 2.2.1 的规定。表 2.2.1 中尺寸是裁边后的尺寸。从表 2.2.1 中可知，1 号图幅是 0 号图幅的对裁，2 号图幅是 1 号图幅的对裁，余者类推。表 2.2.1 中代号的意义见图 2.2.1。

表 2.2.1　幅面与图框　　单位：mm

尺寸代号	幅面代号				
	A0	A1	A2	A3	A4
$b \times l$	841 × 1189	594 × 841	420 × 594	297 × 420	210 × 297
c	10			5	
a	25				

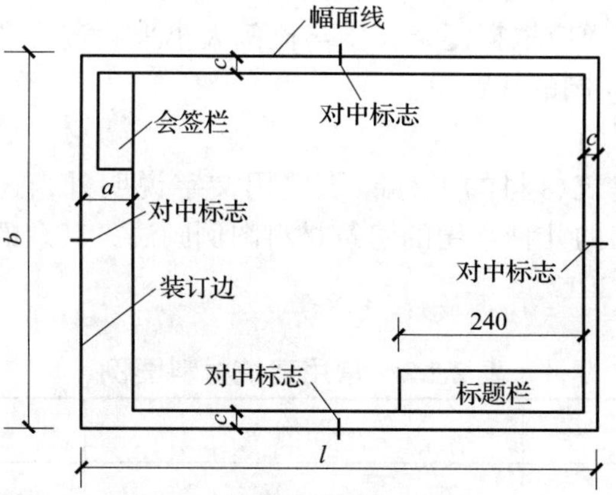

图 2.2.1　图样幅面

无论图样是否装订，均应在图幅内画出图框，图框线用粗实线绘制，与图样幅面线的间距 a 和 c 应符合表 2.2.1 的规定，见图 2.2.1。

为了复制或缩微摄影的方便，可采用对中符号，它是位于四边幅面线中点处的一段实线，线宽为 0.35mm，伸入图框内为 5mm，见图 2.2.1。

2. 图标与会签栏

在每一张图样的右下角都必须有一个标题栏，即图标。图标用于填写工程图样的图名、图号、比例、设计单位、设计人姓名、审核人姓名及日期等项目，其长边的长度应为 180mm，短边的长度宜采用 40mm、30mm 或 50mm，见图 2.2.2。

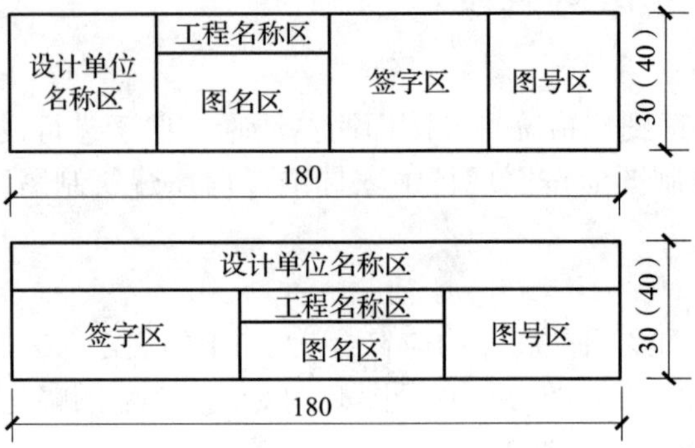

图 2.2.2 图标

会签栏是指工程图样上由各工种负责人填写所代表的有关专业、姓名、日期等的一个表格，见图 2.2.1 左上角所示。

3. 比例

图样的比例应为图形与实物相对应的线性尺寸之比。比例的大小是指比值的大小，如 1 : 50 大于 1 : 100。建筑制图常用比例有：建筑总图一般为 1 : 500；建筑平面图为 1 : 100、1 : 150、1 : 200；建筑详图为 1 : 30、1 : 25、1 : 20、1 : 15、1 : 10 等。

4. 图线

图线的宽度应从下列线宽系列中选取：0.25mm、0.35mm、0.5mm、0.7mm、1.0mm、1.4mm、2.0mm。每个图样应根据复杂程度与比例大小来确定线宽。在同一张图样内，相同比例的各图样应选用相同的线宽组。

5. 常用建筑材料图例

在工程图样中，建筑材料的名称除了要用文字说明外，还需画出建筑材料图例，表 2.2.2 是从标准中摘出的几种常用的建筑材料图例画法，其余的可查阅《房屋建筑制图统一标准》GB/T 50001-2017。

表 2.2.2 常用建筑材料图例

名称	图例	备注
自然土壤		包括各种自然土壤
夯实土壤		—
砂、灰土	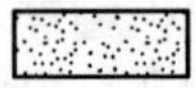	靠近轮廓线绘较密的点

续表 2.2.2

名称	图例	备注
砂砾石、碎砖	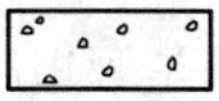	—
毛石		—
普通砖	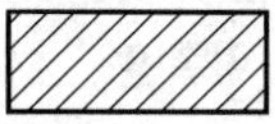	包括实心砖、多孔砖、砌块等砌体；断面较窄不易绘出图例线时，可涂红
混凝土	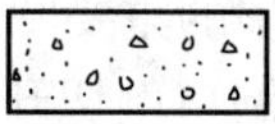	1．本图例指能承重的混凝土及钢筋混凝土； 2．包括各种强度等级、骨料、添加剂的混凝土； 3．在剖面图上画出钢筋时，不画图例线； 4．断面图形小，不易画出图例线时，可涂黑
钢筋混凝土	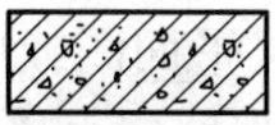	
多孔材料		包括水泥珍珠岩、沥青珍珠岩、泡沫混凝土、非承重加气混凝土、软木、蛭石制品等
木材		1．上图为横断面，上左图为垫木、木砖或木龙骨； 2．下图为纵断面
胶合板	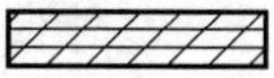	应注明为 × 层胶合板
金属	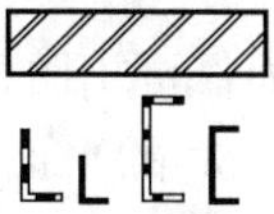	1．包括各种金属； 2．图形小时，可涂黑

国家标准只是规定了图例的画法，对其尺度比例不做具体规定，使用时应根据图样的大小而定，并注意图例线应间隔均匀、疏密适度，做到图例正确、表示清楚。在使用标准所列图例中未包括的建筑材料时，可自编图例，但自编的图例不得与标准中的图例重复，且应在图样上适当位置画出该材料图例，并加以说明。

6. 字体

图样上所需书写的文字、数字或符号等均应笔画清晰、字体端正、排列整齐；标点符号应清楚正确。各种文字的大小要选择适当，文字的字高应从下列系列中选用：2.5mm、3.5mm、5mm、7mm、10mm、14mm、20mm。

7. 尺寸标注

图样中除了要画出建筑物的形状外，还必须认真细致、准确无误地标注尺寸，以作为施工的依据。图样上的尺寸应包括尺寸界线、尺寸线、尺寸起止符号和尺寸数字四个要素。

（二）建筑识图

1. 建筑平面图的形成和用途

（1）建筑平面图的形成。建筑平面图是假想用一个水平剖切平面沿略高于窗台的位置剖切整幢房屋，移去上面部分，剩余部分向水平面做正投影，所得的水平剖面图，称为建筑平面图，简称平面图。

（2）建筑平面图的内容。建筑平面图所表达的内容是反映新建建筑的平面形状、房间的位置、大小、相互关系、墙体的位置、厚度、材料、柱的截面形状与尺寸大小，门窗的位置及类型。

（3）建筑平面图的用途。建筑平面图是施工放线、砌墙、安装门窗、室内外装修及编制施工图预算的重要依据，是建筑施工中的重要图纸。

（4）建筑平面图名称。沿底层门窗洞口剖切开得到的平面图称为底层平面图，又称为首层平面图或一层平面图；沿二层门窗洞口剖切开得到的平面图称为二层平面图；在多层和高层建筑中，如果有两层或更多层的平面布置完全相同，则可用一个平面图表示，图名为 × 层 ~ × 层平面图，也可称为标准层平面图或中间层平面图；沿最上一层的门窗洞口剖切开得到的平面图称为顶层平面图；将房屋直接从上向下进行投射得到的平面图称为屋顶平面图，屋顶平面图主要是表明建筑物屋顶上的布置情况和屋顶排水方式。

如果房屋的平面布置左右对称，则可将两层平面图合并为一图，左边画一层的一半，右边画另一层的一半，中间用对称线分界，在对称线的两端画上对称符号，并在图的下方分别注明它们的名称。需要注意的是，底层平面图必须单独画出。在多层和高层建筑中一般至少有底层平面图、标准层平面图、顶层平面图和屋顶平面图，此外，有的建筑还有地下层（±0.000 以下）平面图。

（5）建筑平面图的图线。建筑平面图实质上是剖面图，被剖切平面剖切到的墙、柱等轮廓线用粗实线表示，未被剖切到的部分如室外台阶、散水、楼梯以及尺寸线等用细实线表示，门的开启线用细实线表示。

（6）建筑平面图的比例。建筑平面图常用的比例是 1∶50、1∶100 或 1∶200，其中 1∶100 使用最多。其他规定比例小于 1∶50 的平面图可不画出抹灰层；比例大于 1∶50 的平面图应画出抹灰层，并宜画出材料图例；比例等于 1∶50 的平面图抹灰层可画可不画，根据需要而定；比例为 1∶100 ～ 1∶200 的平面图，可画简化的材料图例，砌体墙涂红，钢筋、混凝土涂黑等。

2. 建筑立面图的形成和用途

（1）建筑立面图的形成。在与建筑立面平行的铅直投影面上所做的正投影图称为建筑立面图，简称立面图。建筑立面图表达的内容主要是房屋的外貌、外墙面装修要求及立面上构配件的标高和必要的尺寸。

（2）建筑立面图的名称。立面图可根据房屋的朝向来命名，如南立面图、北立面图、东立面图、西立面图；也可以根据主要入口来命名，通常把主要入口或反映房屋主要外貌特征的立面图称为正立面图，而其他三个面分别为背立面图和左、右侧立面图；还可以根据立面图两端轴线的编号来命名。

立面图的外形轮廓用粗实线表示。室外地坪线用 1.4 倍的加粗实线（线宽为粗实线的

1.4 倍左右）表示。门窗洞口、檐口、阳台、雨篷、台阶等用中实线表示。其余的，如墙面分隔线、门窗格子、雨水管以及引出线等均用细实线表示。

（3）建筑立面图的比例。建筑立面图常用的比例是 1∶50、1∶100 或 1∶200。其中 1∶100 使用最多。在立面图上，门窗应按标准规定的图例画出。高度尺寸主要用标高表示。一般要注出室内外地坪标高。

3. 建筑剖面图的形成与用途

（1）建筑剖面图的形成。建筑剖面图是房屋的垂直剖面图，即假想用一个或多个平行于房屋立面的垂直剖切平面剖开房屋，移去剖切平面与观察者之间的部分，将留下的部分向投影面做正投影所得到的图样。

（2）建筑剖面图的用途。建筑剖面图用来表示建筑内部的结构构造、垂直方向的分层情况、各层楼地面。由于剖面图表示的是建筑物内部空间在垂直方向的安排和组织，所以只有与平面图、立面图结合以及辅以详图，才能清楚地识读建筑物内部构配件。故剖面图也是建筑物不可缺少的重要图样之一。

剖切位置应根据图样的用途和设计深度，在平面图上选择能反映全貌、构造特征以及有代表性的剖位剖切。在设计过程中，剖切的位置常取楼梯间、门窗洞口及构造比较复杂的典型部位。剖面图的数量，则根据房屋的复杂程度和施工的实际需要而定，并用阿拉伯数字（如 1—1、2—2）或拉丁字母（如 A—A、B—B）命名。剖面图的名称必须与底层平面图上所标的剖切位置和剖视方向一致。

（三）施工图的分类

房屋的建造一般需经过设计和施工两个过程，根据房屋规模和复杂程度，房屋的设计过程可分为两阶段设计和三阶段设计两种程序：规模较小、技术简单的建筑多采用两阶段设计，即初步设计和施工图设计；大型的、重要的、复杂的房屋，须经过三个阶段设计，即初步设计（方案设计）、技术设计（扩大初步设计）和施工图设计。

一套完整的施工图通常包括以下图纸：

（1）建筑施工图（简称建施图）。建筑施工图主要表达建筑物的外部形状、内部布置、装饰构造、施工要求等。它一般包括建筑总平面图、平面图、立面图、剖面图以及墙身、楼梯、门、窗详图等。

（2）结构施工图（简称结施图）。结构施工图主要表达承重结构的构件类型、布置情况以及构造做法等。它一般包括基础平面图、基础详图、楼层及屋盖结构平面图、楼梯结构图和各构件的结构详图等（梁、柱、板）。

（3）电气施工图（简称电施图）。电气施工图主要表达建筑物电气线路走向和安装要求。主要包括建筑供配电、动力与照明、建筑防雷与接地、建筑弱电等。它通常包括电气平面布置图、系统图、施工详图（大样图）、线路安装详图和图例及施工说明及主要电气设备材料表等。

（4）给排水施工图（简称水施图）。给排水施工图主要表达建筑物给排水管道的平面布置和空间走向、管道及附件做法和加工安装要求。包括用水房间和用水设备的种类、数量、位置等；各种功能的管道、管道附件、卫生器具、用水设备，如消防栓箱、喷头等。它通常有给排水平面布置图、系统图、管道安装详图和图例、设计施工说明及主要设备材料表等。

整套房屋施工图的编排顺序是：首页图（包括图纸目录、设计总说明、汇总表等）、建筑施工图、结构施工图、电气施工图、给排水施工图等。各专业施工图的编排顺序是：基本图在前、详图在后；总体图在前、局部图在后；主要部分在前、次要部分在后；先施工的图在前、后施工的图在后。

二、建筑施工图识读

（一）建筑施工图主要内容

建筑施工图主要用来表示建筑物的规划位置、外部造型、内部各房间的布置、内外装修构造和施工要求的图件。主要图件有：施工首页图、建筑总平面图、建筑平面图、建筑立面图、建筑剖面图和建筑详图（主要详图有外墙身剖面详图、楼梯详图、门窗详图、厨厕详图）。

（二）建筑施工图识读

施工图是根据正投影原理绘制的，用图样表明房屋建筑的设计及构造做法，所以要看懂施工图，应掌握正投影原理和熟悉房屋建筑的基本构造。施工图采用了一些图例符号以及必要的文字说明，共同把设计内容表现在图纸上，因此要看懂施工图，还必须记住常用的图例符号。看图时要注意从粗到细，从大到小。先粗看一遍，了解工程的概貌，然后再仔细看。细看时应先看总说明和基本图样，然后再深入看构件图和详图。一套施工图是由各工种的许多张图样组成，各图样之间是互相配合、紧密联系的。图样的绘制大体是按照施工过程中不同的工种、工序分成一定的层次和部位进行的，因此要有联系地、综合地看图，结合实际看图。

为了加快设计和施工速度，提高设计与施工质量，把房屋工程中常用的、大量的构件、配件按统一模数、不同规格设计出系列施工图，供设计部门、施工企业选用。这样的图称为标准图；标准图装订成册后就称为标准图集。

在施工中，有些构配件和构造做法经常直接采用标准图集，因此阅读施工图前要查阅有关的标准图集。在我国，标准图有两种分类方法，一是按照使用范围分类，二是按照工种分类。按使用范围大体上分三类：经国家批准，可以在全国范围内使用的标准图集；经各省、市、自治区、直辖市批准，在本地区范围内使用的标准图集；各设计单位编制的标准图集，在本设计院内部使用。按工种分类：建筑配件标准图，一般用“建”或者“J”表示；建筑构件标准图，一般用“结”或者“G”来表示。除建筑、结构标准图集外，还有给水排水、电气设备、道路桥梁等方面的标准图。标准图的查阅方法根据施工图中注明的标准图集名称和编号及编制单位查找相应的图集。阅读标准图集时，必须首先阅读图集的总说明，了解编制该标准图集的设计依据和使用范围、施工要求及注意事项等。了解标准图集中的编号等有关表示方法和有关代号的含义。根据施工图中详图索引编号查阅详图，核对有关尺寸及套用部位等要求，以防差错。

一般读图的步骤是：对于全套图样来说，先看说明书、首页图、总平面图，后看建施、结施和设施（水电施工图）；对于每一张图样来说，先看图标、文字，后看图样；对于建施、结施和设施来说，先看建施，后看结施、设施；对于建筑施工图来说，先看平面图、立面图、剖面图，后看详图；对于结构施工图来说，先看基础施工图、结构布置平面图，后看构件详图。

读图时要互相联系，反复阅读才能看懂。图样设计完毕后，往往由于各种原因导致图样产生变化，所以在阅读图样时应该注意设计变更图以及变更说明，以防产生差错。

三、结构施工图识读

（一）结构施工图主要内容

不同类型的结构，其施工图的具体内容与表达也各有不同，但一般包括下列三个方面的内容：

（1）结构设计说明，本工程结构设计的主要依据；设计标高所对应的绝对标高值；建筑结构的安全等级和设计使用年限；建筑场地的地震基本烈度、场地类别、地基土的液化等级、建筑抗震设防类别、抗震设防烈度和混凝土结构的抗震等级；所选用结构材料的品种、规格、型号、性能、强度等级、受力钢筋保护层厚度、钢筋的锚固长度、搭接长度及接长方法；所采用的通用做法的标准图集；施工应遵循的施工规范和注意事项。

（2）结构平面布置图，基础平面图，采用桩基础时还应包括桩位平面图，工业建筑还包括设备基础布置图；楼层结构平面布置图，工业建筑还包括柱网、吊车梁、柱间支撑布置等。屋顶结构布置图，工业建筑还应包括屋面板、天沟板、屋架、天窗架及支撑系统布置等。

（3）构件详图，包括柱、剪力墙、梁、板及基础结构详图；楼梯、电梯结构详图；屋架结构详图；其他详图，如支撑、预埋件、连接件等的详图。

（二）结构施工图的识读

从下往上，从左往右的看图顺序是施工图识读的一般顺序。这比较符合看图的习惯，同时也是施工图绘制的先后顺序。

由前往后看，根据房屋的施工先后顺序，从基础、墙柱、楼面到屋面依次看，此顺序基本也是结构施工图编排的先后顺序。

看图时要注意从粗到细，从大到小。先粗看一遍，了解工程的概况、结构方案等。然后看总说明及每一张图纸，熟悉结构平面布置，检查构件布置是否合理正确，有无遗漏，柱网尺寸、构件定位尺寸、楼面标高等是否正确。最后根据结构平面布置图，详细看每一个构件的编号、跨数、截面尺寸、配筋、标高及其节点详图。

图纸中的文字说明是施工图的重要组成部分，应认真仔细逐条阅读，并与图样对照看，便于完整理解图纸。

结施应与建施结合起来看图。一般先看建施图，通过阅读设计说明，总平面图，建筑平、立、剖面图，了解建筑体型、使用功能，内部房间的布置、层数与层高、柱墙布置、门窗尺寸、楼梯位置、内外装修、材料构造及施工要求等基本情况，然后再看结施图。在阅读结施图时应同时对照相应的建施图，只有把两者结合起来看，才能全面理解结构施工图。

先看目录，通过阅读图纸目录，了解是什么类型的建筑，主要有哪些图纸。初步阅读各工种设计说明，了解工程概况。阅读建施图。读图次序依次为：设计总说明、总平面图、建筑平面图、立面图、剖面图、构造详图。初步阅读建施图后，应能在头脑中形成整栋房屋的立体形象，能想象出建筑物的大致轮廓，为下一步结施图的阅读做好准备。阅读结施图。结施图的阅读顺序可按下列步骤进行：阅读结构设计说明。阅读基础平面图、详图与地质勘察资料。基础平面图应与建筑底层平面图结合起来看图。阅读柱平面布置图。注意柱的布置、柱网尺寸、柱断面尺寸与轴线的关系尺寸。阅读楼层及屋面结构平面布置图。按前述的施工图识读方法，详细阅读各平面图中的每一个构件的编号、断面尺寸、标高、配筋及其构造详图。在前述阅读结施图中，涉及采用标准图集时，应详细阅读规定的标准图集。不同的结构体系施工图的表现方式不一致。

四、混凝土结构平法施工图识读

（一）平法施工图的基本概念

平法施工图标准图集即 G101 系列平法图集，是混凝土结构施工图采用建筑结构施工图平面整体设计方法的国家建筑标准设计图集。平法标准图集内容包括两个主要部分：一是平法制图规则，二是标准构造详图。

现行的平法标准图集为 16G101 系列图集，包括：《混凝土结构施工图平面整体表示方法制图规则和构造详图（现浇混凝土框架、剪力墙、梁、板）》16G101-1、《混凝土结构施工图平面整体表示方法制图规则和构造详图（现浇混凝土板式楼梯）》16G101-2、《混凝土结构施工图平面整体表示方法制图规则和构造详图（独立基础、条形基础、筏形基础、桩基础）》16G101-3。适用于抗震设防烈度为 6 ～ 9 度地区的现浇混凝土结构施工图的设计，不适用于非抗震结构和砌体结构。

（二）主要构件的平法注写方式

根据平法图集的内容，本节主要介绍现浇混凝土柱、梁、板等构件的平法标注，全部构件的详细注写方式和节点构造请参阅相关图集。

1. 柱平法施工图的注写方式

柱平法施工图有列表注写方式、截面注写方式。列表注写方式，系在柱平面布置图上，分别在同一编号的柱中选择一个截面标注几何参数代号，在柱表中注写柱编号、柱段起止标高、几何尺寸与配筋的具体数值，并配以各种柱截面形状及其箍筋类型的方式，来表达柱平法施工图。

编号由柱类型代号和序号组成，柱的类型代号有框架柱（KZ）、转换柱（ZHZ）、芯柱（XZ）、梁上柱（LZ）、剪力墙上柱（QZ）。某框架柱列表注写方式见表 2.2.3。

表 2.2.3　某框架柱列表注写方式

柱号	标高	$b\times h$	b_1	b_2	h_1	h_2	全部纵筋	角筋	b边一侧中部筋	h边一侧中部筋	箍筋类型号	箍筋
KZ1	-0.030~19.470	750×700	375	375	150	550	24⌀25	—	—	—	1（5×4）	ϕ10@100/200
	19.470~37.470	650×600	325	325	150	450	—	4⌀22	5⌀22	4⌀20	1（5×4）	ϕ10@100/200
	37.470~59.070	550×500	275	275	150	350	—	4⌀22	5⌀22	4⌀20	1（5×4）	ϕ8@100/200

截面注写方式，是在柱平面布置图的柱截面上，分别在同一编号的柱中选择一个截面，以直接注写截面尺寸和配筋的具体数值的方式来表达柱平法施工图。柱截面注写方式见图 2.2.3。示例见图 2.2.4。

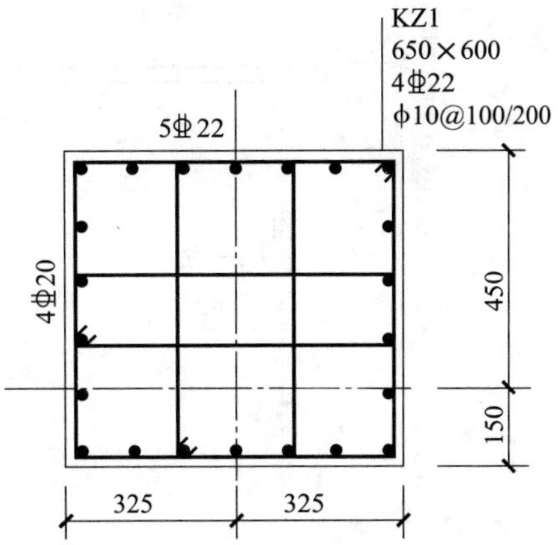

图 2.2.3 柱截面注写方式

2. 梁平法施工图的注写方式

梁平法施工图分平面注写方式、截面注写方式。梁的平面注写包括集中标注与原位标注。集中标注表达梁的通用数值，原位标注表达梁的特殊数值。当集中标注中的某项数值不适用于梁的某部位时，则将该项数值原位标注，施工时，原位标注优先于集中标注。

（1）集中标注。集中标注包括梁编号、梁截面尺寸，箍筋的钢筋级别、直径、加密区及非加密区、肢数，梁上下通长筋和架立筋，梁侧面纵筋，包构造腰筋及抗扭腰筋，梁顶面标高高差。

1）梁编号。梁编号由梁类型代号、序号、跨数及有无悬挑代号组成。梁的类型代号有楼层框架梁（KL）、楼层框架扁梁（KBL）、屋面框架梁（WKL）、框支梁（KZL）、托柱转换梁（TZL）、非框架梁（L）、悬挑梁（XL）、井字梁（JZL），A 为一端悬挑，B 为两端悬挑，悬挑不计跨数。如 KL7（5A）表示 7 号楼层框架梁，5 跨，一端悬挑。

2）梁截面尺寸。当为等截面梁时，用 $b \times h$ 表示；当为竖向加腋梁时，用 $b \times h\mathrm{GY}c_1 \times c_2$ 表示，其中 c_1 为腋长，c_2 为腋高（见图 2.2.5）；当为水平加腋梁时，用 $b \times h\mathrm{PY}c_1 \times c_2$ 表示，其中 c_1 为腋长，c_2 为腋宽，加腋部分应在平面中绘制（见图 2.2.6）；当有悬挑梁且根部和端部的高度不同时，用斜线分隔根部与端部的高度值，即为 $b \times h_1/h_2$（见图 2.2.7）。

3）梁箍筋。包括钢筋级别、直径、加密区与非加密区间距及肢数，该项为必注值。箍筋加密区与非加密区的不同间距及肢数需用斜线“/”分隔；当梁箍筋为同一种间距及肢数时，则不需用斜线；当加密区与非加密区的箍筋肢数相同时，则将肢数注写一次；箍筋肢数应写在括号内。如 φ8@100（4）/150（2），表示箍筋为 HPB300 钢筋，直径为 8，加密区间距为 100，四肢箍；非加密区间距为 150，两肢箍。

4）梁上部通长筋或架立筋配置（通长筋可为相同或不同直径采用搭接连接、机械连接或焊接的钢筋），该项为必注值。当同排纵筋中既有通长筋又有架立筋时，应用加号“+”将通长筋和架立筋相连。注写时须将角部纵筋写在加号的前面，架立筋写在加号后面的括号内，以示不同直径及与通长筋的区别。当全部采用架立筋时，则将其写入括号内。当梁的上部纵筋和下部纵筋为全跨相同，且多数跨配筋相同时，此项可加注下部纵筋的配筋值，用分号“；”将上部与下部纵筋的配筋值分隔开来，少数跨不同者，按原位标注处理。如“2Φ22+（4Φ12）”，表示 2Φ22 为通长钢筋，4Φ12 为架立筋，用于六肢箍；“3Φ22；3Φ22”表示梁的上部配置 3 根Φ22 的通长钢筋，梁的下部配置 3 根Φ22 的通长钢筋。

层号	标高（m）	层高（m）
层面2	65.670	
塔层2	62.370	3.30
屋面1（塔层1）	59.070	3.30
16	55.470	3.60
15	51.870	3.60
14	48.270	3.60
13	44.670	3.60
12	41.070	3.60
11	37.470	3.60
10	33.870	3.60
9	30.270	3.60
8	26.670	3.60
7	23.070	3.60
6	19.470	3.60
5	15.870	3.60
4	12.270	3.60
3	8.670	3.60
2	4.470	4.20
1	−0.030	4.50
−1	−4.530	4.50
−2	−9.030	4.50

结构层楼面标高
结构层高

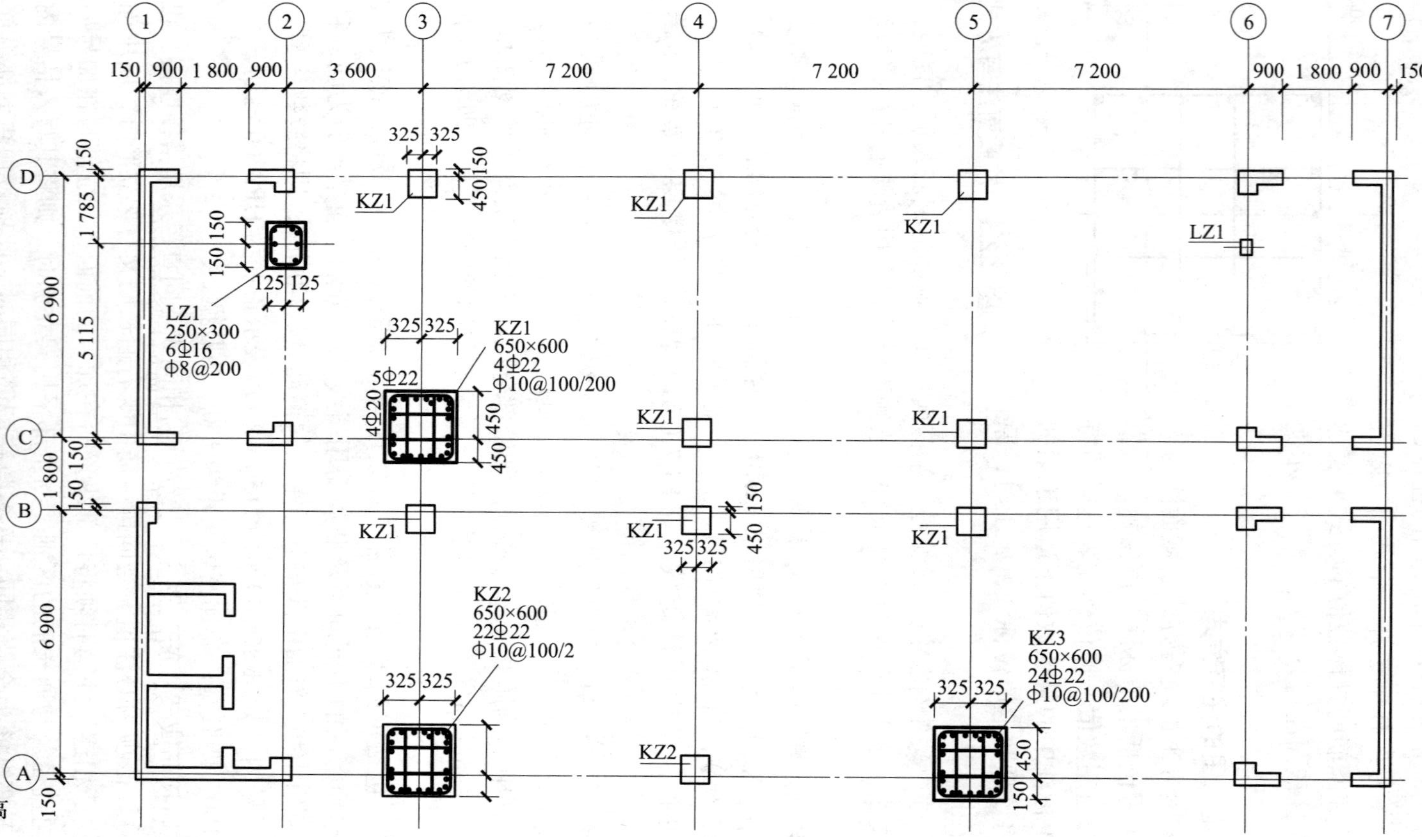

19.470–37.470柱平法施工图

图 2.2.4　柱平法施工图截面注写方式示例

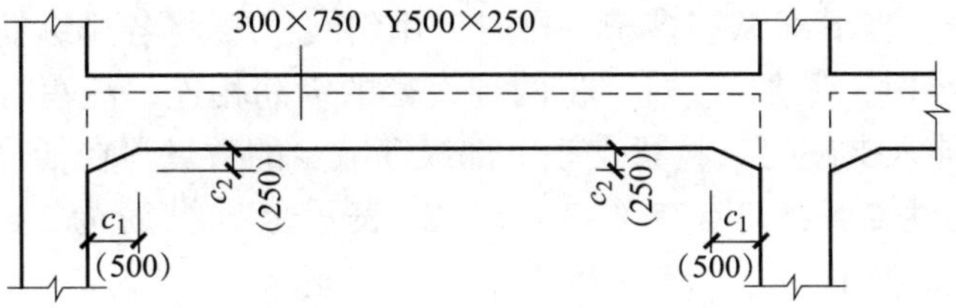

图 2.2.5　竖向加腋截面注写示意

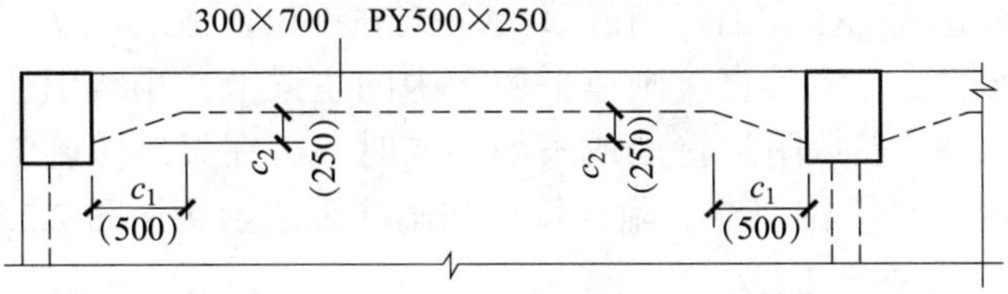

图 2.2.6　水平加腋截面注写示意

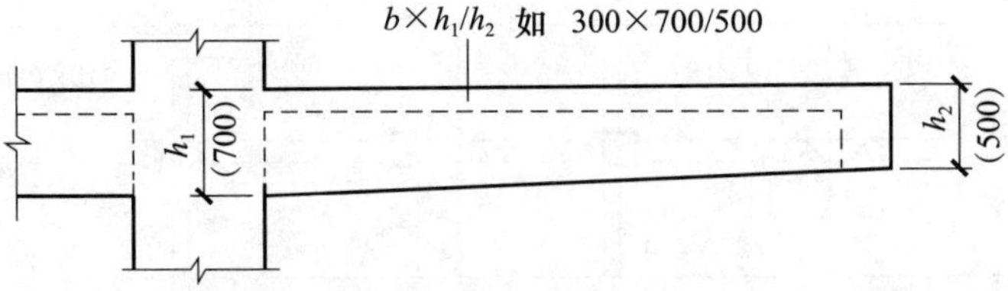

图 2.2.7　悬挑梁不等高截面注写示意

5）梁侧面纵向构造钢筋或受扭钢筋配置，该项为必注值。当梁腹板高度 $h_w \geqslant 450$mm 时，需配置纵向构造钢筋，以大写字母 G 打头，接续注写配置在梁两个侧面的总配筋值，且对称配置，如 G4Φ12 表示梁的两个侧面配置 4Φ12 的纵向构造钢筋，每侧面各配置 2Φ12。配置受扭纵向钢筋时，以大写字母 N 打头，接续注写配置在梁每个侧面的总配筋值，且对称配置，如 N6Φ22 表示梁的两个侧面配置 6Φ22 的受扭纵向钢筋，每侧面各配置 3Φ22。梁侧面构造钢筋，其搭接与锚固长度可取 15d。

6）梁顶面标高高差，该项为选注值。梁顶面标高高差，系指相对于结构层楼面标高的高差值，对于位于结构夹层的梁，则指相对于结构夹层楼面标高的高差，有高差时，需将其写入括号内，无高差时不注。

（2）原位标注。原位标注包括梁支座上部纵筋（该部位含通长筋在内所有纵筋）、梁下部纵筋、附加箍筋或吊筋、集中标注不适合于某跨时标注的数值。

1）梁支座上部纵筋，该部位含通长筋在内的所有纵筋。当上部纵筋多于一排时，用斜线“/”将各排纵筋自上而下分开，如梁支座上部纵筋注写为 6Φ25 4/2 表示上一排纵筋为 4Φ25，下一排纵筋为 2Φ25。当同排纵筋有两种直径时，用加号“+”将两种直径的纵筋相连，注写时将角部纵筋写在前面，如梁支座上部有四根纵筋，2Φ25 放在角部，2Φ22 放在中部，在梁支座上部应注写为 2Φ25+2Φ22；当梁中间支座两边的上部纵筋不同时，需在支座两边分别标注；当梁中间支座两边的上部纵筋相同时，可仅在支座的一边标注配筋值，另一边省去不注。

2）梁下部纵筋。当下部纵筋多于一排时，用斜线“/”将各排纵筋自上而下分开；当同排纵筋有两种直径时，用加号“+”将两种直径的纵筋相连，注写时角筋写在前面。当梁下部纵筋不全部伸入支座时，将梁支座下部纵筋减少的数量写在括号内，用“–”表示，如梁下部纵筋注写为 2⌀25+3⌀22（–3）/5⌀25 表示上排纵筋为 2⌀25 和 3⌀22，其中 3⌀22 的不伸入支座，下排纵筋为 5⌀25 全部伸入支座。

3）当在梁上集中标注的内容（即梁截面尺寸、箍筋、上部通长筋或架立筋，梁侧面纵向构造钢筋或受扭纵向钢筋，以及梁顶面标高高差中的某一项或几项数值）不适用于某跨或某悬挑部分时，则将其不同数值原位标注在该跨或该悬挑部位，施工时应按原位标注数值取用。

4）附加箍筋或吊筋，将其直接画在平面图中的主梁上，用线引注总配筋值（附加箍筋肢数注在括号内）。当多数附加箍筋或吊筋相同时，可在梁平法施工图上统一注明，少数与统一注明不同时，在原位引注。附加箍筋和吊筋画法示例见图 2.2.8。

梁的平面注写方式见图 2.2.9。

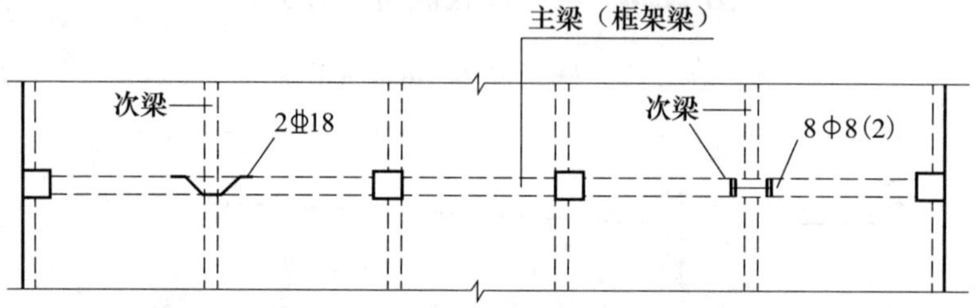

图 2.2.8 附加箍筋和吊筋画法

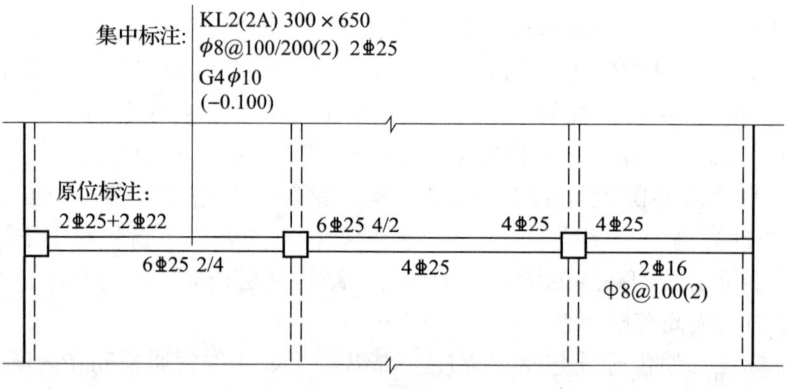

图 2.2.9 梁的平面注写方式

梁支座上部纵筋的长度规定为：第一排非通长筋从柱（梁）边起延伸至 $l_n/3$，第二排非通长筋从柱（梁）边起延伸至 $l_n/4$，其中 l_n 对端支座为本跨的净跨值，对中间支座为支座两边较大一跨的净跨值。

3. 有梁楼盖平法施工图的注写方式

有梁楼盖板平法施工图，是在楼面板和屋面板布置图上，采用平面注写的表达方式。板平面注写主要包括板块集中标注和板支座原位标注两种方式。为方便设计表达和施工识图，规定结构平面的坐标方向为：当两向轴网正交布置时，图面从左至右为 X 向，从下至上为 Y 向；当轴网向心布置时，切向为 X 向，径向为 Y 向。

板块集中标注的内容为板块编号、板厚、上部贯通纵筋、下部纵筋，以及当板面标高不同时的标高高差。对于普通楼面，两向均以一跨为一板块；对于密肋楼盖，两向主梁（框架梁）均以一跨为一板块（非主梁密肋不计）。所有板块应逐一编号，相同编号的板块可以选择其一做集中标注，其他仅注写置于圆圈内的板编号，以及当板面标高不同时的标高高差。

板类型及代号为楼面板（LB）、屋面板（WB）、悬挑板（XB）。贯通钢筋按板块的下部和上部分部注写，B 代表下部，T 代表上部。

例如，板块集中标注注写为“LB5 h=110B；X ϕ 12@120；Y ϕ 10@100”表示 5 号楼面板、板厚 110mm、板下部 X 向贯通纵筋 ϕ 12@120、板下部 Y 向贯通纵筋 ϕ 10@100、板上部未配置贯通纵筋。注写为“LB5 h=110B：X ϕ 10/12@100；Y ϕ 10@110”表示 5 号楼面板、板厚 110mm，板下部配置的贯通纵筋 X 向为 ϕ 10 和 ϕ 12 隔一布一、间距 100mm，Y 向贯通纵筋 ϕ 10@110。

板支座原位标注的内容为板支座上部非贯通纵筋和悬挑板上部受力钢筋。板支座上部非贯通筋自支座中线向跨内的伸入长度，注写在线段的下方位置。如图 2.2.10 板支座原位标注示例，图 2.2.10（a）为两侧对称，图 2.2.10（b）为两侧不对称。

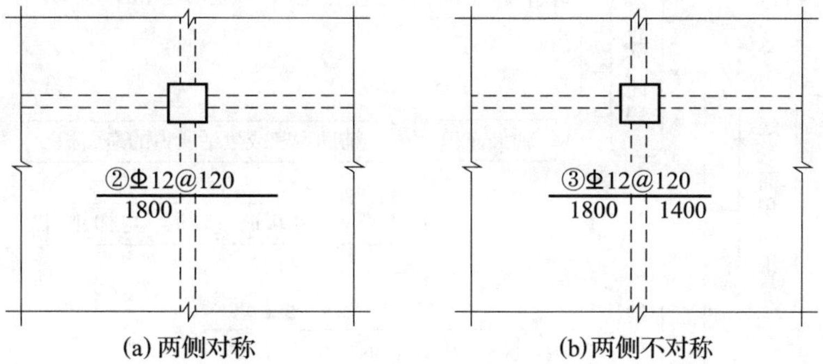

图 2.2.10　板支座原位标注示例

第三节　建筑面积计算规则

一、建筑面积的概念

建筑面积也称建筑展开面积，它是指建筑物外墙勒脚以上外围水平面测定的各层平面面积之和，是一个表示建筑物建筑规模大小的经济指标，也是以平方米反映房屋建筑建设规模的实物量指标。每层建筑面积按建筑物勒脚以上外墙围合水平截面进行计算，建筑面积还包括附属于建筑物的室外阳台、雨篷、檐廊、室外走廊、室外楼梯等建筑部件的面积。它包括三项内容，即使用面积、辅助面积和结构面积。

建筑面积作为一个技术经济指标使用于建设工程中的各个领域，它也是国家宏观调控的重要指标之一。建筑面积是指以平方米为单位计算建筑物外墙所围合的水平面积的实物量化指标，是反映建筑物建筑规模的主要技术参数。

1. 使用面积

使用面积是指建筑物各层平面布置中，可直接为生产或生活使用的净面积总和。居室净面积在民用建筑中，也称“居住面积”。如住宅建筑中的居室、客厅、书房等。

2. 辅助面积

辅助面积是指建筑物各层平面布置中为辅助生产或生活所占净面积的总和。如住宅建筑的垃圾道、电梯井、水箱间等。使用面积与辅助面积的总和称为“有效面积”。

3. 结构面积

结构面积是指建筑物各层平面布置中的墙体、柱等结构所占面积的总和（不包括抹灰厚度所占面积）。

4. 建筑面积的组成

建筑面积 = 有效面积 + 结构面积 = 使用面积 + 辅助面积 + 结构面积

建筑面积组成示意图见图 2.3.1。

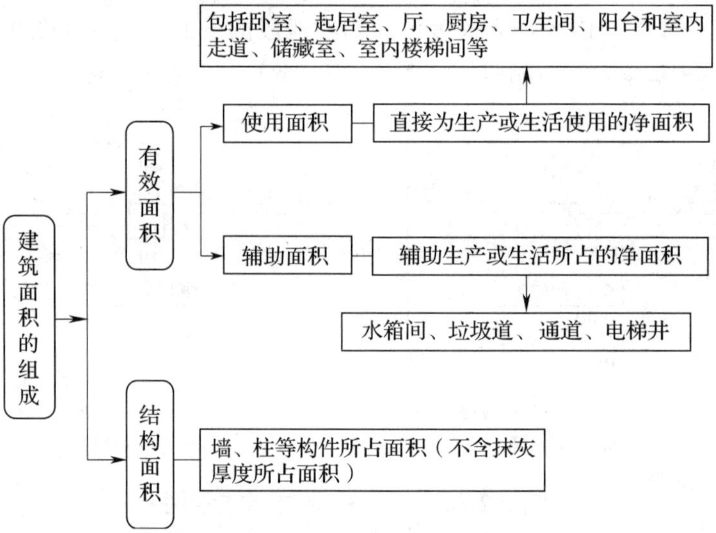

图 2.3.1 建筑面积组成示意图

二、建筑面积的作用

建筑面积计算是工程计量的最基础工作，在工程建设中具有重要意义。首先，工程建设的技术经济指标中，大多数以建筑面积为基数，建筑面积是核定估算、概算、预算工程造价的一个重要基础数据，是计算和确定工程造价，并分析工程造价和工程设计合理性的一个基础指标。其次，建筑面积是国家进行建设工程数据统计、固定资产宏观调控的重要指标；最后，建筑面积还是房地产交易、工程承发包交易、建筑工程有关运营费用的核定等的一个关键指标。建筑面积的作用具体有以下几个方面。

1. 确定建设规模的重要指标

根据项目立项批准文件所核准的建筑面积是初步设计的重要控制指标。对于国家投资的项目，施工图的建筑面积不得超过初步设计的5%，否则必须重新报批。

2. 确定各项技术经济指标的基础

建筑面积与使用面积、辅助面积、结构面积之间存在着一定的比例关系。设计人员在进行建筑或结构设计时，在计算建筑面积的基础上再分别计算出结构面积、有效面积等技术经济指标。有了建筑面积，才能确定每平方米建筑面积的工程造价。

$$单位面积工程造价=\frac{工程造价}{建筑面积}$$

还有很多其他的技术经济指标（如每平方米建筑面积的工料用量），也需要建筑面积这一数据，如：

$$单位建筑面积的材料消耗指标=\frac{工程材料耗用量}{建筑面积}$$

$$单位建筑面积的人工用量=\frac{工程人工工日耗用量}{建筑面积}$$

3. 评价设计方案的依据

建筑设计和建筑规划中，经常使用建筑面积控制某些指标，比如容积率、建筑密度、建筑系数等。在评价设计方案时，通常采用居住面积系数、土地利用系数，有效面积系数、单方造价等指标，都与建筑面积密切相关。因此为了评价设计方案，必须准确计算建筑面积。

$$容积率=\frac{建筑面积}{建筑占地总面积}\times 100\%$$

$$建筑密度=\frac{建筑物底层面积}{建筑占地总面积}\times 100\%$$

根据有关规定，容积率计算式中建筑总面积不包括地下室、半地下室建筑面积，屋顶建筑面积不超过标准层建筑面积10%的也不计算。

4. 计算有关分项工程量的依据和基础

在编制一般土建工程预算时，建筑面积是确定一些分项工程量的基本数据。应用统筹计算方法，根据底层建筑面积，就可以很方便地推算出室内回填土体积、地（楼）面面积和天棚面积等。另外，建筑面积也是脚手架、垂直运输机械费用的计算依据。

5. 选择概算指标和编制概算的基础数据

概算指标通常是以建筑面积为计量单位。用概算指标编制概算时，要以建筑面积为计算基础。

三、建筑面积计算规则与应用

建筑面积计算的一般原则是：凡在结构上、使用上形成具有一定使用功能的建筑物和构筑物，并能单独计算出其水平面积的，应计算建筑面积；反之，不应计算建筑面积。取定建筑面积的顺序为：有围护结构的，按围护结构计算面积；无围护结构、有底板的，按底板计算面积（如室外走廊、架空走廊）；底板也不利于计算的，则取顶盖（如车棚、货棚等）；主体结构外的附属设施按结构底板计算面积。即在确定建筑面积时，围护结构优于底板，底板优于顶盖。所以有盖无盖不作为计算建筑面积的必备条件，如阳台、架空走廊、楼梯是利用其底板，顶盖只是起遮风挡雨的辅助功能。

建筑面积的计算主要依据现行国家标准《建筑工程建筑面积计算规范》GB/T 50353-2013。适用于新建、扩建和改建的工业与民用建筑工程建设全过程的建筑面积计算，即该规范不仅适用于工程造价计价活动，也适用于项目规划、设计阶段，但该规范不适用于房屋产权面积计算。

（一）应计算建筑面积的范围及规则

（1）建筑物的建筑面积应按自然层外墙结构外围水平面积之和计算。结构层高在2.20m及以上的，应计算全面积；结构层高在2.20m以下的，应计算1/2面积。

自然层是按楼地面结构分层的楼层。结构层高是指楼面或地面结构层上表面至上部结构层上表面之间的垂直距离。上下均为楼面时，结构层高是相邻两层楼板结构层上表面之间的垂直距离；建筑物最底层，从“混凝土构造”的上表面，算至上层楼板结构层上表面（分两种情况：一是有混凝土底板的，从底板上表面算起，如底板上有上反梁，则应从上反梁上表面算起；二是无混凝土底板、有地面构造的，以地面构造中最上一层混凝土垫层或混凝土找平层上表面算起）；建筑物顶层，从楼板结构层上表面算至屋面板结构层上表面，如图2.3.2所示。

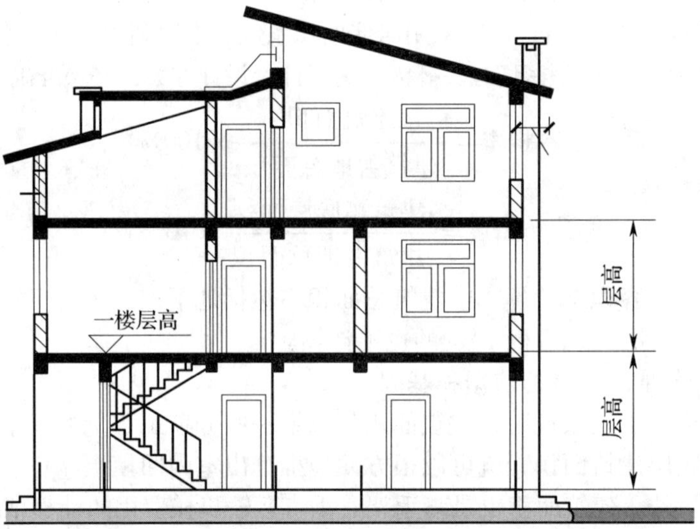

图2.3.2　结构层高示意图

建筑面积计算不再区分单层建筑和多层建筑，有围护结构的以围护结构外围计算。

围护结构是指围合建筑空间的墙体、门、窗。计算建筑面积时不考虑勒脚，勒脚是建筑物外墙与室外地面或散水接触部分墙体的加厚部分，其高度一般为室内地坪与室外地面的高差，也有的将勒脚高度提高到底层窗台，因为勒脚是墙根很矮的一部分墙体加厚，不能代表整个外墙结构。当外墙结构本身在一个层高范围内不等厚时（不包括勒脚，外墙结构在该层高范围内材质不变），以楼地面结构标高处的外围水平面积计算，如图2.3.3所示。当围护结构下部为砌体，上部为彩钢板围护的建筑物（图2.3.4），其建筑面积的计算：当 $h<0.45$m 时，建筑面积按彩钢板外围水平面积计算；当 $h \geqslant 0.45$m 时，建筑面积按下部砌体外围水平面积计算。

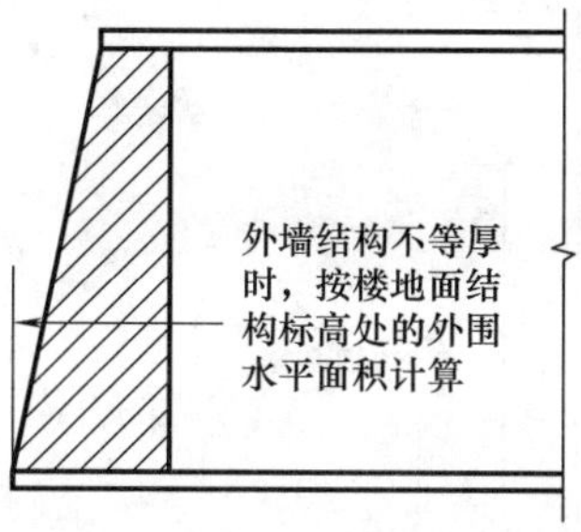

图 2.3.3　外墙结构不等厚建筑面积计算示意图

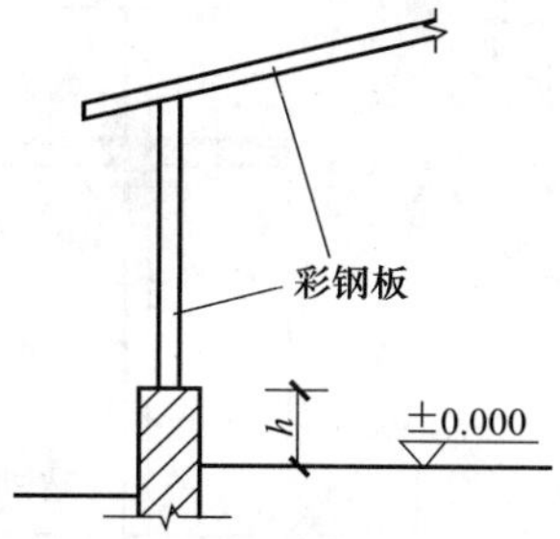

图 2.3.4　下部为砌体，上部为彩钢板围护的建筑物示意图

（2）建筑物内设有局部楼层时，对于局部楼层的二层及以上楼层，有围护结构的应按其围护结构外围水平面积计算，无围护结构的应按其结构底板水平面积计算，且结构层高在 2.20m 及以上的，应计算全面积，结构层高在 2.20m 以下的，应计算 1/2 面积。

如图 2.3.5 所示，在计算建筑面积时，只要是在一个自然层内设置的局部楼层，其首层面积已包括在原建筑物中，不能重复计算。因此，应从二层以上开始计算局部楼层的建筑面积。计算方法是有围护结构按围护结构（如图 2.3.5 中局部二层），没有围护结构的按底板（如图 2.3.5 中局部三层，需要注意的是，没有围护结构的应有围护设施）。围护结构是指围合建筑空间的墙体、门、窗。栏杆、栏板属于围护设施。

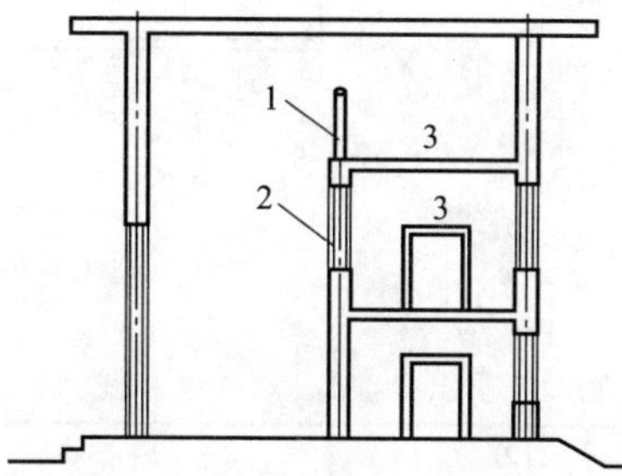

图 2.3.5　建筑物内的局部楼层

1—围护设施；2—围护结构；3—局部楼层

（3）建筑物的坡屋顶，结构净高在 2.10m 及以上的部位应计算全面积；结构净高在 1.20m 及以上至 2.10m 以下的部位应计算 1/2 面积；结构净高在 1.20m 以下的部位不计算建筑面积。

建筑空间是指以建筑界面限定的、供人们生活和活动的场所。建筑空间是围合空间，可出入（可出入是指人能够正常出入，即通过门或楼梯等进出；而必须通过窗、栏杆、人孔、检修孔等出入的不算可出入）、可利用。所以这里的坡屋顶指的是与其他围护结构能形成建筑空间的坡屋顶。

结构净高是指楼面或地面结构层上表面至上部结构层下表面之间的垂直距离，如图 2.3.6 所示。

【例 2.3.1】 如图 2.3.7 所示，计算坡屋顶下建筑空间建筑面积。

解： 计算全面积部分：5.4 ×（6.9+0.24）=38.56（m^2）；

计算 1/2 面积部分：2.7 × 2 ×（6.9+0.24）× 1/2=19.28（m^2）；

合计建筑面积：38.56+19.28=57.84（m^2）。

（4）场馆看台下的建筑空间，结构净高在 2.10m 及以上的部位应计算全面积；结构净高在 1.20m 及以上至 2.10m 以下的部位应计算 1/2 面积；结构净高在 1.20m 以下的部位不计算建筑面积。室内单独设置的有围护设施的悬挑看台，应按看台结构底板水平投影面

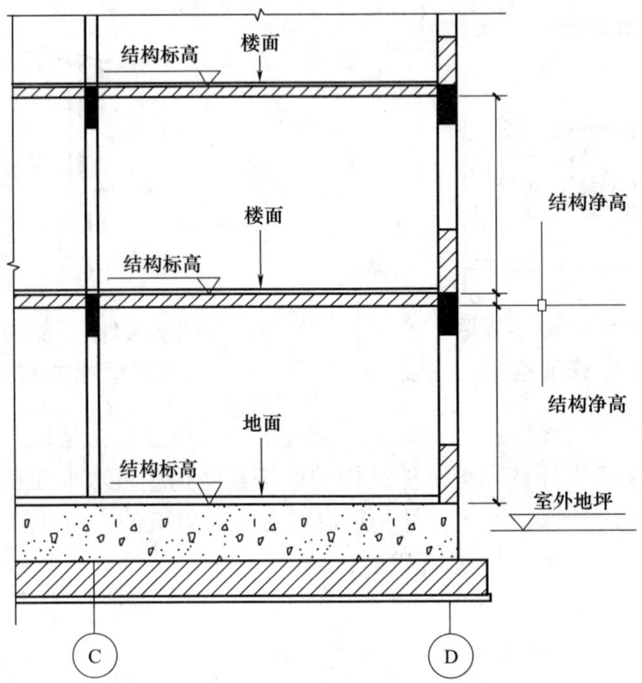

图 2.3.6　结构净高示意图

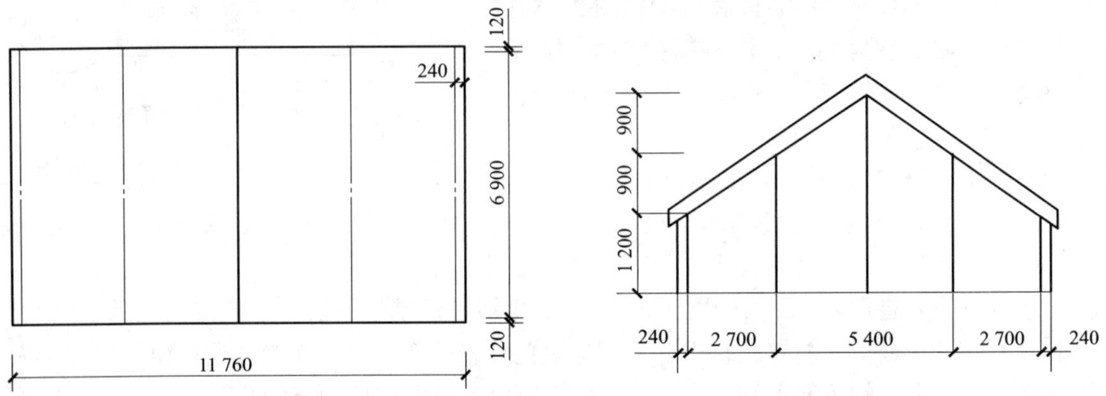

(a)平面图　　(b)坡屋顶立面图

图 2.3.7　坡屋顶下建筑空间建筑面积计算范围示意图

积计算建筑面积。有顶盖、无围护结构的场馆看台应按其顶盖水平投影面积的 1/2 计算面积。场馆区分三种不同的情况：第一，看台下的建筑空间，对“场”（顶盖不闭合）和“馆”（顶盖闭合）都适用；第二，室内单独悬挑看台，仅对“馆”适用；第三，有顶盖、无围护结构的看台，仅对“场”适用。

对于第一种情况，场馆看台下的建筑空间因其上部结构多为斜板，所以采用净高的尺寸划定建筑面积的计算范围，如图 2.3.8 所示。

对于第二种情况，室内单独设置的有围护设施的悬挑看台，因其看台上部设有顶盖且可供人使用，所以按看台板的结构底板水平投影计算建筑面积。

对于第三种情况，场馆看台上部空间建筑面积计算，取决于看台上部有无顶盖。按顶盖计算建筑面积的范围应是看台与顶盖重叠部分的水平投影面积。对有双层看台的，各层分别计算建筑面积，顶盖及上层看台均视为下层看台的盖。无顶盖的看台不计算建筑面积。场馆看台（剖面）示意图见图 2.3.9。

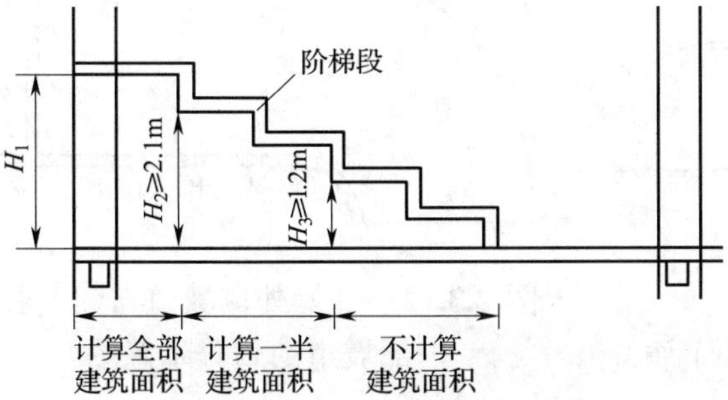

图 2.3.8　场馆看台下建筑空间

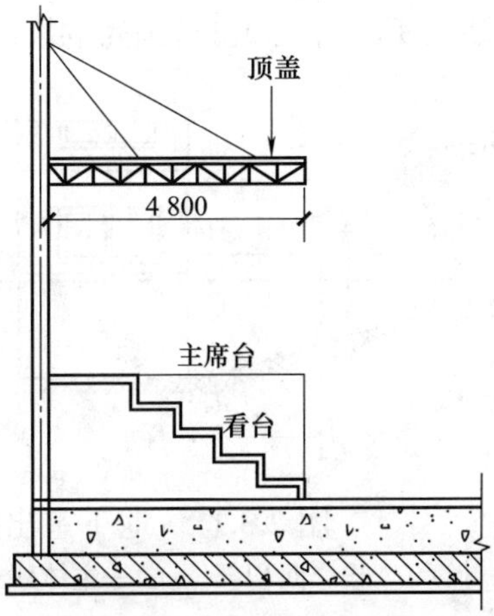

图 2.3.9　场馆看台（剖面）示意图

（5）地下室、半地下室应按其结构外围水平面积计算。结构层高在 2.20m 及以上的，应计算全面积；结构层高在 2.20m 以下的，应计算 1/2 面积。地下室示意图如图 2.3.10 所示。

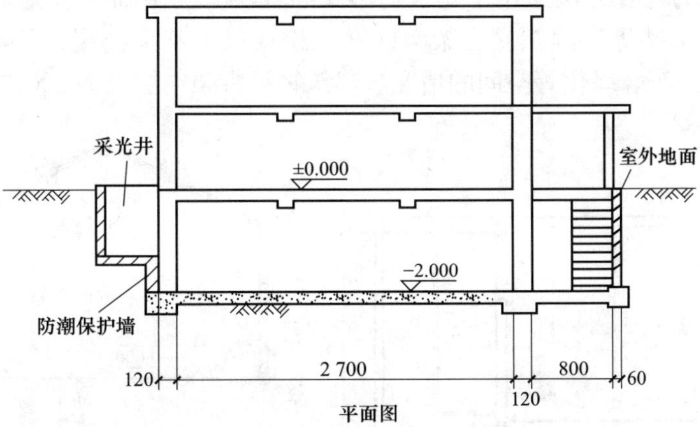

图 2.3.10　地下室示意图

室内地平面低于室外地平面的高度超过室内净高的房间 1/2 的为地下室，室内地平面低于室外地平面的高度超过室内净高 1/3 且不超过 1/2 的房间为半地下室。地下室、半地下室按“结构外围水平面积”计算，而不按“外墙上口”取定。当外墙为变截面时，按地下室、半地下室楼地面结构标高处的外围水平面积计算。地下室的外墙结构不包括找平层、防水（潮）层、保护墙等。地下空间未形成建筑空间的，不属于地下室或半地下室，不计算建筑面积。

（6）出入口外墙外侧坡道有顶盖的部位，应按其外墙结构外围水平面积的 1/2 计算面积。

出入口坡道分有顶盖出入口坡道和无顶盖出入口坡道，顶盖以设计图纸为准，对后增加及建设单位自行增加的顶盖等，不计算建筑面积。顶盖不分材料种类（如钢筋混凝土顶盖、彩钢板顶盖、阳光板顶盖等）。地下室出入口见图 2.3.11。

坡道是从建筑物内部一直延伸到建筑物外部的，建筑物内的部分随建筑物正常计算建筑面积，建筑物外的部分按本规范执行。建筑物内、外的划分以建筑物外墙结构外边线为界（图 2.3.12）。所以出入口坡道顶盖的挑出长度，为顶盖结构外边线至外墙结构外边线的长度。

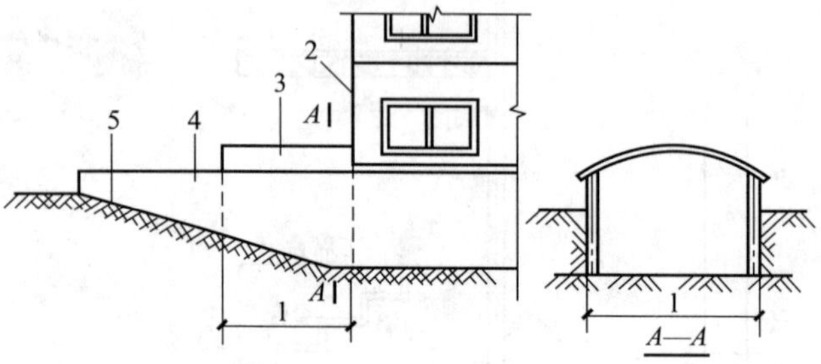

图 2.3.11　地下室出入口

1—计算 1/2 投影面积部位；2—主体建筑；3—出入口顶盖；4—封闭出入口侧墙；5—出入口坡道

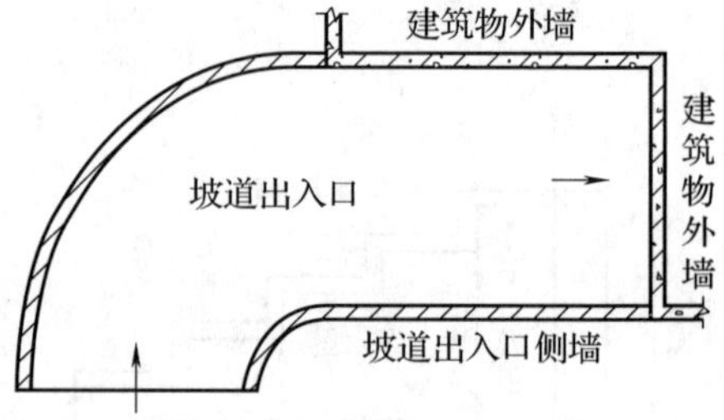

图 2.3.12　外墙外侧坡道与建筑物内部坡道的划分示意图

（7）建筑物架空层及坡地建筑物吊脚架空层，应按其顶板水平投影计算建筑面积。结构层高在 2.20m 及以上的，应计算全面积；结构层高在 2.20m 以下的，应计算 1/2 面积。

架空层指仅有结构支撑而无外围护结构的开敞空间层，即架空层是没有围护结构的。架空层建筑面积的计算方法适用于建筑物吊脚架空层、深基础架空层，也适用于目前部分住宅、学校教学楼等工程在底层架空或在二楼或以上某个楼层，甚至多个楼层架空，作为公共活动、停车、绿化等空间的情况。建筑物吊脚架空层见图 2.3.13。

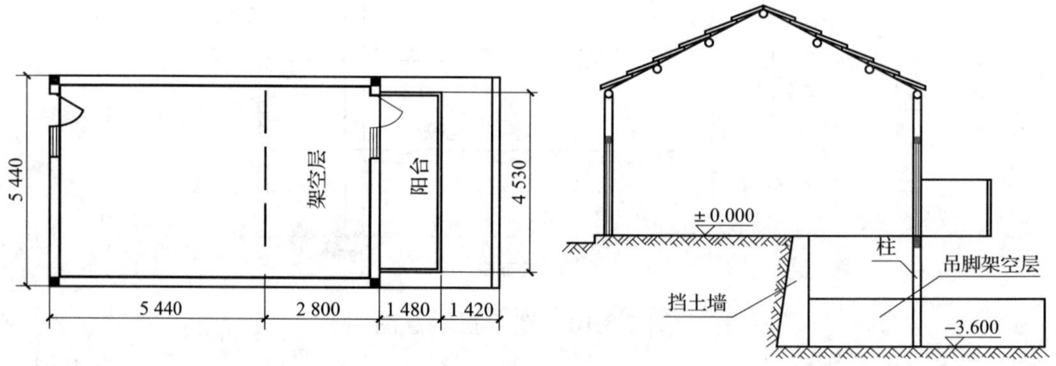

图 2.3.13　建筑物吊脚架空层

顶板水平投影面积是指架空层结构顶板的水平投影面积，不包括架空层主体结构外的阳台、空调板、通长水平挑板等外挑部分。

【例 2.3.2】 如图 2.3.13 所示，计算各部分建筑面积（结构层高均满足 2.20m）。

解： 单层建筑的建筑面积 =5.44×（5.44+2.80）=44.83（m^2）；

阳台建筑面积 =1.48×4.53/2=3.35（m^2）；

吊脚架空层建筑面积 =5.44×2.8=15.23（m^2）；

建筑面积合计 =44.83+3.35+15.23=63.41（m^2）。

（8）建筑物的门厅、大厅应按一层计算建筑面积，门厅、大厅内设置的走廊应按走廊结构底板水平投影面积计算建筑面积。结构层高在 2.20m 及以上的，应计算全面积；结构层高在 2.20m 以下的，应计算 1/2 面积。大厅、走廊（回廊）见图 2.3.14。

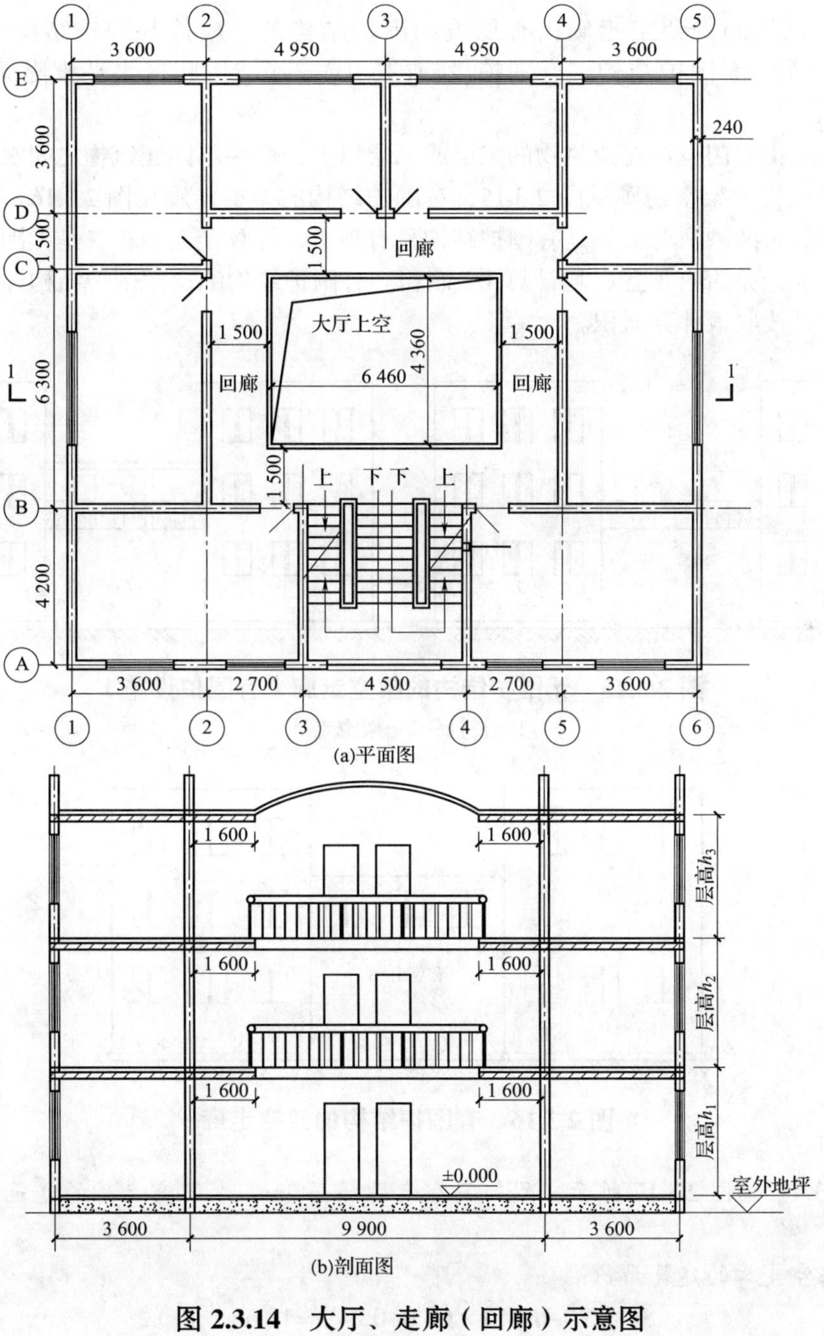

图 2.3.14　大厅、走廊（回廊）示意图

【**例 2.3.3**】如图 2.3.14 所示，计算走廊部分建筑面积。

解：（1）当结构层高 h_1（或 h_2 或 h_3）≥ 2.2m 时，按结构底板计算全面积，图中某层走廊建筑面积：

$$S=(2.7+4.5+2.7-0.12\times2)\times(6.3+1.5-0.12\times2)-6.46\times4.36=44.86\ (m^2)$$

（2）当结构层高 h_1（或 h_2 或 h_3）<2.20m 时，按底板计算 1/2 面积，图中某层走廊建筑面积：

$$S=[(2.7+4.5+2.7-0.12\times2)\times(6.3+1.5-0.12\times2)-6.46\times4.36]\times0.5=22.43\ (m^2)$$

（9）建筑物间的架空走廊，有顶盖和围护结构的，应按其围护结构外围水平面积计算全面积；无围护结构、有围护设施的，应按其结构底板水平投影面积计算 1/2 面积。

架空走廊指专门设置在建筑物的二层或二层以上，作为不同建筑物之间水平交通的空间。无围护结构的架空走廊见图 2.3.15，有围护结构的架空走廊见图 2.3.16。架空走廊建筑面积计算分为两种情况：一是有围护结构且有顶盖，计算全面积；二是无围护结构、有围护设施，无论是否有顶盖，均计算 1/2 面积。有围护结构的，按围护结构计算面积；无围护结构的，按底板计算面积。

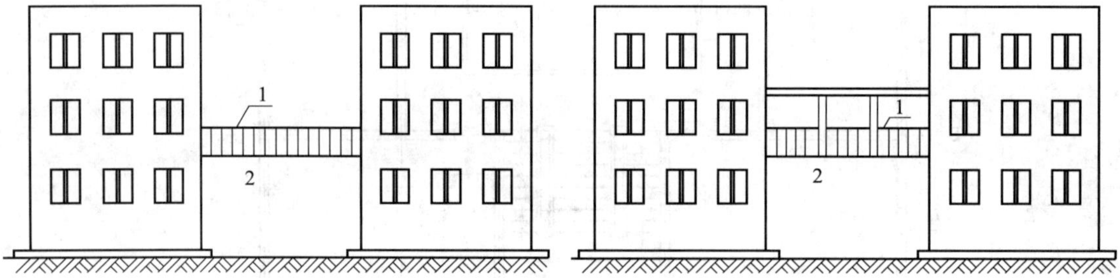

图 2.3.15　无围护结构的架空走廊（有围护设施）

1—栏杆；2—架空走廊

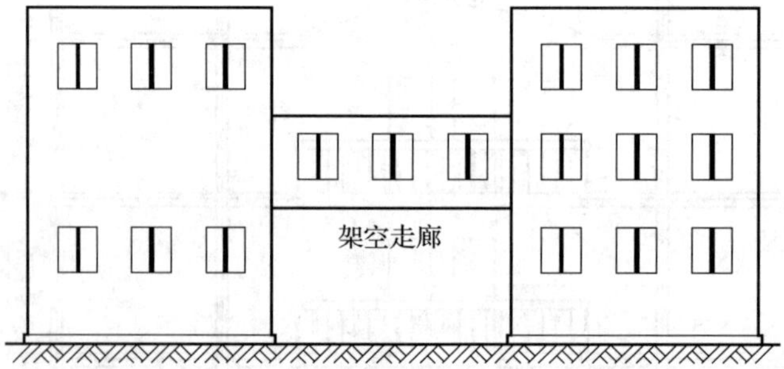

图 2.3.16　有围护结构的架空走廊

【**例 2.3.4**】如图 2.3.17 所示，已知架空走廊层高 3m，求架空走廊的建筑面积。墙厚 240mm。

解：架空走廊的建筑面积：

$$S=(6.0-0.24)\times(3.0+0.24)=18.66\ (m^2)$$

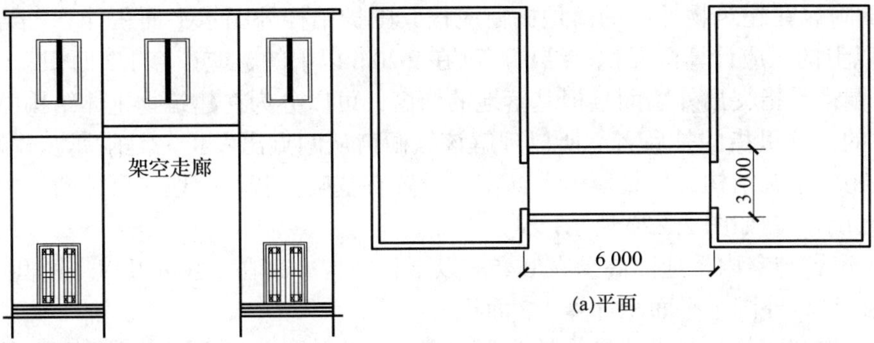

(a)平面

图 2.3.17 架空走廊示意图

（10）立体书库、立体仓库、立体车库，有围护结构的，应按其围护结构外围水平面积计算建筑面积；无围护结构、有围护设施的，应按其结构底板水平投影面积计算建筑面积。无结构层的应按一层计算，有结构层的应按其结构层面积分别计算。结构层高在 2.20m 及以上的，应计算全面积；结构层高在 2.20m 以下的，应计算 1/2 面积。

结构层是指整体结构体系中承重的楼板层，包括板、梁等构件，而非局部结构起承重作用的分隔层。立体车库中的升降设备，不属于结构层，不计算建筑面积；仓中的立体货架、书库中的立体书架都不算结构层，故该部分分层不计算建筑面积。立体书库如图 2.3.18 所示。

（11）有围护结构的舞台灯光控制室应按其围护结构外围水平面积计算。结构层高在 2.20m 及以上的，应计算全面积；结构层高在 2.20m 以下的，应计算 1/2 面积。舞台灯光控制室见图 2.3.19。

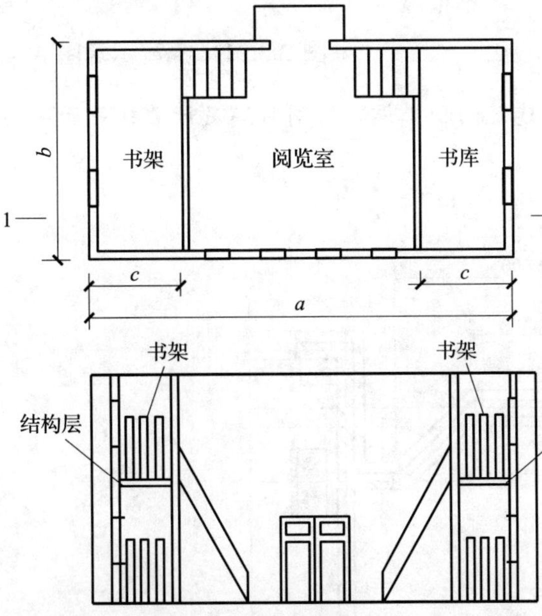

1—1剖面

图 2.3.18 立体书库

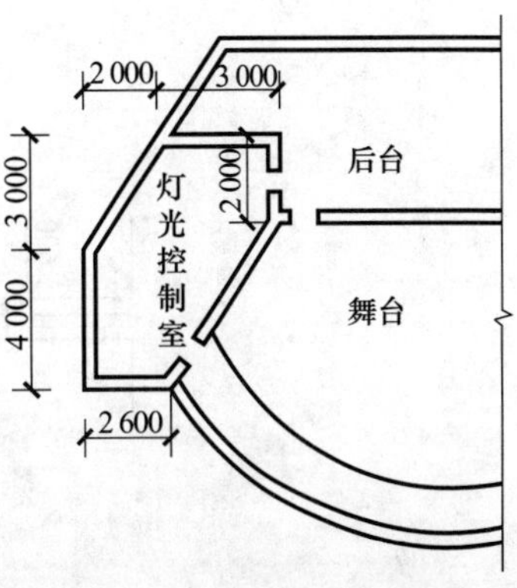

图 2.3.19 舞台灯光控制室

（12）附属在建筑物外墙的落地橱窗应按其围护结构外围水平面积计算。结构层高在2.20m 及以上的，应计算全面积；结构层高在 2.20m 以下的，应计算 1/2 面积。

落地橱窗是指突出外墙面且根基落地的橱窗，可以分为在建筑物主体结构内的和在主体结构外的，这里指的是后者。所以理解该处橱窗从两点出发：一是附属在建筑物外墙，属于建筑物的附属结构；二是落地，橱窗下设置有基础。若不落地，可按凸（飘）窗规定执行。橱窗示意图如图 2.3.20 所示。

（13）窗台与室内楼地面高差在 0.45m 以下且结构净高在 2.10m 及以上的凸（飘）窗，应按其围护结构外围水平面积计算 1/2 面积。

凸窗（飘窗）是指凸出建筑物外墙面的窗户。凸（飘）窗需同时满足两个条件方能计算建筑面积：一是结构高差在 0.45m 以下，二是结构净高在 2.10m 及以上。图 2.3.21 为飘窗示意图。

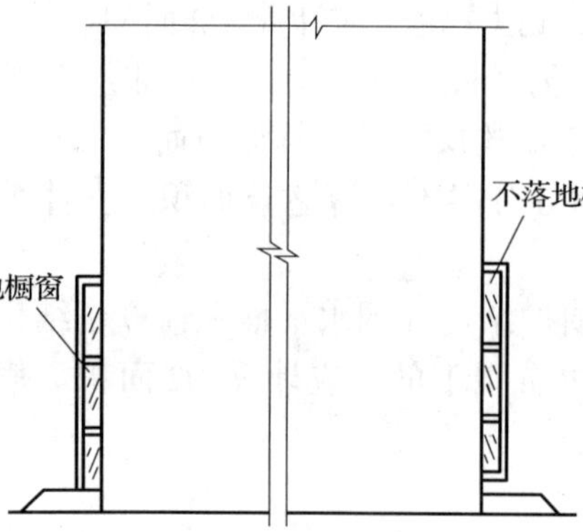

图 2.3.20　橱窗示意图

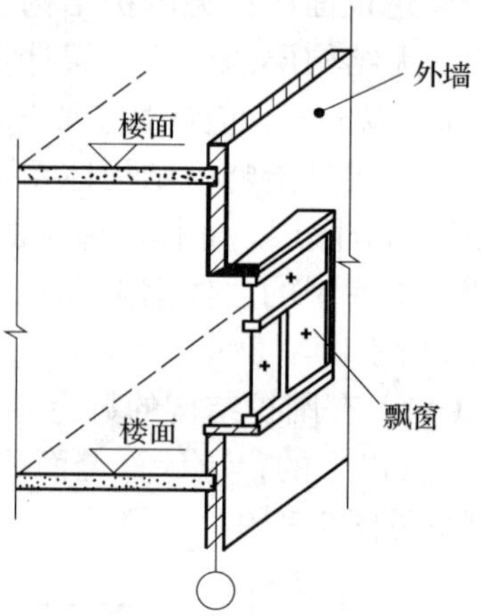

图 2.3.21　飘窗示意图

【例 2.3.5】计算如图 2.3.22 所示飘窗的建筑面积（该飘窗同时满足计算建筑面积的两个条件）。

解：S=［1/2×（1.2+2.6）×0.6］×1/2=0.57（m^2）

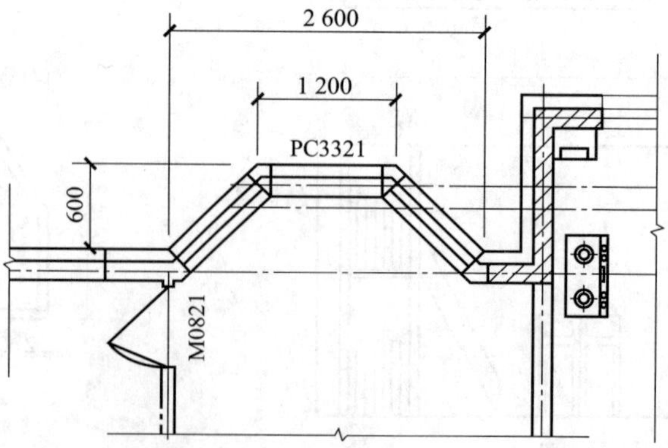

图 2.3.22　计算飘窗的建筑面积

（14）有围护设施的室外走廊（挑廊），应按其结构底板水平投影面积计算 1/2 面积；有围护设施（或柱）的檐廊，应按其围护设施（或柱）外围水平面积计算 1/2 面积。

室外走廊（挑廊）和檐廊都是室外水平交通空间。悬挑的水平交通空间是挑廊；檐廊是底层的水平交通空间，由屋檐或挑檐作为顶盖，且一般有柱或栏杆、栏板等。底层无围护设施但有柱的室外走廊可参照檐廊的规则计算建筑面积。无论哪一种廊，除了必须有地面结构外，还必须有栏杆、栏板等围护设施或柱，这两个条件缺一不可，缺少任何一个条件都不计算建筑面积（见图 2.3.23）。室外走廊（挑廊）、檐廊都计算 1/2 面积，但取定的计算部位不同：室外走廊（挑廊）按结构底板计算，而檐廊按围护设施（或柱）外围计算。

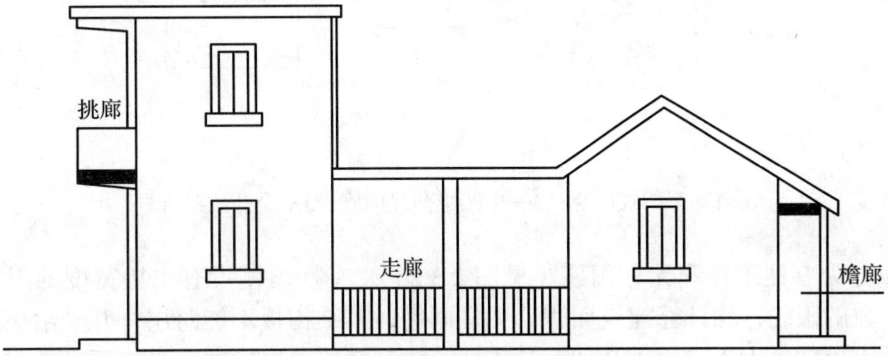

图 2.3.23 室外走廊（挑廊）

（15）门斗应按其围护结构外围水平面积计算建筑面积。结构层高在 2.20m 及以上的，应计算全面积；结构层高在 2.20m 以下的，应计算 1/2 面积。

门斗是建筑物出入口两道门之间的空间，它是有顶盖和围护结构的全围合空间。门斗是全围合的，门廊、雨篷是至少有一面不围合门斗，见图 2.3.24。

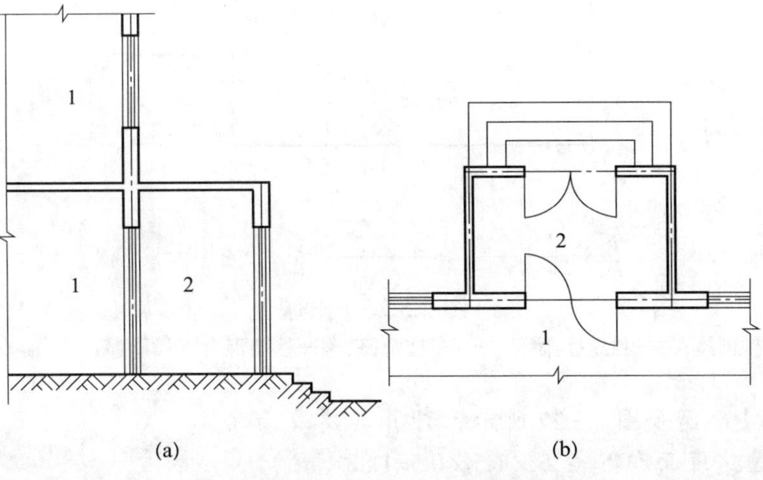

图 2.3.24 门斗示意图

1—室内；2—门斗

（16）门廊应按其顶板水平投影面积的 1/2 计算建筑面积；有柱的雨篷按结构板水平投影面积的 1/2 计算建筑面积；无柱雨篷的结构外边线至外墙结构外边线的宽度在 2.10m 及以上的，应按雨篷结构板的水平投影面积的 1/2 计算建筑面积。

门廊是指在建筑物出入口，无门、三面或两面有墙，上部有板（或借用上部楼板）围护的部位。门廊划分为全凹式、半凹半凸式、全凸式，见图 2.3.25。

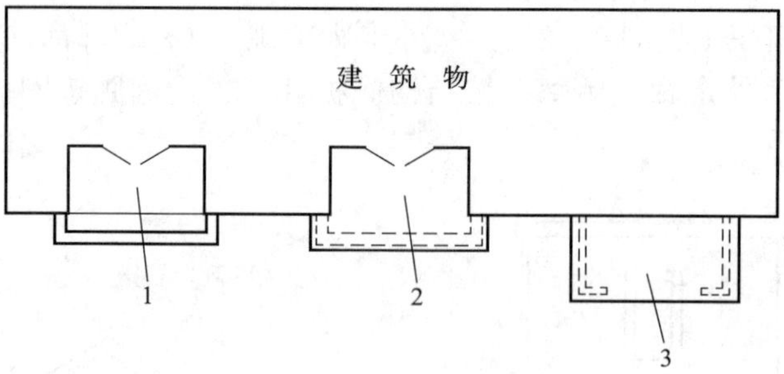

图 2.3.25 门廊

1—全凹式门廊；2—半凹半凸式门廊；3—全凸式门廊

雨篷分为有柱雨篷和无柱雨篷（见图 2.3.26）。有柱雨篷没有出挑宽度的限制，也不受跨越层数的限制，均计算建筑面积。无柱雨篷，其结构板不能跨层，并受出挑宽度的限制，设计出挑宽度大于或等于 2.10m 时才计算建筑面积。出挑宽度是指雨篷结构外边线至外墙结构外边线的宽度，弧形或异型时，取最大宽度。

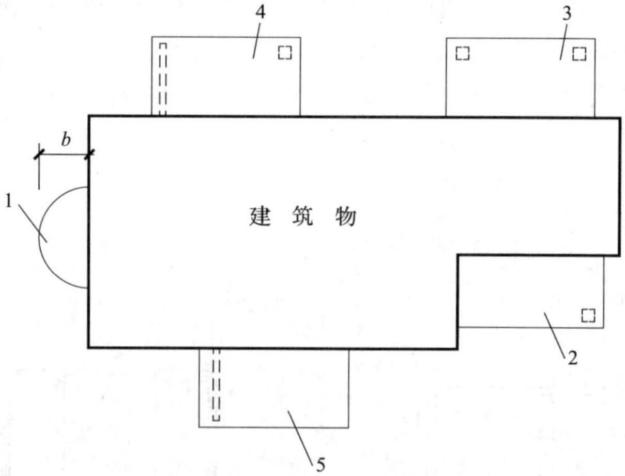

图 2.3.26 雨篷

1—悬挑雨篷；2—独立柱雨篷：3—多柱雨篷：4—柱墙混合支撑雨篷；5—墙支撑雨篷

【例 2.3.6】雨篷如图 2.3.27 所示，计算其建筑面积。

解：雨篷建筑面积 $S=2.5\times1.5\times0.5=1.88$（$m^2$）。

（17）设在建筑物顶部的、有围护结构的楼梯间、水箱间、电梯机房等，结构层高在 2.20m 及以上的应计算全面积；结构层高在 2.20m 以下的应计算 1/2 面积。

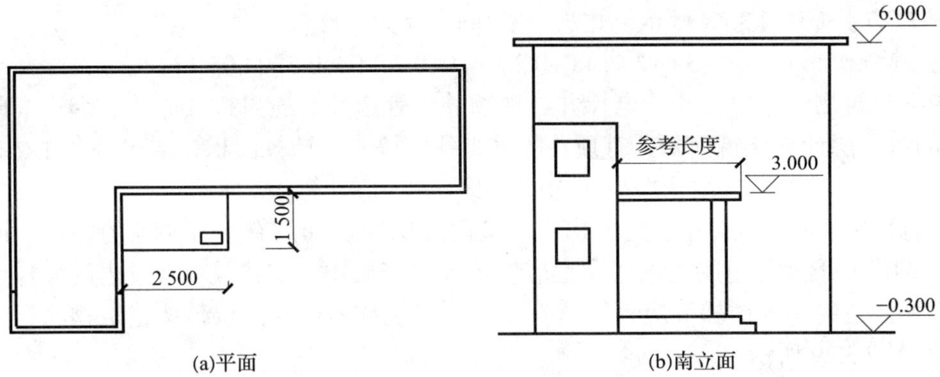

图 2.3.27　计算雨篷建筑面积

建筑物房顶上的建筑部件属于建筑空间的可以计算建筑面积，不属于建筑空间的则归为屋顶造型（装饰性结构构件），不计算建筑面积。

（18）围护结构不垂直于水平面的楼层，应按其底板面的外墙外围水平面积计算。结构净高在 2.10m 及以上的部位，应计算全面积；结构净高在 1.20m 及以上至 2.10m 以下的部位，应计算 1/2 面积；结构净高在 1.20m 以下的部位，不应计算建筑面积。

围护结构不垂直，既可以是向内倾斜，也可以是向外倾斜。在划分高度上，与斜屋面的划分原则相一致。由于目前很多建筑设计追求新、奇、特，造型越来越复杂，很多时候根本无法明确区分什么是围护结构、什么是屋顶，例如，国家大剧院的蛋壳形外壳，无法准确说它到底是算到墙还是算到屋顶，因此对于斜围护结构与斜屋顶采用相同的计算规则，即只要外壳倾斜，就按净高划段，分别计算建筑面积。但要注意，斜围护结构本身要计算建筑面积，若为斜屋顶时，屋面结构不计算建筑面积。如图 2.3.28 所示为多（高）层建筑物非顶层，倾斜部位均视为斜围护结构，底板面处的围护结构应计算全面积；图中①部位结构净高在 1.20m 及以上至 2.10m 以下，计算 1/2 面积；图中②部位结构净高小于 1.20m，不计算建筑面积；图中部位③是围护结构，应计算全部面积。

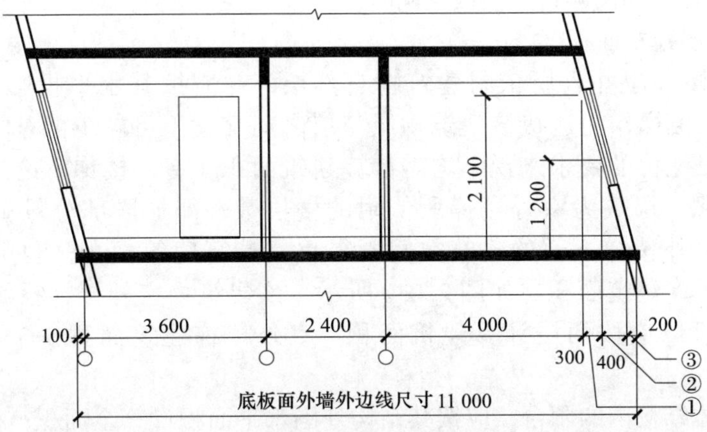

图 2.3.28　围护结构不垂直水平面示意图

【例 2.3.7】如图 2.3.28 所示，建筑物宽 9m，计算其建筑面积。

解：建筑面积 =（0.1+3.6+2.4+4.0+0.2）×9+0.3×9×0.5=94.05（m^2）。

（19）建筑物的室内楼梯、电梯井、提物井、管道井、通风排气竖井、烟道，应并入建筑物的自然层计算建筑面积。有顶盖的采光井应按一层计算面积，结构净高在 2.10m 及以上的，应计算全面积；结构净高在 2.10m 以下的，应计算 1/2 面积。

室内楼梯包括了形成井道的楼梯（即室内楼梯间）和没有形成井道的楼梯（即室内楼梯），即没有形成井道的室内楼梯也应该计算建筑面积。如建筑物大堂内的楼梯、跃层（或复式）住宅的室内楼梯等应计算建筑面积。建筑物的楼梯间层数按建筑物的自然层数计算，如图 2.3.29 所示。

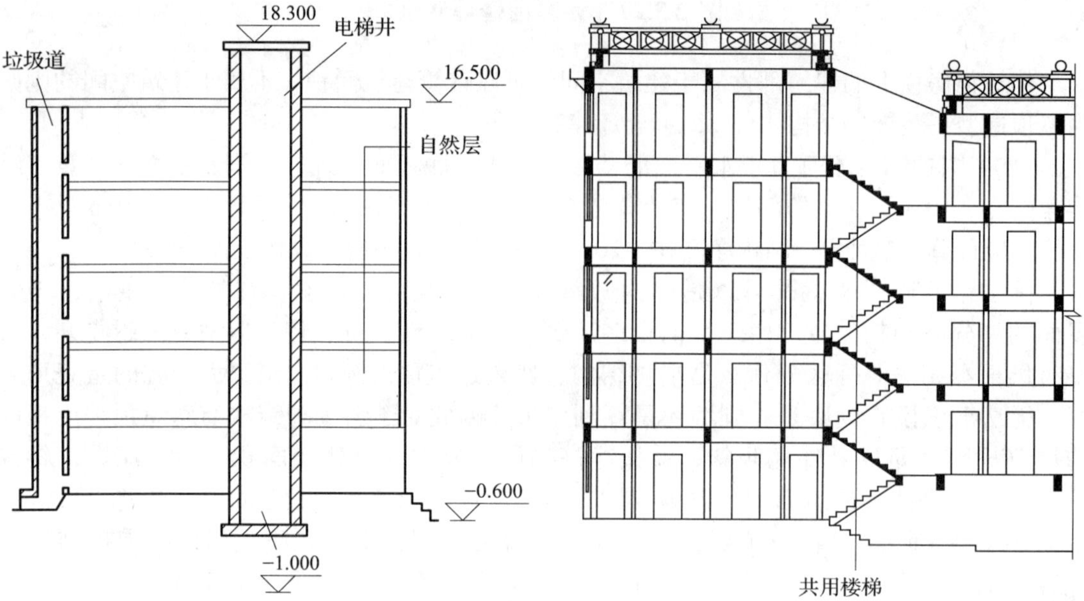

图 2.3.29 电梯井与公共楼梯示意图

当室内公共楼梯间两侧自然层数不同时，以楼层多的层数计算。如图 2.3.29 中楼梯间应计算 5 个自然层建筑面积。

（20）室外楼梯应并入所依附建筑物自然层，并应按其水平投影面积的 1/2 计算建筑面积。室外楼梯作为连接该建筑物层与层之间交通不可缺少的基本部件，无论从其功能还是工程计价的要求来说，均需计算建筑面积。室外楼梯不论是否有顶盖都需要计算建筑面积。层数为室外楼梯所依附的楼层数，即梯段部分投影到建筑物范围的层数。利用室外楼梯下部的建筑空间不得重复计算建筑面积；利用地势砌筑的为室外踏步，不计算建筑面积。如图 2.3.30 所示，该建筑物室外楼梯投影到建筑物范围层数为两层，所以应按两层计算建筑面积。室外楼梯建筑面积 S=3×6.625×2×0.5=19.88（m^2）。

（21）在主体结构内的阳台，应按其结构外围水平面积计算全面积；在主体结构外的阳台，应按其结构底板水平投影面积计算 1/2 面积。

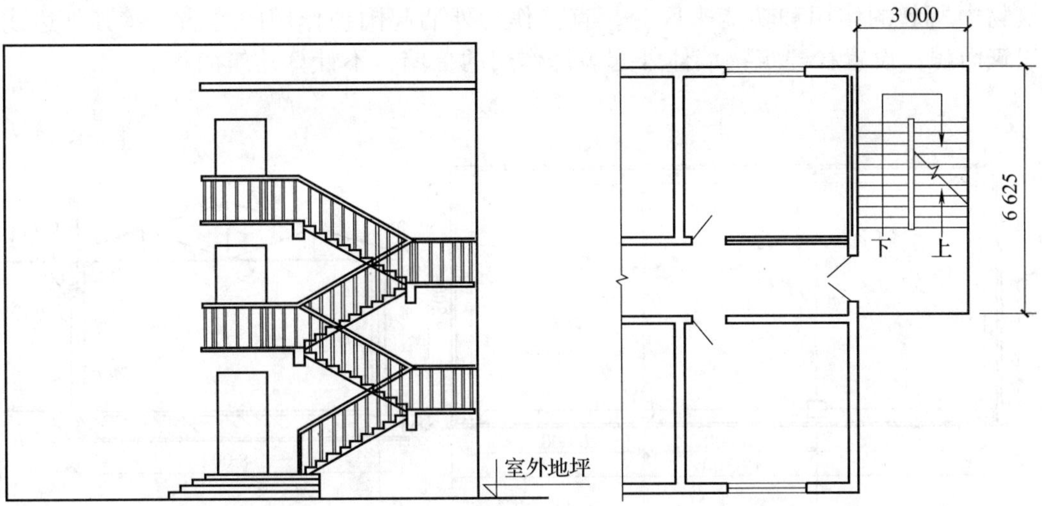

图 2.3.30　某建筑物室外楼梯立面、平面图

阳台是指附设于建筑物外墙，设有栏杆或栏板，可供人活动的室外空间，如图 2.3.31 所示。建筑物的阳台，不论其形式如何，均以建筑物主体结构为界分别计算建筑面积。所以判断阳台是在主体结构内还是在主体结构外是计算建筑面积的关键。主体结构是接受、承担和传递建设工程所有上部荷载，维持上部结构整体性、稳定性和安全性的有机联系的构造。

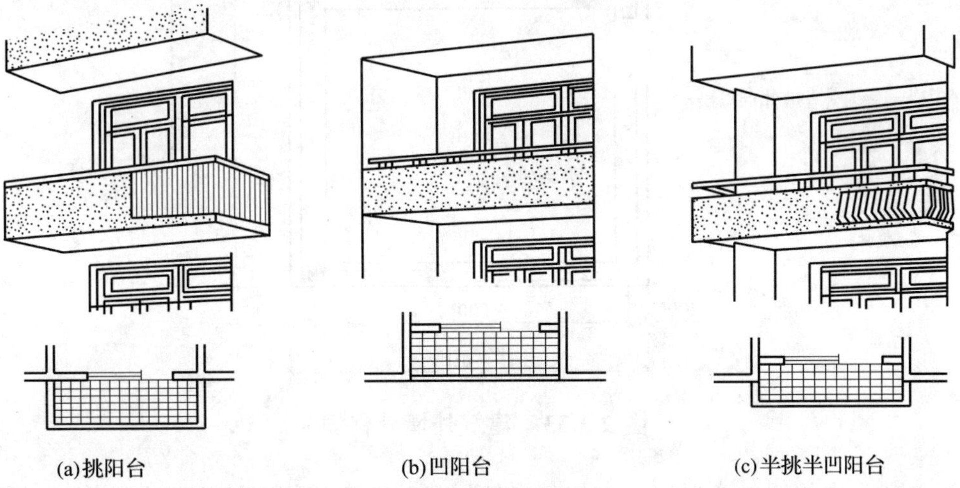

(a)挑阳台　(b)凹阳台　(c)半挑半凹阳台

图 2.3.31　阳台示意图

（22）有顶盖、无围护结构的车棚、货棚、站台、加油站、收费站等，应按其顶盖水平投影面积的 1/2 计算建筑面积。

【例 2.3.8】图 2.3.32 为某站台屋顶平面、剖面图，计算其建筑面积。

解：图中建筑面积 $S=19.3\times9.3\times0.5=89.75$（$m^2$）。

（23）以幕墙作为围护结构的建筑物，应按幕墙外边线计算建筑面积。幕墙以其在建筑物中所起的作用和功能来区分，直接作为外墙起围护作用的幕墙，按其外边线计算建筑面积；设置在建筑物墙体外起装饰作用的幕墙，不计算建筑面积。

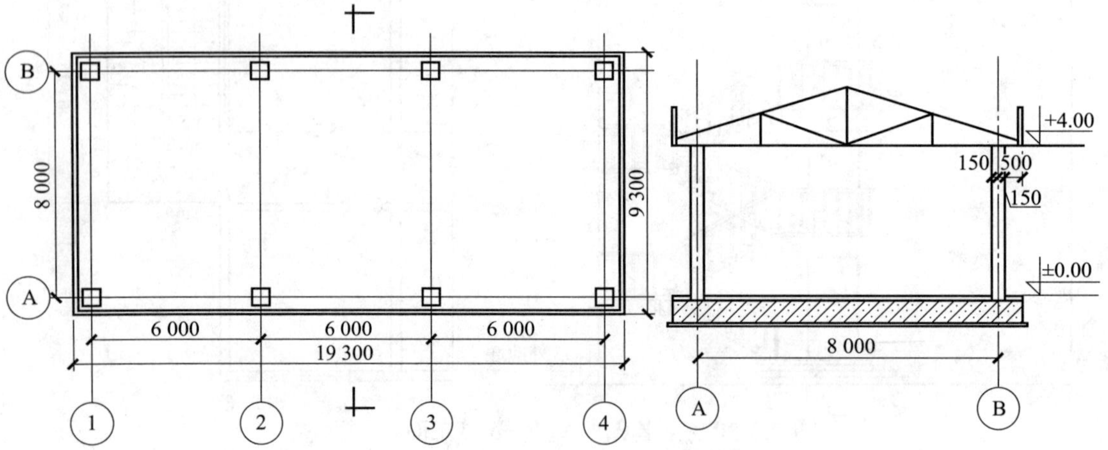

图 2.3.32　某站台屋顶平面、剖面图

（24）建筑物的外墙外保温层，应按其保温材料的水平截面面积计算，并计入自然层建筑面积，如图 2.3.33 所示。

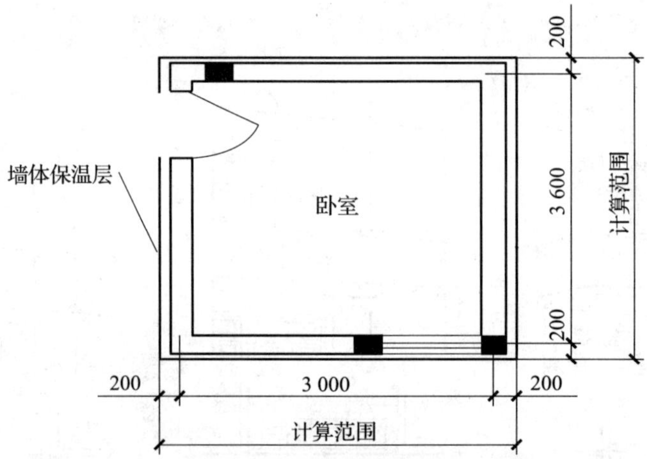

图 2.3.33　建筑外墙外保温

（25）与室内相通的变形缝，应按其自然层合并在建筑物建筑面积内计算。对于高低联跨的建筑物，当高低跨内部连通时，其变形缝应计算在低跨面积内。

与室内相通的变形缝是指暴露在建筑物内，在建筑物内可以看见的变形缝，应计算建筑面积；与室内不相通的变形缝不计算建筑面积。如图 2.3.34 所示，变形缝不计算建筑面积。高低联跨的建筑物，当高低跨内部连通或局部连通时，其连通部分变形缝的面积计算在低跨面积内；当高低跨内部不相连通时，其变形缝不计算建筑面积。高低跨的变形缝见图 2.3.35。

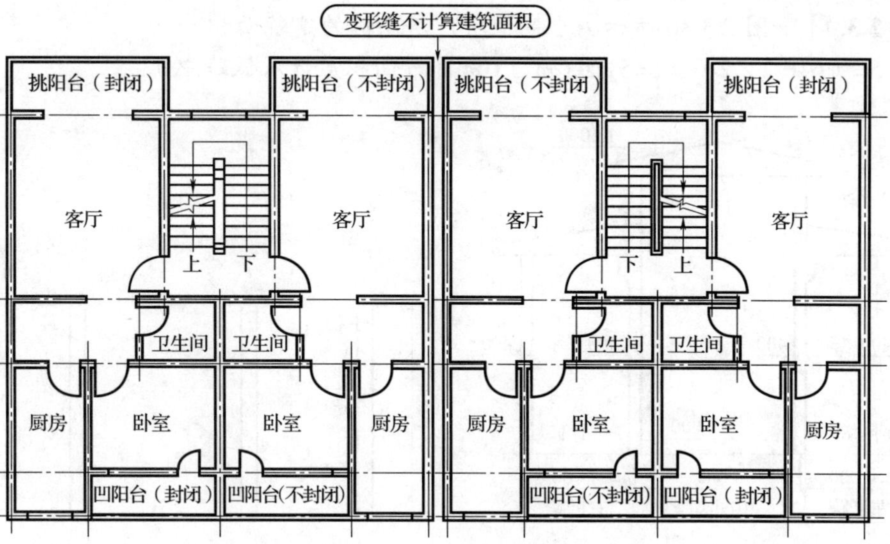

图 2.3.34 变形缝不计算建筑面积的情形

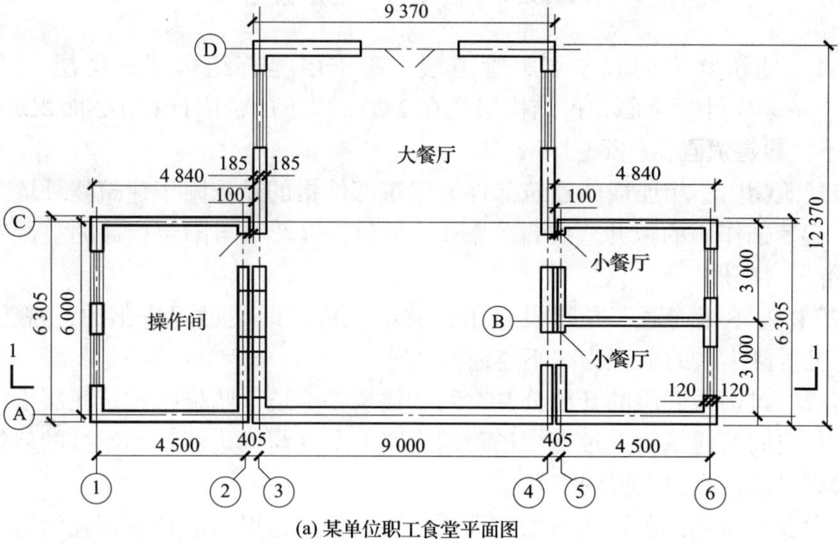

(a) 某单位职工食堂平面图

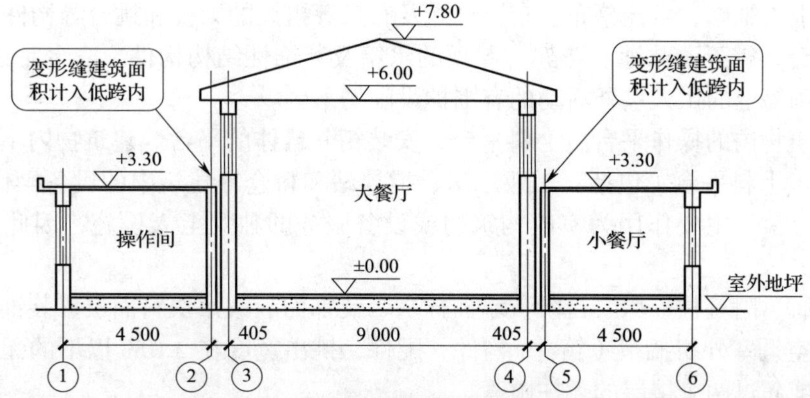

(b) 剖面图

图 2.3.35 高低跨的变形缝

【例 2.3.9】如图 2.3.36 所示，求高低跨厂房高跨的建筑面积。

解：$S=(6+0.2\times2)\times8=51.2\ (m^2)$（沉降缝面积应计入低跨中）。

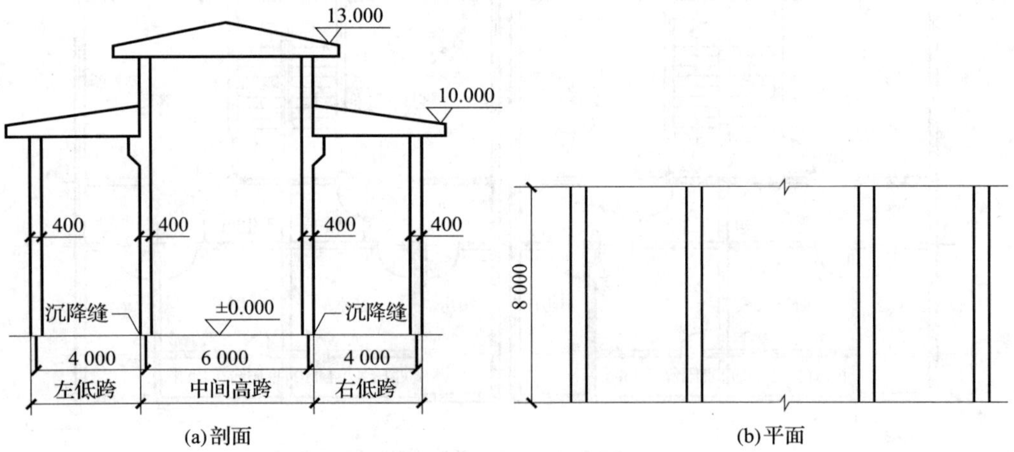

图 2.3.36　高低跨厂房示意图

（26）对于建筑物内的设备层、管道层、避难层等有结构层的楼层，结构层高在 2.20m 及以上的，应计算全面积；结构层高在 2.20m 以下的，应计算 1/2 面积。

（二）不计算建筑面积的范围

（1）与建筑物内不相连通的建筑部件。建筑部件指的是依附于建筑物外墙外不与户室开门连通，起装饰作用的敞开式挑台（廊）、平台，以及不与阳台相通的空调室外机搁板（箱）等设备平台部件。

“与建筑物内不相连通”是指没有正常的出入口，即通过门进出的，视为“连通”；通过窗或栏杆等翻出去的，视为“不连通”。

（2）骑楼、过街楼底层的开放公共空间和建筑物通道。骑楼指建筑底层沿街面后退且留出公共人行空间的建筑物。过街楼指跨越道路上空并与两边建筑相连接的建筑物。建筑物通道指为穿过建筑物而设置的空间。

（3）舞台及后台悬挂幕布和布景的天桥、挑台等。这里指的是影剧院的舞台及为舞台服务的可供上人维修、悬挂幕布、布置灯光及布景等搭设的天桥和挑台等构件设施。

（4）露台、露天游泳池、花架、屋顶的水箱及装饰性结构构件。露台是设置在屋面、首层地面或雨篷上的供人室外活动的有围护设施的平台。

（5）建筑物内的操作平台、上料平台、安装箱和罐体的平台。建筑物内不构成结构层的操作平台、上料平台（包括：工业厂房、搅拌站和料仓等建筑中的设备操作控制平台、上料平台等），其主要作用为室内构筑物或设备服务的独立上人设施，因此不计算建筑面积。

（6）勒脚、附墙柱、垛、台阶、墙面抹灰、装饰面、镶贴块料面层、装饰性幕墙，主体结构外的空调室外机搁板（箱）、构件、配件，挑出宽度在 2.10m 以下的无柱雨篷和顶盖高度达到或超过两个楼层的无柱雨篷。

（7）窗台与室内地面高差在 0.45m 以下且结构净高在 2.10m 以下的凸（飘）窗，窗台与室内地面高差在 0.45m 及以上的凸（飘）窗。

（8）室外爬梯、室外专用消防钢楼梯。专用的消防钢楼梯是不计算建筑面积的。当钢楼梯是建筑物唯一通道，并兼作消防用，则应按室外楼梯相关规定计算建筑面积。

（9）无围护结构的观光电梯。无围护结构的观光电梯是指电梯轿厢直接暴露，外侧无井壁，不计算建筑面积。如果观光电梯在电梯井内运行时（井壁不限材料），观光电梯井按自然层计算建筑面积。

（10）建筑物以外的地下人防通道，独立的烟囱、烟道、地沟、油（水）罐、气柜、水塔、贮油（水）池、贮仓、栈桥等构筑物。

第四节　房屋建筑与装饰工程工程量计算规则及应用

房屋建筑与装饰工程工程量的计算规则与方法，就是《房屋建筑与装饰工程工程量计算规范》GB 50854-2013 规定的规则与方法。按照该规范规定，房屋建筑与装饰工程计价，必须按照该规范附录中清单项目设置和工程量计算规则进行工程计量。

一、土石方工程

土石方工程包括土方工程、石方工程、回填共三大类 13 个清单项目。

（一）土方工程

土方工程包括平整场地、挖一般土方、挖沟槽土方、挖基坑土方、冻土开挖、挖淤泥（流砂）、挖管沟土方等项目。挖土方如需截桩头时，应按桩基工程相关项目列项。

1. 平整场地

平整场地按设计图示尺寸以建筑物首层建筑面积“m^2”计算。项目特征描述：土壤类别、弃土运距、取土运距。

建筑物场地厚度小于或等于 ±300mm 的挖、填、运、找平，应按平整场地项目编码列项。厚度大于 ±300mm 的竖向布置挖土或山坡切土应按一般土方项目编码列项。

2. 挖一般土方

挖一般土方按设计图示尺寸以体积“m^3”计算。挖土方平均厚度应按自然地面测量标高至设计地坪标高间的平均厚度确定。项目特征描述：土壤类别、挖土深度、弃土运距。

3. 挖沟槽土方、挖基坑土方

按设计图示尺寸以基础垫层底面积乘以挖土深度按体积“m^3”计算。基础土方开挖深度应按基础垫层底表面标高至交付施工场地标高确定，无交付施工场地标高时，应按自然地面标高确定。项目特征描述：土壤类别、挖土深度、弃土运距。

沟槽、基坑、一般土方的划分为：底宽小于或等于 7m，底长大于 3 倍底宽为沟槽；底长小于或等于 3 倍底宽、底面积小于或等于 150m^2 为基坑；超出上述范围则为一般土方。

4. 冻土开挖

冻土开挖按设计图示尺寸开挖面积乘以厚度以体积“m^3”计算。

5. 挖淤泥（流砂）

按设计图示位置、界限以体积“m^3”计算。挖方出现流砂、淤泥时，如设计未明确，在编制工程量清单时，其工程数量可为暂估量，结算时应根据实际情况由发包人与承包人双方现场签证确认工程量。

6. 挖管沟土方

挖管沟土方按设计图示以管道中心线长度计算，以“m”计量；或按设计图示管底垫层面积乘以挖土深度计算，以“m^3”计量。无管底垫层按管外径的水平投影面积乘以挖土深度计算。不扣除各类井的长度，井的土方并入。管沟土方项目适用于管道（给排水、工业、电力、通信）、光（电）缆沟［包括人（手）孔、接口坑］及连接井（检查井）等。有管沟设计时，平均深度以沟垫层底面标高至交付施工场地标高计算；无管沟设计时，直埋管深度应按管底外表面标高至交付施工场地标高的平均高度计算。

7. 土方体积计算

土方体积应按挖掘前的天然密实体积计算，如需按天然密实体积折算时，应按表 2.4.1 系数计算。设计密实度超过规定的，填方体积按工程设计要求执行；无设计要求按各省、自治区、直辖市或行业建设行政主管部门规定的系数执行。

表 2.4.1　土方体积折算系数表

天然密实度体积	虚方体积	夯实后体积	松填体积
0.77	1.00	0.67	0.83
1.00	1.30	0.87	1.08
1.15	1.50	1.00	1.25
0.92	1.20	0.80	1.00

注：虚方指未经碾压、堆积时间≤ 1 年的土壤。

8. 桩间挖土

桩间挖土不扣除桩的体积，并在项目特征中加以描述。

9. 土方运距

项目特征中涉及弃土运距或取土运距时，弃、取土运距可以不描述，但应注明由投标人根据施工现场实际情况自行考虑，决定报价。

10. 土壤分类

项目特征中土壤的分类应按表 2.4.2 确定，如土壤类别不能准确划分时，招标人可注明为综合，由投标人根据地勘报告决定报价。

表 2.4.2　土壤分类表

土壤分类	土 壤 名 称	开 挖 方 法
一、二类土	粉土、砂土（粉砂、细砂、中砂、粗砂、砾砂）、粉质黏土、弱中盐渍土、软土（淤泥质土、泥炭、泥炭质土）、软塑红黏土、冲填土	用锹，少许用镐、条锄开挖。机械能全部直接铲挖满载者

续表 2.4.2

土壤分类	土 壤 名 称	开 挖 方 法
三类土	黏土、碎石土（圆砾、角砾）混合土、可塑红黏土、硬塑红黏土、强盐渍土、素填土、压实填土	主要用镐、条锄、少许用锹开挖。机械需部分刨松方能铲挖满载者或可直接铲挖但不能满载者
四类土	碎石土（卵石、碎石、漂石、块石）、坚硬红黏土、超盐渍土、杂填土	全部用镐、条锄挖掘、少许用撬棍挖掘。机械需普遍刨松方能铲挖满载者

11. 工作面和放坡系数

挖沟槽、基坑、一般土方因工作面和放坡增加的工程量（管沟工作面增加的工程量），是否并入各土方工程量中，按各省、自治区、直辖市或行业建设主管部门的规定实施，如并入各土方工程量中，办理工程结算时，按经发包人认可的施工组织设计规定计算，编制工程量清单时，可按表 2.4.3~ 表 2.4.5 规定计算。

表 2.4.3　放坡系数表

土类别	放坡起点（m）	人工挖土	机 械 挖 土		
			坑内作业	坑上作业	顺沟槽在坑上作业
一、二类土	1.20	1 : 0.50	1 : 0.33	1 : 0.75	1 : 0.50
三类土	1.50	1 : 0.33	1 : 0.25	1 : 0.67	1 : 0.33
四类土	2.00	1 : 0.25	1 : 0.10	1 : 0.33	1 : 0.25

注：1. 沟槽、基坑中土类别不同时，分别按其放坡起点、放坡系数、依不同土类别厚度加权平均计算。

2. 计算放坡时，在交接处的重复工程量不予扣除，原槽、坑做基础垫层时，放坡自垫层上表面开始计算。

表 2.4.4　基础施工所需工作面宽度计算表

基 础 材 料	每边各增加工作面宽度（mm）
砖基础	200
浆砌毛石、条石基础	150
混凝土基础垫层支模板	300
混凝土基础支模板	300
基础垂直面做防水层	1 000（防水层面）

表 2.4.5 管沟施工每侧工作面宽度计算表

管道结构宽（mm）	管道结构宽（mm）			
	≤ 500	≤ 1 000	≤ 2 500	>2 500
混凝土及钢筋混凝土管道（mm）	400	500	600	700
其他材质管道（mm）	300	400	500	600

注：管道结构宽：有管座的按基础外缘，无管座的按管道外径。

12. 考虑加宽工作面和放坡系数后土方工程量的计算

（1）放坡系数的确定。在开挖沟槽、基坑、土方时，为确保开挖过程中和基础施工阶段土体的稳定及施工安全，在坑槽的边沿应做成一定坡度的边坡。如图 2.4.1 所示，边坡坡度 $=\dfrac{h}{b}=\dfrac{1}{b/h}=1:k$，式中 $k=b/h$，称为放坡系数。

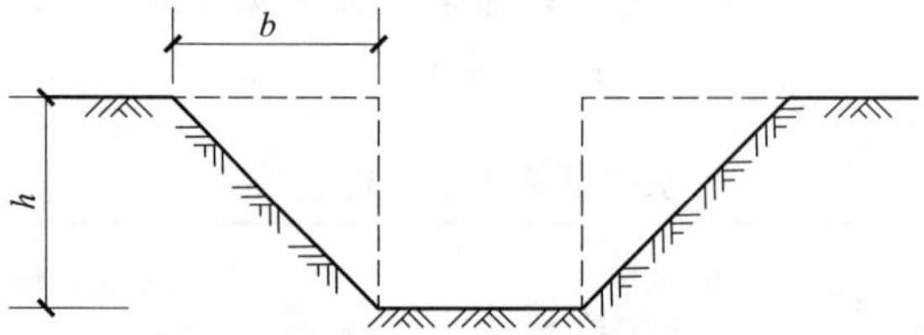

图 2.4.1 放坡示意图

在计算土方工程量时，当设计或施工组织设计规定有放坡系数时，按规定的系数放坡；若无规定时，按表 2.4.3 规定确定放坡系数。

同一沟槽、基坑、土方中，如果土壤类别不同时，其放坡系数应分别按其放坡起点、放坡系数、依不同土壤厚度加权平均计算。例如，某基坑深 5.0m，按深度分布有一、二类土及四类土，其中一、二类土的深度为 2.2m，四类土深度为 2.8m；如果放坡系数一、二类土取 0.50、四类土取 0.25，则此基坑的放坡系数就为 $k=\dfrac{2.2\times0.5+2.8\times0.25}{2.2+2.8}=0.36$。

确定机械挖土时的放坡系数，还应区分坑内作业和坑上作业。如果机械挖土从设计室外地坪起至基础底，机械一直在坑内作业，并设有机械上坡道（或采用其他措施运送机械）称为坑内作业；相反，机械一直在室外地坪上作业（不下坑）称为坑上作业；刚开挖时没有形成坑，虽然是在设计室外地坪（坑上）挖土，若继续挖土时机械随坑深在坑内作业，也称为坑内作业。

计算放坡时，在交接处的重复工程量（见图 2.4.2）不予扣除，但若计算后的工程量大于大开挖（即满开挖）所开挖的土方量时（如单位工程中内墙过多、过密、交接处重复计算量过大，已超出大开挖所挖土方量时），应按大开挖规定计算土方工程量。

（2）工作面宽度的确定。基础施工中，为满足施工操作需要，有时需沿基础或基础垫层的两边增加一定的操作宽度，当设计或施工组织设计有规定时，按规定增加；无规定时，按表 2.4.4 增加。

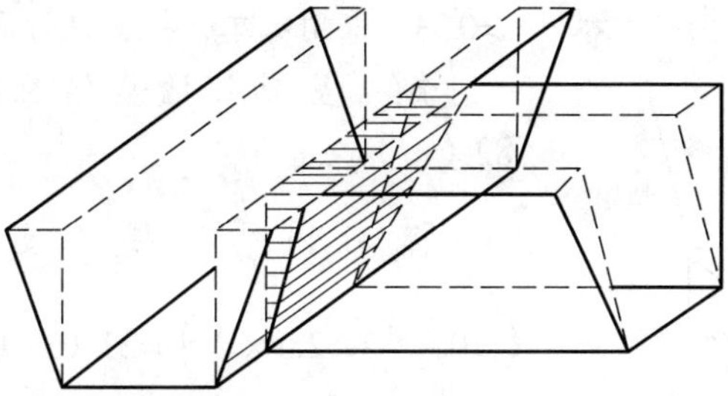

图 2.4.2　基（沟）槽放坡时，交接处重复工程量示意图

（3）沟槽长度的确定。挖沟槽长度，外墙按图示（设计图所标明的尺寸，下同）中心线长度计算；内墙按图示基础底面之间净长线长度计算；内外突出部分（垛、附墙烟囱等）体积并入沟槽土方工程量内计算。

挖管道沟槽按图示中心线长度计算，沟底宽度在设计有规定时，按设计规定尺寸计算，设计无规定的，可按管道结构宽再增加表 2.4.5 规定宽度计算。

（4）挖沟槽土方量的计算。既不放坡也不支挡土板时，如图 2.4.3 所示，其沟槽土方量计算公式为：

$$V=H(a+2c)L \tag{2.4.1}$$

式中：H——沟槽深度（m）；

a——基础垫层宽度（m）；

c——工作面宽度（m）；

L——沟槽长度（m）。

由垫层下表面起放坡，沟槽放坡系数为 k 时，如图 2.4.4 所示，其沟槽土方量计算公式为：

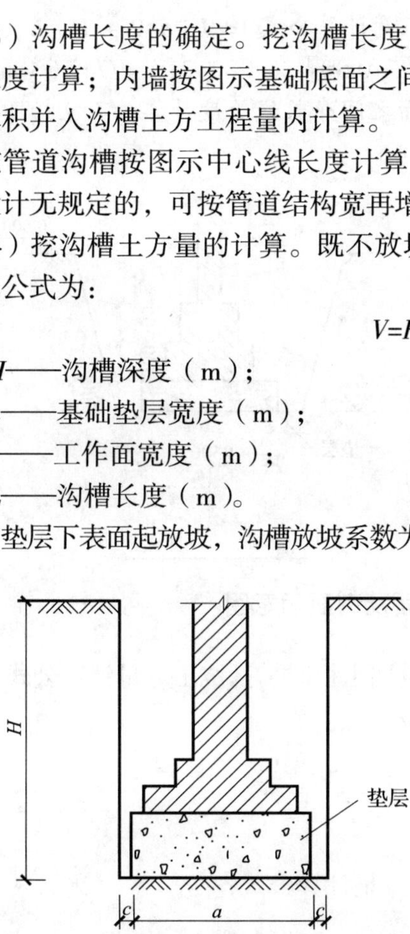

图 2.4.3　不放坡、不支挡土板沟槽示意图

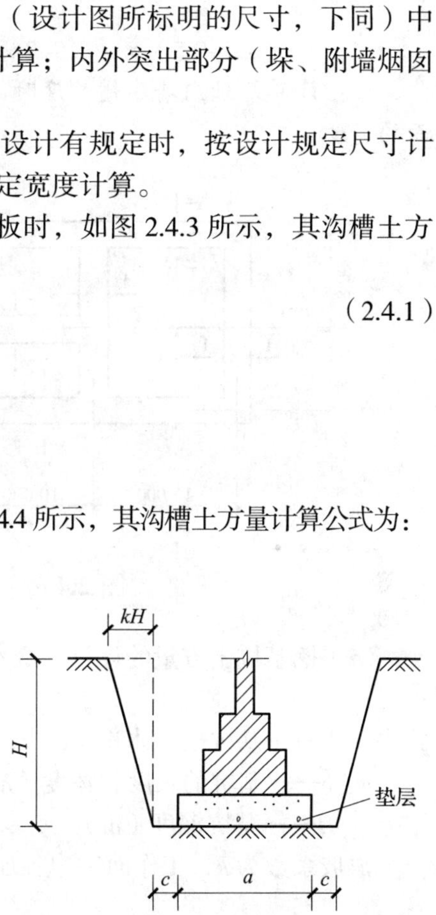

图 2.4.4　垫层下表面放坡示意图

$$V=H(a+2c+kH)L \tag{2.4.2}$$

式中符号代表的意义同上。

由垫层上表面起放坡，沟槽放坡系数为 k 时，如图 2.4.5 所示，其沟槽土方量计算公式为：

$$V=[aH_2+(a+kH_1)\times H_1]\times L \tag{2.4.3}$$

式中：H——沟槽深度（m），$H=H_1+H_2$，H_1 为室外地坪至垫层上表面的距离；H_2 为垫层厚度。

【例 2.4.1】某工程基础平面及剖面如图 2.4.6 所示，基础垫层混凝土需支模，边坡放坡系数

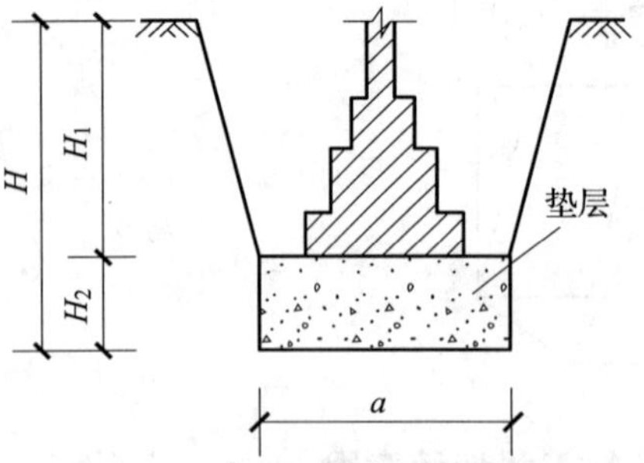

图 2.4.5 垫层上表面放坡示意图

k=0.33，采用人工开挖，试计算其基槽土方工程量。

解： 基础外墙基槽长度 =（15+10+8+8）×2=82（m）。

基础内墙基槽长度 $=\left(8+8-\frac{1}{2}\times2.5\times2\right)+\left(10-\frac{1}{2}\times2.5\times2\right)=21$（m）。

由于基础混凝土垫层需要支模，因此其两边应有加宽工作面 c，查表 2.4.4 可得：c=300mm。

根据工程量计算公式 $V=H(a+2c+kH)L$ 可得：

$$V=(2.5-0.5)\times[2.5+2\times0.3+0.33\times(2.5-0.5)]\times(82+21)=774.56\ (\mathrm{m}^3)$$

注：计算基础内墙基槽长度时，应按基础底面之间净长线长度计算，不包括增加工作面的宽度。

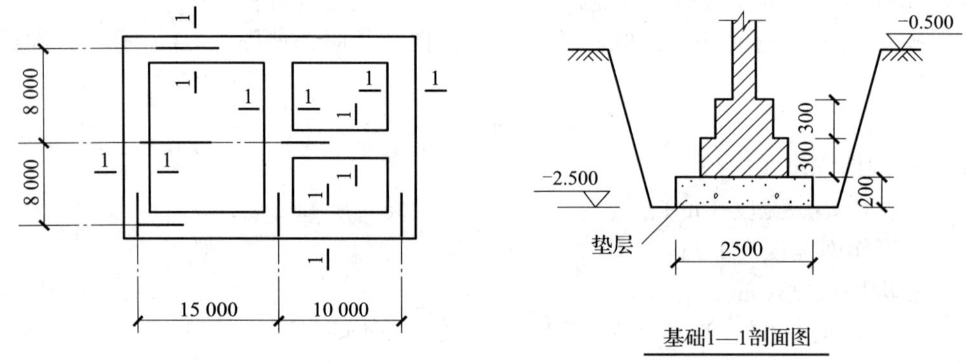

图 2.4.6 某工程基础平面及剖面示意图

（5）挖基坑土方量的计算。既不放坡也不支设挡土板时，基坑土方量计算公式：

$$\text{长方形：}V=Hab \tag{2.4.4}$$

式中：V——基坑土方体积（m^3）；

a、b——基坑的长度、宽度（m）；

H——基坑深度（m）。

放坡系数为 k，工作面一边各加宽 c 的基坑土方量计算公式：

$$\text{矩形：}V=(a+2c+kH)(b+2c+kH)\times H+\frac{1}{3}k^2H^3 \tag{2.4.5}$$

【例 2.4.2】 某工程有独立柱基础平面及剖面如图 2.4.7 所示，基础垫层混凝土需支模，边坡放坡系数 k=0.33，采用人工开挖，试计算其基坑土方工程量。

解： 由于基础混凝土垫层需要支模，因此其两边应有加宽工作面 c，查表 2.4.4 可得：c=300mm。按照矩形基坑工程量计算公式 $V=(a+2c+kH)(b+2c+kH)\times H+\frac{1}{3}k^2H^3$ 可得：

$$V=[2.5+2\times0.3+0.33\times(2.5-0.3)]\times[2.8+2\times0.3+0.33\times(2.5-0.3)]\times(2.5-0.3)+\frac{1}{3}\times0.33^2\times(2.5-0.3)^3=35.12\ (\mathrm{m}^3)$$

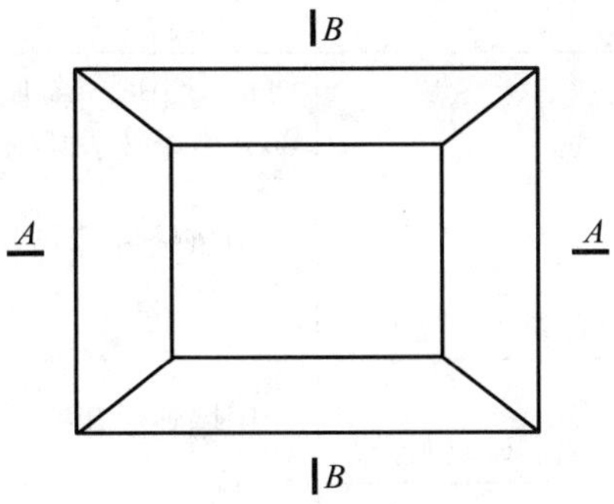

(a)独立柱基坑平面示意图

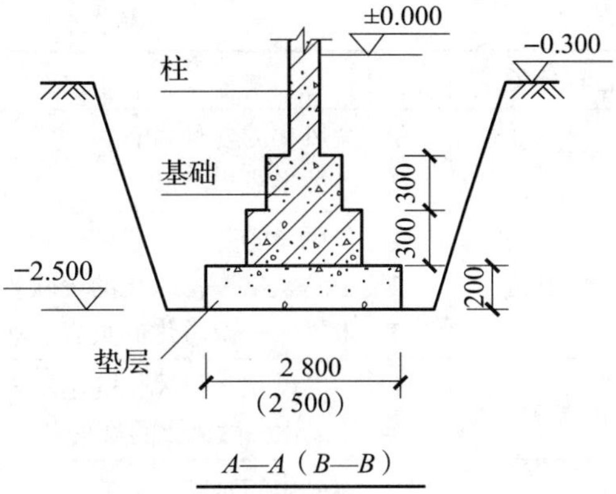

(b)独立柱基坑剖面示意图

图 2.4.7　独立柱基础示意图

按照四川省建设行政主管部门的规定，挖一般土方、沟槽、基坑、管沟土方因工作面和放坡增加的工程量应并入相应土方工程量内。

（二）石方工程

石方工程包括挖一般石方、挖沟槽石方、挖基坑石方、挖管沟石方等项目。

1. 石方工程项目划分的规定

（1）厚度大于 ±300mm 的竖向布置挖石或山坡凿石应按本表中挖一般石方项目编码列项。

（2）沟槽、基坑、一般石方的划分为：底宽小于或等于 7m 且底长大于 3 倍底宽为沟槽；底长小于或等于 3 倍底宽且底面积小于或等于 150m^2 为基坑；超出上述范围则为一般石方。

2. 挖一般石方

挖一般石方按设计图示尺寸以体积“m^3”计算。

3. 挖沟槽（基坑）石方

挖沟槽（基坑）石方按设计图示尺寸沟槽（基坑）底面积乘以挖石深度以体积“m^3”计算。

4. 挖管沟石方以“m”计量

按设计图示以管道中心线长度计算，以“m”计量；或按设计图示截面面积乘以长度，以体积“m^3”计算。有管沟设计时，平均深度以沟垫层底面标高至交付施工场地标高计算；无管沟设计时，直埋管深度应按管底外表面标高至交付施工场地标高的平均高度计算。管沟石方项目适用于管道（给排水、工业、电力、通信）、光（电）缆沟［包括：人（手）孔、接口坑］及连接井（检查井）等。

5. 挖石方的厚度和深度

挖石方应按自然地面测量标高至设计地坪标高的平均厚度确定。基础石方开挖深度应按基础垫层底表面标高至交付施工现场地标高确定，无交付施工场地标高时，应按自然地面标高确定。

6. 岩石分类表

项目特征中岩石的分类应按表 2.4.6 确定。

表 2.4.6　岩石分类表

岩石分类		代表性岩石	开挖方法
极软岩		1．全风化的各种岩石； 2．各种半成岩	部分用手凿工具、部分用爆破法开挖
软质岩	软岩	1．强风化的坚硬岩或较硬岩； 2．中等风化—强风化的较软岩； 3．未风化—微风化的页岩、泥岩、泥质砂岩等	用风镐和爆破法开挖
软质岩	较软岩	1．中等风化—强风化的坚硬岩或较硬岩； 2．未风化—微风化的凝灰岩、千枚岩、泥灰岩、砂质泥岩等	用爆破法开挖
硬质岩	较硬岩	1．微风化的坚硬岩； 2．未风化—微风化的大理岩、板岩、石灰岩、白云岩、钙质砂岩等	用爆破法开挖
硬质岩	坚硬岩	未风化—微风化的花岗岩、闪长岩、辉绿岩、玄武岩、安山岩、片麻岩、石英岩、石英砂岩、硅质砾岩、硅质石灰岩等	用爆破法开挖

7. 石方体积计算

石方体积应按挖掘前的天然密实体积计算。非天然密实石方应按表 2.4.7 折算。

表 2.4.7　石方体积折算系数表

石方类别	天然密实度体积	虚方体积	松填体积	码方
石方	0.65 0.76 1.00	1.00 1.18 1.54	0.85 1.00 1.31	—
块石	1.00	1.75	1.43	1.67
砂夹石	1.00	1.07	0.94	—

（三）回填

回填包括回填方、余方弃置等项目。

1. 回填方

回填方按设计图示尺寸以体积“m^3”计算。

（1）场地回填：回填面积乘以平均回填厚度；

（2）室内回填：主墙间净面积乘以回填厚度，不扣除间隔墙；

（3）基础回填：挖方清单项目工程量减去自然地坪以下埋设的基础体积（包括基础垫层及其他构筑物）。

回填土方项目特征描述：密实度要求、填方材料品种、填方粒径要求、填方来源及运距。

2. 余方弃置

余方弃置按挖方清单项目工程量减利用回填方体积（正数）“m^3”计算。项目特征包括废弃料品种、运距（由余方点装料运输至弃置点的距离）。

3. 填方密实度要求

在无特殊要求情况下，项目特征可描述为满足设计和规范的要求。

4. 填方材料品种

填方材料品种可以不描述，但应注明由投标人根据设计要求验方后方可填入，并符合相关工程的质量规范要求。

5. 买土回填

如需买土回填应在项目特征填方来源中描述，并注明买土方数量。

【例 2.4.3】某工程 ±0.00 以下基础施工图见图 2.4.8~图 2.4.10，室内外标高高差 450mm。基础垫层为非原槽浇筑，垫层支模，混凝土强度等级为 C15；地圈梁混凝土强度等级为 C20。砖基础为普通页岩标准砖，M5.0 水泥砂浆砌筑。独立柱基及柱为 C25 混凝土，采用商品混凝土，预拌砂浆，分层回填。土壤类别为三类土。请根据工程量计算规范计算相关清单项目的工程量。

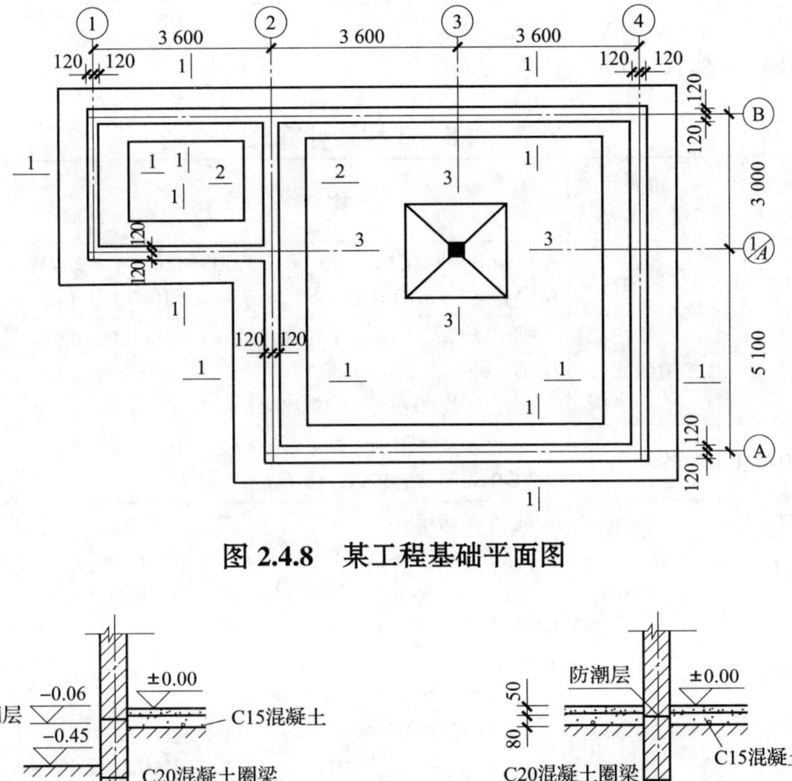

图 2.4.8　某工程基础平面图

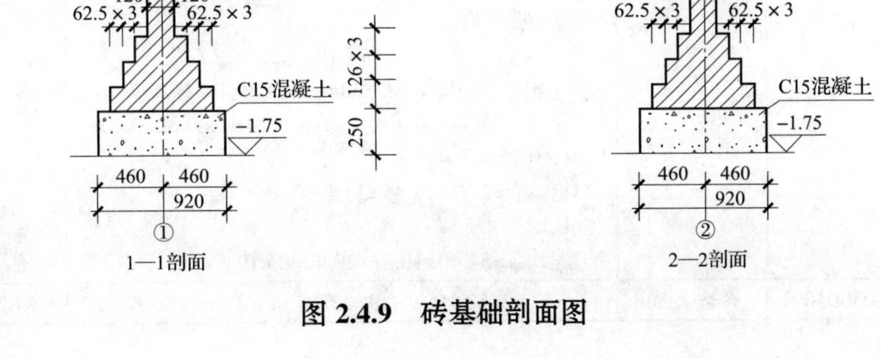

图 2.4.9　砖基础剖面图

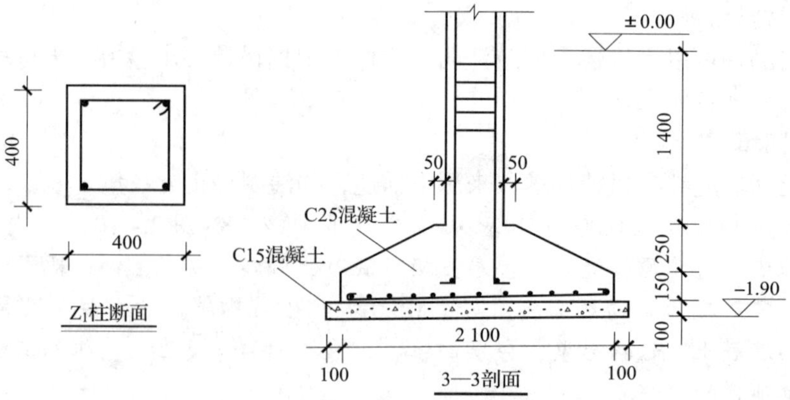

图 2.4.10　柱基础剖面图

解：计算结果见表 2.4.8。

表 2.4.8　工程量计算表

序号	清单项目编码	清单项目名称	计　算　式	工程量合计	计量单位
1	010101001001	平整场地	（3.60×3+0.12×2）×（3.00+0.24）+（3.60+0.12）×2×5.10=11.04×3.24+7.44×5.10=73.71（m^2）	73.71	m^2
2	010101003001	挖沟槽土方	考虑加宽工作面：（10.80+8.10）×2+（3.00−0.92−0.60）=39.28（m） V=（0.92+0.60）×39.28×1.3=77.62（m^3）	77.62	m^3
3	010101004001	挖基坑土方	考虑加宽工作面：V=（2.10+0.20+0.60）×（2.10+0.20+0.60）×1.45=12.19（m^3）	12.19	m^3
4	010103002001	土方回填	①沟槽回填： $V_{垫层}$=（37.8+2.08）×0.92×0.25=9.17（m^3） $V_{室外地坪下砖基础（含地圈梁）}$=（37.8+2.76）×（1.05×0.24+0.062 5×0.126×12）=14.05（m^3） $V_{沟槽回填}$=77.62−9.17−14.05=54.40（m^3） ②基坑回填： $V_{垫层}$=2.3×2.3×0.1=0.529（m^3） $V_{地坪下独立基础}$=1/3×0.25×（0.5^2+2.1^2+0.5×2.1）+0.95×0.4×0.4+2.1×2.1×0.15=1.29（m^3） $V_{基坑回填}$=12.19−0.529−1.29=10.37（m^3） ③室内回填： $h_{室内回填厚度}$=0.45−0.08−0.05=0.32（m） $V_{左}$=（3.60−0.24）×（3.00−0.24）×0.32=2.97（m^3） $V_{右}$=（7.20−0.24）×（8.10−0.24）×0.32−0.40×0.40×0.32=17.45（m^3） $V_{室内回填}$=2.97+17.45=20.42（m^3） ④土方回填： $V_{土方回填}$=54.40+10.37+20.42=85.19（m^3）	85.19	m^3
5	010103001001	余方弃置	V=77.62+12.19−85.19=4.62（m^3）	4.62	m^3

二、地基处理与边坡支护工程

地基处理与边坡支护工程包括地基处理、基坑与边坡支护共两大类 28 个清单项目。

（一）地基处理

地基处理包括换填垫层、铺设土工合成材料、预压地基、强夯地基、振冲密实（不填料）、振冲桩（填料）、砂石桩、水泥粉煤灰碎石桩、深层搅拌桩、粉喷桩、夯实水泥土桩、高压喷射注浆桩、石灰桩、灰土（土）挤密桩、柱锤冲扩桩、注浆地基、褥垫层等项目。

1. 换填垫层

换填垫层按设计图示尺寸以体积“m^3”计算。换填垫层是指挖去浅层软弱土层和不均匀土层，回填坚硬、较粗粒径的材料，并夯压密实形成的垫层。根据换填材料不同可分为土、石垫层和土工合成材料加筋垫层，可根据换填材料不同，区分土（灰土）垫层、石（砂石）垫层等分别编码列项。项目特征描述：材料种类及配比、压实系数、掺加剂品种。

2. 铺设土工合成材料

按设计图示尺寸以面积“m^2”计算。土工合成材料是以聚合物为原料的材料名词的总称，主要起反滤、排水、加筋、隔离等作用，可分为土工织物、土工膜、特种土工合成材料和复合型土工合成材料。

3. 预压地基、强夯地基、振冲密实（不填料）

按设计图示处理范围以面积“m^2”计算。预压地基是指采取堆载预压、真空预压、堆载与真空联合预压方式对淤泥质土、淤泥、冲击填土等地基土固结压密处理后而形成的饱和黏性土地基。强夯地基属于夯实地基，即反复将夯锤提到高处使其自由落下，给地基以冲击和振动能量，将地基土密实处理或置换形成密实墩体的地基。振冲密实是利用振动和压力水使砂层液化，砂颗粒相互挤密，重新排列，空隙减少，提高砂层的承载能力和抗液化能力，又称振冲挤密砂石桩，可分为不加填料和加填料两种。

4. 振冲桩（填料）

以“m”计量时，按设计图示尺寸以桩长计算；以“m^3”计量时，按设计桩截面乘以桩长以体积计算。项目特征应描述：地层情况，空桩长度、桩长，桩径，填充材料种类。

5. 砂石桩

以“m”计量时，按设计图示尺寸以桩长（包括桩尖）计算；以“m^3”计量时，按设计桩截面乘以桩长（包括桩尖）以体积计算。砂石桩是将碎石、砂或砂石混合料挤压入已成的孔中，形成密实砂石竖向增强桩体，与桩间土形成复合地基。

6. 水泥粉煤灰碎石桩、夯实水泥土桩、石灰桩、灰土（土）挤密桩

按设计图示尺寸以桩长（包括桩尖）“m”计算。

上述项目特征中的桩长应包括桩尖，空桩长度＝孔深－桩长，孔深为自然地面至设计桩底的深度。

7. 深层搅拌桩、粉喷桩、柱锤冲扩桩，高压喷射注浆桩

按设计图示尺寸以桩长“m”计算。

高压喷射注浆类型包括旋喷、摆喷、定喷，高压喷射注浆方法包括单管法、双重管法、三重管法。

8. 注浆地基

以“m”计量，按设计图示尺寸以钻孔深度计算；或以“m^3”计量，按设计图示尺寸以加固体积计算。

9. 褥垫层

以“m^2”计量，按设计图示尺寸以铺设面积计算；或以“m^3”计量，按设计图示尺寸以体积计算。

10. 泥浆护壁成孔

如采用泥浆护壁成孔，工作内容包括土方、废泥浆外运，如采用沉管灌注成孔，工作内容包括桩尖制作、安装。

（二）基坑与边坡支护

基坑与边坡支护包括地下连续墙、咬合灌注桩、圆木桩、预制钢筋混凝土板桩、型钢桩、钢板桩、锚杆（锚索）、土钉、喷射混凝土（水泥砂浆）、钢筋混凝土支撑、钢支撑等项目。

1. 地下连续墙

地下连续墙按设计图示墙中心线长乘以厚度乘以槽深以体积“m^3”计算。

2. 咬合灌注桩

以“m”计量，按设计图示尺寸以桩长计算；或以“根”计量，按设计图示数量计算。所谓咬合桩是指在桩与桩之间形成相互咬合排列的一种基坑围护结构。桩的排列方式为一条不配筋并采用超缓凝素混凝土桩（A 桩）和一条钢筋混凝土桩（B 桩）间隔布置。施工时，先施工 A 桩，后施工 B 桩，在 A 桩混凝土初凝之前完成 B 桩的施工。A 桩、B 桩均采用全套管钻机施工，切割掉相邻 A 桩相交部分的混凝土，从而实现咬合。

3. 圆木桩、预制钢筋混凝土板桩

以“m”计量，按设计图示尺寸以桩长（包括桩尖）计算；或以“根”计量，按设计图示数量计算。

4. 型钢桩

型钢桩以“t”计量，按设计图示尺寸以质量计算；或以“根”计量，按设计图示数量计算。

5. 钢板桩

钢板桩以“t”计量，按设计图示尺寸以质量计算；或以“m^2”计量，按设计图示墙中心线长乘以桩长以面积计算。

6. 锚杆（锚索）、土钉

以“m”计量，按设计图示尺寸以钻孔深度计算；或以“根”计量，按设计图示数量计算。

土钉置入方法包括钻孔置入、打入或射入等。在清单列项时要正确区分锚杆项目和土钉项目。锚杆是指由杆体（钢绞线、普通钢筋、热处理钢筋或钢管）、注浆形成的固结体、锚具、套管、连接器所组成的一端与支护结构构件连接，另一端锚固在稳定岩土体内的受拉杆件。杆体采用钢绞线时，也可称为锚索。土钉是设置在基坑侧壁土体内的承受拉力与剪力的杆件。例如，成孔后植入钢筋杆体并通过孔内注浆在杆体周围形成固结体的钢筋土钉，将设有出浆孔的钢管直接击入基坑侧壁土中并在钢管内注浆的钢管土钉。

7. 喷射混凝土（水泥砂浆）

喷射混凝土（水泥砂浆）按设计图示尺寸以面积“m^2”计算。

8. 钢筋混凝土支撑

按设计图示尺寸以体积“m^3”计算。

9. 钢支撑

按设计图示尺寸以质量“t”计算，不扣除孔眼质量，焊条、铆钉、螺栓等不另增加质量。

10. 钢筋网和钢筋

地下连续墙和喷射混凝土（砂浆）的钢筋网、咬合灌注桩的钢筋笼及钢筋混凝土支撑的钢筋制作、安装，混凝土挡土墙按混凝土及钢筋混凝土工程中相关项目列项。

【例 2.4.4】某别墅工厂基底为可塑黏土（三类土），采用水泥粉煤灰碎石桩（CFG 桩）进行地基处理，桩径 400mm，桩体强度等级 C20，根数 52 根，设计长度 10m，桩端进入硬塑性黏土不少于 1.5m，桩顶在地面以下 1.5~2m，CFG 桩采用振动沉管灌注桩施工，桩顶采用 200mm 厚人工级配砂石（砂 : 碎石 =3 ∶ 7，最大粒径 30mm）作为褥垫层，如图 2.4.11 和图 2.4.12 所示。请根据工程量计算规范计算 CFG 桩、褥垫层及截桩头工程量。

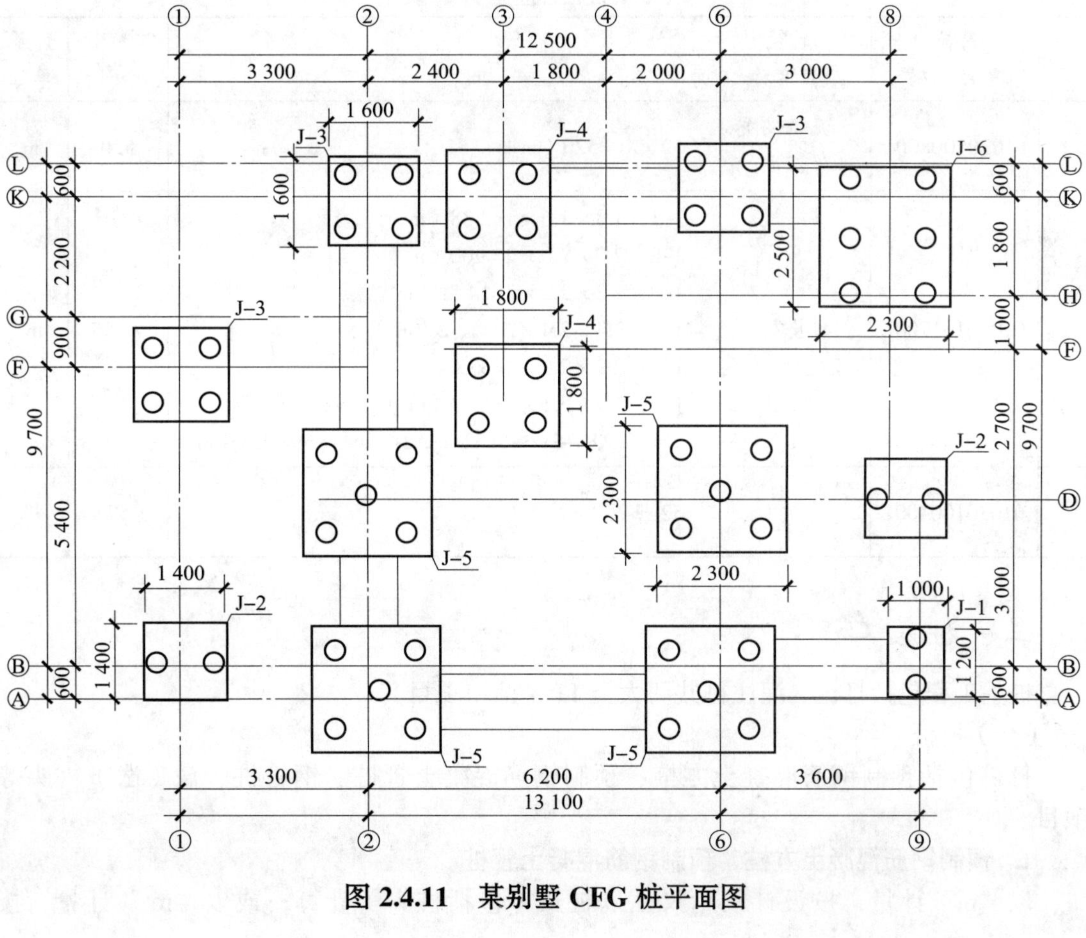

图 2.4.11　某别墅 CFG 桩平面图

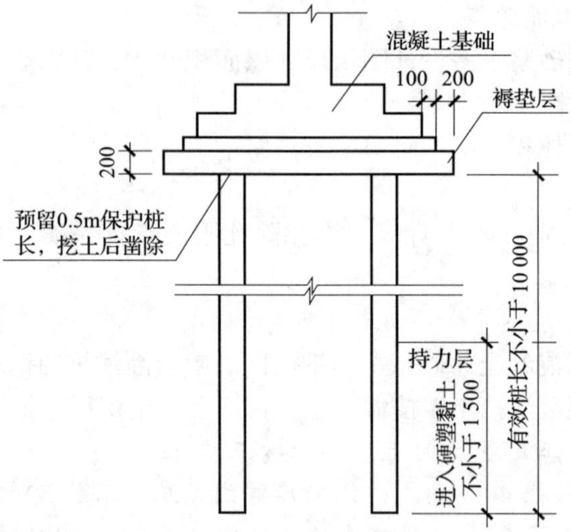

图 2.4.12　CFG 桩详图

解：计算结果见表 2.4.9。

表 2.4.9　工程量计算表

序号	清单项目编码	清单项目名称	计　算　式	工程量合计	计量单位
1	010201008001	水泥粉煤灰碎石桩	52 × 10=520（m）	520	m
2	010201017001	褥垫层	J–1：1.8 × 1.6 × 1=2.88（m^2） J–2：2.0 × 2.0 × 2=8.00（m^2） J–3：2.2 × 2.2 × 3=14.52（m^2） J–4：2.4 × 2.4 × 2=11.52（m^2） J–5：2.9 × 2.9 × 4=33.64（m^2） J–6：2.9 × 3.1 × 1=8.99（m^2） 合计：2.88+8.00+14.52+11.52+33.64+8.99=79.55（m^2）	79.55	m^2
3	010301004001	截（凿）桩头	52 根	52	根

三、桩基工程

桩基工程包括打桩、灌注桩共两大类 11 个清单项目。

（一）打桩

打桩包括预制钢筋混凝土方桩、预制钢筋混凝土管桩、钢管桩、截（凿）桩头等项目。

1. 预制钢筋混凝土方桩、预制钢筋混凝土管桩

以“m”计量，按设计图示尺寸以桩长（包括桩尖）计算；或以“m^3”计量，按设计图示截面面积乘以桩长（包括桩尖）以实体积计算；或以“根”计量，按设计图示数量计算。

预制钢筋混凝土方桩、预制钢筋混凝土管桩项目以成品桩编制，应包括成品桩购置费，如果用现场预制，应包括现场预制桩的所有费用。

2. 钢管桩

以“t”计量，按设计图示尺寸以质量计算；或以“根”计量，按设计图示数量计算。

3. 截（凿）桩头

以“m^3”计量，按设计桩截面乘以桩头长度以体积计算；或以“根”计量，按设计图示数量计算。截（凿）桩头项目适用于“地基处理与边坡支护工程、桩基础工程”所列桩的桩头截（凿）。

4. 使用标准图规定

项目特征中的桩截面、混凝土强度等级、桩类型等可直接用标准图代号或设计桩型进行描述。

5. 打试验桩和打斜桩

打试验桩和打斜桩应按相应项目单独列项，并应在项目特征中注明试验桩或斜桩（斜率）。

6. 接桩、送桩

打桩的工程内容中包括了接桩和送桩，不需要单独列项，应在综合单价中考虑。截（凿）桩头需要单独列项，同时截（凿）桩头项目适用于“地基处理与边坡支护工程、桩基础工程”所列桩的桩头截（凿）。同时还应注意，桩基础项目（打桩和灌注桩）均未包括承载力检测、桩身完整性检测等内容，相关的费用应单独计算（属于研究试验费的范畴），不包括在本清单项目中。

预制钢筋混凝土管桩桩顶与承台的连接构造按“混凝土及钢筋混凝土工程”相关项目列项。

（二）灌注桩

灌注桩包括泥浆护壁成孔灌注桩、沉管灌注桩、干作业成孔灌注桩、挖孔桩土（石）方、人工挖孔灌注桩、钻孔压浆桩、灌注桩后压浆。混凝土灌注桩的钢筋笼制作、安装，按“混凝土与钢筋混凝土工程”中相关项目编码列项。

1. 泥浆护壁成孔灌注桩、沉管灌注桩、干作业成孔灌注桩

以“m”计量时，按设计图示尺寸以桩长（包括桩尖）计算；以“m^3”计量时，按不同截面在桩上范围内以体积计算；以“根”计量时，按设计图示数量计算。

泥浆护壁成孔灌注桩是指在泥浆护壁条件下成孔，采用水下灌注混凝土的桩。其成孔方法包括冲击钻成孔、冲抓锥成孔、回旋钻成孔、潜水钻成孔、泥浆护壁的旋挖成孔等。

沉管灌注桩的沉管方法包括锤击沉管法、振动沉管法、振动冲击沉管法、内夯沉管法等。

干作业成孔灌注桩是指不用泥浆护壁和套管护壁的情况下，用钻机成孔后，下钢筋笼，灌注混凝土的桩，适用于地下水位以上的土层使用。其成孔方法包括螺旋钻成孔、螺旋钻成孔扩底、干作业的旋挖成孔等。

2. 挖孔桩土（石）方

按设计图示尺寸（含护壁）截面面积乘以挖孔深度以体积“m^3”计算。

3. 人工挖孔灌注桩

以“m^3”计量，按桩芯混凝土体积计算；或以“根”计量，按设计图示数量计算。工作内容中包括了护壁的制作，护壁的工程量不需要单独编码列项，应在综合单价中考虑。

4. 钻孔压浆桩

以“m”计量，按设计图示尺寸以桩长计算；或以“根”计量，按设计图示数量计算。

5. 灌注桩后压浆

灌注桩后压浆，按设计图示以注浆孔数“孔”计算。

6. 桩长计算

项目特征中的桩长应包括桩尖，空桩长度=孔深－桩长，孔深为自然地面至设计桩底的深度。）项目特征中的桩截面（桩径）、混凝土强度等级、桩类型等可直接用标准图代号或设计桩型进行描述。

【例 2.4.5】某工程采用人工挖孔桩基础，尺寸如图 2.4.13 所示，共 10 根。桩芯采用商品混凝土，强度等级为 C25；护桩壁采用 C20 混凝土。地层自上而下：卵石层（四类土）厚 5~7m，强风化泥岩（极软岩）厚 3~5m，以下为中风化泥岩（软岩）。请根据工程量计算规范计算挖孔桩土方、人工挖孔灌注桩的工程量。

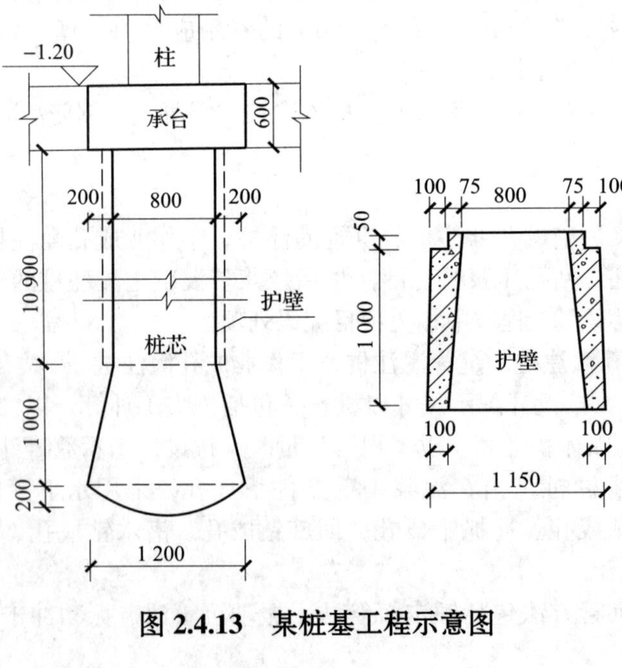

图 2.4.13　某桩基工程示意图

解：计算结果见表 2.4.10。

表 2.4.10 工程量计算表

序号	清单项目编码	清单项目名称	计算式	工程量合计	计量单位
1	010302004001	挖孔桩土（石）方	（1）直芯 $V_1=\pi\times\left(\frac{1.150}{2}\right)^2\times10.9=11.32$（$m^3$） （2）扩大头 $V_2=\frac{1}{3}\times1\times(\pi\times0.4^2+\pi\times0.6^2+\pi\times0.4\times0.6)=\frac{1}{3}\times1\times3.14\times(0.4^2+0.6^2+0.4\times0.6)=0.80$（$m^3$） （3）扩大头球冠 $V_3=\pi\times0.2^2\times\left(R-\frac{0.2}{3}\right)$ （4）$R=\frac{0.6^2+0.2^2}{2\times0.2}=1$ $V_3=3.14\times0.22\times\left(1-\frac{0.2}{3}\right)=0.12$（$m^3$） $V=(V_1+V_2+V_3)\times10=(11.32+0.8+0.12)\times10=122.40$（$m^2$）	122.40	m^3
2	010302005001	人工挖孔灌注桩	（1）护桩壁 C20 混凝土 $V_1=\pi\times\left[\left(\frac{1.15}{2}\right)^2-\left(\frac{0.875}{2}\right)^2\right]\times10.9\times10=\pi\times(0.575^2-0.4375^2)\times10.9\times10=47.65$（$m^2$） （2）桩芯混凝土 $V=122.40-47.65=74.75$（m^2）	74.75	m^3

四、砌筑工程

砌筑工程包括砖砌体、砌块砌体、石砌体、垫层共四大类 27 个清单项目。

（一）砖砌体

砖砌体包括砖基础、砖砌挖孔桩护壁、实心砖墙、多孔砖墙、空心砖墙、空斗墙、空花墙、填充墙、实心砖柱、多孔砖柱、砖检查井、零星砌砖、砖散水（地坪）、砖地沟（明沟）。

1. 砖基础

砖基础按设计图示尺寸以体积“m^3”计算。包括附墙垛基础宽出部分体积，扣除地梁（圈梁）、构造柱所占体积，不扣除基础大放脚 T 形接头处的重叠部分（见图 2.4.14）及嵌入基础内的钢筋、铁件、管道、基础砂浆防潮层和单个面积≤ $0.3m^2$ 的孔洞所占体积，靠墙暖气沟的挑檐不增加。砖基础的项目特征包括：砖品种、规格、强度等级，基础类型，砂浆强度等级，防潮层材料种类。防潮层在清单项目综合单价中考虑，不单独列项计算工程量。

基础长度：外墙按外墙中心线，内墙按内墙净长线计算。砖基础项目适用于各种类型砖基础：柱基础、墙基础、管道基础等。

基础与墙（柱）身的划分：基础与墙（柱）身使用同一种材料时，以设计室内地面为界（有地下室者，以地下室室内设计地面为界），以下为基础，以上为墙（柱）身。基础与墙身使用不同材料时，位于设计室内地面高度 $H\leq\pm300$mm 时，以不同材料为分界线，

高度 $H > \pm 300mm$ 时，以设计室内地面为分界线。砖围墙应以设计室外地坪为界，以下为基础，以上为墙身，见图 2.4.15。

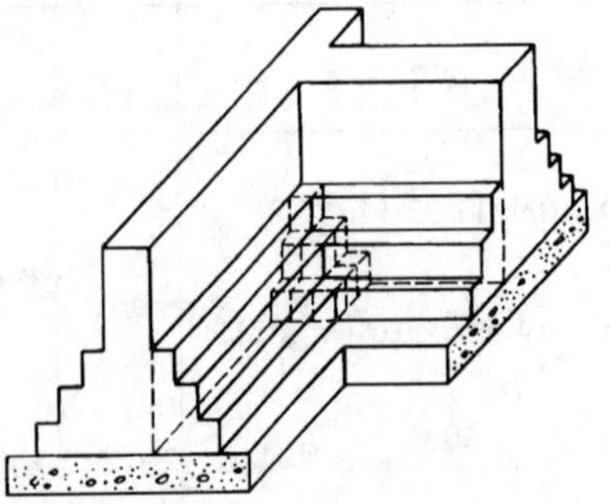

图 2.4.14 砖基础 T 形接头处的重叠部分示意图

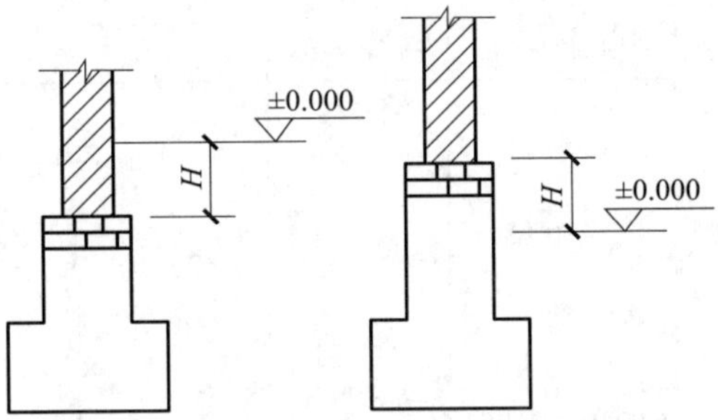

图 2.4.15 基础与墙身使用不同材料示意图

2. 实心砖墙、多孔砖墙、空心砖墙

按设计图示尺寸以体积“m^3”计算。扣除门窗、洞口、嵌入墙内的钢筋混凝土柱、梁、圈梁、挑梁、过梁及凹进墙内的壁龛、管槽、暖气槽、消火栓箱所占体积，不扣除梁头、板头、檩头、垫木、木楞头、沿缘木、木砖、门窗走头、砖墙内加固钢筋、木筋、铁件、钢管及单个面积≤ $0.3m^2$ 的孔洞所占的体积。凸出墙面的腰线、挑檐、压顶、窗台线、虎头砖、门窗套的体积也不增加。凸出墙面的砖垛并入墙体体积内计算。

（1）框架间墙工程量计算不分内外墙按墙体净尺寸以体积计算。围墙的高度算至压顶上表面（如有混凝土压顶时算至压顶下表面），围墙柱并入围墙体积内计算。

（2）墙长度的确定。外墙按中心线，内墙按净长线计算。

（3）墙高度的确定。

1）外墙：斜（坡）屋面无檐口天棚者算至屋面板底；有屋架且室内外均有天棚者算至屋架下弦底另加 200mm，无天棚者算至屋架下弦底另加 300mm，出檐宽度超过 600mm 时按实砌高度计算；有钢筋混凝土楼板隔层者算至板顶。平屋顶算至钢筋混凝土板底。

2）内墙：位于屋架下弦者，算至屋架下弦底；无屋架者算至天棚底另加 100mm；有钢筋混凝土楼板隔层者算至楼板顶；有框架梁时算至梁底。

3）女儿墙：从屋面板上表面算至女儿墙顶面（如有混凝土压顶时算至压顶下表面）。

4）内、外山墙：按其平均高度计算。

3. 空斗墙

空斗墙按设计图示尺寸以空斗墙外形体积“m^3”计算。墙角、内外墙交接处、门窗洞口立边、窗台砖、屋檐处的实砌部分体积并入空斗墙体积内。

4. 空花墙

空花墙按设计图示尺寸以空花部分外形体积“m^3”计算，不扣除空洞部分体积。空花墙项目适用于各种类型的空花墙，使用混凝土花格砌筑的空花墙，实砌墙体与混凝土花格应分别计算，混凝土花格按“混凝土及钢筋混凝土”中预制构件相关项目编码列项。

5. 填充墙

填充墙按设计图示尺寸以填充墙外形体积“m^3”计算。项目特征需要描述填充材料种类及厚度。

6. 实心砖柱、多孔砖柱

按设计图示尺寸以体积“m^3”计算。扣除混凝土及钢筋混凝土梁垫、梁头、板头所占体积。

7. 砖检查井、散水、地坪、地沟、明沟、砖砌挖孔桩护壁、砖检查井

按设计图示数量“座”计算；砖散水、地坪按设计图示尺寸以面积“m^2”计算；砖地沟、明沟按设计图示以中心线长度“m”计算；砖砌挖孔桩护壁按设计图示尺寸以体积“m^3”计算。

8. 零星砌砖

以立方米计量时，按设计图示尺寸截面面积乘以长度“m”计算；以平方米计量时，按设计图示尺寸水平投影面积“m^2”计算；以米计量时，按设计图示尺寸长度“m”计算；以个计量时，按设计图示数量“个”计算。

9. 项目编码规定

框架外表面的镶贴砖部分，按零星项目编码列项。空斗墙的窗间墙、窗台下、楼板下、梁头下等的实砌部分，按零星砌砖项目编码列项。台阶、台阶挡墙、梯带、锅台、炉灶、蹲台、池槽、池槽腿、砖胎模、花台、花池、楼梯栏板、阳台栏板、地垄墙、小于或等于 0.3m^2 的孔洞填塞等，应按零星砌砖项目编码列项。砖砌锅台与炉灶可按外形尺寸以个计算，砖砌台阶可按水平投影面积以平方米计算，小便槽、地垄墙可按长度计算，其他工程以立方米计算。

砖砌体内钢筋加固、检查井内的爬梯、井内的混凝土构件，应按“混凝土及钢筋混凝土工程”中相关项目编码列项。

10. 砖砌体勾缝

砖砌体勾缝按墙面抹灰中“墙面勾缝”项目编码列项，实心砖墙、多孔砖墙、空心砖墙等项目工作内容中不包括勾缝，包括刮缝。

11. 附墙烟囱、通风道、垃圾道

按设计图示尺寸以体积（扣除孔洞所占体积）计算并入所依附的墙体体积内。当设计规定孔洞内需抹灰时，应按“墙、柱面装饰与隔断、幕墙工程”中零星抹灰项目编码列项。

12. 标准砖尺寸

标准砖尺寸应为 240mm × 115mm × 53mm，标准砖墙厚度应按表 2.4.11 计算。

表 2.4.11　标准砖墙厚度表

砖数（厚度）	$\frac{1}{4}$	$\frac{1}{2}$	$\frac{3}{4}$	1	$1\frac{1}{2}$	2	$2\frac{1}{2}$	3
计算厚度（mm）	53	115	180	240	365	490	615	740

（二）砌块砌体

砌块砌体包括砌块墙、砌块柱等项目。

1. 砌块墙

同实心砖墙的工程量计算规则。项目特征描述：砌块品种、规格、强度等级；墙体类型；砂浆强度等级。

砌体内加筋、墙体拉结的制作、安装，应按“混凝土及钢筋混凝土工程”中相关项目编码列项。

砌块排列应上、下错缝搭砌，如果搭错缝长度满足不了规定的压搭要求，应采取压砌钢筋网片的措施，具体构造要求按设计规定。若设计无规定时，应注明由投标人根据工程实际情况自行考虑；钢筋网片按“混凝土及钢筋混凝土工程”中相应编码列项。

2. 砌块柱

按设计图示尺寸以体积“m^3”计算，扣除混凝土及钢筋混凝土梁垫、梁头、板头所占体积。

3. 砌块砌体勾缝

砌块砌体中工作内容包括了勾缝。砌体垂直灰缝宽大于 30mm 时，采用 C20 细石混凝土灌实。灌注的混凝土应按“混凝土及钢筋混凝土工程”相关项目编码列项。

（三）石砌体

石砌体包括石基础、石勒脚、石墙、石挡土墙、石柱、石栏杆、石护坡、石台阶、石坡道、石地沟（明沟）等项目。

1. 石基础

石基础按设计图示尺寸以体积“m^3”计算，包括附墙垛基础宽出部分体积，不扣除基础砂浆防潮层及单个面积≤ $0.3m^2$ 的孔洞所占体积，靠墙暖气沟的挑檐不增加。

基础长度：外墙按中心线计算，内墙按净长线计算。石基础项目适用于各种规格（粗料石、细料石等）、各种材质（砂石、青石等）和各种类型（柱基、墙基、直形、弧形等）基础。

石基础、石勒脚、石墙的划分：基础与勒脚应以设计室外地坪为界。勒脚与墙身应以设计室内地面为界。石围墙内外地坪标高不同时，应以较低地坪标高为界，以下为基础；内外标高高差为挡土墙时，挡土墙以上为墙身。

2. 石勒脚

石勒脚按设计图示尺寸以体积“m^3”计算，扣除单个面积 >$0.3m^2$ 的孔洞所占体积。

石勒脚项目适用于各种规格（粗料石、细料石等）、各种材质（砂石、青石、大理石、花岗石等）和各种类型（直形、弧形等）勒脚。

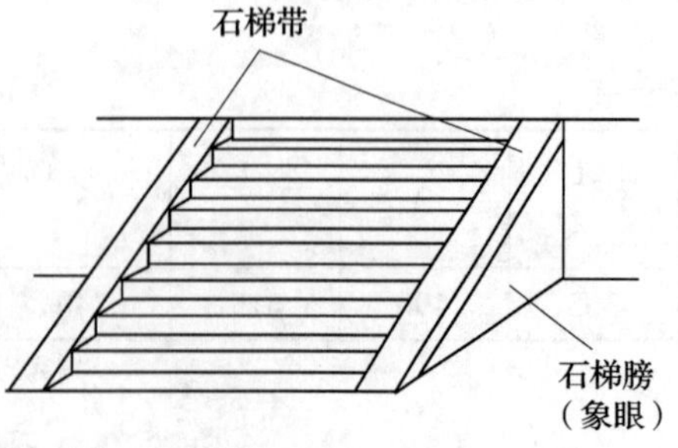

图 2.4.16　石台阶

3. 石挡土墙

按设计图示尺寸以体积“m^3”计算。

石挡土墙项目适用于各种规格（粗料石、细料石、块石、毛石、卵石等）、各种材质（砂石、青石、石灰石等）和各种类型（直形、弧形、台阶形等）挡土墙。石梯膀应按石挡土墙项目编码列项，见图 2.4.16。

4. 石栏杆

按设计图示以长度“m”计算。石栏杆项目适用于无雕饰的一般石栏杆。

5. 石护坡

按设计图示尺寸以体积“m^3”计算。石护坡项目适用于各种石质和各种石料（粗料石、细料石、片石、块石、毛石、卵石等）。

6. 石台阶

按设计图示尺寸以体积“m^3”计算。石台阶项目包括石梯带（垂带），不包括石梯膀。石台阶见图 2.4.16。

7. 石坡道

按设计图示尺寸以水平投影面积“m^2”计算。

8. 石地沟、明沟

按设计图示以中心线长度“m”计算。

9. 石砌体勾缝

石砌体中工作内容包括了勾缝。

（四）垫层

垫层工程量按设计图示尺寸以体积“m^3”计算。

除混凝土垫层外，没有包括垫层要求的清单项目应按该垫层项目编码列项。如灰土垫层、碎石垫层、毛石垫层等。

【例 2.4.6】某工程 ±0.00 以下条形基础平面、剖面大样图详见图 2.4.17，室内外高差为 150mm，室外标高为 −0.15。基础垫层为原槽浇注，垫层为 3∶7 灰土，现场拌和。砌石部分，采用清条石 1 000mm × 300mm × 300mm，M7.5 水泥砂浆砌筑。砌砖部分，采用 MU7.5 的页岩标砖，M5 水泥砂浆砌筑。请根据工程量计算规范确定该工程基础垫层、石基础、砖基础的分部分项工程量。

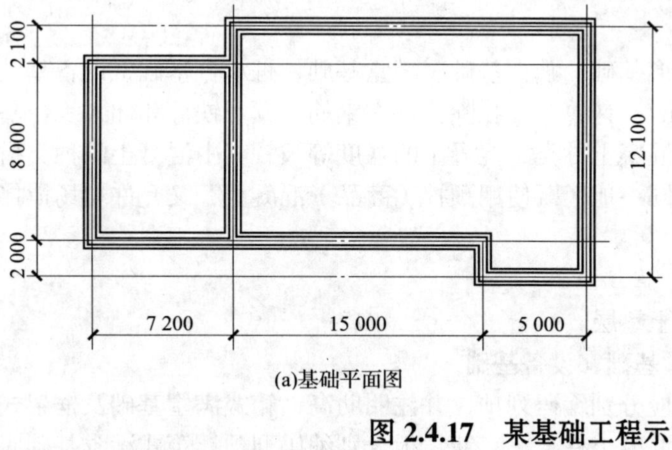

(a)基础平面图

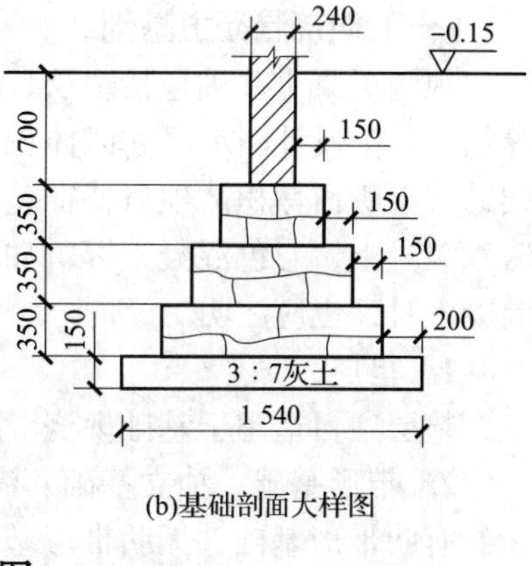

(b)基础剖面大样图

图 2.4.17　某基础工程示意图

解：计算结果见表 2.4.12。

表 2.4.12　工程量计算表

序号	清单项目编码	清单项目名称	计　算　式	工程量合计	计量单位
1	010404001001	垫层	（27.2+12.1）×2=78.6（m）（外墙中心线长度） 8−1.54=6.46（m）（垫层的净长度） （78.6+6.46）×1.54×0.15=19.65（m^3）	19.65	m^3
2	010403001001	石基础	$L_{净1}$=8−1.14=6.86（m）（基础净长度） $L_{净2}$=8−0.84=7.16（m）（基础净长度） $L_{净3}$=8−0.54=7.46（m）（基础净长度） （78.6+6.86）×1.14×0.35+（78.6+7.16）×0.84×0.35+（78.6+7.46）×0.54×0.35=34.10+25.21+16.27=75.58（m^3）	75.58	m^3
3	010401001001	砖基础	$L_{内}$=8−0.24=7.76（m）（内墙净长度） （78.6+7.76）×0.24×0.85=17.62（m^3）	17.62	m^3

五、混凝土及钢筋混凝土工程

混凝土及钢筋混凝土工程包括现浇混凝土、预制混凝土、钢筋工程、螺栓和铁件等部分。现浇混凝土包括基础、柱、梁、墙、板、楼梯、后浇带及其他构件等，预制混凝土包括柱、梁、屋架、板、楼梯及其他构件等共十六类 76 个清单项目。

在计算现浇或预制混凝土和钢筋混凝土构件工程量时，不扣除构件内钢筋、螺栓、预埋铁件、张拉孔道所占体积，但应扣除劲性骨架的型钢所占体积。

（一）现浇混凝土基础

现浇混凝土基础包括垫层、带形基础、独立基础、满堂基础、桩承台基础、设备基础等项目，按设计图示尺寸以体积“m^3”计算。不扣除构件内钢筋、预埋铁件和伸入承台基础的桩头所占体积。项目特征包括混凝土种类、混凝土的强度等级，其中混凝土的种类指清水混凝土、彩色混凝土等，如在同一地区既使用预拌（商品）混凝土，又允许现场搅拌混凝土时，也应注明。

1. 垫层

垫层项目适用于基础现浇混凝土垫层。

2. 带形基础、独立基础、满堂基础、设备基础

有肋带形基础、无肋带形基础应分别编码列项，并注明肋高；箱式满堂基础及框架式设备基础中柱、梁、墙、板按现浇混凝土柱、梁、墙、板分别编码列项；箱式满堂基础底板按满堂基础项目列项，框架设备基础的基础部分按设备基础列项。独立基础分普通、杯口、独立承台基础；条形基础有板式、梁板式条形基础；筏形基础有平板式、梁板式筏形基础。基础截面形式分为坡形、阶形等。

3. 模板及支架（撑）的列项

混凝土项目的工作内容中列出了模板及支架（撑）的内容，即模板及支架（撑）的价格可以综合到相应混凝土项目的综合单价中，也可以在措施项目中单独列项计算工程量。

4. 毛石混凝土基础

如为毛石混凝土基础，项目特征应描述毛石所占比例。

（二）现浇混凝土柱

现浇混凝土柱包括矩形柱、构造柱、异型柱等项目。按设计图示尺寸以体积"m^3"计算。构造柱嵌接墙体部分并入柱身体积。依附柱上的牛腿和升板的柱帽，并入柱身体积计算，如图 2.4.18 所示。项目特征描述：混凝土种类、混凝土强度等级；异型柱还需说明柱形状。

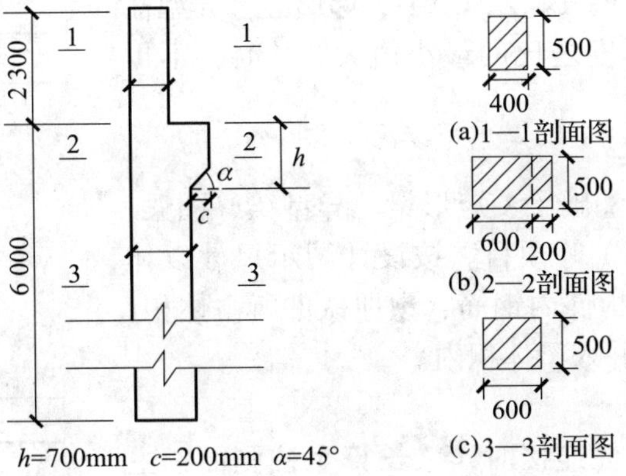

图 2.4.18　某带牛腿的现浇混凝土柱

1. 柱高

柱高的规定：有梁板的柱高，应自柱基上表面（或楼板上表面）至上一层楼板上表面之间的高度计算，如图 2.4.19 所示。无梁板的柱高，应自柱基上表面（或楼板上表面）至柱帽下表面之间的高度计算，如图 2.4.20 所示。框架柱的柱高应自柱基上表面至柱顶高度计算，如图 2.4.21 所示。构造柱按全高计算，如图 2.4.22 所示。

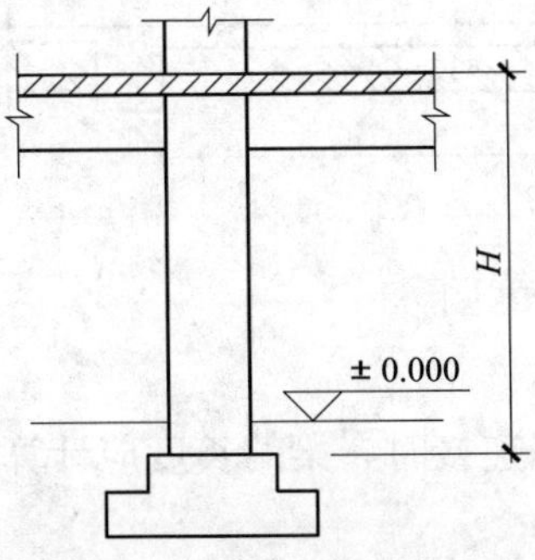

图 2.4.19　有梁板柱高示意图

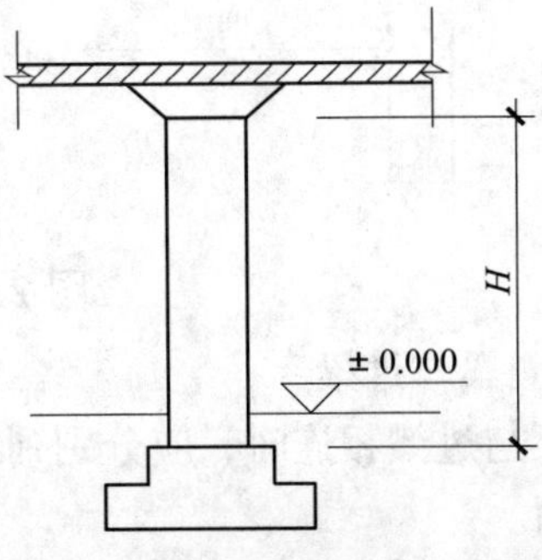

图 2.4.20　无梁板柱高示意图

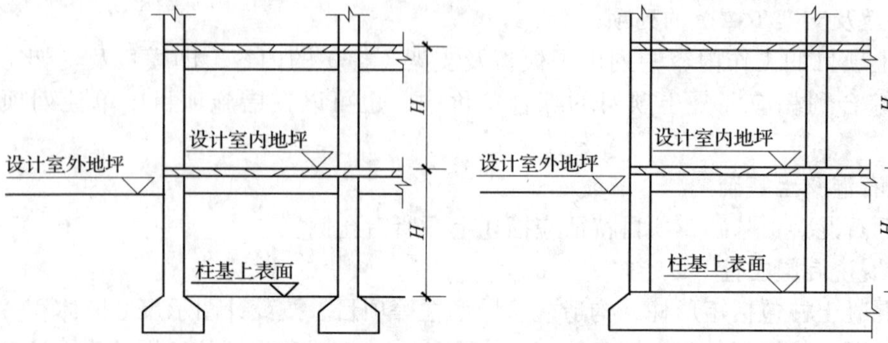

图 2.4.21　框架柱高示意图

2. 异型柱

异型柱截面形状有 T、L、Z、十字、梯形等。异型柱各方向上截面高度与厚度之比的最小值大于 4 时，不再按异型柱列项。

（三）现浇混凝土梁

现浇混凝土梁包括基础梁、矩形梁、异型梁、圈梁、过梁、弧形梁（拱形梁）等项目。按设计图示尺寸以体积"m^3"计算，不扣除构件内钢筋、预埋铁件所占体积，伸入墙内的梁头、梁垫并入梁体积内。

1. 梁长

梁长的确定：梁与柱连接时，梁长算至柱侧面；主梁与次梁连接时，次梁长算至主梁侧面，见图 2.4.23 和图 2.4.24。

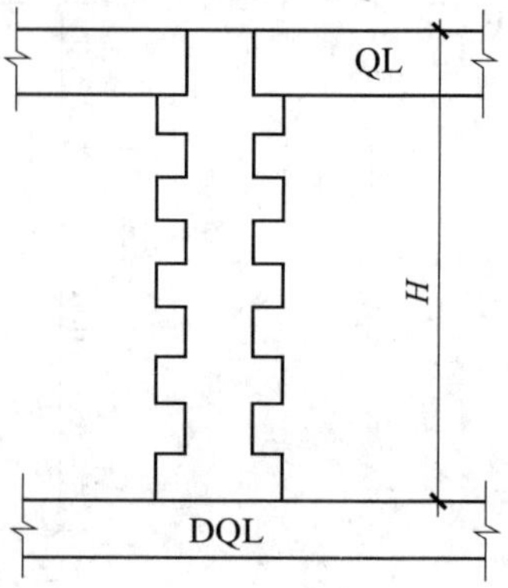

图 2.4.22　构造柱高示意图

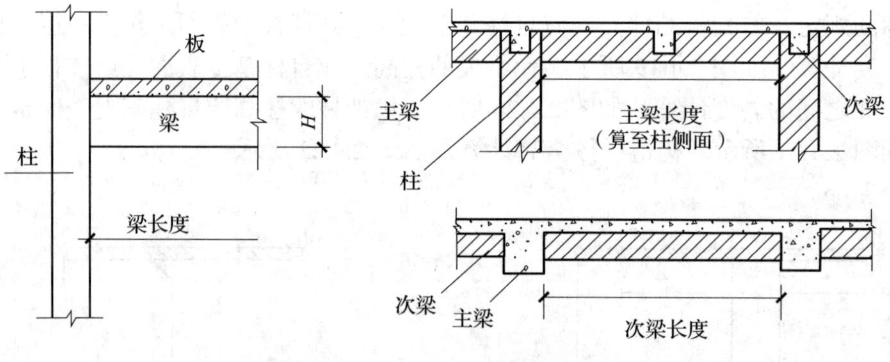

图 2.4.23　梁与柱连接示意图

2. 圈梁与过梁

圈梁与过梁相连时，应分别列项。当梁与混凝土墙连接时，梁的长度应计算到混凝土墙的侧面。

3. 基础梁

基础梁是指位于地基或垫层上，连接独立基础、条形基础或桩承台的梁。

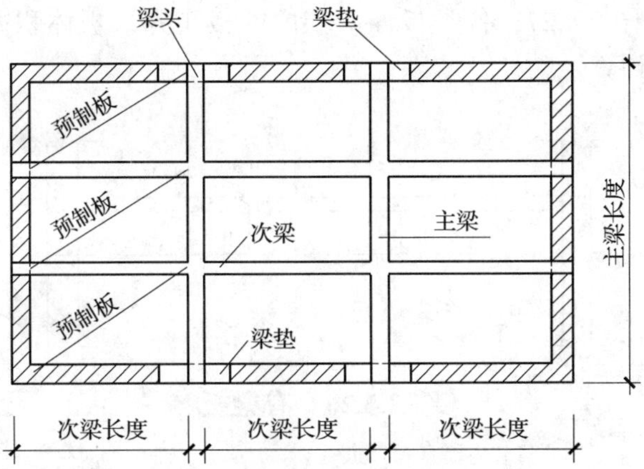

图 2.4.24　主梁与次梁连接示意图

（四）现浇混凝土墙

现浇混凝土墙包括直形墙、弧形墙、短肢剪力墙、挡土墙。工程量按设计图示尺寸以体积"m^3"计算。不扣除构件内钢筋，预埋铁件所占体积，扣除门窗洞口及单个面积 >0.3m^2 的孔洞所占体积，墙垛及突出墙面部分并入墙体体积内计算。

短肢剪力墙是指截面厚度不大于 300mm、各肢截面高度与厚度之比的最大值大于 4 但不大于 8 的剪力墙；各肢截面高度与厚度之比的最大值不大于 4 的剪力墙按柱项目编码列项。如图 2.4.25 所示，判断是短肢剪力墙还是柱。在图 2.4.25（a）中，各肢截面高度与厚度之比为：（500+300）/200=4，所以按异型柱列项；在图 2.4.25（b）中，各肢截面高度与厚度之比为：（600+300）/200=4.5，大于 4 不大于 8，按短肢剪力墙列项。

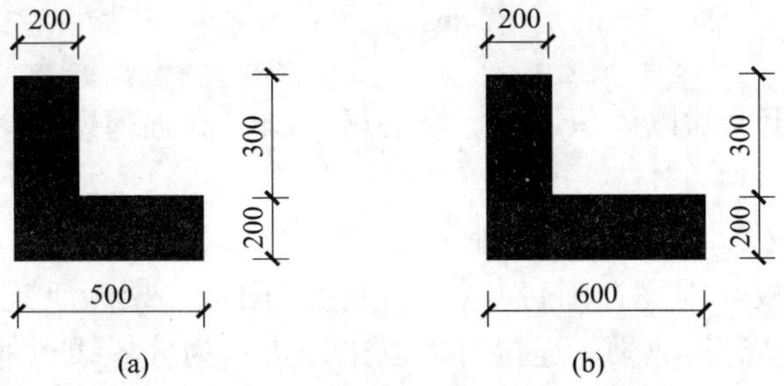

图 2.4.25　短肢剪力墙与柱区分

（五）现浇混凝土板

现浇混凝土板包括有梁板、无梁板、平板、拱板、薄壳板、栏板、天沟（檐沟）及挑檐板、雨篷、悬挑板及阳台板、空心板、其他板等项目。

1. 有梁板、无梁板、平板、拱板、薄壳板、栏板

按设计图示尺寸以体积"m^3"计算。不扣除构件内钢筋、预埋铁件及单个面积 ≤ 0.3m^2 的柱、垛以及孔洞所占体积，压形钢板混凝土楼板扣除构件内压形钢板所占体积。

有梁板（包括主、次梁与板）按梁、板体积之和计算，见图 2.4.26；无梁板按板和柱帽体积之和计算，见图 2.4.27；各类板伸入墙内的板头并入板体积内计算；薄壳板的肋、基梁并入薄壳体积内计算。

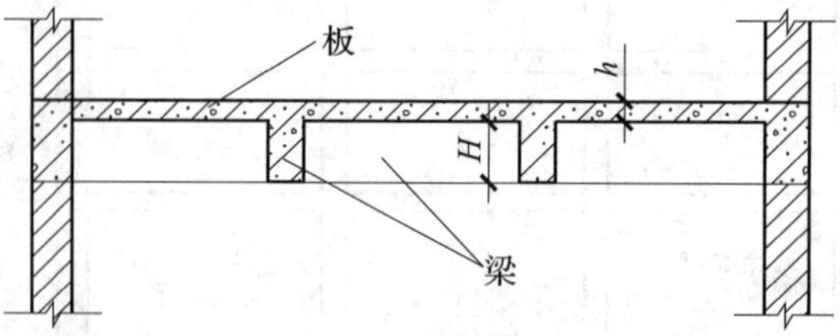

图 2.4.26　有梁板

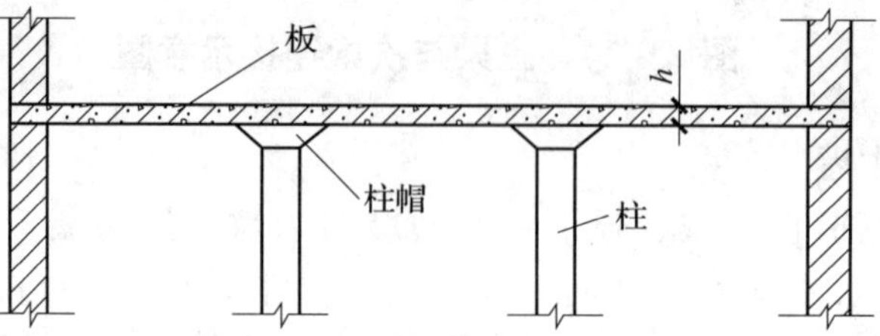

图 2.4.27　无梁板（包括柱帽）

2. 天沟（檐沟）、挑檐板

按设计图示尺寸以体积“m³”计算。

3. 雨篷、悬挑板、阳台板

按设计图示尺寸以墙外部分体积“m³”计算。包括伸出墙外的牛腿和雨篷反挑檐的体积。

4. 空心板

空心板按设计图示尺寸以体积计算。空心板（GBF 高强薄壁蜂巢芯板等）应扣除空心部分体积。

5. 挑檐板、天沟板、雨篷、阳台划分

现浇挑檐、天沟板、雨篷、阳台与板（包括屋面板、楼板）连接时，以外墙外边线为分界线；与圈梁（包括其他梁）连接时，以梁外边线为分界线。外边线以外为挑檐、天沟、雨篷或阳台，见图 2.4.28。

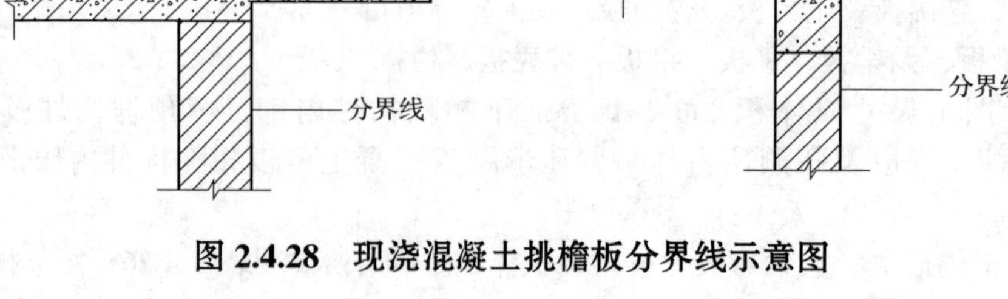

图 2.4.28　现浇混凝土挑檐板分界线示意图

（六）现浇混凝土楼梯

现浇混凝土楼梯包括直形楼梯、弧形楼梯。以“m^2”计量时，按设计图示尺寸以水平投影面积计算，不扣除宽度小于或等于 500mm 的楼梯井，伸入墙内部分不计算；以“m^3”计量时，按设计图示尺寸以体积计算。

整体楼梯（包括直形楼梯、弧形楼梯）水平投影面积包括休息平台、平台梁、斜梁和楼梯的连接梁。当整体楼梯与现浇楼板无梯梁连接时，以楼梯的最后一个踏步边缘加 300mm 为界，见图 2.4.29。

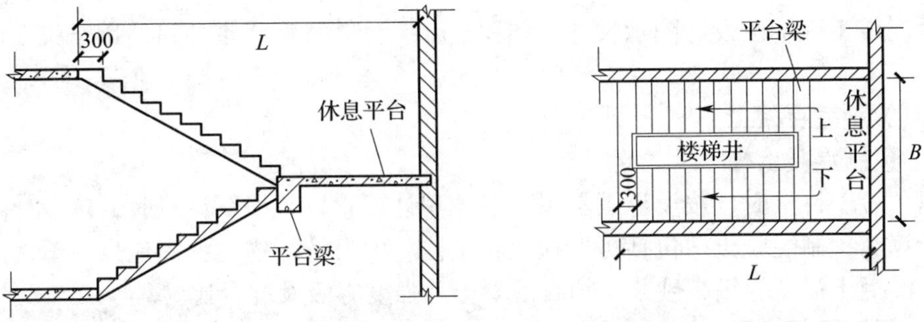

(a) 整体楼梯与现浇楼板无梯梁连接

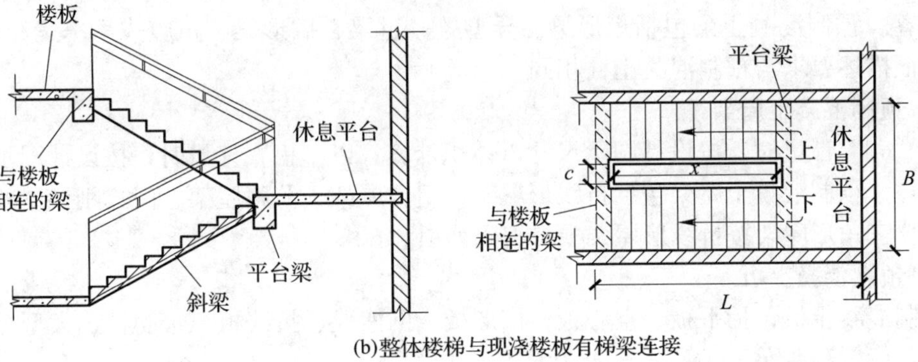

(b) 整体楼梯与现浇楼板有梯梁连接

图 2.4.29　现浇混凝土楼梯示意图

（七）现浇混凝土其他构件

现浇混凝土其他构件包括散水与坡道、室外地坪、电缆沟与地沟、台阶、扶手和压顶、化粪池和检查井、其他构件。

1. 散水、坡道、室外地坪

按设计图示尺寸以面积“m^2”计算。不扣除单个面积≤ $0.3m^2$ 的孔洞所占面积。

2. 电缆沟、地沟

按设计图示以中心线长度“m”计算。

3. 台阶

以“m^2”计量时，按设计图示尺寸水平投影面积计算；以“m^3”计量时，按设计图示尺寸以体积计算。

架空式混凝土台阶，按现浇楼梯计算。

4. 扶手、压顶

以“m”计量时，按设计图示的中心线延长米计算；以“m^3”计量时，按设计图示尺寸以体积计算。

5. 化粪池、检查井及其他构件

以“m^3”计量时，按设计图示尺寸以体积计算；或以“座”计量时，按设计图示以数量计算。

现浇混凝土小型池槽、垫块、门框等，应按其他构件项目编码列项。

（八）后浇带

后浇带工程量按设计图示尺寸以体积“m^3”计算。后浇带项目适用于梁、墙、板的后浇带。

（九）预制混凝土

1. 预制混凝土柱

以“m^3”计量时，按设计图示尺寸以体积计算；以“根”计量时，按设计图示尺寸以数量计算。预制混凝土柱包括矩形柱、异型柱。项目特征描述：图代号、单件体积、安装高度、混凝土强度等级、砂浆（细石混凝土）强度等级及配合比。

2. 预制混凝土梁

以“m^3”计量时，按设计图示尺寸以体积计算；以“根”计量时，按设计图示尺寸以数量计算。预制混凝土梁包括矩形梁、异型梁、过梁、拱形梁、鱼腹式吊车梁和其他梁。项目特征描述要求与预制混凝土柱相同。

3. 预制混凝土屋架

以“m^3”计量时，按设计图示尺寸以体积计算；以“榀”计量时，按设计图示尺寸以数量计算。预制混凝土屋架包括折线形屋架、组合屋架、薄腹屋架、门式刚架屋架、天窗架屋架。三角形屋架按折线形屋架项目编码列项。

4. 预制混凝土板

预制混凝土板包括平板、空心板、槽形板、网架板、折线板、带肋板、大型板、沟盖板（井盖板）和井圈。

（1）平板、空心板、槽形板、网架板、折线板、带肋板、大型板，以“m^3”计量时，按设计图示尺寸以体积计算，不扣除单个面积≤300mm×300mm的孔洞所占体积，扣除空心板空洞体积；以“块”计量时，按设计图示尺寸以数量计算。

（2）沟盖板、井盖板、井圈，以“m^3”计量时，按设计图示尺寸以体积计算；以“块”计量时，按设计图示尺寸以数量计算。

（3）预制混凝土楼梯，以“m^3”计量时，按设计图示尺寸以体积计算，扣除空心踏步板空洞体积；以“块”计量时，按设计图示以数量计算。

（4）其他预制构件，包括烟道、垃圾道、通风道及其他构件。预制钢筋混凝土小型池槽、压项、扶手、垫块、隔热板、花格等，按其他构件项目编码列项。

工程量计算以“m^3”计量时，按设计图示尺寸以体积计算，不扣除单个面积≤300mm×300mm的孔洞所占体积，扣除烟道、垃圾道、通风道的孔洞所占体积；以“m^2”计量时，按设计图示尺寸以面积计算，不扣除单个面积≤300mm×300mm的孔洞所占面积；以“根”计量时，按设计图示尺寸以数量计算。

（十）钢筋工程

钢筋工程包括现浇构件钢筋、预制构件钢筋、钢筋网片、钢筋笼、先张法预应力钢筋、后张法预应力钢筋、预应力钢丝、预应力钢绞线、支撑钢筋（铁马）、声测管。

1. 现浇构件钢筋、预制构件钢筋、钢筋网片、钢筋笼

按设计图示钢筋（网）长度（面积）乘以单位理论质量“t”计算。项目特征描述：钢筋种类、规格。钢筋的工作内容中包括了焊接（或绑扎）连接，不需要计量，在综合单价中考虑，但机械连接需要单独列项计算工程量。

2. 先张法预应力钢筋

按设计图示钢筋长度乘以单位理论质量“t”计算。

3. 后张法预应力钢筋、预应力钢丝、预应力钢绞线

按设计图示钢筋（丝束、绞线）长度乘以单位理论质量“t”计算。其长度应按以下规定计算：

（1）低合金钢筋两端均采用螺杆锚具时，钢筋长度按孔道长度减 0.35m 计算，螺杆另行计算。

（2）低合金钢筋一端采用镦头插片，另一端采用螺杆锚具时，钢筋长度按孔道长度计算，螺杆另行计算。

（3）低合金钢筋一端采用镦头插片，另一端采用帮条锚具时，钢筋增加 0.15m 计算；两端均采用帮条锚具时，钢筋长度按孔道长度增加 0.3m 计算。

（4）低合金钢筋采用后张混凝土自锚时，钢筋长度按孔道长度增加 0.35m 计算。

（5）低合金钢筋（钢绞线）采用 JM、XM、QM 型锚具，孔道长度≤ 20m 时，钢筋长度增加 1m 计算，孔道长度 >20m 时，钢筋长度增加 1.8m 计算。

（6）碳素钢丝采用锥形锚具，孔道长度≤ 20m 时，钢丝束长度按孔道长度增加 1m 计算，孔道长度 >20m 时，钢丝束长度按孔道长度增加 1.8m 计算。

（7）碳素钢丝采用镦头锚具时，钢丝束长度按孔道长度增加 0.35m 计算。

4. 支撑钢筋（铁马）

按钢筋长度乘以单位理论质量“t”计算。在编制工程量清单时，如果设计未明确，其工程数量可为暂估量，结算时按现场签证数量计算。

5. 声测管

按设计图示尺寸以质量“t”计算。

6. 钢筋锚固和搭接

现浇构件中伸出构件的锚固钢筋应并入钢筋工程量内。除设计（包括规范规定）标明的搭接外，其他施工搭接不计算工程量，在综合单价中综合考虑。

7. 钢筋工程量计算方法

钢筋工程量计算首先计算其图示长度，然后乘以单位理论质量确定，即：

$$\text{钢筋工程量} = \text{图示钢筋长度} \times \text{单位理论质量} \tag{2.4.6}$$

钢筋单位理论质量可根据上述公式计算确定（d 为钢筋直径，单位 mm），或查表 2.4.13 确定；也可根据钢筋直径计算理论质量，钢筋的密度可按 7 850kg/m^3 计算。

$$\text{钢筋单位理论质量} = 0.006\,165 \times d^2\ (\text{kg/m}) \tag{2.4.7}$$

表 2.4.13　钢筋单位长度理论质量表

直径（mm）	理论质量（kg/m）	横截面积（cm^2）	直径（mm）	理论质量（kg/m）	横截面积（cm^2）
4	0.099	0.126	18	1.998	2.545
5	0.154	0.196	20	2.466	3.142
6	0.222	0.283	22	2.984	3.801
6.5	0.26	0.332	24	3.551	4.524
8	0.395	0.503	25	3.850	4.909
10	0.617	0.785	28	4.830	5.153
12	0.888	1.131	30	5.550	7.069
14	1.208	1.539	32	6.310	8.043
16	1.578	2.011	40	9.865	12.561

8. 钢筋长度一般计算方法

（1）纵向钢筋图示长度的计算。在计算纵向钢筋图示长度时，需要考虑以下参数：

1）混凝土保护层厚度。混凝土保护层是结构构件中钢筋外边缘至构件表面范围用于保护钢筋的混凝土。根据《混凝土结构设计规范》GB 50010-2010 的规定，构件中受力钢筋的保护层厚度不应小于钢筋的公称直径 d；设计使用年限为 50 年的混凝土结构，最外层钢筋的保护层厚度应符合表 2.4.14 的规定；设计使用年限为 100 年的混凝土结构，最外层钢筋的保护层厚度不应小于表 2.4.14 中数值的 1.4 倍。

表 2.4.14　混凝土保护层最小厚度（mm）

环 境 类 别	板、墙、壳	梁、柱、杆
一	15	20
二 a	20	25
二 b	25	35
三 a	30	40
三 b	40	50

注：1. 混凝土强度等级不大于 C25 时，表中保护层厚度数值应增加 5mm；
2. 钢筋混凝土基础宜设置混凝土垫层，基础中钢筋的混凝土保护层厚度应从垫层顶面算起，且不应小于 40mm。

2）弯起钢筋增加长度。弯起钢筋的弯曲度数有 30°、45°、60°，如图 2.4.30 所示。弯起钢筋增加的长度为 $S-L$，不同弯起角度的 $S-L$ 值见表 2.4.15。

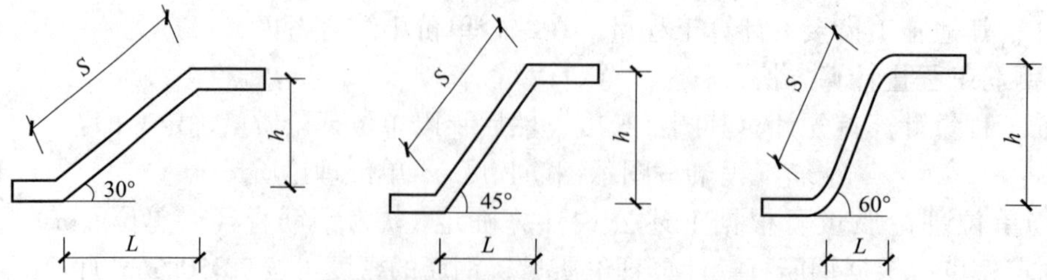

图 2.4.30　弯起钢筋增加长度示意图（$S-L$）

表 2.4.15　弯起钢筋增加长度计算表

弯起角度	S	L	$S-L$
30°	$2.000h$	$1.732h$	$0.268h$
45°	$1.414h$	$1.000h$	$0.414h$
60°	$1.155h$	$0.577h$	$0.578h$

3）钢筋弯钩增加长度。钢筋的弯钩主要有半圆弯钩（180°）、直弯钩（90°）和斜弯钩（135°），如图 2.4.31 所示。对于 HPB300 级光圆钢筋受拉，钢筋末端作 180° 弯钩时，钢筋弯折的弯弧内直径不应小于钢筋直径 d 的 2.5 倍，弯钩的弯折后平直段长度不应小于钢筋直径 d 的 3 倍。按弯弧内径为钢筋直径 d 的 2.5 倍，平直段长度为钢筋直径 d 的 3 倍确定弯钩的增加长度为：半圆弯钩增加长度为 $6.25d$，直弯钩增加长度为 $3.5d$，斜弯钩增加长度为 $4.9d$。

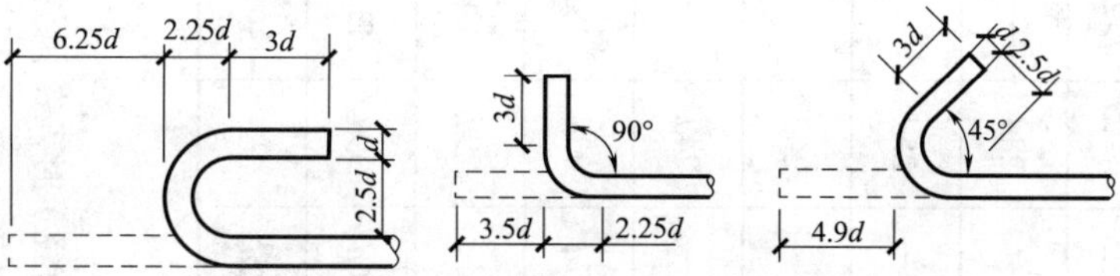

图 2.4.31　钢筋弯钩长度示意图

4）钢筋的锚固长度。受拉钢筋的锚固长度应符合《混凝土结构设计规范》GB 50010–2010 的要求。为便于钢筋工程量计算，钢筋的锚固长度可以通过查 16G101 图集确定，受拉钢筋锚固长度见表 2.4.16，受拉钢筋抗震锚固长度见表 2.4.17。

表 2.4.16　受拉钢筋锚固长度 l_a

钢筋种类	混凝土强度等级																
	C20	C25		C30		C35		C40		C45		C50		C55		≥ C60	
	$d\leqslant 25$	$d\leqslant 25$	$d>25$	$d\leqslant 25$	$d>25$	$d\leqslant 25$	$d>25$	$d\leqslant 25$	$d>25$	$d\leqslant 25$	$d>25$	$d\leqslant 25$	$d>25$	$d\leqslant 25$	$d>25$	$d\leqslant 25$	$d>25$
HPB300	$39d$	$34d$	—	$30d$	—	$28d$	—	$25d$	—	$24d$	—	$23d$	—	$22d$	—	$21d$	—
HRB335、HRBF335	$38d$	$33d$	—	$29d$	—	$27d$	—	$25d$	—	$23d$	—	$22d$	—	$21d$	—	$21d$	—
HRB400、HRBF400 RRB400	—	$40d$	$44d$	$35d$	$39d$	$32d$	$35d$	$29d$	$32d$	$28d$	$31d$	$27d$	$30d$	$26d$	$29d$	$25d$	$28d$
HRB500、HRBF500	—	$48d$	$53d$	$43d$	$47d$	$39d$	$43d$	$36d$	$40d$	$34d$	$37d$	$32d$	$35d$	$31d$	$34d$	$30d$	$33d$

5）纵向受拉钢筋的搭接长度。纵向受拉钢筋绑扎搭接接头的搭接长度应符合《混凝土结构设计规范》GB 50010–2010 的要求。纵向受拉钢筋搭接长度可以通过查 16G101 图集确定，纵向受拉钢筋搭接长度见表 2.4.18。

表 2.4.17　受拉钢筋抗震锚固长度 l_{aE}

钢筋种类及抗震等级		混凝土强度等级																
		C20	C25		C30		C35		C40		C45		C50		C55		≥ C60	
		$d\leqslant25$	$d\leqslant25$	$d>25$	$d\leqslant25$	$d>25$	$d\leqslant25$	$d>25$	$d\leqslant25$	$d>25$	$d\leqslant25$	$d>25$	$d\leqslant25$	$d>25$	$d\leqslant25$	$d>25$	$d\leqslant25$	$d>25$
HPB300	一、二级	45*d*	39*d*	—	35*d*	—	32*d*	—	29*d*	—	28*d*	—	26*d*	—	25*d*	—	24*d*	—
	三级	41*d*	36*d*	—	32*d*	—	29*d*	—	26*d*	—	25*d*	—	24*d*	—	23*d*	—	22*d*	—
HRB335 HRBF335	一、二级	44*d*	38*d*	—	33*d*	—	31*d*	—	29*d*	—	26*d*	—	25*d*	—	24*d*	—	24*d*	—
	三级	40*d*	35*d*	—	30*d*	—	28*d*	—	26*d*	—	24*d*	—	23*d*	—	22*d*	—	22*d*	—
HRB400 HRBF400	一、二级	—	46*d*	51*d*	40*d*	45*d*	37*d*	40*d*	33*d*	37*d*	32*d*	36*d*	31*d*	35*d*	30*d*	33*d*	29*d*	32*d*
	三级	—	42*d*	46*d*	37*d*	41*d*	34*d*	37*d*	30*d*	34*d*	29*d*	33*d*	28*d*	32*d*	27*d*	30*d*	26*d*	29*d*
HRB500 HRBF500	一、二级	—	55*d*	61*d*	49*d*	54*d*	45*d*	49*d*	41*d*	46*d*	39*d*	43*d*	37*d*	40*d*	36*d*	39*d*	35*d*	38*d*
	三级	—	50*d*	56*d*	45*d*	49*d*	41*d*	45*d*	38*d*	42*d*	36*d*	39*d*	34*d*	37*d*	33*d*	36*d*	32*d*	35*d*

注：1．当为环氧树脂涂层带肋钢筋时，表中数据乘以 1.25。

2．当纵向受拉钢筋在施工过程中易受扰动时，表中数据尚应乘以 1.1。

3．当锚固长度范围内纵向受理钢筋周边保护层厚度为 3*d*、5*d*（*d* 为锚固钢筋直径）时，表中数据可分别乘以 0.8、0.7；中间时按内插值。

4．当纵向受拉普通钢筋锚固长度修正系数（注 1~ 注 3）多于一项时，可连乘计算。

5．四级抗震时，$l_{aE}=l_a$。

表 2.4.18　纵向受拉钢筋搭接长度 l_t

钢筋种类及同一区段内搭接钢筋面积百分率		混凝土强度等级																
		C20	C25		C30		C35		C40		C45		C50		C55		C60	
		$d≤25$	$d≤25$	$d>25$	$d≤25$	$d>25$	$d≤25$	$d>25$	$d≤25$	$d>25$	$d≤25$	$d>25$	$d≤25$	$d>25$	$d≤25$	$d>25$	$d≤25$	$d>25$
HPB300	≤25%	47d	41d	—	36d	—	34d	—	30d	—	29d	—	28d	—	26d	—	25d	—
	50%	55d	48d	—	42d	—	39d	—	35d	—	34d	—	32d	—	31d	—	29d	—
	100%	62d	54d	—	48d	—	45d	—	40d	—	38d	—	37d	—	35d	—	34d	—
HRB335 HRBF335	≤25%	46d	40d	—	35d	—	32d	—	30d	—	28d	—	26d	—	25d	—	25d	—
	50%	53d	46d	—	41d	—	38d	—	35d	—	32d	—	31d	—	29d	—	29d	—
	100%	61d	53d	—	46d	—	43d	—	40d	—	37d	—	35d	—	34d	—	34d	—
HRB400 HRBF400 RRB400	≤25%	—	48d	53d	42d	47d	38d	42d	35d	38d	34d	37d	32d	36d	31d	35d	30d	34d
	50%	—	56d	62d	49d	55d	45d	49d	41d	45d	39d	43d	38d	42d	36d	41d	35d	39d
	100%	—	64d	70d	56d	62d	51d	56d	46d	51d	45d	50d	43d	48d	42d	46d	40d	45d
HRB500 HRBF500	≤25%	—	58d	64d	52d	56d	47d	52d	43d	48d	41d	44d	38d	42d	37d	41d	36d	40d
	50%	—	67d	74d	60d	66d	55d	60d	50d	56d	48d	52d	45d	49d	43d	48d	42d	46d
	100%	—	77d	85d	69d	75d	62d	69d	58d	64d	54d	59d	51d	56d	50d	54d	48d	53d

注：当为环氧树脂涂层带肋钢筋时，表中数据乘以 1.25；当纵向受拉钢筋在施工过程中易受扰动时，表中数据尚应乘以 1.1；当锚固长度范围内纵向受拉钢筋周边保护层厚度为 3d、5d（d 为锚固钢筋直径）时，表中数据可分别乘以 0.8、0.7，中间时按内插值；当纵向受拉普通钢筋锚固长度修正系数（即 1.25、1.1、0.8 或 0.7）多于一项时，可连乘计算。

（2）箍筋长度的计算。箍筋是为了固定主筋位置和组成钢筋骨架而设置的一种钢筋。计算长度时，要考虑混凝土保护层、箍筋的形式、箍筋的根数和箍筋单根长度。

箍筋单根长度的计算采用箍筋外皮尺寸并考虑弯钩的增加长度，可按公式（2.4.8）计算。

$$\text{箍筋单根长度} = \text{箍筋的外皮尺寸周长} + 2 \times \text{弯钩增加长度} \tag{2.4.8}$$

双肢箍的单根长度可按公式（2.4.9）计算。

$$\begin{aligned}\text{双肢箍单根长度} &= \text{箍筋的外皮尺寸周长} + 2 \times \text{弯钩增加长度} \\ &= \text{构件周长} - 8 \times \text{混凝土保护层厚度} + 2 \times \text{弯钩增加长度}\end{aligned} \tag{2.4.9}$$

《混凝土结构工程施工规范》GB 50666-2011 对箍筋、拉筋末端弯钩的要求：对一般结构构件，箍筋弯钩的弯折角度不应小于 90°，弯折后平直段长度不应小于箍筋直径的 5 倍；对有抗震设防要求或设计有专门要求的结构构件，箍筋弯钩的弯折角度不应小于 135°，弯折后平直段长度不应小于箍筋直径的 10 倍和 75mm 两者之中的较大值（见图 2.4.32）；圆形箍筋的搭接长度不应小于其受拉锚固长度，且两末端均应作不小于 135° 的弯钩，弯折后平直段长度对一般结构构件不应小于箍筋直径的 5 倍，对有抗震设防要求的结构构件不应小于箍筋直径的 10 倍和 75mm 的较大值。拉筋用作梁、柱复合箍筋中单肢箍筋或梁腰筋间拉结筋时，两端弯钩的弯折角度均不应小于 135°，弯折后平直段长度对一般结构构件不应小于箍筋直径的 5 倍，对有抗震设防要求的结构构件不应小于箍筋直径的 10 倍和 75mm 的较大值；拉筋用作剪力墙、楼板等构件中拉结筋时，两端弯钩可采用一端 135°，另一端 90°，弯折后平直段长度不应小于拉筋直径的 5 倍。

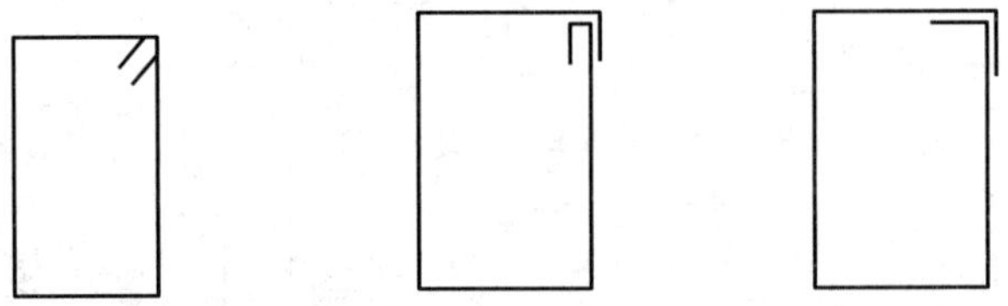

(a)抗震结构　(b)一般结构　(c)一般结构

图 2.4.32　常见箍筋示意图

箍筋根数的计算应按公式（2.4.10）计算：

$$\text{箍筋根数} = \frac{\text{箍筋分布长度}}{\text{箍筋间距}} + 1 \tag{2.4.10}$$

9. 平法钢筋工程量计算方法

平法钢筋工程量计算时除了要依据平法施工图外，还要参考平法图集中的标准构造详图，方能正确计算钢筋图示长度，然后再确定其质量。

以楼层框架梁为例说明平法钢筋工程量的计算方法。楼层框架梁中常见钢筋包括：纵向钢筋、吊筋、箍筋、拉筋等。主要的标准构造详图，如楼层框架梁纵向钢筋构造（见图 2.4.33）、端支座锚固（见图 2.4.34）、梁侧面钢筋（见图 2.4.35）、框架梁箍筋加密区范围（见图 2.4.36）、附加吊筋等构造详图（见图 2.4.37）（其他构造详图参见 16G101 图集）。

楼层框架梁中的主要钢筋长度可参考以下公式计算。

（1）上部贯通钢筋长度计算：

$$上部贯通钢筋长度 = 通跨净长 + 两端支座锚固长度 + 搭接长度 \qquad (2.4.11)$$

钢筋锚固长度区分直锚和弯锚按图 2.4.33、图 2.4.34 确定。当梁的端支座宽 h_c- 保护层≥ l_{aE} 时为直锚，锚固长度不小于 max（l_{aE}，$0.5h_c+5d$），当梁端支座宽 h_c- 保护层 $<l_{aE}$ 时为弯锚，锚固长度不小于 $0.4l_{aE}+15d$。

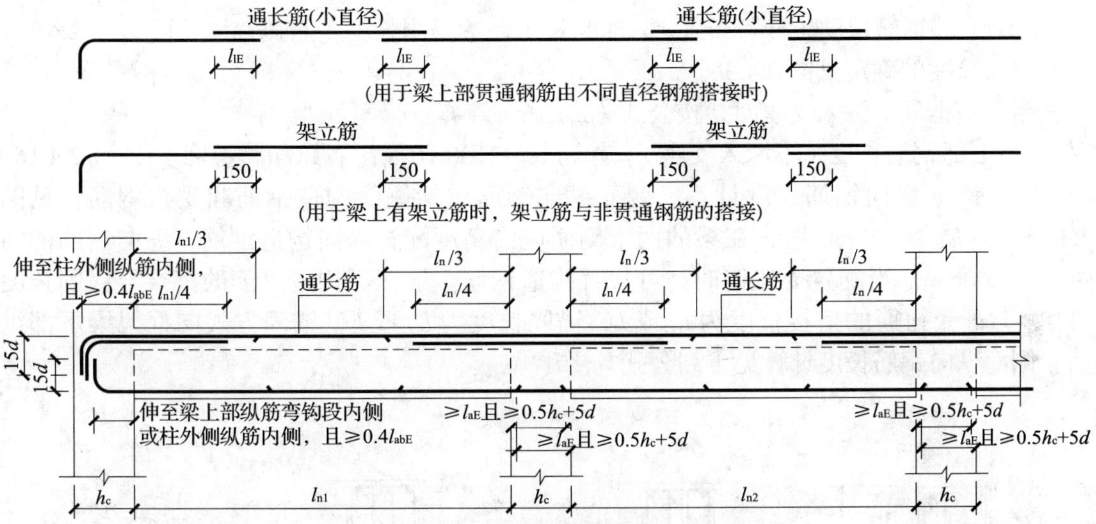

图 2.4.33　楼层框架梁纵向钢筋构造

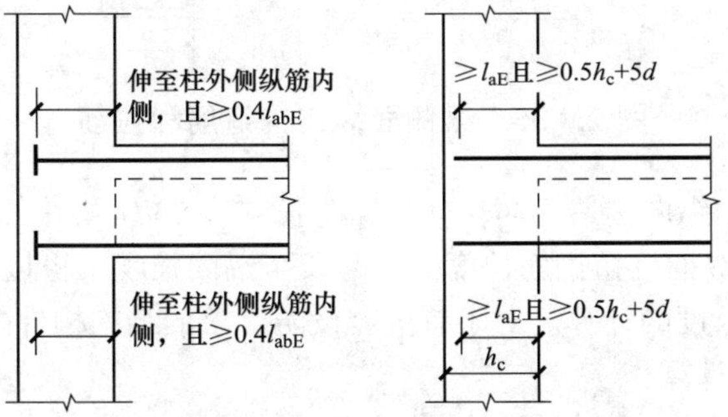

(a) 加锚头（锚板）锚固　　(b) 直锚锚固

图 2.4.34　端支座锚固

（2）端支座负筋长度计算：

$$端支座负筋长度 = 锚固长度 + 伸出支座的长度 \qquad (2.4.12)$$

锚固长度同上部贯通钢筋；伸出支座的长度，第一排为净跨的 1/3，第二排为净跨的 1/4。

（3）中间支座负筋长度计算：

$$中间支座负筋长度 = 中间支座宽度 + 左右两边伸出支座的长度 \qquad (2.4.13)$$

伸出支座的长度，第一排为净跨的 1/3，第二排为净跨的 1/4。当支座两端净跨不相等时，取左右跨中较大的跨度值。

（4）架立筋长度计算：

架立筋长度 = 每跨净长 – 左右两边伸出支座的负筋长度 +2× 搭接长度　（2.4.14）

架立筋与支座负筋搭接长度按 150mm 计算（见图 2.4.34）。

（5）下部钢筋长度计算：下部钢筋一般为分跨布置，当布置有贯通钢筋时与上部钢筋计算相同。当分跨布置时，下部钢筋长度计算按公式（2.4.15）。

下部钢筋长度（分跨布置）= 净跨长 + 左侧锚固长度 + 右侧锚固长度　（2.4.15）

锚固长度的确定见图 2.4.34。

当下部钢筋不深入支座时，按公式（2.4.16）计算。

下部钢筋长度（不深入支座）= 净跨长 $-2\times0.1l_{ni}$（l_{ni} 各跨净跨长度）　（2.4.16）

（6）侧面纵向钢筋长度计算。侧面纵向钢筋包括侧面构造钢筋和受扭钢筋，见图 2.4.35。当 $h_w\geqslant450$mm 时，在梁的两个侧面应沿高度配置纵向构造钢筋，纵向钢筋的间距 $a\leqslant200$mm。当配置受扭筋时，可代替构造钢筋。梁侧面构造纵筋的搭接与锚固长度可取 $15d$；受扭筋的搭接长度为 l_{lE} 或 l_l，锚固长度为 l_{aE} 或 l_a，锚固方式同框架梁下部纵筋。侧面纵向钢筋长度计算见下列公式。

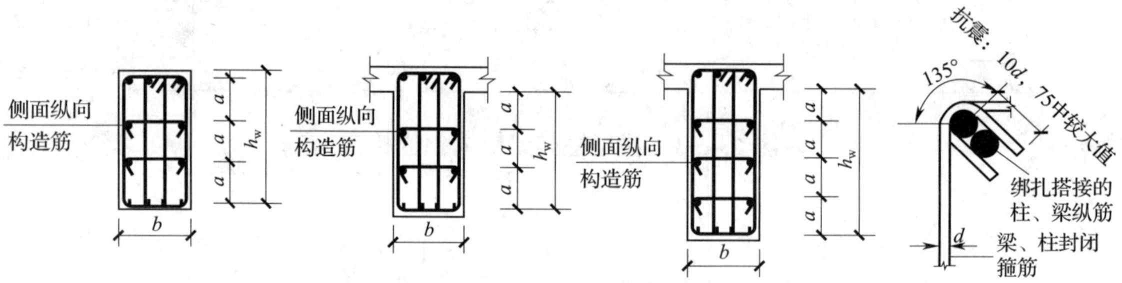

图 2.4.35　梁侧面纵向构造筋和拉筋

侧面纵向构造钢筋长度 = 净跨长 +2×15d+ 搭接长度　（2.4.17）

侧面纵向抗扭钢筋长度 = 净跨长 + 锚固长度 + 搭接长度　（2.4.18）

（7）箍筋和拉筋长度的计算。对于有抗震设防要求的结构构件的两肢箍箍筋的单根长度可按公式（2.4.19）计算。

两肢箍单根长度 =（梁宽 + 梁高）×2–8× 保护层 +2×max（75+1.9d，11.9d）

（2.4.19）

箍筋根数可按公式（2.4.20）计算。图 2.4.36 中加密区的范围：抗震等级为一级的，加密区范围≥ 2.0h_b，且≥ 500，抗震等级为二～四级的，加密区范围≥ 1.5h_b，且≥ 500；h_b 为梁截面高度。

箍筋根数 =［（加密区长度 –50）/ 加密区间距 +1］×2+

非加密区长度 / 非加密区间距 –1 （取整）　（2.4.20）

拉筋单根长度的计算可参考公式（2.4.21）确定。拉筋的直径当梁宽≤ 350mm 时，直径为 6mm，梁宽 >350mm 时，直径为 8mm。

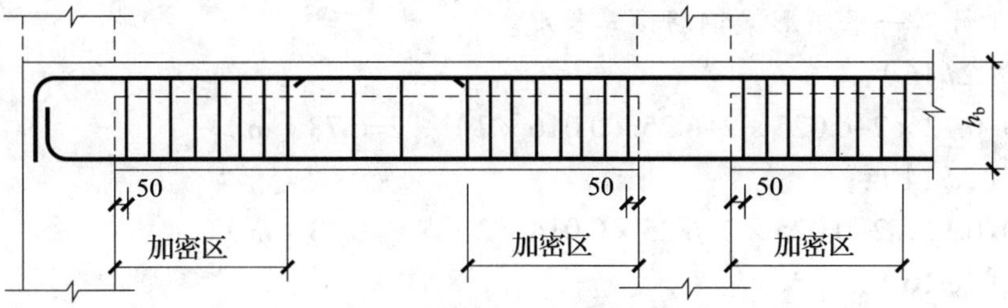

图 2.4.36 框架梁箍筋加密区范围

$$拉筋单根长度 = 梁宽 -2\times 保护层 +2\times \max(75+1.9d，11.9d) \quad (2.4.21)$$

拉筋的根数计算，其间距为非加密区箍筋间距的 2 倍，当有多排拉筋时，上、下两排拉筋竖向错开设置（见图 2.4.35）。

（8）吊筋长度计算。吊筋构造见图 2.4.37。

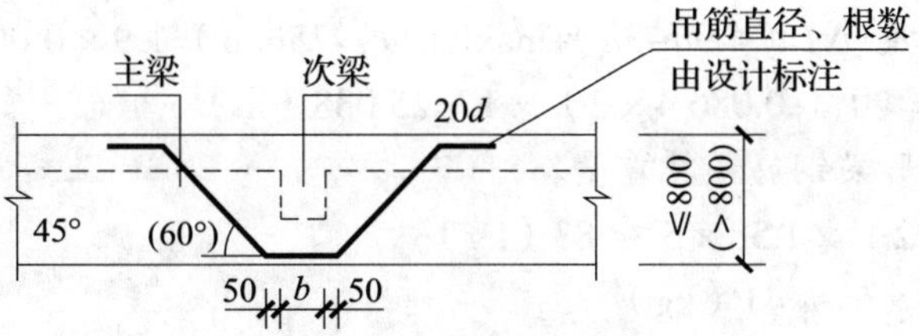

图 2.4.37 附加吊筋构造

$$吊筋长度 =2\times 锚固长度 +2\times 斜段长度 + 次梁宽度 +2\times 50 \quad (2.4.22)$$

当梁高度 >800mm，a=60°；当梁高度≤ 800mm，a=45°。

【例 2.4.7】已知某工程有 5 根 C20 现浇钢筋混凝土矩形梁，梁的配筋如图 2.4.38 所示，混凝土保护层厚度为 25mm，试计算这 5 根梁的钢筋工程量。

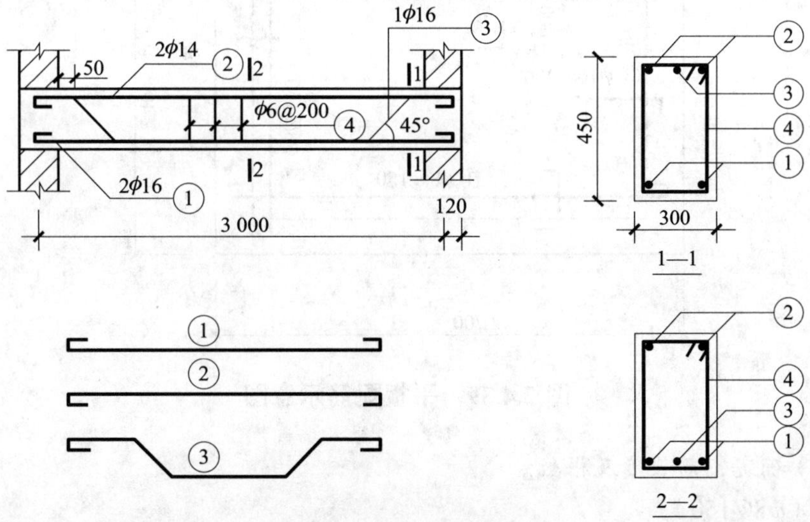

图 2.4.38 矩形梁配筋图

解：（1）计算一根矩形梁钢筋预算长度。

①号筋（2ϕ16）：

L=（3.0+0.12×2−0.025×2+6.25×0.016×2）×2=6.78（m）

②号筋（2ϕ14）：

L=（3.0+0.12×2−0.025×2+6.25×0.014×2）×2=6.73（m）

③号筋（1ϕ16）：

弯起钢筋斜边长度 S=1.414×（0.45−0.025×2）×2=0.566×2=1.132（m）

弯起钢筋底边长度 L=（0.45−0.025×2）×2=0.8（m）

弯起钢筋增加长度 S−L=1.132−0.8=0.332（m）

弯起钢筋预算总长 L=（3.0+0.12×2−0.025×2）+0.332+6.25×0.016×2=3.722（m）

④号筋（ϕ6@200）：

箍筋根数 =［（3.0+0.12×2−0.025×2）÷0.2］+1=17（根）

单根箍筋周长 =（0.45+0.3）×2−8×0.025=1.3（m）

单根箍筋弯钩长度 Δl=（4.9d−3d）+max（10d，75mm）=1.9×0.006+0.075=0.086 4（m）

箍筋预算总长 L=（1.3+0.086 4×2）×17=25.038（m）

（2）计算 5 根矩形梁钢筋预算重量。

ϕ16：（6.78+3.722）×1.58×5 ≈ 83（kg）

ϕ14：6.73×1.21×5 ≈ 41（kg）

ϕ6：25.038×0.222×5 ≈ 28（kg）

注：计算弯起钢筋预算长度时，不考虑量度差值，但计算钢筋下料长度时，应考虑量度差值。

【例 2.4.8】某工程有一现浇钢筋混凝土平板，平板厚度为 130mm，配筋如图 2.4.39 所示，混凝土保护层厚度为 15mm，平板分布钢筋为 ϕ6@200，试计算此现浇平板钢筋工程量。

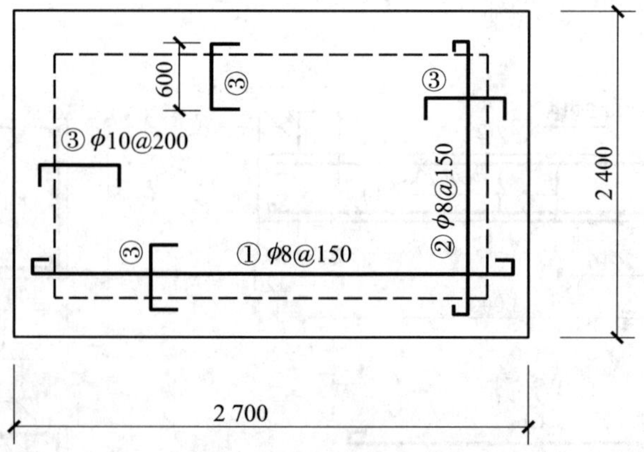

图 2.4.39 平板配筋示意图

解：（1）确定钢筋长度及根数。

①号筋（ϕ8@150）：

长度 =2.7−0.015×2+6.25×0.008×2=2.67+0.1=2.77（m）

根数 =［（2.4−0.015×2）÷0.15］+1=17（根）

②号筋（ϕ8@150）：

长度 =2.4−0.015×2+6.25×0.008×2=2.37+0.1 = 2.47（m）

根数 =［（2.7−0.015×2）÷0.15］+1=19（根）

③号筋（ϕ10@200）：

长度 =0.6+（0.13−0.015×2）×2=0.8（m）

根数 =［（2.67÷0.2）+1］×2+［（2.37÷0.2）+1］×2 = 15×2+13×2=56（根）

分布钢筋（ϕ6@200）：

总长度 =（2.67+2.37）×2×4（根数）=40.32（m）

（2）确定钢筋重量。

ϕ8：（2.77×17+2.47×19）×0.395 ≈ 37（kg）

ϕ10：0.8×56×0.617 ≈ 28（kg）

ϕ6：40.32×0.222 ≈ 9（kg）

注：对于分布钢筋的长度，应扣除负筋相互重复分布的范围长度加上搭接长度（一般为150~200mm）。

（十一）螺栓、铁件

螺栓、铁件包括螺栓、预埋铁件和钢筋机械连接。

1. 螺栓、预埋铁件

按设计图示尺寸以质量“t”计算。如果设计未明确，其工程量可暂估，实际工程量按现场签证数量计算。

2. 钢筋机械连接

按数量“个”计算。如果设计未明确，其工程量可暂估，实际工程量按现场签证数量计算。钢筋机械连接时，其钢筋的消耗量应按相关规定执行。

六、金属结构工程

金属结构工程包括钢网架，钢屋架、钢托架、钢桁架、钢架桥，钢柱，钢梁，钢板楼板、墙板，钢构件，金属制品共七大类31个清单项目。金属构件的切边，不规则及多边形钢板发生的损耗在综合单价中考虑；工作内容中综合了补刷油漆，但不包括刷防火涂料，金属构件刷防火涂料单独列项计算工程量。

（一）钢网架

钢网架工程量按设计图示尺寸以质量“t”计算，不扣除孔眼的质量，焊条、铆钉等不另增加质量。项目特征描述：钢材品种、规格，网架节点形式、连接方式，网架跨度、安装高度，探伤要求，防火要求等。其中防火要求指耐火极限。工作内容中不含，需要单独列项计算。钢网架项目适用于一般钢网架和不锈钢网架。不论节点形式（球形节点、板式节点等）和节点连接方式（焊接、丝接）等均使用该项目。

注意焊条、铆钉等不另增加质量，与钢屋架等不同（钢屋架焊条、铆钉、螺栓等不另增加）。

（二）钢屋架、钢托架、钢桁架、钢架桥

包括钢屋架、钢托架、钢桁架、钢架桥等项目。

1. 钢屋架

以“榀”计量时，按设计图示数量计算；以“t”计量时，按设计图示尺寸以质量计算，不扣除孔眼的质量，焊条、铆钉、螺栓等不另增加质量。

2. 钢托架、钢桁架、钢架桥

按设计图示尺寸以质量“t”计算。不扣除孔眼的质量，焊条、铆钉、螺栓等不另增加质量。

项目特征中螺栓的种类指普通螺栓或高强螺栓。

（三）钢柱

钢柱包括实腹柱、空腹柱、钢管柱等项目。

1. 实腹柱、空腹柱

按设计图示尺寸以质量“t”计算。不扣除孔眼的质量，焊条、铆钉、螺栓等不另增加质量，依附在钢柱上的牛腿及悬臂梁等并入钢柱工程量内。

2. 钢管柱

按设计图示尺寸以质量“t”计算。不扣除孔眼的质量，焊条、铆钉、螺栓等不另增加质量，钢管柱上的节点板、加强环、内衬管、牛腿等并入钢管柱工程量内。

3. 型钢混凝土柱

型钢混凝土柱浇筑钢筋混凝土，其混凝土和钢筋应按“混凝土及钢筋混凝土工程”中相关项目编码列项。

（四）钢梁

钢梁包括钢梁、钢吊车梁等项目。

钢梁、钢吊车梁，按设计图示尺寸以质量“t”计算。不扣除孔眼的质量，焊条、铆钉、螺栓等不另增加质量，制动梁、制动板、制动桁架、车挡并入钢吊车梁工程量内。

型钢混凝土梁浇筑钢筋混凝土，其混凝土和钢筋应按“混凝土及钢筋混凝土工程”中相关项目编码列项。

（五）钢板楼板、墙板

1. 压型钢板楼板

按设计图示尺寸以铺设水平投影面积“m^2”计算。不扣除单个面积≤ $0.3m^2$ 的柱、垛及孔洞所占面积。

压型钢楼板按钢板楼板项目编码列项。

2. 压型钢板墙板

按设计图示尺寸以铺挂面积“m^2”计算。不扣除单个面积≤ $0.3m^2$ 的梁、孔洞所占面积，包角、包边、窗台泛水等不另加面积。

（六）钢构件

钢构件包括钢支撑和钢拉条、钢檩条、钢天窗架、钢挡风架、钢墙架、钢平台、钢走道、钢梯、钢护栏、钢漏斗、钢板天沟、钢支架、零星钢构件。

1. 钢支撑、钢拉条、钢檩条、钢天窗架、钢挡风架、钢墙架、钢平台、钢走道、钢梯、钢栏杆、钢支架、零星钢构件

按设计图示尺寸以质量“t”计算。不扣除孔眼的质量，焊条、铆钉、螺栓等不另增加质量。

钢支撑、钢拉条类型指单式、复式，钢檩条类型指型钢式、格构式，钢漏斗形式指方形、圆形，天沟形式指矩形沟或半圆形沟。加工铁件等小型构件，按零星钢构件项目编码列项。

钢墙架项目包括墙架柱、墙架梁和连接杆件。

2. 钢漏斗、钢天沟板

按设计图示尺寸以重量“t”计算。不扣除孔眼的质量，焊条、铆钉、螺栓等不另增加质量，依附漏斗的型钢并入漏斗工程量内。

（七）金属制品

金属制品包括成品空调金属百叶护栏、成品栅栏、成品雨篷、金属网栏、砌块墙钢丝网加固、后浇带金属网。

1. 成品空调金属百叶护栏、成品栅栏、金属网栏

按设计图示尺寸以面积“m^2”计算。

2. 成品雨篷

以“m”计量时，按设计图示接触边长度计算；以“m^2”计量时，按设计图示尺寸以展开面积计算。

3. 砌块墙钢丝网加固、后浇带金属网

按设计图示尺寸以面积“m^2”计算。

抹灰钢丝网加固按砌块墙钢丝网加固项目编码列项。

七、木结构工程

木结构工程包括木屋架、木构件、屋面木基层共三大类 8 个清单项目。

（一）木屋架

木屋架包括木屋架和钢木屋架。

1. 木屋架

以“榀”计量时，按设计图示数量计算；以“m^3”计量时，按设计图示的规格尺寸以体积计算。

2. 钢木屋架

以“榀”计量，按设计图示数量计算。屋架中钢拉杆、钢夹板等应包括在清单项目的综合单价内。

3. 特征描述要求

以“榀”计量，按标准图设计的，应注明标准图代号；按非标准图设计的，项目特征需要描述木屋架的跨度、材料品种及规格、刨光要求、拉杆及夹板种类、防护材料种类。

（二）木构件

木构件包括木柱、木梁、木檩、木楼梯及其他木构件。

1. 木柱、木梁

按设计图示尺寸以体积“m^3”计算。

2. 木檩条

以“m^3”计量时，按设计图示尺寸以体积计算；以“m”计量时，按设计图示尺寸以长度计算。

3. 木楼梯

按设计图示尺寸以水平投影面积“m^2”计算。不扣除宽度小于300mm的楼梯井，伸入墙内部分不计算。

木楼梯的栏杆（栏板）、扶手，应按其他装饰工程中的相关项目编码列项。

（三）屋面木基层

按设计图示尺寸以斜面积计算，不扣除房上烟囱、风帽底座、风道、小气窗、斜沟等所占面积，小气窗的出檐部分不增加面积。

八、门窗工程

门窗工程包括木门、金属门、金属卷帘（闸）门、厂库房大门及特种门、其他门、木窗、金属窗、门窗套、窗台板、窗帘、窗帘盒（轨）共十大类55个清单项目。

（一）木门

木门包括木质门、木质门带套、木质连窗门、木质防火门、木门框、门锁安装。

1. 木质门、木质门带套、木质连窗门、木质防火门

以“樘”计量时，按设计图示数量计算；以“m^2”计量时，按设计图示洞口尺寸以面积计算。项目特征描述：门代号及洞口尺寸，镶嵌玻璃品种、厚度。

木质门应区分镶板木门、企口木板门、实木装饰门、胶合板门、夹板装饰门、木纱门、全玻门（带木质扇框）、木质半玻门（带木质扇框）等项目，分别编码列项。

木质门带套计量按洞口尺寸以面积计算，不包括门套的面积，但门套应计算在综合单价中。单独门套的制作、安装，按木门窗项目编码列项计算工程量。

2. 木门框

以“樘”计量时，按设计图示数量计算；以“m”计量时，按设计图示框的中心线以延长米计算。单独制作安装木门框按木门框项目编码列项。木门框项目特征除了描述门代号及洞口尺寸、防护材料的种类，还需描述框截面尺寸。

3. 门锁安装

按设计图示数量“个（套）”计算。

4. 木门五金

木门五金应包括：折页、插销、门碰珠、弓背拉手、搭机、木螺丝、弹簧折页（自动门）、管子拉手（自由门、地弹门）、地弹簧（地弹门）、角铁、门轧头（地弹门、自由门）等，五金安装应计算在综合单价中。需要注意的是，木门五金不含门锁，门锁安装单独列项计算。

5. 特征描述规定

以“樘”计量时，项目特征必须描述洞口尺寸；以“m^2”计量时，项目特征可不描述洞口尺寸。

（二）金属门

金属门包括金属（塑钢）门、彩板门、钢质防火门、防盗门。

金属（塑钢）门、彩板门、钢质防火门、防盗门，以“樘”计量时，按设计图示数量计算；以“m^2”计量时，按设计图示洞口尺寸以面积计算。

金属门应区分金属平开门、金属推拉门、金属地弹门、全玻门（带金属扇框）、金属半玻门（带扇框）等项目，分别编码列项。

金属门五金包括L形执手插锁（双舌）、执手锁（单舌）、门轨头、地锁、防盗门机、门眼（猫眼）、门碰珠、电子锁（磁卡锁）、闭门器、装饰拉手等，铝合金门五金包括：地弹簧、门锁、拉手、门插、门铰、螺丝等。五金安装应计算在综合单价中。但应注意，金属门门锁已包含在门五金中，不需要另行计算。

以“樘”计量时，项目特征必须描述洞口尺寸，没有洞口尺寸必须描述门框或扇外围尺寸；以“m^2”计量时，项目特征可不描述洞口尺寸及框、扇的外围尺寸。以“m^2”计量时，无设计图示洞口尺寸，按门框、扇外围以面积计算。

（三）金属卷帘（闸）门

金属卷帘（闸）门包括金属卷帘（闸）门、防火卷帘（闸）门，以“樘”计量时，按设计图示数量计算；以“m^2”计量时，按设计图示洞口尺寸以面积计算。

以“樘”计量时，项目特征必须描述洞口尺寸；以“m^2”计量时，项目特征可不描述洞口尺寸。

（四）厂库房大门、特种门

厂库房大门、特种门包括木板大门、钢木大门、全钢板大门、防护铁丝门、金属格栅门、钢质花饰大门、特种门。

1. 木板大门、钢木大门、全钢板大门、金属格栅门、特种门

以“樘”计量时，按设计图示数量计算；以“m^2”计量时，按设计图示洞口尺寸以面积计算。项目特征描述：门代号及洞口尺寸，门框或扇外围尺寸，门框、扇材质，五金种类、规格，防护材料种类等；刷防护涂料应包括在综合单价中。

特种门应区分冷藏门、冷冻间门、保温门、变电室门、隔音门、防射线门、人防门、金库门等项目，分别编码列项。

2. 防护铁丝门、钢质花饰大门

以“樘”计量时，按设计图示数量计算；以“m^2”计量时，按设计图示门框或扇以面积计算。

（五）其他门

其他门包括平开电子感应门、旋转门、电子对讲门、电动伸缩门、全玻自由门、镜面不锈钢饰面门、复合材料门。

工程量以“樘”计量时，按设计图示数量计算；以“m^2”计量时，按设计图示洞口尺寸以面积计算。

以“樘”计量时，项目特征必须描述洞口尺寸，没有洞口尺寸必须描述门框或扇外围尺寸；以“m^2”计量时，项目特征可不描述洞口尺寸及框、扇的外围尺寸。

（六）木窗

木窗包括木质窗、木飘（凸）窗、木橱窗、木纱窗。

1. 木质窗

以“樘”计量时，按设计图示数量计算；以“m^2”计量时，按设计图示洞口尺寸以面积计算。木质窗应区分木百叶窗、木组合窗、木天窗、木固定窗、木装饰空花窗等项目，分别编码列项。

2. 木飘（凸）窗、木橱窗

以“樘”计量时，按设计图示数量计算；以“m^2”计量时，按设计图示尺寸以框外围展开面积计算。木橱窗、木飘（凸）窗以“樘”计量时，项目特征必须描述框截面及外围展开面积。

3. 木纱窗

以“樘”计量时，按设计图示数量计算；以“m^2”计量时，按框的外围尺寸以面积计算。

（七）金属窗

金属窗包括金属（塑钢、断桥）窗、金属防火窗、金属百叶窗、金属纱窗、金属格栅窗、金属（塑钢、断桥）橱窗、金属（塑钢、断桥）飘（凸）窗、彩板窗、复合材料窗。

1. 金属（塑钢、断桥）窗、金属防火窗、金属百叶窗、金属格栅窗

工程量以“樘”计量时，按设计图示数量计算；以“m^2”计量时，按设计图示洞口尺寸以面积计算。

金属窗应区分金属组合窗、防盗窗等项目，分别编码列项。

2. 金属纱窗

以“樘”计量时，按设计图示数量计算；以“m^2”计量时，按框的外围尺寸以面积计算。

3. 金属（塑钢、断桥）橱窗、金属（塑钢、断桥）飘（凸）窗

以“樘”计量时，按设计图示数量计算；以“m^2”计量时，按设计图示尺寸以框外围展开面积计算。

4. 彩板窗、复合材料窗

以“樘”计量时，按设计图示数量计算；以“m^2”计量时，按设计图示洞口尺寸或框外围以面积。

5. 特征描述规定

以“樘”计量时，项目特征必须描述洞口尺寸，没有洞口尺寸必须描述窗框外围尺寸；以“m^2”计量时，项目特征可不描述洞口尺寸及框的外围尺寸。以“m^2”计量时，无设计图示洞口尺寸，按窗框外围以面积计算。

6. 金属窗五金

金属窗五金包括：折页、螺丝、执手、卡锁、铰拉、风撑、滑轮、滑轨、拉把、拉手、角码、牛角制等。

（八）门窗套

门窗套包括木门窗套、木筒子板、饰面夹板筒子板、金属门窗套、石材门窗套、门窗木贴脸、成品木门窗套。

1. 木门窗套、木筒子板、饰面夹板筒子板、金属门窗套、石材门窗套、成品木门窗套

以“樘”计量时，按设计图示数量计算；以“m^2”计量时，按设计图示尺寸以展开面积计算；以“m”计量时，按设计图示中心以延长米计算。

木门窗套适用于单独门窗套的制作、安装。

2. 门窗贴脸

以“樘”计量时，按设计图示数量计算；以“m”计量时，按设计图示尺寸以延长米计算。

3. 特征描述

当以“樘”计量时，项目特征必须描述洞口尺寸、门窗套展开宽度；当以“m^2”计量时，项目特征可不描述洞口尺寸、门窗套展开宽度；当以“m”计量时，项目特征必须描述门窗套展开宽度、筒子板及贴脸宽度。

（九）窗台板

窗台板包括木窗台板、铝塑窗台板、石材窗台板、金属窗台板。工程量按设计图示尺寸以展开面积计算。

（十）窗帘、窗帘盒、窗帘轨

包括窗帘、木窗帘盒、饰面夹板（塑料窗帘盒）、铝合金窗帘盒、窗帘轨。

1. 窗帘

以“m”计量时，按设计图示尺寸以成活后长度计算；以“m^2”计量时，按图示尺寸以成活后展开面积计算。

2. 木窗帘盒、饰面夹板、塑料窗帘盒、铝合金属窗帘盒、窗帘轨

按设计图示尺寸以长度“m”计算。

3. 特征描述规定

当窗帘若是双层，项目特征必须描述每层材质。当窗帘以“m”计量，项目特征必须描述窗帘高度和宽度。当窗帘盒为弧形时，其长度应以中心线计算。

九、屋面及防水工程

屋面及防水工程包括瓦（型材）及其他屋面、屋面防水及其他，墙面防水及防潮、楼（地）面防水及防潮共四大类 21 个清单项目。

（一）瓦、型材屋面及其他屋面

瓦、型材及其他屋面包括瓦屋面、型材屋面、阳光板屋面、玻璃钢屋面、膜结构屋面。

1. 瓦屋面、型材屋面

按设计图示尺寸以斜面积“m^2”计算，不扣除房上烟囱、风帽底座、风道、小气窗、斜沟等所占面积，小气窗的出檐部分不增加面积。

型材屋面的金属檩条应包含在综合单价内计算，其工作内容包含了檩条制作、运输及安装。

2. 阳光板、玻璃钢屋面

按设计图示尺寸以斜面积“m^2”计算，不扣除屋面面积 $\leqslant 0.3m^2$ 孔洞所占面积。

3. 膜结构屋面

按设计图示尺寸以需要覆盖的水平投影面积“m^2”计算。

4. 特征描述规定

瓦屋面若是在木基层上铺瓦，项目特征不必描述黏结层砂浆的配合比，瓦屋面铺防水层，按屋面防水项目编码列项，木基层按木结构工程编码列项。

（二）屋面防水及其他

屋面防水及其他包括屋面卷材防水、屋面涂膜防水、屋面刚性层、屋面排水管、屋面排（透）气管、屋面（廊、阳台）泄（吐）水管、屋面天沟及檐沟、屋面变形缝。

1. 屋面卷材防水、屋面涂膜防水

按设计图示尺寸以面积“m^2”计算。斜屋顶（不包括平屋顶找坡）按斜面积计算，平屋顶按水平投影面积计算。不扣除房上烟囱、风帽底座、风道、屋面小气窗和斜沟所占面积。屋面的女儿墙、伸缩缝和天窗等处的弯起部分，并入屋面工程量内。

屋面防水搭接及附加层用量不另行计算，在综合单价中考虑。

2. 屋面刚性层

按设计图示尺寸以面积“m^2”计算。不扣除房上烟囱、风帽底座、风道等所占的面积。项目特征描述：刚性层厚度、混凝土种类、混凝土强度等级、嵌缝材料种类、钢筋规格及型号，当无钢筋时，其钢筋项目特征不必描述。同时还应注意，当有钢筋时，其工作内容中包含了钢筋制作、安装，即钢筋计入综合单价，不另编码列项。

3. 屋面排水管

按设计图示尺寸以长度“m”计算。如设计未标注尺寸，以檐口至设计室外散水上表面垂直距离计算。

4. 屋面排（透）气管

按设计图示尺寸以长度“m”计算。

5. 屋面（廊、阳台）泄（吐）水管

按设计图示数量“根（个）”计算。

6. 屋面天沟、檐沟

按设计图示尺寸以展开面积“m^2”计算。

7. 屋面变形缝

按设计图示尺寸以长度“m”计算。

8. 特征描述规定

屋面找平层按楼地面装饰工程“平面砂浆找平层”项目编码列项。屋面保温找坡层按保温、隔热、防腐工程“保温隔热屋面”项目编码列项。

（三）墙面防水及防潮

墙面防水及防潮包括墙面卷材防水、墙面涂膜防水、墙面砂浆防水（潮）、墙面变形缝。

1. 墙面卷材防水、墙面涂膜防水、墙面砂浆防水（潮）

按设计图示尺寸以面积“m^2”计算。

墙面防水搭接及附加层用量不另行计算，在综合单价中考虑。墙面找平层按本墙、柱面装饰与隔断、幕墙工程“立面砂浆找平层”项目编码列项。墙面砂浆防水（潮）项目特征描述防水层做法、砂浆厚度及配合比、钢丝网规格，要注意在其工作内容中已包含了挂钢丝网，即钢丝网不另行计算，在综合单价中考虑。

2. 墙面变形缝

按设计图示尺寸以长度“m”计算。墙面变形缝，若做双面，则工程量乘以系数2。

（四）楼（地）面防水及防潮

楼（地）面防水及防潮包括楼（地）面卷材防水、楼（地）面涂膜防水、楼（地）面砂浆防水（潮）、楼（地）面变形缝。

1. 楼（地）面卷材防水、楼（地）面涂膜防水、楼（地）面砂浆防水（潮）

按设计图示尺寸以面积“m^2”计算。

（1）楼（地）面防水：按主墙间净空面积计算，扣除凸出地面的构筑物、设备基础等所占面积，不扣除间壁墙及单个面积≤ 0.3m^2 的柱、垛、烟囱和孔洞所占面积。

（2）楼（地）面防水反边高度≤ 300mm 算作地面防水，反边高度 >300mm 算作墙面防水计算。

（3）楼（地）面防水搭接及附加层用量不另行计算，在综合单价中考虑。

2. 楼（地）面变形缝

按设计图示尺寸以长度“m”计算。

【例 2.4.9】 某卷材屋面如图 2.4.40 所示，试计算屋面的卷材防水工程量。

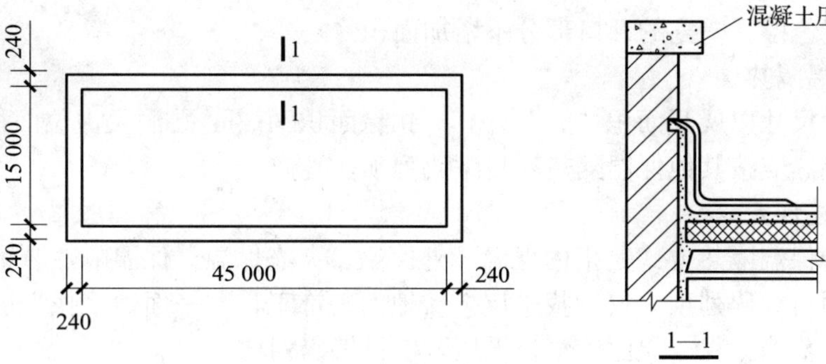

图 2.4.40 卷材防水屋面

解： 女儿墙侧卷材的弯起长度由于设计无规定，因此按 300mm 计算。

女儿墙的弯起部分工程量 =（45.0+15.0）× 2 × 0.3=36（m^2）

屋面工程量 =45 × 15=675（m^2）

卷材防水工程总量 =36+675=711（m^2）

十、保温、隔热、防腐工程

保温、隔热、防腐工程包括保温及隔热、防腐面层、其他防腐共三大类 16 个清单项目。

（一）保温、隔热

保温、隔热包括保温隔热屋面、保温隔热天棚、保温隔热墙面、保温柱及梁、隔热楼地面、其他保温隔热。

1. 保温隔热屋面

按设计图示尺寸以面积“m^2”计算。扣除面积 $>0.3m^2$ 孔洞及占位面积。

2. 保温隔热天棚

按设计图示尺寸以面积“m^2”计算。扣除面积 $>0.3m^2$ 的柱、垛、孔洞所占面积，与天棚相连的梁按展开面积计算，并入天棚工程量内。柱帽保温隔热应并入天棚保温隔热工程量内。

3. 保温隔热墙面

按设计图示尺寸以面积“m^2”计算。扣除门窗洞口以及面积 $>0.3m^2$ 梁、孔洞所占面积；门窗洞口侧壁以及与墙相连的柱，并入保温墙体工程量。

4. 保温柱、梁

按设计图示尺寸以面积“m^2”计算。

（1）柱按设计图示柱断面保温层中心线展开长度乘保温层高度以面积计算，扣除面积 $>0.3m^2$ 梁所占面积。

（2）梁按设计图示梁断面保温层中心线展开长度乘以保温层长度以面积计算。

（3）保温柱、梁适用于不与墙、天棚相连的独立柱、梁，与墙、天棚相连的柱、梁并入墙、天棚工程量内。

5. 保温隔热楼地面

按设计图示尺寸以面积“m^2”计算。扣除面积 $>0.3m^2$ 的柱、垛、孔洞所占面积，门洞、空圈、暖气包槽、壁龛的开口部分不增加面积。

6. 其他保温隔热

按设计图示尺寸以展开面积“m^2”计算。扣除面积 $>0.3m^2$ 孔洞及占位面积。

池槽保温隔热应按其他保温隔热项目编码列项。

7. 特征描述规定

项目特征中保温隔热方式是指内保温、外保温、夹心保温。保温隔热装饰面层，按装饰工程中相关项目编码列项。仅做找平层按楼地面装饰工程“平面砂浆找平层”或墙、柱面装饰与隔断、幕墙工程“立面砂浆找平层”项目编码列项。

（二）防腐面层

防腐面层包括防腐混凝土面层、防腐砂浆面层、防腐胶泥面层、玻璃钢防腐面层、聚氯乙烯板面层、块料防腐面层、池及槽块料防腐面层。

1. 防腐混凝土面层、防腐砂浆面层、防腐胶泥面层、玻璃钢防腐面层、聚氯乙烯板面层、块料防腐面层

按设计图示尺寸以面积“m^2”计算。

（1）平面防腐：扣除凸出地面的构筑物、设备基础等以及面积 $>0.3m^2$ 的孔洞、柱垛所占面积，门洞、空圈、暖气包槽、壁龛的开口部分不增加面积。

（2）立面防腐：扣除门、窗洞口以及面积 $>0.3m^2$ 的孔洞、梁所占面积，门、窗、洞口侧壁、垛突出部分按展开面积并入墙面积内。

（3）防腐踢脚线，应按楼地面装饰工程“踢脚线”项目编码列项。

2. 池、槽块料防腐面层

按设计图示尺寸以展开面积“m^2”计算。

（三）其他防腐

其他防腐包括隔离层、砌筑沥青浸渍砖、防腐涂料。

1. 隔离层

按设计图示尺寸以面积“m^2”计算。

（1）平面防腐：扣除凸出地面的构筑物、设备基础等以及面积 >0.3m^2 的孔洞、柱、垛所占面积，门洞、空圈、暖气包槽、壁龛的开口部分不增加面积。

（2）立面防腐：扣除门、窗、洞口以及面积 >0.3m^2 的孔洞、梁所占面积，门、窗、洞口侧壁、垛突出部分按展开面积并入墙面积内。

2. 砌筑沥青浸渍砖

按设计图示尺寸以体积“m^3”计算。

3. 防腐涂料

按设计图示尺寸以面积“m^2”计算。

（1）平面防腐：扣除凸出地面的构筑物、设备基础等以及面积 >0.3m^2 的孔洞、柱、垛所占面积，门洞、空圈、暖气包槽、壁龛的开口部分不增加面积。

（2）立面防腐：扣除门、窗、洞口以及面积 >0.3m^2 的孔洞、梁所占面积，门、窗、洞口侧壁、垛突出部分按展开面积并入墙面积内。

十一、楼地面装饰工程

楼地面装饰工程包括整体面层及找平层、块料面层、橡塑面层、其他材料面层、踢脚线、楼梯面层、台阶装饰、零星装饰项目共八大类 43 个清单项目。

楼梯、台阶侧面装饰，≤ 0.5m^2 少量分散的楼地面装修，应按零星装饰项目编码列项。

（一）整体面层及找平层

整体面层及找平层包括水泥砂浆楼地面、现浇水磨石楼地面、细石混凝土楼地面、菱苦土楼地面、自流坪楼地面、平面砂浆找平层。

1. 水泥砂浆楼地面、现浇水磨石楼地面、细石混凝土楼地面、菱苦土楼地面、自流坪楼地面

按设计图示尺寸以面积“m^2”计算。扣除凸出地面构筑物、设备基础、室内铁道、地沟等所占面积，不扣除间壁墙及≤ 0.3m^2 的柱、垛、附墙烟囱及孔洞所占面积。门洞、空圈、暖气包槽、壁龛的开口部分不增加面积。间壁墙指墙厚≤ 120mm 的墙。

2. 平面砂浆找平层

按设计图示尺寸以面积“m^2”计算。平面砂浆找平层只适用于仅做找平层的平面抹灰。

3. 楼地面混凝土垫层

楼地面混凝土垫层另按现浇混凝土基础中垫层项目编码列项，除混凝土外的其他材料垫层按砌筑工程中垫层项目编码列项。

4. 地面找平层

地面做法中，垫层需单独列项计算，而找平层综合在地面清单项目中，在综合单价中考虑，不需另行计算。

（二）块料面层

块料面层包括石材楼地面、碎石材楼地面、块料楼地面。工程量按设计图示尺寸以面积计算。门洞、空圈、暖气包槽、壁龛的开口部分并入相应的工程量内。

石材、块料与黏结材料的结合面刷防渗材料的种类在防护层材料种类中描述。工作内容中的磨边指施工现场磨边。与整体面层工程量计算上的不同之处在于门洞、空圈、暖气包槽、壁龛的开口部分是否并入相应的工程量。找平层计入相应清单项目的综合单价，不单独列项计算工程量。

（三）橡塑面层

橡塑面层包括橡胶板楼地面、橡胶卷材楼地面、塑料板楼地面、塑料卷材楼地面。工程量按设计图示尺寸以面积计算。门洞、空圈、暖气包槽、壁龛的开口部分并入相应的工程量内。

橡塑面层项目中如涉及找平层，另按“找平层”项目编码列项。这一点与整体面层和块料面层不同，即橡塑面层工作内容中不含找平层，不计入综合单价，需要另外计算。

（四）其他材料面层

其他材料面层包括地毯楼地面，竹、木（复合）地板，金属复合地板，防静电活动地板。工程量按设计图示尺寸以面积“m^2”计算。门洞、空圈、暖气包槽、壁龛的开口部分并入相应的工程量内。

（五）踢脚线

踢脚线包括水泥砂浆踢脚线、石材踢脚线、块料踢脚线、塑料板踢脚线、木质踢脚线、金属踢脚线、防静电踢脚线。工程量以“m^2”计量时，按设计图示长度乘高度以面积计算；以“m”计量时，按延长米计算。

（六）楼梯面层

楼梯面层包括石材楼梯面层、块料楼梯面层、拼碎块料面层、水泥砂浆楼梯面、现浇水磨石楼梯面、地毯楼梯面、木板楼梯面、橡胶板楼梯面层、塑料板楼梯面层。工程量按设计图示尺寸以楼梯（包括踏步、休息平台及小于或等于500mm的楼梯井）水平投影面积“m^2”计算。楼梯与楼地面相连时，算至梯口梁内侧边沿；无梯口梁者，算至最上一层踏步边沿加300mm。

与整体楼地面一样，找平层计入综合单价，不需要另行计算。防滑条也计入综合单价，不另计算。

（七）台阶装饰

台阶装饰包括石材台阶面、块料台阶面、拼碎块料台阶面、水泥砂浆台阶面、现浇水磨石台阶面、剁假石台阶面。工程量按设计图示尺寸以台阶（包括最上层踏步边沿加300mm）水平投影面积“m^2”计算。

（八）零星装饰项目

零星装饰项目包括石材零星项目、碎拼石材零星项目、块料零星项目、水泥砂浆零星项目。工程量按设计图示尺寸以面积“m^2”计算。

楼梯、台阶牵边和侧面镶贴块料面层，不大于0.5m^2的少量分散的楼地面镶贴块料面层，应按零星项目列项。

十二、墙、柱面装饰与隔断、幕墙工程

墙、柱面装饰与隔断、幕墙工程包括墙面抹灰、柱（梁）面抹灰、零星抹灰、墙面块料面层、柱（梁）面镶贴块料、零星镶贴块料、墙饰面、柱（梁）饰面、幕墙工程、隔断共十大类35个清单项目。

（一）墙面抹灰

墙面抹灰包括墙面一般抹灰、墙面装饰抹灰、墙面勾缝、立面砂浆找平层。

1. 墙面一般抹灰、墙面装饰抹灰、墙面勾缝、立面砂浆找平层

按设计图示尺寸以面积“m^2”计算。扣除墙裙、门窗洞口及单个大于$0.3m^2$的孔洞面积，不扣除踢脚线、挂镜线和墙与构件交接处的面积，门窗洞口和孔洞的侧壁及顶面不增加面积。附墙柱、梁、垛、烟囱侧壁并入相应的墙面面积内。飘窗凸出外墙面增加的抹灰并入外墙工程量内。

（1）外墙抹灰面积按外墙垂直投影面积计算。

（2）外墙裙抹灰面积按其长度乘以高度计算。

（3）内墙抹灰面积按主墙间的净长乘以高度计算。无墙裙的内墙高度按室内楼地面至天棚底面计算；有墙裙的内墙高度按墙裙顶至天棚底面计算。但有吊顶天棚的内墙面抹灰，抹至吊顶以上部分在综合单价中考虑，不另计算。

（4）内墙裙抹灰面积按内墙净长乘以高度计算。

（5）立面砂浆找平项目适用于仅做找平层的立面抹灰，即墙面抹灰中找平层在综合单价中考虑，不另计算。

2. 墙面抹石灰砂浆、水泥砂浆、混合砂浆、聚合物水泥砂浆、麻刀石灰浆、石膏灰浆等

墙面抹石灰砂浆、水泥砂浆、混合砂浆、聚合物水泥砂浆、麻刀石灰浆、石膏灰浆等按墙面一般抹灰列项；墙面水刷石、斩假石、干粘石、假面砖等按墙面装饰抹灰列项。

（二）柱（梁）面抹灰

柱（梁）面抹灰包括柱（梁）面一般抹灰、柱（梁）面装饰抹灰、柱（梁）面砂浆找平层、柱面勾缝。

1. 柱面一般抹灰、柱面装饰抹灰、柱面砂浆找平层

按设计图示柱断面周长乘高度以面积“m^2”计算。砂浆找平项目适用于仅做找平层的柱面抹灰。

2. 梁面一般抹灰、梁面装饰抹灰、梁面砂浆找平层

按设计图示梁断面周长乘以长度以面积“m^2”计算。砂浆找平项目适用于仅做找平层的梁面抹灰。

3. 柱面勾缝

按设计图示柱断面周长乘以高度以面积“m^2”计算。

4. 编码列项规定

柱（梁）面抹石灰砂浆、水泥砂浆、混合砂浆、聚合物水泥砂浆、麻刀石灰浆、石膏灰浆等按柱（梁）面一般抹灰编码列项，柱（梁）面水刷石、斩假石、干粘石、假面砖等按柱（梁）面装饰抹灰项目编码列项。

（三）零星抹灰

零星抹灰包括零星项目一般抹灰、零星项目装饰抹灰、零星砂浆找平层。工程量按设计图示尺寸以面积“m^2”计算。

零星项目抹石灰砂浆、水泥砂浆、混合砂浆、聚合物水泥砂浆、麻刀石灰浆、石膏灰浆等按零星项目一般抹灰编码列项，水刷石、斩假石、干粘石、假面砖等按零星项目装饰抹灰编码列项。

墙、柱（梁）面小于或等于 $0.5m^2$ 的少量分散的抹灰按零星抹灰项目编码列项。

（四）墙面块料面层

墙面块料面层包括石材墙面、碎拼石材墙面、块料墙面、干挂石材钢骨架。

1. 石材墙面、碎拼石材、块料墙面

按镶贴表面积“m^2”计算。项目特征描述：墙体类型，安装方式，面层材料品种、规格、颜色，缝宽、嵌缝材料种类，防护材料种类，磨光、酸洗、打蜡要求。

2. 干挂石材钢骨架

按设计图示尺寸以质量“t”计算。

3. 特征描述规定

安装方式可描述为砂浆或黏结剂粘贴、挂贴、干挂等，不论哪种安装方式，都要详细描述与组价相关的内容。

（五）柱（梁）面镶贴块料

柱（梁）面镶贴块料包括石材柱面、块料柱面、拼碎块柱面、石材梁面、块料梁面。工程量按设计图示尺寸以镶贴表面积“m^2”计算。

柱、梁面干挂石材的钢骨架按“墙面块料面层”中相应项目编码列项。

（六）零星镶贴块料

零星镶贴块料包括石材零星项目、块料零星项目、拼碎块零星项目。工程量按镶贴表面积“m^2”计算。

墙柱面小于或等于 $0.5m^2$ 的少量分散的镶贴块料面层按零星项目执行。

零星项目干挂石材的钢骨架按“墙面块料面层”相应项目编码列项。

（七）墙饰面

墙饰面包括墙面装饰板、墙面装饰浮雕。

1. 墙面装饰板

按设计图示墙净长乘以净高以面积“m^2”计算。扣除门窗洞口及单个大于 $0.3m^2$ 的孔洞所占面积。墙面装饰板综合了龙骨制作、运输、安装，应在综合单价中考虑。基层材料是在龙骨上粘贴或铺钉一层加强面层的底板。墙面装饰板中基层铺钉应在综合单价中考虑。

2. 墙面装饰浮雕

按设计图示尺寸以面积“m^2”计算。

（八）柱（梁）饰面

柱（梁）饰面包括柱（梁）面装饰、成品装饰柱。

1. 柱（梁）面装饰

按设计图示饰面外围尺寸以面积“m^2”计算。柱帽、柱墩并入相应柱饰面工程量内。

柱（梁）面装饰综合了龙骨制作、运输、安装，应在综合单价中考虑。饰面外围尺寸即饰面的表面尺寸。

2. 成品装饰柱

工程量以“根”计量时，按设计数量计算；以“m”计量时，按设计长度计算。

（九）幕墙工程

幕墙包括带骨架幕墙、全玻璃（无框玻璃）幕墙。

1. 带骨架幕墙

按设计图示框外围尺寸以面积“m^2”计算。与幕墙同种材质的窗所占面积不扣除。与幕墙同种材质的窗并入到幕墙工程量内容，包含在幕墙综合单价中；不同种材料窗应另列项计算工程量。但幕墙上的门应单独计算工程量。

2. 全玻璃（无框玻璃）幕墙

按设计图示尺寸以面积“m^2”计算。带肋全玻璃幕墙按展开面积计算。带肋全玻璃幕墙是指玻璃幕墙带玻璃肋，玻璃肋的工程量并入到玻璃幕墙工程量内计算。

3. 幕墙钢骨架按干挂石材钢骨架另列项目

（十）隔断

隔断包括木隔断、金属隔断、玻璃隔断、塑料隔断、成品隔断、其他隔断。

1. 木隔断、金属隔断

按设计图示框外围尺寸以面积“m^2”计算。不扣除单个≤ $0.3m^2$ 的孔洞所占面积；浴厕门的材质与隔断相同时，门的面积并入隔断面积内。

浴厕门材质与隔断相同时，工程量并入隔断面积内；材质不同时，分别列项计算工程量。

2. 玻璃隔断、塑料隔断

按设计图示框外围尺寸以面积“m^2”计算。不扣除单个≤ $0.3m^2$ 的孔洞所占面积。

3. 成品隔断、其他隔断

以“m^2”计量时，按设计图示框外围尺寸以面积计算；以“间”计量时，按设计间的数量计算。

4. 隔断龙骨制作、运输、安装在木隔断综合单价中考虑，不另计算工程量

十三、天棚工程

天棚工程包括天棚抹灰、天棚吊顶、采光天棚、天棚其他装饰共四大类10个清单项目。

（一）天棚抹灰

天棚抹灰适用于各种天棚抹灰。按设计图示尺寸以水平投影面积计算。不扣除间壁墙、垛、柱、附墙烟囱、检查口和管道所占的面积，带梁天棚、梁两侧抹灰面积并入天棚面积内，板式楼梯底面抹灰按斜面积计算，锯齿形楼梯底板抹灰按展开面积计算。

天棚抹灰工程量，按设计图示尺寸以水平投影面积“m^2”计算。不扣除间壁墙、垛、柱、附墙烟囱、检查口和管道所占的面积，带梁天棚的梁两侧抹灰面积并入天棚面积内，板式楼梯底面抹灰按斜面积计算，锯齿形楼梯底板抹灰按展开面积计算。

天棚抹灰项目特征描述包括基层类型、抹灰厚度及材料种类、砂浆配合比，其中基层类型是指混凝土现浇板、预制混凝土板或木板条等。

（二）天棚吊顶

天棚吊顶包括吊顶天棚、格栅吊顶、吊筒吊顶、藤条造型悬挂吊顶、织物软雕吊顶、装饰网架吊顶。

1. 吊顶天棚

按设计图示尺寸以水平投影面积“m^2”计算。天棚面中的灯槽及跌级、锯齿形、吊挂式、藻井式天棚面积不展开计算。不扣除间壁墙、检查口、附墙烟囱、柱垛和管道所占面积，扣除单个 >$0.3m^2$ 的孔洞、独立柱及与天棚相连的窗帘盒所占的面积。

2. 格栅吊顶、吊筒吊顶、藤条造型悬挂吊顶、织物软雕吊顶、装饰网架吊顶

按设计图示尺寸以水平投影面积“m^2”计算。

3. 天棚的检查口、送风口、回风口

天棚的检查口应在综合单价中考虑，计算工程量时不扣除，但灯带（槽）、送风口和回风口单独列项计算工程量。

4. 吊顶龙骨

吊顶龙骨安装应在综合单价中考虑，不另列项计算工程量。

5. 特征描述规定

吊顶的形式如平面、跌级、锯齿形、吊挂式、藻井式等应在项目特征中描述（见图 2.4.41）。

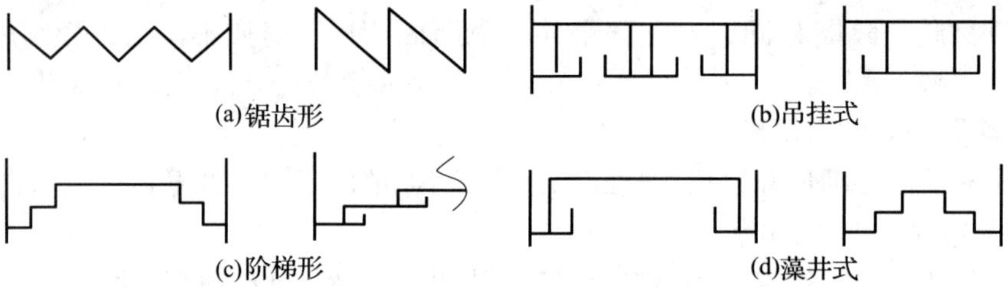

图 2.4.41 艺术造型天棚断面示意图

（三）采光天棚

采光天棚工程量计算按框外围展开面积计算。采光天棚骨架应单独按“金属结构”中相关项目编码列项。

（四）天棚其他装饰

天棚其他装饰包括灯带（槽）、送风口及回风口。

1. 灯带（槽）

工程量按设计图示尺寸以框外围面积“m^2”计算。

2. 送风口、回风口

工程量按设计图示数量“个”计算。

十四、油漆、涂料、裱糊工程

油漆、涂料、裱糊工程包括门油漆、窗油漆、木扶手及其他板条（线条）油漆、木材面油漆、金属面油漆、抹灰面油漆、喷刷涂料、裱糊共八大类 36 个清单项目。

（一）门油漆

门油漆包括木门油漆、金属门油漆。工程量以“樘”计量时，按设计图示数量计量；以“m^2”计量时，按设计图示洞口尺寸以面积计算。

木门油漆应区分木大门、单层木门、双层（一玻一纱）木门、双层（单裁口）木门、全玻自由门、半玻自由门、装饰门及有框门或无框门等项目，分别编码列项。金属门油漆应区分平开门、推拉门、钢制防火门等项目，分别编码列项。

木门油漆、金属门油漆工作内容中包括“刮腻子”，应在综合单价中考虑，不另计算工程量。

（二）窗油漆

窗油漆包括木窗油漆、金属窗油漆。工程量以“樘”计量时，按设计图示数量计量；以“m^2”计量时，按设计图示洞口尺寸以面积计算。

木窗油漆应区分单层木门、双层（一玻一纱）木窗、双层框扇（单裁口）木窗、双层框三层（二玻一纱）木窗、单层组合窗、双层组合窗、木百叶窗、木推拉窗等项目，分别编码列项。

金属窗油漆应区分平开窗、推拉窗、固定窗、组合窗、金属隔栅窗等项目，分别编码列项。

窗油漆工作内容中包括“刮腻子”，应在综合单价中考虑，不另计算工程量。

（三）木扶手及其他板条、线条油漆

木扶手及其他板条、线条油漆包括木扶手油漆，窗帘盒油漆，封檐板及顺水板油漆，挂衣板及黑板框油漆，挂镜线、窗帘棍、单独木线油漆。工程量按设计图示尺寸以长度“m”计算。

木扶手应区分带托板与不带托板，分别编码列项，若是木栏杆带扶手，木扶手不应单独列项，应包含在木栏杆油漆中。

工作内容中包括“刮腻子”，应在综合单价中考虑，不另计算工程量。

（四）木材面油漆

木材面油漆包括木护墙、木墙裙油漆，窗台板、筒子板、盖板、门窗套、踢脚线油漆，清水板条天棚、檐口油漆，木方格吊顶天棚油漆，吸音板墙面、天棚面油漆，暖气罩油漆及其他木材面油漆，木间壁、木隔断油漆，玻璃间壁露明墙筋油漆，木栅栏、木栏杆（带扶手）油漆，衣柜、壁柜油漆，梁柱饰面油漆，零星木装修油漆，木地板油漆，木地板烫硬蜡面。

（1）木护墙、木墙裙油漆，窗台板、筒子板、盖板、门窗套、踢脚线油漆，清水板条天棚、檐口油漆，木方格吊顶天棚油漆，吸音板墙面、天棚面油漆，暖气罩油漆及其他木材面油漆的工程量均按设计图示尺寸以面积“m^2”计算。

（2）木间壁及木隔断油漆、玻璃间壁露明墙筋油漆、木栅栏及木栏杆（带扶手）油漆工程量，按设计图示尺寸以单面外围面积“m^2”计算。

（3）衣柜及壁柜油漆、梁柱饰面油漆、零星木装修油漆工程量，按设计图示尺寸以油漆部分展开面积“m^2”计算。

（4）木地板油漆、木地板烫硬蜡面工程量，按设计图示尺寸以面积“m^2”计算。空

洞、空圈、暖气包槽、壁龛的开口部分并入相应的工程量内。

（5）木栏杆（带扶手）油漆，扶手油漆在综合单价中考虑，不单独列项计算工程量。

（五）金属面油漆

金属面油漆以“t”计量时，按设计图示尺寸以质量计算；以“m^2”计量时，按设计展开面积计算。

（六）抹灰面油漆

抹灰面油漆包括抹灰面油漆、抹灰线条油漆、满刮腻子。

1. 抹灰面油漆

按设计图示尺寸以面积“m^2”计算。

2. 抹灰线条油漆

按设计图示尺寸以长度“m”计算。

3. 满刮腻子

按设计图示尺寸以面积“m^2”计算。

满刮腻子适用于单独刮腻子的情况。其他凡工作内容中含刮腻子的项目，刮腻子应在综合单价中考虑，均不单独列项计算工程量。

（七）喷刷涂料

喷刷涂料包括墙面喷刷涂料、天棚喷刷涂料、空花格栏杆刷涂料、线条刷涂料、金属构件刷防火涂料、木材构件喷刷防火涂料。喷刷墙面涂料部位要注明内墙或外墙。

1. 墙面喷刷涂料、天棚喷刷涂料

按设计图示尺寸以面积“m^2”计算。

2. 线条刷涂料

线条刷涂料按设计图示尺寸以长度“m”计算。

3. 金属构件刷防火涂料

以“t”计量时，按设计图示尺寸以质量计算；以“m^2”计量时，按设计展开面积计算。

4. 木材构件喷刷防火涂料

木材构件喷刷防火涂料以“m^2”计量，按设计图示尺寸以面积计算。

5. 喷刷墙面涂料部位要注明内墙或外墙

（八）裱糊

裱糊包括墙纸裱糊、织锦缎裱糊，工程量按设计图示尺寸以面积计算。

十五、其他装饰工程

其他装饰工程包括柜类、货架、压条、装饰线、扶手、栏杆、栏板装饰、暖气罩、浴厕配件、雨篷、旗杆、招牌、灯箱和美术字共八大类62个清单项目。

项目工作内容中包括“刷油漆”的，不得单独将油漆分离而单列油漆清单项目；工作内容中没有包括“刷油漆”的，可单独按油漆项目列项。

（一）柜类、货架

柜类、货架包括柜台、酒柜、衣柜、存包柜、鞋柜、书柜、厨房壁柜、木壁柜、厨房低柜、厨房吊柜、矮柜、吧台背柜、酒吧吊柜、酒吧台、展台、收银台、试衣间、货架、书架、服务台。工程量以“个”计量时，按设计图示数量计量；以“m”计量时，按设计图示尺寸以延长米计算；以“m^3”计量时，按设计图示尺寸以体积计算。

（二）压条、装饰线

压条、装饰线包括金属装饰线、木质装饰线、石材装饰线、石膏装饰线、镜面玻璃线、铝塑装饰线、塑料装饰线、GRC 装饰线。工程量按设计图示尺寸以长度“m”计算。

（三）扶手、栏杆、栏板装饰

扶手、栏杆、栏板装饰包括金属扶手、栏杆、栏板，硬木扶手、栏杆、栏板，塑料扶手、栏杆、栏板，GRC 栏杆、扶手，金属靠墙扶手，硬木靠墙扶手，塑料靠墙扶手，玻璃栏板。工程量按设计图示尺寸以扶手中心线以长度（包括弯头长度）“m”计算。

（四）暖气罩

暖气罩包括饰面板暖气罩、塑料板暖气罩、金属暖气罩，工程量按设计图示尺寸以垂直投影面积（不展开）“m^2”计算。

（五）浴厕配件

浴厕配件包括洗漱台、晒衣架、帘子杆、浴缸拉手、卫生间扶手、毛巾杆（架）、毛巾环、卫生纸盒、肥皂盒、镜面玻璃、镜箱。

（1）洗漱台工程量按设计图示尺寸以台面外接矩形面积“m^2”计算，不扣除孔洞、挖弯、削角所占面积，挡板、吊沿板面积并入台面面积内；或按设计图示数量“个”计算。

（2）晒衣架、帘子杆、浴缸拉手、卫生间扶手、卫生纸盒、肥皂盒、镜箱工程量，按设计图示数量“个”计算。

（3）毛巾杆（架）工程量按设计图示数量“套”计算。

（4）毛巾环工程量按设计图示数量“副”计算。

（5）镜面玻璃工程量，按设计图示尺寸以边框外围面积“m^2”计算。

（六）雨篷、旗杆

雨篷、旗杆包括雨篷吊挂饰面、金属旗杆、玻璃雨篷。

（1）雨篷吊挂饰面、玻璃雨篷工程量，按设计图示尺寸以水平投影面积“m^2”计算。

（2）金属旗杆工程量按设计图示数量“根”计算。

（七）招牌、灯箱

招牌、灯箱包括平面、箱式招牌，竖式标箱，灯箱，信报箱。

（1）平面、箱式招牌工程量，按设计图示尺寸以正立面边框外围面积“m^2”计算。复杂形的凸凹造型部分不增加面积。

（2）竖式标箱、灯箱、信报箱工程量，按设计图示数量“个”计算。

（八）美术字

美术字包括泡沫塑料字、有机玻璃字、木质字、金属字、吸塑字。工程量按设计图示数量“个”计算。

十六、拆除工程

拆除工程包括砖砌体拆除，混凝土及钢筋混凝土构件拆除，木构件拆除，抹灰层拆除，块料面层拆除，龙骨及饰面拆除，屋面拆除，铲除油漆涂料裱糊面，栏杆、栏板，轻质隔断隔墙拆除，门窗拆除，金属构件拆除，管道及卫生洁具拆除，灯具、玻璃拆除，其他构件拆除，开孔（打洞）共十五大类 37 个清单项目。

拆除工程适用于房屋工程的维修、加固、二次装修前的拆除，不适用于房屋的整体拆除。

（一）砖砌体拆除

砖砌体拆除工程量以“m^3”计量时，按拆除的体积计算；以“m”计量时，按拆除的延长米计算。

以“m”计量时，如砖地沟、砖明沟等必须描述拆除部位的截面尺寸；以“m^3”计量时，截面尺寸则不必描述。

（二）混凝土及钢筋混凝土构件拆除

混凝土及钢筋混凝土构件拆除包括混凝土构件拆除、钢筋混凝土构件拆除。工程量以“m^3”计量时，按拆除构件的混凝土体积计算；以“m^2”计量时，按拆除部位的面积计算；以“m”计量时，按拆除部位的延长米计算。

（三）木构件拆除

木构件拆除以“m^3”计量时，按拆除构件的体积计算；以“m^2”计量时，按拆除面积计算；以“m”计量时，按拆除延长米计算。

拆除木构件应按木梁、木柱、木楼梯、木屋架、承重木楼板等分别在构件名称中描述。

以“m^3”作为计量单位时，可不描述构件的规格尺寸，以“m^2”作为计量单位时，则应描述构件的厚度，以“m”作为计量单位时，则必须描述构件的规格尺寸。

（四）抹灰面拆除

抹灰面拆除包括平面抹灰层拆除、立面抹灰层拆除、天棚抹灰面拆除。工程量按拆除部位的面积“m^2”计算。

单独拆除抹灰层应按“抹灰面拆除”中的项目编码列项。抹灰层种类可描述为一般抹灰或装饰抹灰。

（五）块料面层拆除

块料面层拆除包括平面块料拆除、立面块料拆除。工程量按拆除面积“m^2”计算。项目特征描述：拆除的基层类型、饰面材料种类。

（六）龙骨及饰面拆除

龙骨及饰面拆除包括楼地面龙骨及饰面拆除、墙柱面龙骨及饰面拆除、天棚面龙骨及饰面拆除。工程量按拆除面积“m^2”计算。

（七）屋面拆除

屋面拆除包括刚性层拆除、防水层拆除。工程量按铲除部位的面积“m^2”计算。

（八）铲除油漆涂料裱糊面

铲除油漆涂料裱糊面包括铲除油漆面、铲除涂料面、铲除裱糊面。工程量以“m^2”计量时，按铲除部位的面积计算；以“m”计量时，按铲除部位的延长米计算。

单独铲除油漆涂料裱糊面的工程按“铲除油漆涂料裱糊面”中的项目编码列项。

按“m”计量，必须描述铲除部位的截面尺寸；以“m^2”计量时，则不用描述铲除部位的截面尺寸。

（九）栏杆栏板、轻质隔断隔墙拆除

1. 栏杆、栏板拆除

以“m^2”计量时，按拆除部位的面积计算；以“m”计量时，按拆除的延长米计算。

2. 隔断隔墙拆除，工程量按拆除部位的面积计算

（十）门窗拆除

门窗拆除包括木门窗拆除、金属门窗拆除。工程量以“m^2”计量时，按拆除面积计算；以“樘”计量时，按拆除樘数计算。项目特征描述：室内高度、门窗洞口尺寸。

门窗拆除以“m^2”计量，不用描述门窗的洞口尺寸。室内高度指室内楼地面至门窗的上边框。

（十一）金属构件拆除

金属构件拆除包括钢梁拆除、钢柱拆除、钢网架拆除、钢支撑及钢墙架拆除、其他金属构件拆除。

1. 钢梁拆除、钢柱拆除

以“t”计量时，按拆除构件的质量计算；以“m”计量时，按拆除延长米计算。

2. 钢网架拆除

工程量按拆除构件的质量计算。

3. 钢支撑及钢墙架拆除、其他金属构件拆除

以“t”计量时，按拆除构件的质量计算；以“m”计量时，按拆除延长米计算。

（十二）管道及卫生洁具拆除

管道及卫生洁具拆除包括管道拆除、卫生洁具拆除。

1. 管道拆除

按拆除管道的延长米“m”计算。

2. 卫生洁具拆除

按拆除的数量“套或个”计算。

（十三）灯具、玻璃拆除

灯具、玻璃拆除包括灯具拆除、玻璃拆除。

1. 灯具拆除

按拆除数量以“套”计算。

2. 玻璃拆除

按拆除面积以“m^2”计算。玻璃拆除的描述指门窗玻璃、隔断玻璃、墙玻璃、家具玻璃等。

（十四）其他构件拆除

其他构件拆除包括暖气罩拆除、柜体拆除、窗台板拆除、筒子板拆除、窗帘盒拆除、窗帘轨拆除。

1. 暖气罩拆除、柜体拆除

以“个”为单位计量时，按拆除个数计算；以“m”为单位计量时，按拆除延长米计算。

2. 窗台板拆除、筒子板拆除

以“块”计量时，按拆除数量计算；以“m”计量时，按拆除的延长米计算。

3. 窗帘盒拆除、窗帘轨拆除

工程量按拆除的延长米“m”计算。

（十五）开孔（打洞）

开孔（打洞），按数量“个”计算。项目特征描述：部位、打洞部位材质、洞尺寸。

部位可描述为墙面或楼板。打洞部位材质可描述为页岩砖或空心砖或钢筋混凝土等。

十七、措施项目

措施项目包括脚手架工程、混凝土模板及支架（撑）、垂直运输、超高施工增加、大型机械设备进出场及安拆、施工降水及排水、安全文明施工及其他措施项目共七大类52个清单项目。

措施项目可以分为两类：一类是可以计算工程量的措施项目（即单价措施项目），如脚手架、混凝土模板及支架（撑）、垂直运输、超高施工增加、大型机械设备进出场及安拆、施工降水及排水等；另一类是无法计算工程量的措施项目（即总价措施项目，可采用费率计取的措施项目），如安全文明施工费等。

（一）脚手架工程

脚手架工程包括综合脚手架、外脚手架、里脚手架、悬空脚手架、挑脚手架、满堂脚手架、整体提升架、外装饰吊篮。

1. 综合脚手架

按建筑面积“m^2”计算。项目特征描述：建筑结构形式、檐口高度。

2. 外脚手架、里脚手架、整体提升架、外装饰吊篮

按所服务对象的垂直投影面积计算。

3. 悬空脚手架、满堂脚手架

工程量按搭设的水平投影面积计算。

4. 挑脚手架

工程量按搭设长度乘以搭设层数以延长米计算。

脚手架工程工程量计算应注意下列问题：

（1）综合脚手架针对整个房屋建筑的土建和装饰装修部分。在编制清单项目时，当列出了综合脚手架项目时，不得再列出外脚手架、里脚手架等单项脚手架项目。综合脚手架适用于能够按《建筑工程建筑面积计算规范》GB/T 50353–2013计算建筑面积的建筑工程脚手架，不适用于房屋加层、构筑物及附属工程脚手架。

（2）同一建筑物有不同的檐高时，按建筑物竖向切面分别按不同檐高编列清单项目。建筑物的檐口高度是指设计室外地坪至檐口滴水的高度（平屋顶是指屋面板底高度），突出主体建筑物屋顶的电梯机房、楼梯出口间、水箱间、瞭望塔、排烟机房等不计入檐口高度。

（3）整体提升架包括2m高的防护架体设施。

（4）满堂脚手架应按搭设方式、搭设高度、脚手架材质分别列项。

（5）脚手架材质可以不描述，但应注明由投标人根据工程实际情况按照国家现行标准《建筑施工扣件式钢管脚手架安全技术规范》JGJ 130–2011、《建筑施工附着升降脚手架管理暂行规定》（建建〔2000〕230号）等规范自行确定。

（6）脚手架按垂直投影面积计算工程量时，不应扣除门窗洞口、空圈等所占面积。工作内容中包括上料平台的，在综合单价中考虑，不单独编码列项。

（二）混凝土模板及支架（撑）

混凝土模板及支架（撑）包括基础、矩形柱、构造柱、异型柱、基础梁、矩形梁、异型梁、圈梁、过梁、弧形及拱形梁、直形墙、弧形墙、短肢剪力墙及电梯井壁、有梁板、

无梁板、平板、拱板、薄壳板、空心板、其他板、栏板、天沟及檐沟、雨篷、悬挑板、阳台板、楼梯、其他现浇构件、电缆沟地沟、台阶、扶手、散水、后浇带、化粪池、检查井。

混凝土模板及支架（撑）的工程量计算有两种处理方法：一种是以“m^3”计量的模板及支撑（架），按混凝土及钢筋混凝土项目执行，其综合单价应包含模板及支撑（架）；另一种是以“m^2”计量，按模板与混凝土构件的接触面积计算。按接触面积计算的规则与方法：

1. 基础、柱、梁、墙、板

工程量按模板与现浇混凝土构件的接触面积以“m^2”计算。

（1）现浇钢筋混凝土墙、板单孔面积≤ $0.3m^2$ 的孔洞不予扣除，洞侧壁模板也不增加；单孔面积 $>0.3m^2$ 时应予扣除，洞侧壁模板面积并入墙、板工程量内计算。

（2）现浇框架分别按梁、板、柱有关规定计算；附墙柱、暗梁、暗柱并入墙内工程量内计算。

（3）柱、梁、墙、板相互连接的重叠部分，均不计算模板面积。

（4）构造柱按图示外露部分计算模板面积。

（5）原槽浇灌的混凝土基础、垫层不计算模板工程量。

2. 天沟、檐沟、电缆沟、地沟，散水、扶手、后浇带、化粪池、检查井

工程量按模板与现浇混凝土构件的接触面积以“m^2”计算。

3. 雨篷、悬挑板、阳台板

工程量按图示外挑部分尺寸的水平投影面积以“m^2”计算，挑出墙外的悬臂梁及板边不另计算。

4. 楼梯

工程量按楼梯（包括休息平台、平台梁、斜梁和楼层板的连接梁）的水平投影面积以“m^2”计算，不扣除宽度小于或等于500mm的楼梯井所占面积，楼梯踏步、踏步板、平台梁等侧面模板不另计算，伸入墙内部分也不增加。

5. 有梁板模板

有梁板计算模板与支架（撑），不另计算脚手架的工程量。

6. 特征描述规定

若现浇混凝土梁、板支撑高度超过3.6m时，项目特征应描述支撑高度。采用清水模板时，应在特征中注明。

（三）垂直运输

垂直运输指施工工程在合理工期内所需的垂直运输机械。垂直运输按建筑面积以“m^2”计算，或按施工工期日历天数以“天”计算。项目特征描述：建筑物建筑类型及结构形式，地下室建筑面积，建筑物檐口高度、层数。

垂直运输工程量计算相关说明：

（1）同一建筑物有不同檐高时，按建筑物的不同檐高做纵向分割，分别计算建筑面积，以不同檐高分别编码列项。建筑物的檐口高度是指设计室外地坪至檐口滴水的高度（平屋顶是指屋面板底高度），突出主体建筑物屋顶的电梯机房、楼梯出口间、水箱间、瞭望塔、排烟机房等不计入檐口高度。

（2）垂直运输项目工作内容包括：垂直运输机械的固定装置、基础制作、安装，行走式垂直运输机械轨道的铺设、拆除、摊销。即垂直运输设备基础应计入综合单价，不单独编码列项计算工程量，但垂直运输机械的场外运输及安拆按大型机械设备进出场及安拆编码列项计算工程量。

（四）超高施工增加

单层建筑物檐口高度超过 20m，多层建筑物超过 6 层时（计算层数时，地下室不计入层数），可按超高部分的建筑面积计算超高施工增加。超高施工增加工程量，按建筑物超高部分的建筑面积以“m^2”计算。项目特征描述：建筑物建筑类型及结构形式，建筑物檐口高度、层数；单层建筑物檐口高度超过 20m，多层建筑物超过 6 层部分的建筑面积。

超高施工增加工程量相关说明：

（1）超高施工增加有两种情况：第一种是已经含在相应的分部分项工程或单价措施项目综合单价内，此时不应单独编码列超高施工增加项目；第二种是没有包含在相应分部分项工程或单价措施项目内的，应单独编码列项。

（2）同一建筑物有不同檐高时，可按不同高度的建筑面积分别计算建筑面积，以不同檐高分别编码列项。其工程量计算按建筑物超高部分的建筑面积计算。

（3）超高施工增加项目工作内容包括：建筑物超高引起的人工工效降低以及由于人工工效降低引起的机械降效，高层施工用水加压水泵的安装、拆除及工作台班，通信联络设备的使用及摊销。

（五）大型机械设备进出场及安拆

大型机械设备进出场及安拆需要单独编码列项，与一般中小型机械不同。一般中小型机械的进出场、安拆的费用已经计入机械台班单价，不应独立编码列项。

大型机械设备进出场及安拆，按使用机械设备的数量以“台次”计算。项目特征描述：机械设备名称、机械设备规格型号。

安拆费包括施工机械、设备在现场进行安装拆卸所需人工、材料、机械和试运转费用以及机械辅助设施的折旧、搭设、拆除等费用。

进出场费包括施工机械、设备整体或分体自停放地点运至施工现场或由一施工地点运至另一施工地点所发生的运输、装卸、辅助材料等费用。

（六）施工排水、降水

施工排水降水包括成井、排水及降水。

1. 成井

工程量按设计图示尺寸以钻孔深度“m”计算。

2. 排水、降水

工程量按排、降水日历天数以“昼夜”计算。

（七）安全文明施工及其他措施项目

安全文明施工及其他措施项目包括安全文明施工、夜间施工及非夜间施工照明、二次搬运、冬雨季施工、地上及地下设施及建筑物的临时保护设施、已完工程及设备保护等。属于总价措施项目，按项列，不计算工程量。

1. 安全文明施工

安全文明施工（含环境保护、文明施工、安全施工、临时设施），其包含的具体范围如下：

（1）环境保护：现场施工机械设备降低噪声、防扰民措施；水泥和其他易飞扬细颗粒建筑材料密闭存放或采取覆盖措施等；工程防扬尘洒水；土石方、建渣外运车辆防护措施等；现场污染源的控制、生活垃圾清理外运、场地排水排污措施；其他环境保护措施。

（2）文明施工："五牌一图"；现场围挡的墙面美化（包括内外粉刷、刷白、标语等）、压顶装饰；现场厕所便槽刷白、贴面砖，水泥砂浆地面或地砖，建筑物内临时便溺设施；其他施工现场临时设施的装饰装修、美化措施；现场生活卫生设施；符合卫生要求的饮水设备、淋浴、消毒等设施；生活用洁净燃料；防煤气中毒、防蚊虫叮咬等措施；施工现场操作场地的硬化；现场绿化、治安综合治理；现场配备医药保健器材、物品和急救人员培训；现场工人的防暑降温、电风扇、空调等设备及用电；其他文明施工措施。

（3）安全施工：安全资料、特殊作业专项方案的编制，安全施工标志的购置及安全宣传；"三宝"（安全帽、安全带、安全网）、"四口"（楼梯口、电梯井口、通道口、预留洞口）、"五临边"（阳台围边、楼板围边、屋面围边、槽坑围边、卸料平台两侧），水平防护架、垂直防护架、外架封闭等防护；施工安全用电，包括配电箱三级配电、两级保护装置要求、外电防护措施；起重机、塔吊等起重设备（含井架、门架）及外用电梯的安全防护措施（含警示标志）及卸料平台的临边防护、层间安全门、防护棚等设施；建筑工地起重机械的检验检测；施工机具防护棚及其围栏的安全保护设施；施工安全防护通道；工人的安全防护用品、用具购置；消防设施与消防器材的配置；电气保护、安全照明设施；其他安全防护措施。

（4）临时设施：施工现场采用彩色、定型钢板，砖、混凝土砌块等围挡的安砌、维修、拆除；施工现场临时建筑物、构筑物的搭设、维修、拆除，如临时宿舍、办公室，食堂、厨房、厕所、诊疗所、临时文化福利用房、临时仓库、加工场、搅拌台、临时简易水塔、水池等；施工现场临时设施的搭设、维修、拆除，如临时供水管道、临时供电管线、小型临时设施等；施工现场规定范围内临时简易道路铺设，临时排水沟、排水设施安砌、维修、拆除；其他临时设施搭设、维修、拆除。

2. 夜间施工

夜间施工包含的工作内容及范围有：夜间固定照明灯具和临时可移动照明灯具的设置、拆除；夜间施工时，施工现场交通标志、安全标牌、警示灯等的设置、移动、拆除；夜间照明设备及照明用电、施工人员夜班补助、夜间施工劳动效率降低等。

3. 非夜间施工照明

非夜间施工照明包含的工作内容及范围有：为保证工程施工正常进行，在地下室等特殊施工部位施工时所采用的照明设备的安拆、维护、摊销及照明用电等。

4. 二次搬运

由于施工场地条件限制而发生的材料、成品、半成品等一次运输不能到达堆放地点，必须进行的二次或多次搬运。

5. 冬雨季施工

冬雨季施工包含的工作内容及范围有：冬雨（风）季施工时增加的临时设施（防寒保温、防雨、防风设施）的搭设、拆除；冬雨（风）季施工时，对砌体、混凝土等采用的特殊加温、保温和养护措施；冬雨（风）季施工时，施工现场的防滑处理、对影响施工的雨雪的清除；包括冬雨（风）季施工时增加的临时设施、施工人员的劳动保护用品、冬雨

（风）季施工劳动效率降低等。

6. 地上、地下设施、建筑物的临时保护设施

地上、地下设施、建筑物的临时保护设施包含的工作内容及范围有：在工程施工过程中，对已建成的地上、地下设施和建筑物进行的遮盖，封闭、隔离等必要保护措施。

7. 已完工程及设备保护

已完工程及设备保护包含的工作内容及范围有：对已完工程及设备采取的覆盖、包裹、封闭、隔离等必要保护措施。

【例 2.4.10】图 2.4.42 为某工程框架结构建筑物某层现浇混凝土及钢筋混凝土柱梁板结构图，层高 3.0m，其中板厚为 120mm，梁、顶标高为 +6.00m，柱的区域部分为（+3.00~+6.00m）。模板单列，不计入混凝土实体项目综合单价，不采用清水模板。根据《房屋建筑与装饰工程工程量计算规范》GB 50854–2013，计算该层现浇混凝土模板工程的工程量。

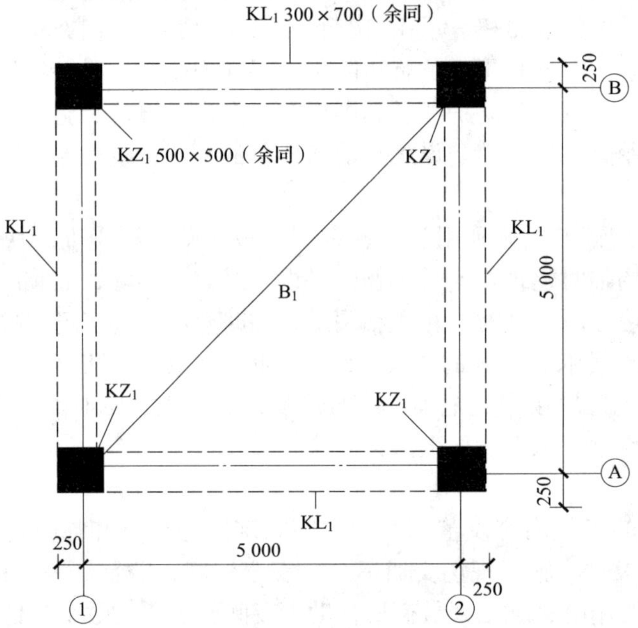

图 2.4.42 某工程现浇混凝土柱梁板结构示意图

解：计算结果见表 2.4.19。

表 2.4.19 工程量计算表

序 号	清单项目编码	清单项目名称	计 算 式	工程量合计	计量单位
1	011702002001	矩形柱	S=4×（3×0.5×4–0.3×0.7×2–0.2×0.12×2）=22.128	22.13	m^2
2	011702006001	矩形梁	S=［4.5×（0.7×2+0.3）–4.5×0.12］×4=28.44	28.44	m^2
3	011702014001	板	S=（5.5–2×0.3）×（5.5–2×0.3）–0.2×0.2×4=23.85	23.85	m^2

【例 2.4.11】某高层建筑如图 2.4.43 所示，框剪结构，女儿墙高度为 1.8m，垂直运输，采用自升式塔式起重机及单笼施工电梯。根据《房屋建筑与装饰工程工程量计算规范》GB 50854–2013，计算该高层建筑物的垂直运输、超高施工增加的分部分项工程量。

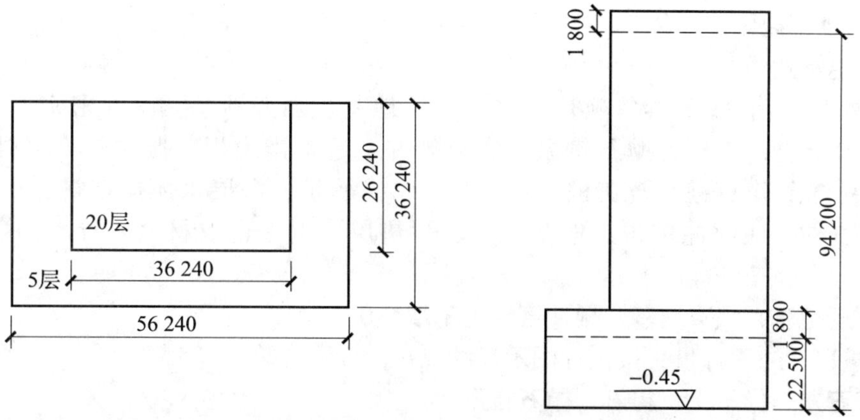

图 2.4.43　某高层建筑示意图

解：计算结果见表 2.4.20。

表 2.4.20　工程量计算表

序号	清单项目编码	清单项目名称	计　算　式	工程量合计	计量单位
1	011703001001	垂直运输（檐高 94.20m 以内）	S=26.24×36.24×5+36.24×26.24×15	19 018.75	m^2
2	011703001002	垂直运输（檐高 22.50m 以内）	S=（56.24×36.24–36.24×26.24）×5	5 436.00	m^2
3	011704001001	超高施工增加	S=36.24×26.24×14	13 313.13	m^2

第五节　市政工程工程量计算规则及应用

市政工程是指市政道路、桥梁、广场、隧道、管网、污水处理、生活垃圾处理、路灯等公用事业工程。市政工程工程量计算应按照国家标准《市政工程工程量计算规范》GB 50857–2013 进行。按照该规范规定，市政工程计价必须按照该规范规定的工程量计算规则进行工程计量。《市政工程工程量计算规范》GB 50857–2013 附录中将市政工程划分为土石方工程、道路工程、桥涵工程、隧道工程、管网工程、水处理工程、生活垃圾处理工程、路灯工程、钢筋工程、拆除工程和措施项目。由于市政工程部分项目工程量计算方法与房屋建筑与装饰工程工程量的计算规则类似，所以本节只介绍主要的市政工程工程量计算规则及应用。

一、道路工程

道路工程包括路基处理、道路基层、道路面层、人行道及其他、交通管理设施共五大类 86 个清单项目。

本节重点介绍路基处理、道路基层、道路面层、人行道及其他主要的道路工程清单项目工程量的计算规则。

（一）路基处理

路基处理共有 23 个清单项目，包括预压地基、强夯地基、振冲密实（不填料）、掺石灰、掺干土、掺石、抛石挤淤、袋装砂井、塑料排水板、振冲桩（填料）、砂石桩、水泥粉煤灰碎石桩、石灰桩、灰土（土）挤密桩、深层水泥搅拌桩、粉喷桩、高压水泥旋喷桩、柱锤冲扩桩、地基注浆、褥垫层、土工合成材料、排水沟、截水沟、盲沟。

1. 预压地基、强夯地基、振冲密实（不填料）

工程量以"m^2"计量，按设计图示尺寸以加固面积计算。

2. 掺石灰、掺干土、掺石、抛石挤淤

工程量以"m^3"计量，按设计图示尺寸以体积计算。

3. 袋装砂井、塑料排水板

工程量以"m"计量，按设计图示尺寸以长度计算。

4. 振冲桩（填料）、砂石桩

工程量以"m"计量时，按设计图示尺寸以桩长计算。以"m^3"计量时，按设计桩截面乘以桩长（包括桩尖）计算。

5. 水泥粉煤灰碎石桩、石灰桩、灰土（土）挤密桩

工程量以"m"计量，按设计图示尺寸以桩长（包括桩尖）计算。

6. 深层水泥搅拌桩、粉喷桩、高压水泥旋喷桩、柱锤冲扩桩

工程量以"m"计量，按设计图示尺寸以桩长计算。

7. 地基注浆

工程量以"m"计量时，按设计图示尺寸以深度计算。以"m^3"计量时，按设计图示尺寸以加固体积计算。

8. 褥垫层

工程量以"m^2"计量时，按设计图示尺寸以铺设面积计算。以"m^3"计量时，按设计图示尺寸以铺设体积计算。

9. 土工合成材料

工程量以"m^2"计量，按设计图示尺寸以面积计算。

10. 排水沟、截水沟、盲沟

工程量以"m"计量，按设计图示尺寸以长度计算。

11. 特征描述和编码规定

（1）地层情况按规定，并根据岩土工程勘察报告按单位工程各地层所占比例（包括范围值）进行描述。对无法准确描述的地层情况，可注明由投标人根据岩土工程勘察报告自行决定报价。

（2）项目特征中的桩长应包括桩尖，空桩长度 = 孔深 – 桩长，孔深为自然地面至设计桩底的深度。

（3）如采用碎石、粉煤灰、砂等作为路基处理的填方材料时，应按土石方工程中“回填方”项目编码列项。

（4）排水沟、截水沟清单项目中，当侧墙为混凝土时，还应描述侧墙的混凝土强度等级。

（二）道路基层

道路基层共有 16 个清单项目，包括路床（槽）整形，石灰稳定土，水泥稳定土，石灰、粉煤灰、土，石灰、碎石、土，石灰、粉煤灰、碎（砾）石，粉煤灰，矿渣，砂砾石，卵石，碎石，块石，山皮石，粉煤灰三渣，水泥稳定碎（砾）石，沥青稳定碎石。

（1）路床（槽）整形。工程量以“m^2”计量，按设计道路底基层图示尺寸以面积计算，不扣除各类井所占面积。

（2）石灰稳定土，水泥稳定土，石灰、粉煤灰、土，石灰、碎石、土，石灰、粉煤灰、碎（砾）石，粉煤灰，矿渣，砂砾石，卵石，碎石，块石，山皮石，粉煤灰三渣，水泥稳定碎（砾）石，沥青稳定碎石工程量以“m^2”计量，按设计图示尺寸以面积计算，不扣除各类井所占面积。

（3）相关规定。

1）道路工程厚度应以压实后为准。

2）道路基层设计截面如为梯形时，应按其截面平均宽度计算面积，并在项目特征中对截面参数加以描述。

（三）道路面层

道路面层共有 9 个清单项目，包括沥青表面处治，沥青贯入式，透层、粘层，封层，黑色碎石，沥青混凝土，水泥混凝土，块料面层，弹性面层。

上述 9 个清单项目工程量计算规则，均以“m^2”计量，按设计图示尺寸以面积计算，不扣除各种井所占面积，带平石的面层应扣除平石所占面积。

对水泥混凝土路面中传力杆和拉杆的制作、安装应按钢筋工程中相关项目编码列项。

有交叉路口段道路面积除直线段路面面积外，还应包括转弯处增加的面积，如图 2.5.1 所示。

（四）人行道及其他

人行道及其他共有 8 个清单项目，包括人行道整形碾压，人行道块料铺设，现浇混凝土人行道及进口坡，安砌侧（平、缘）石，现浇侧（平、缘）石，检查井升降，树池砌筑，预制电缆沟铺设。

1. 人行道整形碾压

工程量以“m^2”计量，按设计人行道图示尺寸以面积计算，不扣除侧石、树池和各类井所占面积。

2. 人行道块料铺设，现浇混凝土人行道及进口坡

工程量按设计图示尺寸以面积计量，不扣除各类井所占面积，但应扣除侧石、树池所占面积。

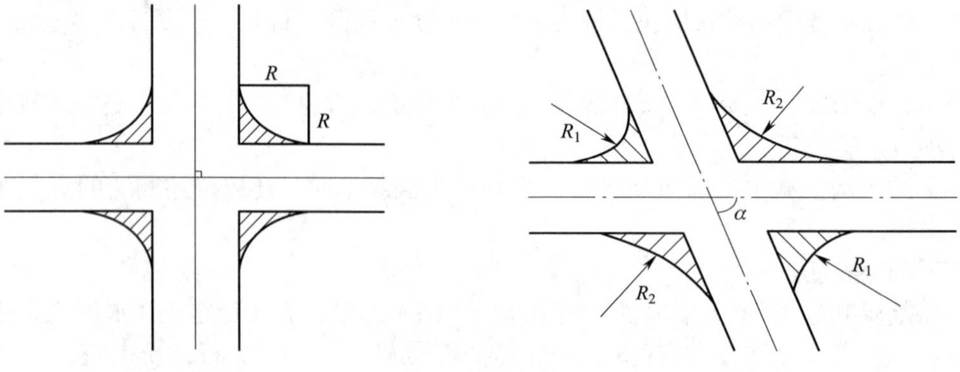

图 2.5.1 交叉口转弯处增加面积示意图

3. 安砌侧（平、缘）石，现浇侧（平、缘）石

工程量按设计图示中心线长度计算，以“m”计量。

4. 检查井升降

工程量以“座”计量，按设计图示路面标高与原有的检查井发生正负高差的检查井的数量计算。

5. 树池砌筑

工程量以“个”计量，按设计图示数量计算。

6. 预制电缆沟铺设

工程量以“m”计量，按设计图示中心线长度计算。

【**例 2.5.1**】某市凤城东路 K0+000~K0+950 为沥青混凝土面层（其结构如图 2.5.2 所示），路肩各宽 1.20m，路面宽度为 10.00m，路面两边铺侧缘石，路基回填土密实度要求为 95%，土质为三类，余土运至 15km 处弃置点。根据上述情况，计算该道路工程量。

解：该道路各项目工程量计算见表 2.5.1。

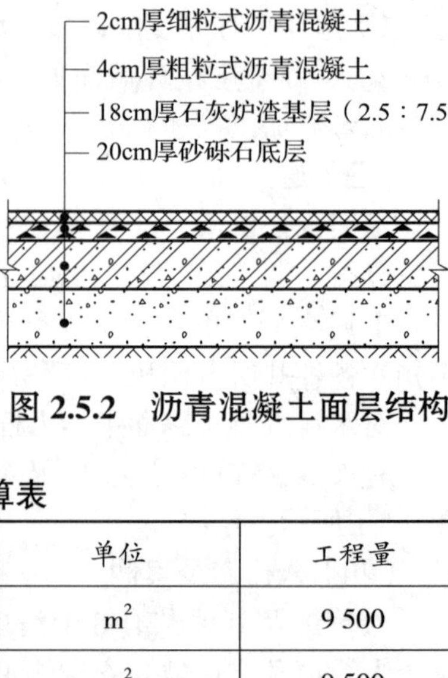

图 2.5.2 沥青混凝土面层结构

表 2.5.1 道路工程工程量计算表

序号	项目	计算式	单位	工程量
1	砂砾石底层（20cm）	10×950	m^2	9 500
2	石灰炉渣层（2.5∶7.5 厚 18cm）	10×950	m^2	9 500
3	粗粒沥青混凝土层（4cm 厚，碎石粒径 5mm，石油沥青）	10×950	m^2	9 500
4	细粒沥青混凝土层（2cm 厚，碎石粒径 3mm，石油沥青）	10×950	m^2	9 500
5	安砌侧（平缘）石	2×950	m	1 900

【例 2.5.2】已知某道路横断面如图 2.5.3 所示，两侧人行道宽 6m，中间车行道宽 18m，道路长 300m（不考虑转弯增加面积），车行道面层采用沥青混凝土，基层采用水泥稳定碎石，侧石及平石采用预制构件，人行道铺装使用混凝土方砖（不考虑树池占位面积）。试依据《市政工程工程量计算规范》GB 50857–2013 计算下列工程量。图中单位除特殊标注外均为 cm。

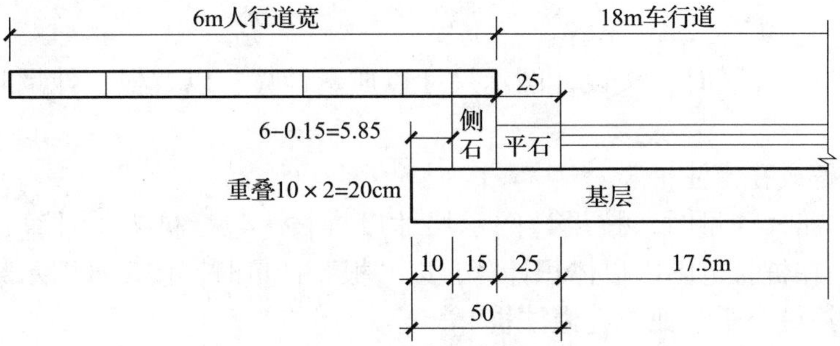

图 2.5.3　某道路横断面图

解：该道路车行道路床整形碾压清单工程量，人行道路床整形碾压清单工程量，水泥稳定碎石基层清单工程量，沥青混凝土面层清单工程量，道路侧石清单工程量，人行道铺装面积计算见表 2.5.2。

表 2.5.2　工程量计算表

编码	名称	单位	计算式	计算结果
040202001001	车行道路床整形碾压	m^2	（17.5+0.5×2）×300	5 550
040204001001	人行道路床整形碾压	m^2	（6−0.15）×300×2	3 510
040202015001	水泥稳定碎石基层	m^2	（17.5+0.5×2）×300	5 550
040203006001	沥青混凝土面层	m^2	（18−0.25×2）×300	5 250
040204004001	道路侧石	m	300×2	600
040204002001	人行道铺装	m^2	（6−0.15）×300×2	3 510

二、桥涵工程

桥涵工程包括桩基、基坑与边坡支护、现浇混凝土构件、预制混凝土构件、砌筑、立交箱涵、钢结构、装饰、其他和相关问题及说明共十大类 86 个清单项目。

本节重点介绍桩基、基坑与边坡支护、现浇混凝土、预制混凝土、砌筑、立交箱涵中常见的桥梁工程清单项目的计算规则。

（一）桩基

桩基工程共有 11 项清单项目，包括预制钢筋混凝土方桩、预制钢筋混凝土管桩、钢管桩、泥浆护壁成孔灌注桩、沉管灌注桩、干作业成孔灌注桩、挖孔桩土（石）方、人工挖孔灌注桩、钻孔压浆桩、灌注桩后注浆、截桩头、声测管。

1. 预制钢筋混凝土方桩、管桩

工程量以“m”计量时，按设计图示尺寸以桩长（包括桩尖）计算；以“m^3”计量时，按设计图示桩长（包括桩尖）乘以桩的断面面积计算；以“根”计量时，按设计图示数量计算。

2. 钢管桩

工程量以“t”计量时，按设计图示尺寸以质量计算；以“根”计量时，按设计图示数量计算。

3. 泥浆护壁成孔灌注桩

工程量以“m”计量时，按设计图示尺寸以桩长（包括桩尖）计算；以“m^3”计量时，按不同截面在桩长范围内以体积计算；以“根”计量时，按设计图示数量计算。

4. 沉管灌注桩、干作业成孔灌注桩

工程量以“m”计量时，按设计图示尺寸以桩长（包括桩尖）计算；以“m^3”计量时，按设计图示桩长（包括桩尖）乘以桩的断面面积计算；以“根”计量时，按设计图示数量计算。

5. 挖孔桩土（石）方

工程量按设计图示尺寸（含护壁）截面面积乘以挖孔深度以“m^3”计算。

6. 人工挖孔灌注桩

工程量以“m^3”计量时，按桩芯混凝土体积计算；以“根”计量时，按设计图示数量计算。

7. 钻孔压浆桩

工程量以“m”计量时，按设计图示尺寸以桩长计算；以“根”计量时，按设计图示数量计算。

8. 灌注桩后注浆

工程量按设计图示以注浆孔数计算。

9. 截桩头

工程量以“m^3”计量时，按设计桩截面乘以桩头长度以体积计算；以“根”计量时，按设计图示数量计算。

10. 声测管

工程量以“t”计量时，按设计图示尺寸以质量计算；以“m”计量时，按设计图示尺寸以长度计算。

11. 特征描述及编码规定

（1）地层情况按本章表 2.4.2 土壤分类表和表 2.4.3 放坡系数的规定，并根据岩土工程勘察报告按单位工程各地层所占比例（包括范围值）进行描述。对无法准确描述的地层情况，可注明由投标人根据岩土工程勘察报告自行决定报价。

（2）项目特征中的桩截面、混凝土强度等级、桩类型等可直接用标准图代号或设计桩型进行描述。

（3）打试验桩和打斜桩应按相应项目编码单独列项，并应在项目特征中注明试验桩或斜桩（斜率）。

（4）项目特征中的桩长应包括桩尖，空桩长度 = 孔深 – 桩长，孔深为自然地面至设计桩底的深度。

（5）混凝土灌注桩的钢筋笼制作、安装，按钢筋工程中相关项目编码列项。

12. 相关说明

（1）各类混凝土预制桩以成品桩考虑，应包括成品桩购置费，如果用现场预制，应包括现场预制桩的所有费用。

（2）泥浆护壁成孔灌注桩是指在泥浆护壁条件下成孔，采用水下灌注混凝土的桩。其成孔方法包括冲击钻成孔、冲抓锥成孔、回旋钻成孔、潜水钻成孔、泥浆护壁的旋挖成孔等。

（3）沉管灌注桩的沉管方法包括捶击沉管法、振动沉管法、振动冲击沉管法、内夯沉管法等。

（4）干作业成孔灌注桩是指不用泥浆护壁和套管护壁的情况下，用钻机成孔后，下钢筋笼，灌注混凝土的桩，适用于地下水位以上的土层使用。其成孔方法包括螺旋钻成孔、螺旋钻成孔扩底、干作业的旋挖成孔等。

（5）工作内容未含桩基础的承载力检测、桩身完整性检测。

（二）基坑与边坡支护

基坑与边坡支护工程共有 8 项清单项目，包括圆木桩、预制钢筋混凝土板桩、地下连续墙、咬合灌注桩、型钢水泥土搅拌墙、锚杆（索）、土钉、喷射混凝土。

1. 圆木桩

工程量以“m”计量时，按设计图示尺寸以桩长（包括桩尖）计算；以“根”计量时，按设计图示数量计算。

2. 预制钢筋混凝土板桩

工程量以“m^3”计量时，按设计图示桩长（包括桩尖）乘以桩的断面面积计算；以“根”计量时，按设计图示数量计算。

3. 地下连续墙

工程量按设计图示墙中心线长乘以厚度乘以槽深，以体积计算。

4. 咬合灌注桩

工程量以“m”计量时，按设计图示尺寸以桩长计算；以“根”计量时，按设计图示数量计算。

5. 型钢水泥土搅拌墙

工程量按设计图示尺寸以体积计算。

6. 锚杆（索）、土钉

工程量以“m”计量时，按设计图示尺寸以钻孔深度计算；以“根”计量时，按设计图示数量计算。

7. 喷射混凝土

工程量按设计图示尺寸以面积计算。

8. 特征描述及编码规定

（1）地层情况按本章表 2.4.2 和表 2.4.6 的规定，并根据岩土工程勘察报告按单位工程各地层所占比例（包括范围值）进行描述。对无法准确描述的地层情况，可注明由投标人根据岩土工程勘察报告自行决定报价。

（2）地下连续墙和喷射混凝土的钢筋网制作、安装，按钢筋工程中相关项目编码列项。基坑与边坡支护的排桩按本规范桩基中相关项目编码列项。水泥土墙、坑内加固按本规范道路工程中相关项目编码列项。混凝土挡土墙、桩顶冠梁、支撑体系按本规范隧道工程中相关项目编码列项。

（三）立交箱涵

立交箱涵共有 7 项清单项目，包括透水管、滑板、箱涵底板、箱涵侧墙、箱涵顶板、箱涵顶进、箱涵接缝。

1. 透水管

工程量以“m”计量，按设计图示尺寸以长度计算。

2. 滑板、箱涵底板、箱涵侧墙、箱涵顶板

工程量以“m^3”计量，按设计图示尺寸以体积计算。

3. 箱涵顶进

工程量以“kt · m”计量，按设计图示尺寸以被顶箱涵的质量，乘以箱涵的位移距离分节累计计算。除箱涵顶进土方外，顶进工作坑等土方应按附录土石方工程中相关项目编码列项。

4. 箱涵接缝

工程量以“m”计量，按设计图示止水带长度计算。

【例 2.5.3】某单跨小型桥梁，采用轻型桥台、钢筋混凝土方桩基础，桥梁桩基础如图 2.5.4 所示，试计算桩基清单工程量。

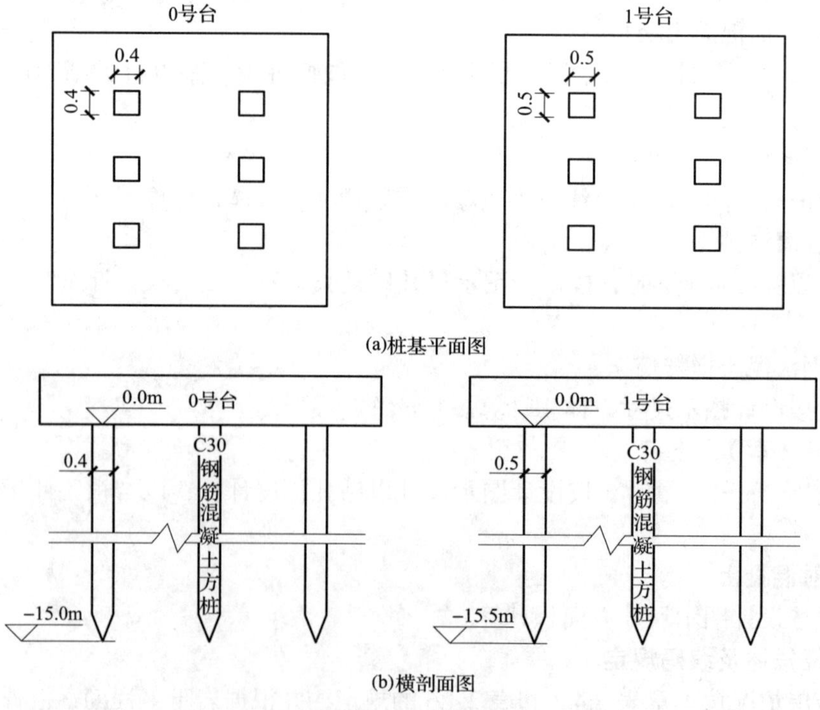

图 2.5.4 桥梁桩基础（单位：m）

解：桩基清单工程量计算结果如表 2.5.3 所示。

表 2.5.3 工程量计算表

编码	名称	单位	计算式	计算结果
040301001001	C30 钢筋混凝土方桩（400mm × 400mm）	根	6	6
		m	15 × 6	90
		m^3	15 × 0.4 × 0.4 × 6	14.40
040204001002	C30 钢筋混凝土方桩（500mm × 500mm）	根	6	6
		m	15.50 × 6	93
		m^3	15.50 × 0.5 × 0.5 × 6	23.25

【例 2.5.4】如图 2.5.5 所示某桥梁现浇混凝土墩帽，试依据《市政工程工程量计算规范》GB 50857–2013 计算墩帽清单工程量。

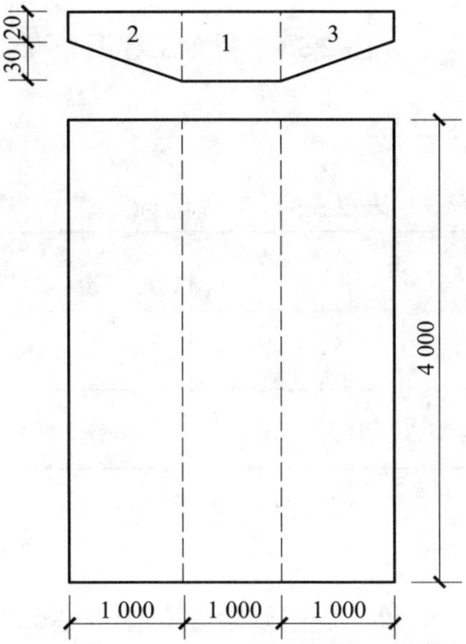

图 2.5.5 桥梁混凝土墩帽示意图

解：墩帽工程量计算见表 2.5.4。

表 2.5.4 工程量计算表

编码	名称	单位	计 算 式	计算结果
040303004001	混凝土墩帽	m^3	V_1=1 × 4 ×（0.02+0.03）=0.20 V_2=V_3=（0.02+0.05）÷ 2 × 1 × 4=0.14 V=V_1+V_2+V_3=0.2+0.14+0.14=0.48	0.48

【例 2.5.5】某桥梁重力式桥台，台身采用 M10 水泥砂浆砌块石，台帽采用 M10 水泥砂浆砌料石，如图 2.5.6 所示，共 2 个台座，长度 12m。ϕ100PVC 泄水管安装间距为 3m。50×50 级配碎石反滤层、泄水孔进口二层土工布包裹。试依据《市政工程工程量计算规范》GB 50857-2013 计算台帽及台身清单工程量。

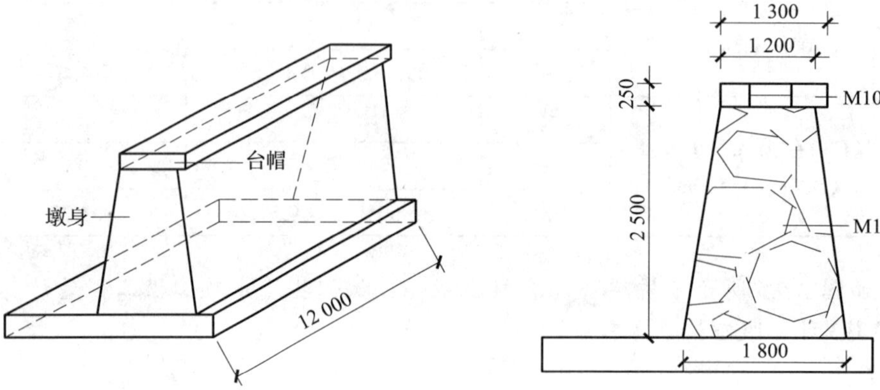

图 2.5.6　桥台工程图

解：桥台工程量计算见表 2.5.5。

表 2.5.5　工程量计算表

编码	名称	单位	计算式	计算结果
040305003001	浆砌块石台帽	m^3	1.3×0.25×12×2	7.80
040305003002	浆砌料石台身	m^3	（1.8+1.2）÷2×2.5×12×2	90

三、管网工程

管网工程包括管道铺设，管件、阀门及附件安装，支架制作及安装、管道附属构筑物和相关问题及说明共五大类 51 个清单项目。

管网工程适用于市政管网工程及市政管网专用设备安装工程。本节主要介绍管道敷设，管件、阀门及附件安装，支架制作及安装，管道附属构筑物的计算规则。

（一）管道敷设

管道敷设共有 20 项清单项目，包括混凝土管、钢管、铸铁管、塑料管、直埋式预制保温管、隧道（沟、管）内管道、管道架空跨越、水平导向钻进、夯管、顶管、顶（夯）管工作坑、预制混凝土工作坑、土壤加固、新旧管连接、临时放水管线、砌筑方沟、混凝土方沟、砌筑渠道、混凝土渠道、警示（示踪）带铺设。

1. 混凝土管、钢管、铸铁管、塑料管、直埋式预制保温管、隧道（沟、管）内管道

工程量以“m”计量，按设计图示中心线长度以延长米计算。不扣除附属构筑物、管件及阀门等所占长度。

2. 管道架空跨越

工程量以“m”计量，按设计图示中心线长度以延长米计算。不扣除管件及阀门等所占长度。

3. 水平导向钻进、夯管、顶管

工程量以“m”计量，按设计图示长度以延长米计算。扣除附属构筑物（检查井）所占长度。

4. 顶（夯）管工作坑、预制混凝土工作坑

工程量以“座”计量，按设计图示数量计算。

5. 土壤加固

工程量以“m”计量时，按设计图示加固段长度以延长米计算；以“m^3”计量时，按设计图示加固段以体积计算。

6. 新旧管连接

工程量以“处”计量，按设计图示数量计算。

7. 临时放水管线

工程量以“m”计量，按放水管线长度以延长米计算，不扣除管件、阀门所占长度。

8. 砌筑方沟、混凝土方沟、砌筑渠道、混凝土渠道

工程量以“m”计量，按设计图示尺寸以延长米计算。

9. 警示（示踪）带铺设

工程量以“m”计量，按铺设长度以延长米计算。

10. 相关说明

（1）管道架空跨越铺设的支架制作、安装及支架基础、垫层应按《市政工程工程量计算规范》GB 50857–2013 附录支架制作及安装相关清单项目编码列项。

（2）管道铺设项目中的做法如为标准设计，也可在项目特征中标注标准图集号。

（二）管件、阀门及附件安装

管道敷设共有 18 项清单项目，包括铸铁管管件，钢管管件制作、安装，塑料管管件，转换件，阀门，法兰，盲堵板制作、安装，套管制作、安装，水表，消火栓，补偿器（波纹管），除污器组成、安装，凝水缸，调压器，过滤器，分离器，安全水封，检漏（水）管。

1. 铸铁管管件，钢管管件制作、安装，塑料管管件，转换件，阀门，法兰，盲堵板制作、安装，套管制作、安装，水表，消火栓、补偿器（波纹管）

工程量以“个”计量，按设计图示数量计算。

2. 除污器组成、安装

工程量以“套”计量，按设计图示数量计算。

3. 凝水缸，调压器，过滤器，分离器，安全水封，检漏（水）管

工程量以“组”计量，按设计图示数量计算。凝水缸应按管道附属构筑物相关清单项目编码列项。

（三）支架制作及安装

支架制作及安装共有 4 项清单项目，包括砌筑支墩，混凝土支墩，金属支架制作、安装，金属吊架制作、安装。

1. 砌筑支墩，混凝土支墩

工程量以“m^3”计量，按设计图示尺寸以体积计算。

2. 金属支架制作、安装，金属吊架制作、安装

工程量以“t”计量，按设计图示质量计算。

（四）管道附属构筑物

管道附属构筑物共有9项清单项目，包括砌筑井，混凝土井，塑料检查井，砖砌井筒，预制混凝土井筒，砌体出水口，混凝土出水口，整体化粪池，雨水口。

1. 砌筑井，混凝土井，塑料检查井

工程量以“座”计量，按设计图示数量计算。

2. 砖砌井筒，预制混凝土井筒

工程量以“m”计量，按设计图示尺寸以延长米计算。

3. 砌体出水口，混凝土出水口，整体化粪池，雨水口

工程量以“座”计量，按设计图示数量计算。

4. 特征描述规定

管道附属构筑物为标准定型附属构筑物时，在项目特征中应标注标准图集编号及页码。

（五）相关问题及说明

（1）管网工程清单项目所涉及土方工程的内容应按土石方工程中相关项目编码列项。

（2）刷油、防腐、保温工程、阴极保护及牺牲阳极应按现行国家标准《通用安装工程工程量计算规范》GB 50856–2013刷油、防腐蚀、绝热工程中相关项目编码列项。

（3）高压管道及管件、阀门安装，不锈钢管及管件、阀门安装，管道焊缝无损探伤应按现行国家标准《通用安装工程工程量计算规范》GB 50856–2013工业管道中相关项目编码列项。

（4）管道检验及试验要求应按各专业的施工验收规范及设计要求，对已完管道工程进行的管道吹扫、冲洗消毒、强度试验、严密性试验、闭水试验等内容进行描述。

（5）阀门电动机需单独安装，应按现行国家标准《通用安装工程工程量计算规范》GB 50856–2013给排水、采暖、燃气工程中相关项目编码列项。

（6）雨水口连接管应按管道铺设中相关项目编码列项。

【例 2.5.6】某雨水管道如图2.5.7所示，管道采用混凝土管（每节长2m）承插式连接，135°混凝土基础，具体详见管道基础结构图。管径如图（图示为内径），Y1、Y2均为ϕ1 250mm非定型井平均井深1.97m，Y3、Y4均为ϕ1 500mm非定型井，其中Y3井深1.97m，Y4井深2.7m，材质采用承插素混凝土管，接口采用O形橡胶圈，管道铺设平均深度为8.5m。试依据《市政工程工程量计算规范》GB 50857–2013计算管网敷设工程量。（计算结果保留到小数点后两位）

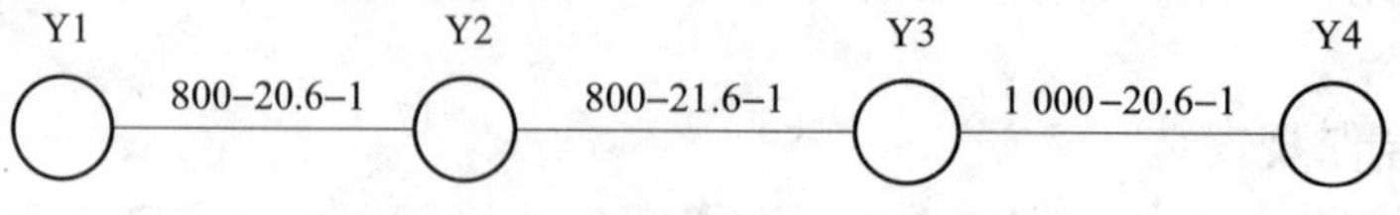

图 2.5.7 雨水管道平面图

解：雨水管道工程量计算见表 2.5.6。

表 2.5.6　清单工程量计算表

编码	名称	单位	计算式	计算结果
040501001001	*D*800 混凝土管道铺设	m	20.6+21.60	42.20
040501001002	*D*1000 混凝土管道铺设	m	20.60	20.60

【**例 2.5.7**】某段雨水管道平面图如图 2.5.8 所示，已知 Y1、Y2 均为 ϕ1 250mm 非定型井，平均井深 1.97m，Y3、Y4 均为 ϕ1 500mm 非定型井，其中 Y3 井深 1.97m，Y4 井深 2.7m，试计算该段管道检查井清单工程量。

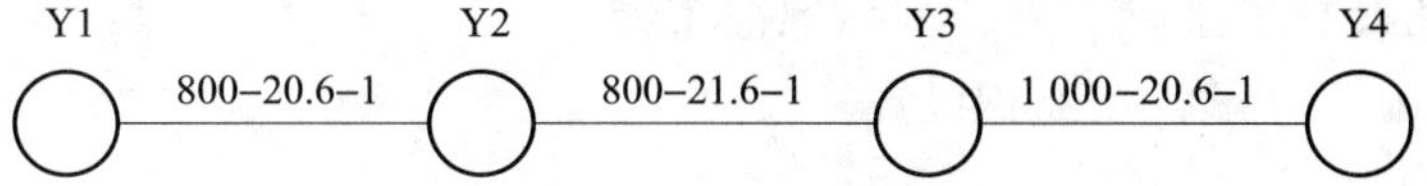

图 2.5.8　雨水管道平面图

解：由管道平面图可知：Y1、Y2、Y3、Y4 均为雨水井。

该段雨水管道检查井根据井的结构、尺寸、井深等项目特征，可设置三个具体的清单项目。

Y1、Y2 ϕ1 250mm 非定型雨水检查井平均井深 1.97m。

清单工程量 =2 座

Y3 ϕ1 500mm 非定型井井深 1.97m。

清单工程量 =1 座

Y4 ϕ1 500mm 非定型井井深 2.7m。

清单工程量 =1 座

第六节　园林绿化工程工程量计算规则及应用

园林工程是指在一定地域内运用工程及艺术的手段，通过改造地形、建造建筑（构筑）物，种植花草树木、铺设园路、设置小品和水景等，对园林各个施工要素进行工程处理，使目标园林达到一定的审美要求和艺术氛围的工程。绿化工程是树木、花卉、草坪、地被植物等的植物种植工程。园林绿化工程工程量计算应按照国家标准《园林绿化工程工程量计算规范》GB 50858–2013 进行。按照该规范规定，园林绿化工程计价必须按照该规范规定的工程量计算规则进行工程计量。《园林绿化工程工程量计算规范》GB 50858–2013 附录中将园林绿化工程划分为绿化工程、园路、园桥工程、园林景观工程和措施项目。本节介绍园林绿化工程主要工程量计算规则及应用。

一、绿化工程

绿化工程包括绿地整理、栽植花木、绿地喷灌共三大类 30 个清单项目。

本节重点介绍绿地整理、栽植花木、绿地喷灌工程量清单项目的工程量计算规则。

（一）绿地整理

绿地整理共有12项清单项目，包括伐树、挖树根（蔸）、砍挖灌木丛及根、砍挖竹及根、砍挖芦苇及根、清除草皮、清除地被植物、屋面清理、种植土回（换）填、整理绿化用地、绿地起坡造型、屋顶花园基底处理。

1. 伐树、挖树根（蔸）

工程量以"株"计量，按数量计算。

2. 砍挖灌木丛及根

工程量以"株"计量时，按数量计算；以"m^2"计量时，按面积计算。

3. 砍挖竹及根

工程量以"株"或"丛"计量，按数量计算。

4. 砍挖芦苇及根、清除草皮、清除地被植物

工程量以"m^2"计量，按面积计算。

5. 屋面清理

工程量以"m^2"计量，按设计图示尺寸以面积计算。

6. 种植土回（换）填

以"m^3"计量时，按设计图示回填面积乘以回填厚度以体积计算；以"株"计量时，按设计图示数量计算。

7. 整理绿化用地、屋顶花园基底处理

以"m^2"计量，按设计图示尺寸以面积计算。整理绿化用地项目包含厚度300mm以内回填土，厚度300mm以上回填土，应按《房屋建筑与装饰工程工程量计算规范》GB 50854–2013相应项目编码列项。

8. 绿地起坡造型

以"m^3"计量，按设计图示尺寸以体积计算。绿地起坡造型，适用于松（抛）填。

（二）栽植花木

栽植花木共有16项清单项目，包括栽植乔木、栽植灌木、栽植竹类、栽植棕榈类、栽植绿篱、栽植攀缘植物、栽植色带、栽植花卉、栽植水生植物、垂直墙体绿化种植、花卉立体布置、铺种草皮、喷播植草（灌木）籽、植草砖内植草、挂网、箱/钵栽植。

1. 栽植乔木、栽植竹类、栽植棕榈类

工程量以"株"或"丛"计量，按设计图示数量计算。

2. 栽植灌木

工程量以"株"计量时，按设计图示数量计算；以"m^2"计量时，按设计图示尺寸以绿化水平投影面积计算。

3. 栽植绿篱

工程量以"株"计量时，按设计图示数量计算；以"m^2"计量时，按设计图示尺寸以绿化水平投影面积计算。

4. 栽植攀缘植物

工程量以"株"计量时，按设计图示数量计算；以"m"计量时，按设计图示种植长度以延长米计算。

5. 栽植色带

以“m^2”计量，按设计图示尺寸以绿化水平投影面积计算。

6. 栽植花卉、栽植水生植物

以“株”“丛”“缸”计量时，按设计图示数量计算；以“m^2”计量时，按设计图示尺寸以水平投影面积计算。

7. 垂直墙体绿化种植

以“m^2”计量时，按设计图示尺寸以绿化水平投影面积计算；以“m”计量时，按设计图示种植长度以延长米计算。

8. 花卉立体布置

以“单体（处）”计量时，按设计图示数量计算；以“m^2”计量时，按设计图示尺寸以面积计算。

9. 铺种草皮、喷播植草（灌木）籽、植草砖内植草

工程量以“m^2”计量，按设计图示尺寸以绿化投影面积计算。

10. 挂网

工程量以“m^2”计量，按设计图示尺寸以挂网投影面积计算。

11. 箱/钵栽植

工程量以“个”计量，按设计图示箱/钵数量计算。

12. 相关说明

（1）挖土外运、借土回填、挖（凿）土（石）方应包括在相关项目内。

（2）苗木计算应符合下列规定：

1）胸径应为地表面向上 1.2m 高处树干直径。

2）冠径又称冠幅，应为苗木冠丛垂直投影面的最大直径和最小直径之间的平均值。

3）蓬径应为灌木、灌丛垂直投影面的直径。

4）地径应为地表面向上 0.1m 高处树干直径。

5）干径应为地表面向上 0.3m 高处树干直径。

6）株高应为地表面至树顶端的高度。

7）冠丛高应为地表面至乔（灌）木顶端的高度。

8）篱高应为地表面至绿篱顶端的高度。

9）养护期应为招标文件中要求苗木种植结束后承包人负责养护的时间。

（3）苗木移（假）植应按花木栽植相关项目单独编码列项。

（4）土球包裹材料、树体输液保湿及喷洒生根剂等费用应包含在相应项目内。

（5）发包人如有成活率要求时，应在项目特征中加以描述。

（三）绿地喷灌

绿地喷灌共有 2 项清单项目。包括喷灌管线安装、喷灌配件安装。

1. 喷灌管线安装

工程量以“m”计量，按设计图示尺寸以长度计算。

2. 喷灌配件安装

工程量以“个”计量，喷灌配件安装。

3. 阀门井应按市政工程计量规范相关项目编码列项

二、园路、园桥工程

园路、园桥工程包括园路、园桥工程，驳岸、护岸共两大类18个清单项目。

（一）园路、园桥工程

园路、园桥工程共有13项清单项目，包括园路，踏（蹬）道，路牙铺设，树池围牙、盖板（篦子），嵌草砖（格）铺装，桥基础，石桥墩、石桥台，拱券石、石券脸、金刚墙砌筑，石桥面铺筑，石桥面檐板，石汀步（步石、飞石），木制步桥，栈道。

1. 园路

工程量以"m^2"计量，按设计图示尺寸以面积计算，不包括路牙，如图2.6.1所示。

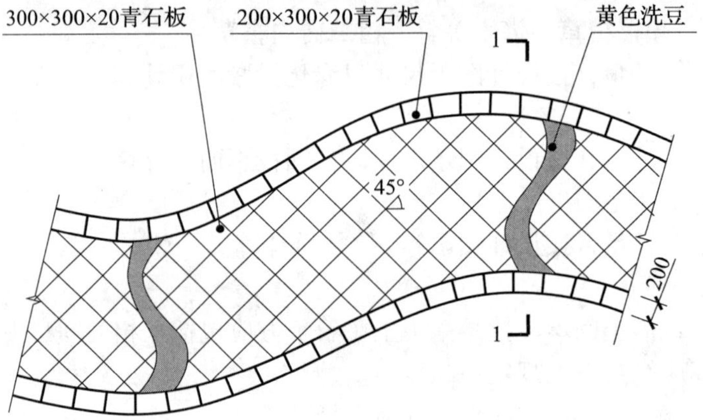

图2.6.1 园路

2. 踏（蹬）道

工程量以"m^2"计量，按设计图示尺寸以水平投影面积计算，不包括路牙。

3. 路牙铺设

工程量以"m"计量，按设计图示尺寸以长度计算。

4. 树池围牙、盖板（篦子）

工程量以"m"计量时，按设计图示尺寸以长度计算；以"套"计量时，按设计图示数量计算。

5. 嵌草砖（格）铺装、石券脸、石桥面铺筑，石桥面檐板

工程量以"m^2"计量，按设计图示尺寸以面积计算，见图2.6.2。

6. 桥基础，石桥墩、石桥台，拱券石、金刚墙砌筑、石汀步（步石、飞石）

工程量以"m^3"计量，按设计图示尺寸以体积计算，见图2.6.3。

7. 木制步桥，栈道

工程量以"m^2"计量，按桥面板（栈道面板）设计图示尺寸以面积计算，如图2.6.4所示。

图 2.6.2　停车场嵌草砖平面图（1:20）

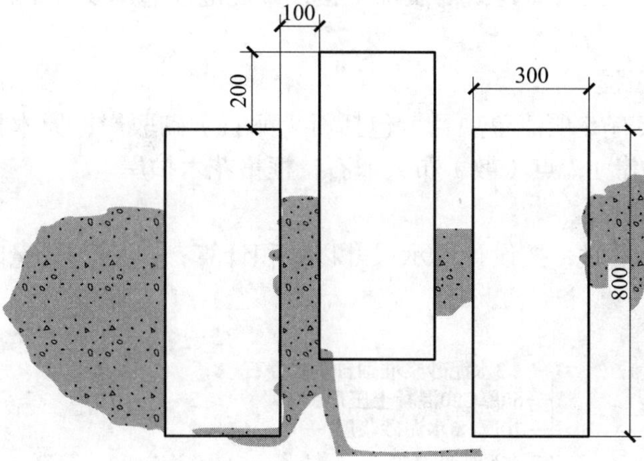

图 2.6.3　石汀步

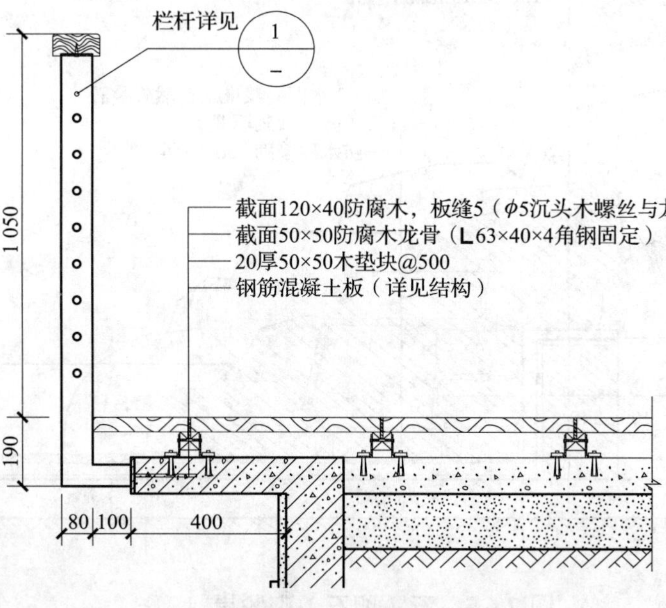

图 2.6.4　木制步桥栈道

8. 项目编码规定

（1）园路、园桥工程的挖土方、开凿石方、回填等应按现行市政工程计量规范相关项目编码列项。

（2）如遇某些构配件使用钢筋混凝土或金属构件时，应按《房屋建筑与装饰工程工程量计算规范》GB 50854–2013 或《市政工程工程量计算规范》GB 50857–2013 相关项目编码列项。

（3）地伏石、石望柱、石栏杆、石栏板、扶手、撑鼓等应按《仿古建筑工程工程量计算规范》GB 50855–2013 相关项目编码列项。

（4）亲水（小）码头各分部分项项目按照园桥相应项目编码列项。

（5）台阶项目按现行房屋建筑与装饰工程计量规范相关项目编码列项。

（6）混合类构件园桥按房屋建筑与装饰工程计量规范或通用安装工程计量规范相关项目编码列项。

（二）驳岸、护岸工程

驳岸、护岸工程共有 5 项清单项目，包括石（卵石）砌驳岸，原木桩驳岸，满（散）铺砂卵石护岸（自然护岸），点（散）布大卵石，框格花木护岸。

1. 石（卵石）砌驳岸

工程量以“m^3”计量时，按设计图示尺寸以体积计算；以“t”计量时，按质量计算，见图 2.6.5。

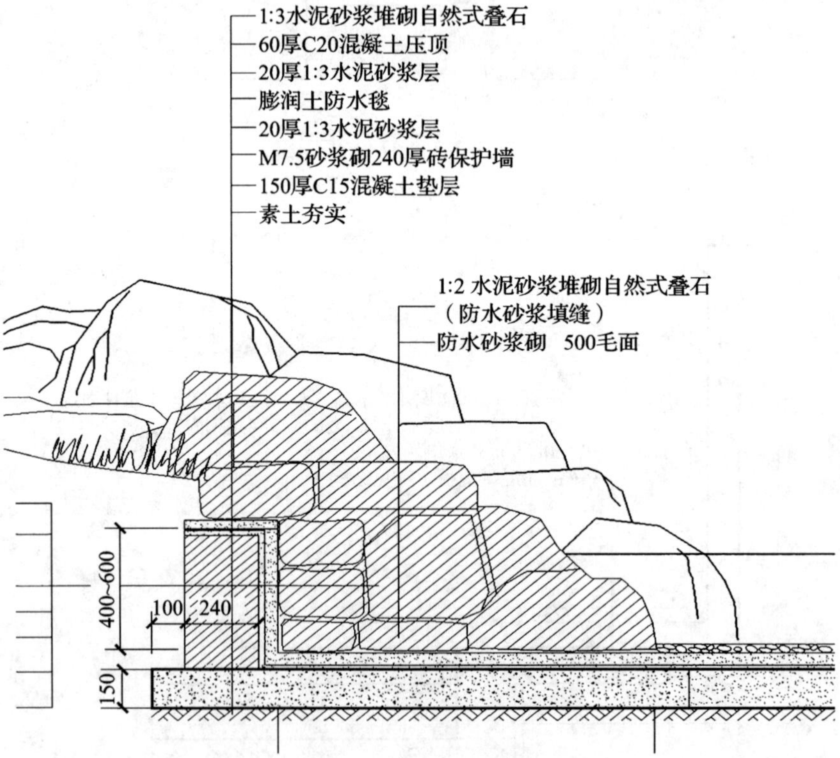

图 2.6.5 石（卵石）砌驳岸

2. 原木桩驳岸

工程量以“m”计量时，按设计图示桩长（包括桩尖）计算；以“根”计量时，按设计图示数量计算。

3. 满（散）铺砂卵石护岸（自然护岸）

以“m^2”计量时，按设计图示尺寸以护岸展开面积计算；以“t”计量时，按卵石使用质量计算，见图 2.6.6。

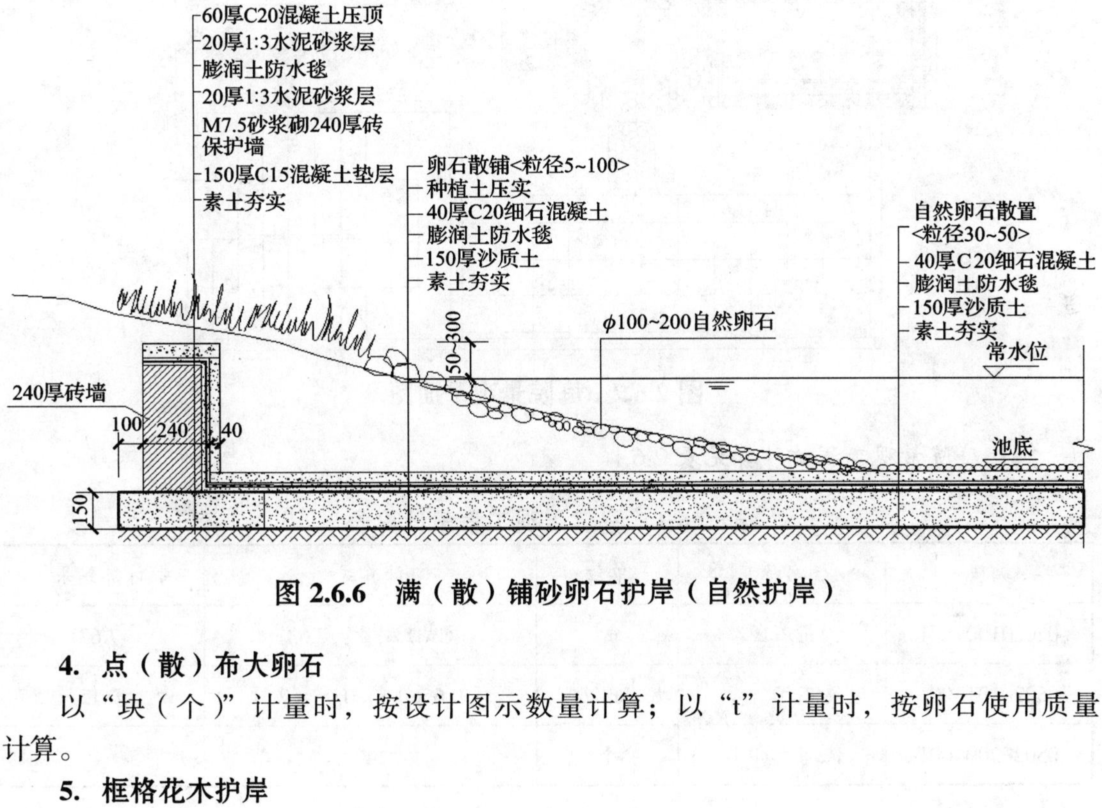

图 2.6.6 满（散）铺砂卵石护岸（自然护岸）

4. 点（散）布大卵石

以“块（个）”计量时，按设计图示数量计算；以“t”计量时，按卵石使用质量计算。

5. 框格花木护岸

工程量以“m^2”计量，按设计图示尺寸展开宽度乘以长度以面积计算。

6. 项目编码规定

（1）驳岸工程的挖土方、开凿石方、回填等应按《房屋建筑与装饰工程工程量计算规范》GB 50854–2013 相关项目编码列项。

（2）木桩钎（梅花桩）按原木桩驳岸项目单独编码列项。

（3）钢筋混凝土仿木桩驳岸，其钢筋混凝土及表面装饰应按现行《房屋建筑与装饰工程工程量计算规范》GB 50854–2013 相关项目编码列项，若表面“塑松皮”，按园林景观工程相关项目编码列项。

（4）框格花木护坡的铺草皮、撒草籽等应按绿化工程相关项目编码列项。

【例 2.6.1】某庭院景观如图 2.6.7 所示，试依据《园林绿化工程工程量计算规范》GB 50858–2013 计算雨花石园路、青石板汀步及点布大卵石工程量。

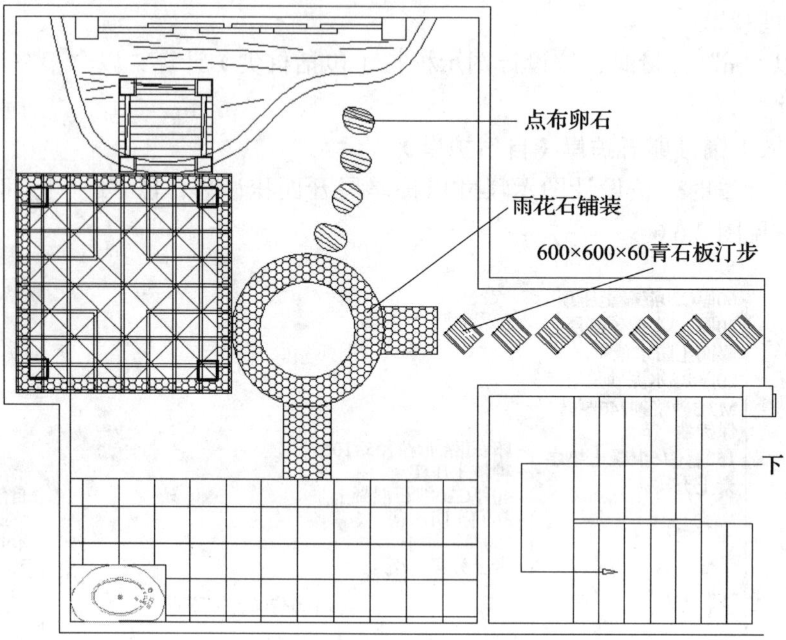

图 2.6.7　庭院景观平面图

解：庭院景观工程量计算见表 2.6.1。

表 2.6.1　庭院景观工程量计算表

编码	名称	单位	计算式	计算结果
050201001001	雨花石园路	m^2	CAD 测量：7.63	7.63
050201013001	青石板汀步	m^3	$0.6\times0.6\times0.06\times7$	0.15
050202004001	点布大卵石	个	4	4

第七节　建筑工程工程量清单编制

一、建筑工程工程量清单编制概述

按照《建设工程工程量清单计价规范》GB 50500–2013 的规定，工程量清单是指载明建设工程分部分项工程、措施项目、其他项目的名称和相应数量以及规费项目、税金项目等内容的明细清单。该规范同时又规定了招标工程量清单，招标工程量清单是指招标人依据国家标准、招标文件、设计文件以及施工现场实际情况编制的，随招标文件发布供投标报价的工程量清单。在建筑工程工程量清单编制过程中，主要是编制招标工程量清单。

招标工程量清单应以单位（项）工程为单位编制，由分部分项工程项目清单、措施项目清单、其他项目清单、规费和税金项目清单组成。招标工程量清单应由具有编制能力的招标人或受其委托，具有相应资质的工程造价咨询人编制。招标工程量清单必须作为招标文件的组成部分，其准确性和完整性由招标人负责。

（一）招标工程量清单的表式组成

按照2020年《四川省建设工程工程量清单计价定额》的规定，招标工程量清单须采用统一格式，由下列表式组成：

（1）招标工程量清单封面。

（2）招标工程量清单扉页。

（3）总说明。

（4）分部分项工程和单价措施项目清单与计价表。

（5）总价措施项目清单与计价表。

（6）其他项目清单与计价汇总表。包括：

1）暂列金额明细表；

2）材料（工程设备）暂估单价及调整表；

3）专业工程暂估价及结算价表；

4）计日工表；

5）总承包服务费计价表。

（7）发包人提供材料和工程设备一览表。

（8）承包人提供主要材料和设备一览表（适用于造价信息差额调整法）。

（9）承包人提供主要材料和设备一览表（适用于价格指数调整法）。

上述表格的具体表式详见本书附录二：招标工程量清单编制实例。

（二）招标工程量清单编制的主要内容

1. 招标工程量清单封面

招标工程量清单封面应填写招标工程立项时批准的具体工程名称，招标人应加盖单位公章。如果招标工程量清单是招标人委托工程造价咨询人编制的，工程造价咨询人也应加盖单位公章。

2. 招标工程量清单扉页

扉页应按规定的内容填写、签字、盖章。

招标人自行编制招标工程量清单时，招标人应加盖单位公章，其法定代表人或其授权人签字或盖章，参与编制的招标人的造价人员签字并盖专用章。注意复核人应是招标人注册的一级造价工程师。

招标人委托工程造价咨询人编制工程量清单时，除招标人加盖单位公章及其法定代表人或其授权人签字或盖章外，工程造价咨询人应盖单位资质专用章，其法定代表人或其授权人应签字或盖章，复核人应是工程造价咨询人注册的一级造价工程师签字并盖专用章。

3. 总说明

总说明的内容应包括：

（1）工程概况：建设规模、工程特征、计划工期、施工现场实际情况、自然地理条件、环境保护要求、交通状况等；

（2）工程发包和专业分包范围；

（3）工程量清单编制依据；

（4）工程质量、材料、施工等的特殊要求；

（5）其他需要说明的问题。

作为招标工程量清单，主要是用于招标投标，所以在“其他需要说明的问题”中，应重点对投标人提出或明示投标报价的规定和要求。如综合单价的组成及填报、合价与总价的规定、措施项目报价要求、人工费的调整要求、材料价格的调整要求、报价风险的考虑等。

以下三种情况一般也应在总说明中进行公布或说明：

（1）按照《中华人民共和国招标投标法实施条例》的规定，招标人设有最高投标限价的，应当在招标文件中公布最高投标限价即招标控制价，招标工程量清单也是招标文件的组成部分，所以通常情况是在总说明中单列一段，公布招标工程的招标控制价及其暂列金额数量。

按照现行的《四川省房屋建筑和市政工程工程量清单招标投标报价评审办法》规定，招标人应在招标文件中公布招标控制价的全部内容（综合单价分析表除外）。

（2）按照 2020 年《四川省建设工程工程量清单计价定额》的规定，为保证招标投标工作顺利进行，投标人投标报价时，安全文明施工费应按招标人公布的安全文明施工费固定金额计取，结算时另行计算。所以招标人确定的固定的安全文明施工费金额应在总说明中公布。

（3）按照 2020 年《四川省建设工程工程量清单计价定额》的规定，投标人投标报价时规费也应按招标人公布的固定金额计入报价，结算时另行计算。所以招标人在总说明中应公布固定规费的金额，提供给投标人使用。

4. 分部分项工程和单价措施项目清单与计价表

分部分项工程清单与单价措施项目清单的编制要求相同，所以将两者合并为一个表，可以简化招标工程量清单。

分部分项工程量清单必须按照“五个要件”进行编制，即必须根据工程量计算规范规定的项目编码、项目名称，项目特征、计量单位和工程量计算规则进行编制。表中的综合单价与合价在编制工程量清单时不得填列。

单价措施项目是可以计算工程量的项目，如脚手架工程、混凝土模板及支架等。这类措施项目按照分部分项工程量清单相同的方式进行编制。

5. 总价措施项目清单与计价表

总价措施项目是不能计算工程量的项目，如安全文明施工费、夜间施工增加费、二次搬运费等。此类措施项目以“项”为计量单位进行编制，以费率形式计算总价措施项目费。在编制招标工程量清单时，可不考虑其对应的费率大小，在编制招标控制价时再按对应费率计取总价措施项目费用。

6. 其他项目清单与计价汇总表

其他项目清单是指除分部分项工程项目清单、措施项目清单所包含的内容以外，因招标人的要求而发生的与拟建工程有关的其他费用项目和相应数量的清单。其他项目清单包括暂列金额、暂估价（包括材料暂估单价、工程设备暂估单价、专业工程暂估价）、计日工、总承包服务费等。编制招标工程量清单时，暂列金额、暂估价均属招标人费用，其金额大小及内容在招标工程量清单中由招标人确定和计算，提供给投标人。而计日工、总承包服务费属投标人费用，由投标人在投标时报价。招标人编制招标控制价时，也可计算这两项费用。

（1）暂列金额明细表。暂列金额在规范中已经明确做出定义。在实际履约过程中可能发生，也可能不发生。本表要求招标人能将暂列金额与拟用项目列出明细。但在实际编制中，招标人往往只是列出暂定金额总额即可。投标时投标人应将上述暂列金额计入投标总价中，不能在所列的暂列金额以外再增加任何其他费用。

（2）材料（工程设备）暂估单价及调整表。在工程施工中肯定发生，但在招标阶段不能确定的某些材料或设备的单价，为保证招投标活动顺利进行，可以先以暂估单价形式出现。暂估单价由招标人按照材料或设备的名称、型号和单价，在本表中逐项列出。投标人只需将材料或设备暂估单价计入自己投标报价的综合单价即可，投标人不得自己提出暂估单价。

（3）专业工程暂估价及结算价表。专业工程暂估价项目及其表中列明的专业工程暂估价款，是指分包人实施专业工程的造价，也是由招标人暂估。投标人在投标时将该暂估价计入投标总价即可。总承包施工招标完成后，专业工程暂估价达到必须招标的限额规定的，必须进行二次招标。

（4）计日工表。计日工是在施工中，承包人完成施工合同范围以外的零星项目或工作，按合同约定的单价计价的一种方式。计日工是为了解决现场发生的零星工作的计价而设立的。计日工应对完成零星工作所消耗的人工工日、材料数量、施工机具台班进行计量，投标人需要对这些计日工进行报价，结算时按照计日工表填报的适用项目的单价进行计价支付。招标人编制计日工表时，应列出计日工的项目名称、暂定数量，并且需要根据经验，尽可能估算出一个比较贴近实际的数量，且尽可能把项目列全，以消除因此而产生的争议。

（5）总承包服务费计价表。总承包服务费是总承包人为配合协调发包人进行的专业工程分包，对发包人自行采购的材料、设备（简称甲供材料）等进行保管以及施工现场管理、竣工资料汇总整理等服务所发生的费用。投标人应预计这笔费用并填入本表中。本表项目名称、服务内容由招标人填写。需要注意的是，如果招标工程没有发包人进行的专业工程分包，没有甲供材料，就不会产生总承包服务费。

7. 发包人提供材料和工程设备一览表

发包人提供的材料和工程设备（甲供材料）应在本表中填写。招标人应写明甲供材料的名称、规格、数量、单位和单价等。投标人投标报价时，可以参考本表确定总承包服务费的报价。

8. 承包人提供主要材料和工程设备一览表（适用于造价信息差额调整法）

本表在编制招标工程量清单时，由招标人填入除“投标单价”外的所有内容，供投标人使用。投标人在投标报价时，自主确定填写“投标单价”。招标人应优先采用工程造价管理机构发布的信息单价作为基准单价，未发布的，通过市场询价确定其基准单价。在工程施工中，当材料和设备价格发生较大变化达到合同约定的价格调整条件时，可以使用本表方便地进行材料和设备信息单价的调整。

9. 承包人提供主要材料和工程设备一览表（适用于价格指数调整法）

本表在编制招标工程量清单时，“名称、规格、型号”由招标人填写，“基本价格指数”也由招标人填写。名称、规格、型号一栏既包括需调价的材料类型，也包括需要调整的人工费和机械费。基本价格指数应首先采用工程造价管理机构发布的价格指数，没有发布的，可采用发布的价格代替。

本表的“变值权重”由投标人投标报价时填写。“现行价格指数”在竣工结算时按规定填写。

招标工程量清单编制的内容及具体表式详见本书附录二：招标工程量清单编制实例。

（三）招标工程量清单编制的有关问题说明

在编制招标工程量清单时，有两项费用或单价需要招标人暂估，并作为招标工程量清单的组成部分，供投标人投标报价使用。

1. 暂列金额

暂列金额由招标人暂定，一般按照分部分项工程费和措施项目费的10%~15%计取，并列入其他项目清单中。

2. 材料（工程设备）单价与专业工程价格

当招标工程在招标时存在某些材料或工程设备的单价不确定时，应由招标人暂估，计入其他项目清单中；当招标工程存在专业工程时，按照规定应与总包工程一起招标，专业工程价格由招标人暂估，也列入其他项目清单中。专业工程暂估价是综合暂估价，包括除规费和税金以外的管理费和利润。

在编制招标工程量清单时，其他需说明的问题有：

（1）当计量单位有两个或两个以上时，应根据所编工程量清单项目的特征要求，选择最适宜表现该项目特征并方便计量的单位。如门窗工程的计量单位有“樘”或“m^2”两个，实际工作中，就应选择最适宜、最方便的计量单位来表示。

（2）分部分项工程量清单的项目名称应按相关工程工程量计算规范附录的项目名称结合拟建工程的实际确定。如“现浇构件钢筋”分项工程在形成工程量清单项目名称时可细化为“现浇 HPB300 钢筋”“现浇 HRB400 钢筋”等。随着新材料、新技术、新的施工工艺的不断出现和应用，如果遇到相关工程工程量计算规范附录没有的项目，编制人可做相应补充，并报工程造价管理机构备案。

（3）工程量清单补充项目。在现代施工中，不断出现和应用新材料、新技术、新工艺，工程量计算规范不能完全反映和包括这些内容。凡工程量计算规范附录中缺项的工程项目，招标人在编制清单时应做补充，并报省级或行业工程造价管理机构备案，省级或行业工程造价管理机构应汇总报住房和城乡建设部标准定额研究所。补充项目的编码由专业工程代码与 B 和三位阿拉伯数字组成，并应从 ×B001 起顺序编制，如 01B001、02B001、03B001 等，与已招标工程的项目不得重码。

补充的工程量清单项目需附有补充项目的名称、项目特征、计量单位、工程量计算规则、工作内容。不能计量的措施项目，需附有补充项目的名称、工作内容及包含范围。

如预应力管桩的补充项目见表 2.7.1。

表 2.7.1　桩基工程（编码：010301）

项目编码	项目名称	项目特征	计量单位	工程量计算规则	工程内容
01B001	预应力管桩	1. 地层描述； 2. 送桩长度/单桩长度； 3. 钢管材质、管径、壁厚； 4. 管桩填充材料种类； 5. 桩倾斜度； 6. 预应力钢材种类	m/根	按设计图示尺寸以桩长（包括桩尖）或根数计算	1. 桩制作、运输； 2. 打桩、试验桩、斜桩； 3. 送桩； 4. 管桩填充材料、刷防护材料

二、建筑工程工程量清单编制实例

（一）招标工程量清单实例编制的有关说明

（1）本实例工程概况：本实例工程为成都某科技公司综合楼。项目位于成都市龙泉驿区，占地面积 589.26m^2，建筑面积为 4 373.67m^2，结构形式为框架结构，建筑高度 21m，地上 6 层，地下 1 层，抗震设防烈度 7 度，建筑主体结构设计使用年限 50 年。本工程采用商品混凝土，干拌砂浆。本实例工程设计图纸可通过扫描二维码获得（二维码见本书附录案例分析）。

（2）本实例的工程量计算过程中，由于篇幅的原因，未将全部计算式一一列出。只是对典型项目的计算过程给出计算式（见本书附录一：工程量计算书）。

（3）其余未列出计算式的工程数量，请参见本书附录二：招标工程量清单编制实例。

（4）招标工程量清单编制其他问题见本书附录二中招标工程量清单总说明。

（二）招标工程量清单编制实例（见附录二）

第八节　计算机辅助工程量计算方法

一、计算机辅助工程量计算概述

随着计算机的普及应用以及相应的专业软件的开发，工程计量的方式由人工加计算器等工具的手工计算方式转化为利用计量软件建立模型，从而由计算机和软件自动计算并统计各专业工程量，极大地提高了工程量计算速度和效率，工程量的确定也更加趋于准确。计算机辅助算量就是利用计算机的“可视化技术”，采用“虚拟施工”的方式对建筑工程进行三维建模，从而生成能计算工程量的预算模型，并对预算模型中各类构件赋予清单、定额计算规则，再结合对应的钢筋标准和当地的计算规则，计算机自动进行相关构件的空间分析扣减，计算统计，从而得到各类工程量，可以简单地理解为计算机辅助算量的过程主要就是一个建立预算模型的过程。

在施工图设计模式下，利用软件完成工程计量的工作需要重复将施工图翻模形成计量软件能识别的模型，才能完整地将原图信息反映到新建模型上。对于部分原施工图中没有表达的内容，计量人员必须能够清楚地理解后再建立相应模型。尤其一些结构复杂的建筑物，采用计量软件建模仍然有局限，经常是计算机和手工计算并用，降低了工程计量的效率，也影响了工程造价的准确性。而且建筑工程是大规模产品，每个工程的实物量需要详细到构件，数据是海量的，企业的项目部每一次调用统计分析数据都非常困难，实施中每个进度阶段工程量的核实也非常困难，成为工程造价管理上急需解决的难题。

BIM 技术的兴起和发展，给工程造价管理带来了大的变革，也直接改变了工程计量与计价的方式和方法。BIM 是建筑信息模型（Building Information Modeling）的简称，它以三维数字技术为基础，集成了建筑工程项目各种相关信息的工程数据模型，在建设工程及设施全生命周期内，对其物理和功能特性进行数字化表达，并运用于设计、施工、运营的全过程。

BIM 是以建筑工程项目的各项相关信息数据为基础建立的数字化建筑模型，具有可视化、协调性、模拟性、优化性、可出图性五大特点，给工程建设信息化带来重大变革。BIM 的应用实现了建筑全生命期的信息共享，使项目的所有参与方能够协同工作，实现工程项目的精细化管理。BIM 技术可以支持建筑环境、经济、能耗、安全等多方面的分析和模拟，可以支持设计、施工以及管理的一体化，能够促进建筑行业的工业化发展。

二、计算机辅助工程量计算方法

1. 计算机软件算量

计算机预算模型将施工图纸中柱、梁、板、墙、门窗、楼梯、钢筋等构件通过算量软件准确定位，使模型中所有的构件都具有精确的形体和尺寸；算量软件可以通过两种方式建立模型：其一是在设计院提供了 CAD 电子版本的情况下通过识别的方式完成建模；其二是在只有施工蓝图的情况下可通过布置完成建模。

使用算量软件进行工程计量的流程大致分为以下几个步骤：

（1）工程设置，包含计量模式、楼层设置、工程特征这三个内容的设置，是整个工程的纲领性设置工作。

（2）构件编号定义和识别工作，有电子图文档的可将电子图导入软件内开始进行识别建模，如果没有电子图文档时，要进行手工录入构件的编号以及与算量有关信息。

（3）构件布置工作，将定义好的构件布置到界面中，有电子图文档的在识别过程中已将构件识别布置到界面上了，这一步可省略。

（4）修改和编辑布置在界面上的构件，对不符合要求的构件进行修改，建模流程中这是关键的一步，因为往往布置和识别的构件不一定符合要求，需要修改，如位置、大小、形状等，使之符合要求。

（5）进行工程量计算，得到工程量清单。土建工程算量软件计量操作流程见图 2.8.1。

2. BIM 技术计量

BIM 技术工程计量是指在相关规范的指导下，通过 BIM 工程师建立的 BIM 模型，直接统计获得每一个分项工程或构件的工程数量，无须使用其他计量软件重复建模生成工程量数据的一种新的工程计量方式。BIM 计量是否准确以及能否供造价工程师利用作为计价的基础，还需要在模型建立时按照一定的计量规则和标准，设定构件的属性参数和绘制模型。

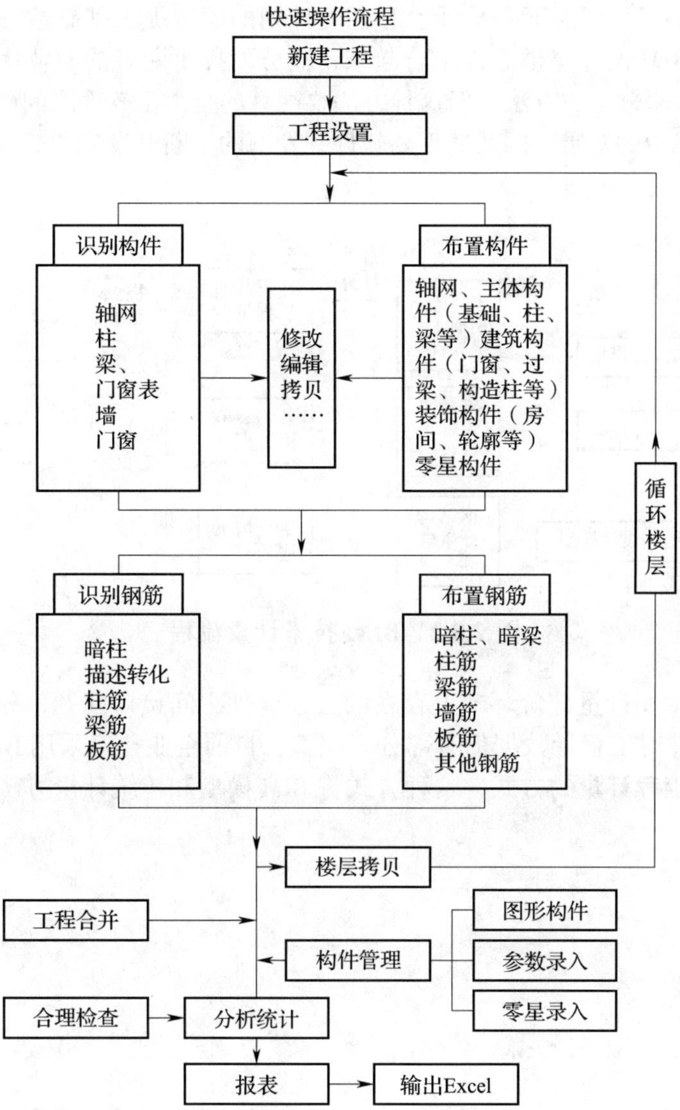

图 2.8.1　土建工程算量软件计量操作流程

目前 BIM 计量主要采用两种方式：

（1）直接从 BIM 基础模型中（如 Revit 模型）获取工程计价所需的工程量。即在 BIM 设计建模时，按照计量规范的分类要求将建筑物的构件进行分类建模，同时模型中载入相关的工程量计算规则，特别是相交构件的扣减规则。当建筑及机电模型完成后，通过软件统计分析功能，直接形成构件工程量明细表。这种方法是最直接，也是最理想的计量方法。但由于目前设计软件的开发现状，仍不能达到完全利用 BIM 建模软件获取建筑安装工程所有分项工程量，对部分措施项目，也无法通过模型计算。另外，对于计量工作最大的钢筋工程，在建筑模型中也无法获得相应工程量，必须从结构设计软件中提取数据。因此国内软件商正在努力开发软件系统以克服这些问题。

（2）利用 BIM 设计模型，通过转化到现有的专业成熟计量软件系统，按照传统计量方式形成各分项工程量，为下一步计价和进度计划的编制提供基础数据。这种方法将传统的计量软件与BIM设计建模软件结合起来，充分发挥了两者的专业优势，也是现阶段BIM技术应用中普遍采用的方法。但这种方法要注意的是由于软件之间的衔接，可能会导致数据在传递过程中的差错，因此也需要软件开发商的不断开发完善，提供可靠的软件系统，BIM技术计量流程见图2.8.2。

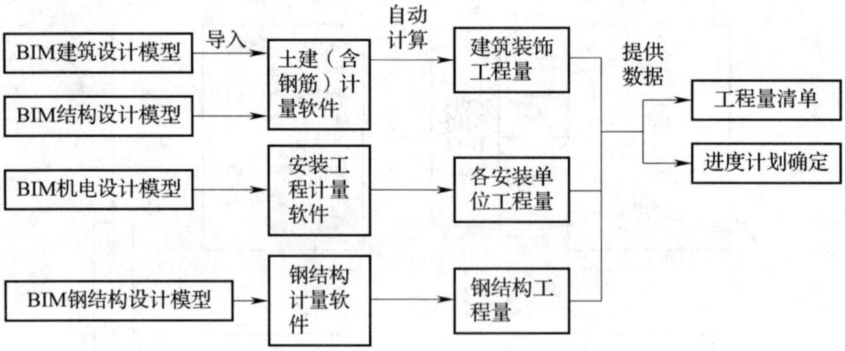

图2.8.2　BIM技术计量流程

由于BIM技术在计量计价环节上存在的上述软件之间接口问题，导致直接采用BIM模型转入计量软件时工程量数据仍有部分不完整，目前企业普遍采用BIM模型结合传统CAD施工图完成工程计量的方式，这种方式将BIM模型和传统计量方法优势结合，弥补了各自的不足。

第三章　工　程　计　价

第一节　工程计价概述

一、工程计价方法

工程计价是指按照法律法规和标准等规定的程序、方法和依据，对工程造价及其构成内容进行的预测或确定。工程计价是贯穿建设项目决策阶段、设计阶段、交易阶段、施工阶段、竣工阶段等全过程的，主要表现为投资估算、设计概算、工程预算（施工图预算）、招标控制价、投标报价、合同价、竣工结算、竣工决算等造价的预测和确定。不同阶段的计价依据、计价内容、计价方法、计价目的与作用是不同的，计价内容主要分为签订合同前和签订合同后两大部分。签订合同前的计价主要是从立项的投资估算到发包之前的最高投标限价，本质上是对建设项目前期造价的估算与预测。签订合同后的计价主要是对合同价款的调整、结算与支付以及竣工后的决算等。

（一）工程计价基本原理

建设项目是兼具单件性与多样性的集合体。每一个建设项目的建设都需要按业主的需求进行单独设计、单独施工，不能批量生产和按整个项目确定价格，只能采用特殊的计价程序和计价方法，即将整个项目进行分解，划分为可以按有关技术经济数据计算价格的基本构造单元，如分部分项工程项目、定额子目项目等，这样就可以计算出基本构造单元的费用。一般来说，分解结构层次越多，基本子项就越细，计算也更精确。

工程计价的主要思路就是将建设项目细分至最基本的构造单元，找到了适当的计量单位及当时当地的工程单价，就可以采取一定的计价方法，进行分部组合汇总，计算出相应工程造价。工程计价的基本原理就在于项目的分解与组合。

（二）工程计价的地区性和专业性

建筑工程项目是固着于大地上，不能移动的。工程项目有地区性，工程计价也有地区性。地区性使造价水平、计价依据、计价因素都有较大的不同。工程计价必然涉及人工费、材料费、施工机具使用费和规费等。各地社会发展水平不一致，会造成人工费单价高低不一致；大量的地方性建筑材料（简称地材）是建筑工程项目中使用的主要材料，其价格也随地方不同而千差万别；各地建筑施工机械化水平是决定施工机具使用费的主要因素；而规费的标准，更是各地政府行政主管部门根据本地社会发展程度而确定的。因此，各省市都依据工程量清单计价办法的思路和规定，制定了符合当地建筑市场的消耗量定额、计价定额、预算定额或计价标准。在全国统一工程量计算规则的前提下，可以方便地完成各地的工程计价工作。所以，在进行工程计价时，一定要依照或参照国家和各地制定的与《建设工程工程量清单计价规范》GB 50500–2013 配套使用的消耗量定额、计价定额、预算定额、计价依据或计价标准。

同时，工程计价还有很强的专业性。建设工程按专业可分成许多类，如建筑工程、市政工程、公路工程、水利水电工程、矿山工程、铁路工程、电信工程等。不同的专业其工程造价具有不同的特点。长期以来，在我国各专业各有一套工程造价的管理方式、计价方法、计量标准和规定，计价的水平也有差别，由此导致了工程造价的多专业性。所以在进行工程计价时，也一定要分清工程项目所属的专业及专业背景，选用正确的计价方法和依据。

（三）工程计价基本步骤

工程计价包括工程单价的确定和总价的计算。

1. 工程单价

工程单价是指完成单位工程基本构造单元的工程量所需要的基本费用。工程单价包括工料单价和综合单价。

（1）工料单价也称直接工程费单价，包括人工、材料、机械台班费用，是各种人工消耗量、各种材料消耗量、各类机械台班消耗量与其相应单价乘积的累计。

（2）综合单价包括人工费、材料费、施工机具使用费，还包括企业管理费、利润和一定范围的风险因素。综合单价根据国家、地区、行业定额或企业定额消耗量和相应生产要素的市场价格确定。

2. 工程总价

工程总价是指经过规定的程序或办法逐级汇总形成的相应工程造价。根据采用单价的不同，总价的计算程序有所不同。

（1）采用工料单价时，在工料单价确定后，乘以相应定额项目工程量并汇总，得出相应的工程直接工程费，再按照相应的取费程序计算其他各项费用，汇总后形成相应工程造价。这种方法目前已经很少使用。

（2）采用综合单价时，即采用工程量清单计价办法。在综合单价确定后，乘以相应项目工程量，经汇总即可得到分部分项工程费，再按相应的办法计取措施项目费、其他项目费、规费和税金，各项费汇总后得出相应工程造价。这是我国目前规定采用的工程计价方法。

二、工程计价标准和依据

工程计价标准和依据主要包括计价活动的相关规章规程、工程量清单计价规范、工程量计算规范、工程定额和相关造价信息。

1. 工程计价相关规章规程

现行计价活动相关的规章规程主要包括《建筑工程发包与承包计价管理办法》，《建设项目工程价款结算管理办法》，建设项目投资估算、概算、施工图预算、招标控制价、工程结算等编审规程，现行国家标准《建设工程造价鉴定规范》GB/T 51262 等。

2. 工程量清单计价规范和计量规范

主要是现行国家标准《建设工程工程量清单计价规范》GB 50500–2013 和 9 本专业的工程量计算规范。

3. 工程定额

工程定额主要指国家、省、有关专业部门制定的各种定额，包括工程消耗量定额、计价定额、预算定额等。如 2020 年《四川省建设工程工程量清单计价定额》。

4. 工程造价信息

由各地工程造价行政主管部门按期编制的《工程造价信息》，主要包括价格信息、工程造价指数和已完工程信息等。

第二节　2020 年《四川省建设工程工程量清单计价定额》

一、工程量清单计价定额概述

为满足工程建设计价需要，完善计价依据体系，合理确定和有效控制工程造价，维护工程建设各方的合法权益，四川省住房和城乡建设厅批准发布了 2020 年《四川省建设工程工程量清单计价定额》（以下简称“2020《计价定额》”），自 2021 年 4 月 1 日实施。2020《计价定额》是为了与《建设工程工程量清单计价规范》GB 50500–2013 和各专业工程工程量计算规范配套使用，以及指导和完善工程计价活动而编制的，是工程量清单计价最主要的依据之一，本质上是一个标准化的基期数据库。它是编制招标控制价，组成综合单价和管控工程造价的重要依据。

（一）计价定额编制依据

（1）《建设工程施工发包与承包计价管理办法》（住房和城乡建设部令　第 16 号）。

（2）《建设工程工程量清单计价规范》GB 50500–2013。

（3）《房屋建筑与装饰工程工程量计算规范》GB 50854–2013 等 9 本系列工程量计算规范。

（4）《建设工程定额管理办法》（建标〔2015〕230 号）

（5）《建筑安装工程费用项目组成》（建标〔2013〕44 号）。

（6）《房屋建筑与装饰工程消耗量定额》TY01–31–2015、《通用安装工程消耗量定额》TY02–31–2015 等 11 本工程消耗量定额、规则。

（7）2015 年《四川省建设工程工程量清单计价定额》。

（8）现行国家产品标准、设计规范、施工质量验收规范和安全操作规程等。

（二）计价定额主要作用

（1）计价定额是编审建设工程设计概算、施工图预算、最高投标限价（招标控制价、招标标底）、竣工结算，调解处理工程造价纠纷，鉴定及控制工程造价的依据；

（2）计价定额是招标人组合综合单价，衡量投标报价合理性的基础；

（3）计价定额是投标人组合综合单价，确定投标报价的参考；

（4）计价定额是编制建设工程投资估算等指标的基础。

（三）计价定额分类

2020《计价定额》包括以下专业工程册、费用和附录：

1. 专业工程册

（1）房屋建筑与装饰工程；

（2）仿古建筑工程；

（3）通用安装工程；

（4）市政工程；
（5）园林绿化工程；
（6）构筑物工程；
（7）爆破工程；
（8）城市轨道交通工程；
（9）既有及小区改造房屋建筑维修与加固工程；
（10）城市地下综合管廊工程；
（11）绿色建筑工程；
（12）装配式建筑工程；
（13）城市道路桥梁养护维修工程；
（14）排水管网非开挖修复工程。

2. 建筑安装工程费用及附录

（四）计价定额适用范围

2020《计价定额》适用于四川省行政区域内的建设项目计价。凡使用国有资金投资的建设工程应按有关规定执行2020《计价定额》。具体适用专业工程如下：

（1）房屋建筑及装饰装修工程：适用于工业与民用房屋建筑工程以及建筑物和构筑物的装饰、装修工程及拆除；

（2）仿古建筑工程：适用于传统做法的仿古建筑物、构筑物和纪念建筑以及现代建筑的仿古部分；

（3）通用安装工程：适用于工业与民用安装工程；

（4）市政工程：适用于市政建设工程；

（5）园林绿化工程：适用于园林绿化工程；

（6）构筑物工程：适用于构筑物工程；

（7）爆破工程：适用于建筑物、构筑物、基础设施等开挖石方爆破工程；

（8）城市轨道交通工程：适用于城市轨道交通的土石方、路基、围护结构、高架桥、地下区间、地下结构、轨道、通信、信号、供电、智能与控制系统安装、机电设备安装、车辆基地工艺设备以及拆除工程等；

（9）既有及小区改造房屋建筑维修与加固工程：适用于既有及小区房屋改造的房屋建筑工程拆换、维修、零星修补、抗震加固工程以及局部改造，不包括改建、扩建；

（10）城市地下综合管廊工程：适用于城市地下综合管廊本体（含标准段、吊装口、通风口、管线分支口、端部井等）工程；

（11）绿色建筑工程：适用于绿色建筑工程；

（12）装配式建筑工程：适用于建筑装配式品件、构件的安装工程；

（13）城市道路桥梁养护维修工程：适用于城市道路桥梁养护、维修、应急抢修等工程；

（14）排水管网非开挖修复工程：适用于市政排水管道非开挖修复工程；

（15）建筑安装工程费用：适用于与工程建设项目各专业工程相配套的各项费用；

（16）其他项目：适用于与工程建设项目各专业工程相配套的其他项目；

（17）附录一施工机具台班费用定额：适用于与工程建设项目各专业工程相配套的施

工机械及仪器仪表使用台班费用单价；

（18）附录二混凝土及砂浆配合比：适用于与工程建设项目各专业工程相配套的混凝土及砂浆配合比。

二、工程量清单计价定额的应用

（一）"营改增"变化

为贯彻落实"营改增"的方针政策，2020《计价定额》中所有定额项目费用构成中不再含增值税中的"进项税"，定额综合基价（包括组成内容）均为不含税综合基价，适用于一般计税方式，定额增值税为销项税额。对简易计税法，2020《计价定额》另行规定了调整系数和计税方法。

2020《计价定额》的机械台班定额单价为不含税的单价，采用简易计税时，以调整系数计算。总价措施项目费、安全文明施工费以一般计税和简易计税分别制定费率，适应不同的计税方式。附加税不再计入企业管理费。编制招标控制价时，附加税按定额规定的费率计算，办理竣工结算时，附加税按国家规定的计算方法计算。

（二）消耗量标准

2020《计价定额》的消耗量标准是根据国家现行设计标准、施工质量验收规范和安全技术操作规程，以正常的施工条件、合理的施工组织设计、施工工期、施工工艺为基础，结合四川省的施工技术水平和施工机械装备程度进行编制的，它反映了社会的平均水平。因此除定额允许调整者外，定额中的材料消耗量不得变动，如遇特殊情况，需报经工程所在地工程造价管理部门同意，并报省建设工程造价管理总站备查后方可调整。

（三）综合基价

2020《计价定额》的综合基价是由完成一个规定计量单位的分部分项工程项目或措施项目的工程内容所需的人工费、材料和工程设备费、施工机具使用费、企业管理费、利润组成。

1. 人工费

（1）人工费是指按工资总额构成规定，支付给从事建筑安装工程施工的生产工人和附属生产的各项费用。人工费组成包括：计时工资或计件工资、奖金、津贴补贴、加班加点工资、特殊情况下支付的工资（各项费用含义见全国二级造价工程师职业资格考试培训教材《建设工程造价管理基础知识》或2020《计价定额》）。

（2）2020《计价定额》的人工工日消耗量包括基本用工、辅助用工、其他用工和机械操作用工（简称"机上人工"）。每工日按8小时工作制计算。每工日人工单价包括计时工资或计件工资、奖金、津贴补贴、加班加点工资、特殊情况下支付的工资等。综合计算人工单价基价如下：

普工人工单价基价为90元/工日，一般技工（包括机上人工）人工单价基价为120元/工日，高级技工人工单价基价为150元/工日。

2. 材料费

材料费是指施工过程中耗费的原材料、辅助材料、构配件、零件、半成品或成品、工程设备的费用。内容包括材料原价、运杂费、运输损耗费、采购及保管费等。其中采购及保管费包括采购费、仓储费、工地保管费、仓储损耗。工程设备是指构成或计划构成永久工程一部分的机电设备、金属结构设备、仪器装置及其他类似的设备和装置（各项费用含义见全国二级造价工程师职业资格考试培训教材《建设工程造价管理基础知识》或《计价定额》）。

3. 施工机具使用费

施工机具使用费是指施工作业所发生的施工机械、仪器仪表使用费。

（1）施工机械使用费，以施工机械台班耗用量乘以施工机械台班单价表示，施工机械台班单价包括七项费用：折旧费、检修费、维护费、安拆费及场外运费、人工费、燃料动力费、其他费用等。

（2）仪器仪表使用费，是指工程施工所需使用的仪器仪表的摊销及维修费用。

各项费用含义见全国二级造价工程师职业资格考试培训教材《建设工程造价管理基础知识》或2020《计价定额》。

4. 企业管理费和利润

2020《计价定额》的企业管理费是指建筑安装企业组织施工生产和经营管理所需的费用。包括管理人员工资、办公费、差旅交通费、固定资产使用费、工具用具使用费、劳动保险和职工福利费、劳动保护费、检验试验费、工会费用、职工教育经费、财产保险费、财务费、税金、其他费用。

2020《计价定额》的利润是指施工企业完成承包工程获得的盈利。

各项费用含义见全国二级造价工程师职业资格考试培训教材《建设工程造价管理基础知识》或2020《计价定额》。

5. 综合基价调整

根据国家和地方政府行政主管部门的规定，综合基价的各项内容按以下规定进行调整：

（1）人工费调整。以2020《计价定额》取定的人工费作为定额综合基价的基价，各地可根据本地劳动力单价的实际情况，由当地工程造价管理部门测算并附文报省建设工程造价管理总站批准后调整人工费。编制设计概算、施工图预算、最高投标限价（招标控制价、标底）时，人工费按工程造价管理部门发布的人工费调整文件进行调整；编制投标报价时，投标人参照市场价格自主确定人工费调整，编制和办理竣工结算时依据工程造价管理部门的规定及施工合同约定调整人工费。调整的人工费进入综合单价，但不作为计取其他费用的基础。

（2）材料费调整。以2020《计价定额》取定的材料价格作为定额综合基价的基价，调整的材料费进入综合单价。在编制设计概算、施工图预算、最高投标限价（招标控制价、标底）时，依据工程造价管理部门发布的工程造价信息确定材料价格并调整材料费，工程造价信息没有发布的材料，参照市场价确定材料价格并调整材料费；编制投标报价时，投标人参照市场价格信息或工程造价管理部门发布的工程造价信息自主确定材料价格并调整材料费；编制和办理竣工结算时依据施工合同约定确认的材料价格调整材料费。

安装工程和市政工程中的给水、燃气、给排水机械设备安装、路灯工程以及城市轨道交通工程的通信、信号、供电、智能与控制系统、机电设备、车辆基地工艺设备以及园林绿化工程中绿地喷灌、喷泉安装等安装工程的计价材料费，由省建设工程造价管理总站根据市场变化情况统一调整。

（3）机械费调整。2020《计价定额》中施工机械及仪器仪表使用费以机械费表示，作为定额综合基价的基价，定额注明了机械油料消耗量的项目，油价变化时，机械费中的燃料动力费按照上述“材料费调整”的规定进行调整，并调整相应定额项目的机械费。机械费中除燃料动力费以外的费用调整，由四川省建设工程造价管理总站根据住房和城乡建设部的规定以及四川省实际进行统一调整。调整的机械费计入综合单价，但不作为计取其他费用的基础。

（4）企业管理费、利润调整。2020《计价定额》的企业管理费、利润由四川省建设工程造价管理总站根据实际情况进行统一调整。

（四）措施项目费

措施项目费是指为完成工程项目施工，发生于该工程施工前和施工过程中的技术、生活、安全、环境保护、扬尘污染防治、建筑工人实名制管理等方面的费用。

措施项目费应按照现行国家标准《房屋建筑与装饰工程工程量计算规范》GB 50854–2013 等 9 本工程量计算规范，以及住房和城乡建设部、财政部《关于印发〈建筑安装工程费用项目组成〉的通知》（建标〔2013〕44 号）的规定、2020《计价定额》及其配套文件执行。

工程量计算规范规定应予计量的措施项目（即单价措施项目）按 2020《计价定额》各专业工程“措施项目”章相应项目计算，工程量计算规范规定不宜计量的措施项目（即总价措施项目）按 2020《计价定额》（建筑安装工程费用）有关规定及配套文件计算。

（五）其他项目费

其他项目费指除分部分项工程量清单项目、措施项目费以外的项目费用。

1. 其他项目费

其他项目费包括暂列金额、暂估价、计日工和总承包服务费。其中暂估价包括材料和工程设备暂估单价、专业工程暂估价（各项费用含义见全国二级造价工程师职业资格考试培训教材《建设工程造价管理基础知识》或 2020《计价定额》）。

2. 其他项目费计算

其他项目费应按《建设工程工程量清单计价规范》GB 50500–2013 及住建部、财政部《关于印发〈建筑安装工程费用项目组成〉的通知）的规定，依据 2020《计价定额》（建筑安装工程费用）有关规定计算。

（六）规费

规费是指根据国家法律、法规规定，由省级政府或省级有关权力部门规定，施工企业必须缴纳的，应计入建筑安装工程造价的费用。

1. 规费项目

规费项目包括“五险一金”和工程排污费。其中“五险”是指社会保险费中的养老保险费、失业保险费、医疗保险费、生育保险费和工伤保险费，“一金”是指住房公积金。

定额综合基价中不包括工程排污费，依据《关于停征排污费等行政事业性收费有关事项的通知》（财税〔2018〕4 号）的相关规定，工程排污费自 2018 年 1 月 1 日起停止征收，但费用名称未取消。

出现上面未列的规费项目，应根据省级政府或省级有关部门的规定列项按实际发生计取（各项费用含义见全国二级造价工程师职业资格考试培训教材《建设工程造价管理基础知识》或2020《计价定额》）。

2. 规费计取

规费计算详见2020《计价定额》（建筑安装工程费）的有关规定。

（七）税金

税金是指按国家税法规定的应计入建筑安装工程造价内的建筑业增值税，城市维护建设税、教育费附加和地方教育费附加等。

2020《计价定额》的综合基价（包括组成内容）为不含税综合基价。税金应按照2020《计价定额》（建筑安装工程费用）规定的费率标准及有关规定计取，不得作为竞争性费用。

（八）补充定额

计价定额在执行中如遇缺项，由甲乙双方编制临时性定额，报工程所在地工程造价管理部门审批，并报省建设工程造价管理总站备案。

【例3.2.1】成都某综合楼工程，结构形式为框架结构，位于成都市区。基础土石方工程采用大开挖方式施工，开挖土方全部外运，已编制招标工程量清单如表3.2.1所示。挖一般土方的工程量按照《房屋建筑与装饰工程工程量计算规范》GB 50854-2013的规则计算（加宽工作面和放坡增加的工程量已并入清单工程量）。采用增值税一般计税方法编制招标控制价，试计算该分部分项工程清单项目的综合单价与合价（人工费调整按招标控制价编制当期的四川省建设工程造价管理总站相关文件执行）。

表3.2.1 （土方工程）分部分项工程项目清单

<table>
<tr><th rowspan="3">序号</th><th rowspan="3">项目编码</th><th rowspan="3">项目名称</th><th rowspan="3">项目特征描述</th><th rowspan="3">计量单位</th><th rowspan="3">工程量</th><th colspan="5">金额（元）</th></tr>
<tr><th rowspan="2">综合单价</th><th rowspan="2">合价</th><th colspan="3">其中</th></tr>
<tr><th>定额人工费</th><th>定额机械费</th><th>暂估价</th></tr>
<tr><td>1</td><td>010101002001</td><td>挖一般土方</td><td>1. 土壤类别：按土方类别综合考虑。
2. 挖土深度：按人工或机械开挖方式综合考虑，开挖深度5.35m，放坡系数0.25，加宽工作面1.00m。
3. 弃土运距：按土方场内外运距及堆场综合考虑</td><td>m^3</td><td>2 318.72</td><td></td><td></td><td></td><td></td><td></td></tr>
</table>

解：按照2020年《四川省建设工程工程量清单计价定额——房屋建筑与装饰工程》［以下简称2020《计价定额》（房屋建筑与装饰工程）］计算综合单价。依据项目特征描述，

应选用机械挖装土方（大开挖）、机械运土方两项定额计算。依据《房屋建筑与装饰工程工程量计算规范》GB 50854−2013 和 2020《计价定额》(房屋建筑与装饰工程》计量规则的规定，挖一般土方项目的清单工程量 = 定额工程量，所以两项定额的综合单价组价后就是挖一般土方项目的综合单价。

（1）机械挖土方综合单价计算。

1）查 2020《计价定额》(房屋建筑与装饰工程）A.1.2 挖一般土方项子目 AA0004 机械挖装土方（大开挖），基价为 9.054 7 元 /m^3。其中人工费为 3.824 4 元 /m^3，机械费为 3.994 9 元 /m^3，企业管理费为 0.383 1 元 /m^3，利润为 0.852 3 元 /m^3。

2）人工费调整。施工当期四川省建设工程造价总站颁布配套 2020《计价定额》的人工费调整系数为 10.55%，人工费调整为：3.824 4 ×（1+10.55%）=4.227 9（元 /m^3）。

3）机械用柴油价格调整。查 2020《计价定额》(房屋建筑与装饰工程），该子目柴油消耗量为 0.371 64L/m^3，柴油定额基价为 6.0 元 /L（不含税），柴油信息价为 5.57 元 /L（不含税）。机械费应调减。

调整后机械费 =3.994 9−（6.0−5.57）× 0.371 64=3.835 1（元 /m^3）

4）企业管理费、利润按规定编制招标控制价时不调整。

5）调整后机械挖土方综合单价 =4.227 9+3.835 1+0.383 1+0.852 3=9.298 4（元 /m^3）。

（2）机械运土方综合单价计算。按题目条件，开挖土方全部外运。所以土方外运定额工程量等于挖土方定额工程量。

1）查 2020《计价定额》(房屋建筑与装饰工程）A.3.2 余土弃置项子目机械运土方，总运距 ≤ 15km，运距 ≤ 1 000m 及定额 AA0091 机械运土方，总运距 ≤ 15km，每增运 1 000m。本例按运距 10km 计。则定额基价应为 AA0090+9AA0091。

① AA0090 基价为 2.510 74 元 /m^3，其中人工费为 0.718 32 元 /m^3，机械费为 1.449 85 元 /m^3，企业管理费为 0.106 24 元 /m^3，利润为 0.236 33 元 /m^3。

② AA0091 需增运 9km，其基价应乘以 9，等于 13.984 65 元 /m^3。其中人工费为 3.024 元 /m^3，机械费为 9.052 56 元 /m^3，企业管理费为 0.591 75 元 /m^3，利润为 1.316 34 元 /m^3。

2）人工费调整。施工当期四川省建设工程造价总站颁布配套 2020《计价定额》的人工费调整系数为 10.55%，故人工费调整为：（0.718 32+3.024）×（1+10.55%）= 4.137 134 76（元 /m^3）。

3）机械用柴油价格调整。查 2020《计价定额》(房屋建筑与装饰工程），AA0090+9AA0091 柴油消耗量为 0.127 158+0.088 217 × 9=0.921 111L/m^3，柴油定额基价为 6.0 元 /L（不含税），柴油信息价为 5.57 元 /L（不含税）。机械费应调减。

调整后机械费 =（1.449 85+9.052 56）−（6.0−5.57）× 0.921 111=10.106 332 27（元 /m^3）

4）企业管理费、利润按规定编制招标控制价时不调整。

5）调整后机械运土方综合单价 =4.137 134 76+10.106 332 27+0.106 24+0.236 33+0.591 75+1.316 34=16.494 127 03（元 /m^3）。

（3）挖一般土方综合单价 =9.298 4+16.494 127 03=25.792 527 03=25.79（元 /m^3）。将挖一般土方综合单价填入招标工程量清单并计算合价，得一般土方项目计价表，见表 3.2.2。其中定额人工费 =（3.824 4+0.718 32+3.024）× 2 318.72=17 545.11（元）；定额机械费 =（3.994 9+1.449 85+9.052 56）× 2 318.72=33 615.20（元）。

表 3.2.2 （土方工程）分部分项工程项目清单计价表

序号	项目编码	项目名称	项目特征描述	计量单位	工程量	金额（元）				
						综合单价	合价	其中		
								定额人工费	定额机械费	暂估价
1	010101002001	挖一般土方	1. 土壤类别：按土方类别综合考虑。 2. 挖土深度：按人工或机械开挖方式综合考虑，开挖深度 5.35m，放坡系数 0.25，加宽工作面 1.00m。 3. 弃土运距：按土方场内外运距及堆场综合考虑	m^3	2 318.72	25.79	59 799.79	17 545.11	33 615.20	

【**例 3.2.2**】成都某综合楼工程，位于成都市区。结构形式为框架结构，框架间砌筑多孔砖墙，采用烧结多孔砖（KP3 型）200×115×90，实心配砖为标准砖 200×115×53，干混砌筑砂浆。该项目已编制招标工程量清单如表 3.2.3 所示。多孔砖墙的工程量按照《房屋建筑与装饰工程工程量计算规范》GB 50854–2013 的规定计算。要求采用增值税一般计税方法编制招标控制价，试计算该分部分项工程清单项目的综合单价与合价（材料价调整按招标控制价编制当期的成都市工程造价信息计取，人工费调整按招标控制价编制当期的四川省建设工程造价管理总站相关文件执行）。

解：按照 2020《计价定额》（房屋建筑与装饰工程）计算综合单价。依据项目特征描述，应选用多孔砖墙定额计算。查《房屋建筑与装饰工程工程量计算规范》GB 50854–2013 和 2020 年《计价定额》（房屋建筑与装饰工程）计量规则的规定，多孔砖墙项目的清单工程量等于定额工程量。

（1）定额选择。依据项目特征选择 2020《计价定额》（房屋建筑与装饰工程）D.1.4 多孔砖墙项子目 AD0039 烧结多孔砖、干混砂浆，基价为 429.907 元 /m^3。其中人工费为 171.513 元 /m^3，材料费为 204.744 元 /m^3（含水费和其他材料费），机械费为 0.236 元 /m^3，企业管理费为 16.316 元 /m^3，利润为 37.098 元 /m^3。

（2）人工费调整。按照 2020《计价定额》（房屋建筑与装饰工程）的规定，框架结构间砌砖墙相应项目定额人工费乘以系数 1.25；施工当期四川省建设工程造价总站颁布配套 2020《计价定额》的人工费调整系数为 10.55%，故人工费调整调整为：171.513×1.25×（1+10.55%）=237.009 526 875（元 /m^3）。

表 3.2.3 （砌筑工程）分部分项工程项目清单

序号	项目编码	项目名称	项目特征描述	计量单位	工程量	金额（元）				
						综合单价	合价	其中		
								定额人工费	定额机械费	暂估价
1	010401003001	多孔砖墙	1. 砖品种、规格：烧结多孔砖（KP3 型）200×115×90; 2. 墙体厚度：200mm; 3. 砂浆强度等级、配合比：M5 干混砌筑砂浆； 4. 实心配砖为标准砖 200×115×53。用量不单独计取，综合体现在投标报价中	m^3	46.52					

（3）材料费调整。从 2020《计价定额》（房屋建筑与装饰工程）AD0039 可知，多孔砖墙使用的材料有：烧结多孔砖（KP3 型）200×115×90、干混砌筑砂浆、实心砖 200×115×53、水和其他材料费。

1）烧结多孔砖 200×115×90 价格调整。

①消耗量与单价。烧结多孔砖 200×115×90 定额消耗量为 338 匹 /m^3，定额基价为 300 元 / 千匹（不含税），当期烧结多孔砖 200×115×90 材料信息价为 660 元 / 千匹（不含税）。

②烧结多孔砖 200×115×90 调价后实际费用 =338×0.66=223.08（元 /m^3）。

2）干混砌筑砂浆价格调整。

①消耗量与单价。干混砌筑砂浆定额消耗量为 0.294 4t/m^3，定额基价为 270 元 /t（不含税），当期干混砌筑砂浆 M5 材料信息价为 325.85 元 /t（不含税）。

②干混砌筑砂浆调价后实际费用 =325.85×0.294 4=95.930 2（元 /m^3）。

3）实心砖 200×115×53 价格调整。

①消耗量与单价。实心砖 200×115×53 定额消耗量为 66 匹 /m^3，定额基价为 350 元 / 千匹（不含税），当期实心砖 200×115×53 材料信息价为 560 元 / 千匹（不含税）。

②实心砖 200×115×53 调价后实际费用 =66×0.56=36.960 0（元 /m^3）。

4）水价格调整。

①消耗量与单价。查水的定额消耗量为 0.130 7m^3/m^3，定额基价 2.80 元 /m^3（不含税），当期水的材料信息价为 3.89 元 /m^3（不含税）。

②水调价后实际费用 =3.89×0.130 7=0.508 4（元 /m^3）。

5）其他材料费 =0.39（元 /m^3）（不含税），编制招标控制价时不调整。

6）材料费合计 =223.08+95.93+36.96+0.51+0.39=356.868 6（元 /m^3）。

（4）机械费、企业管理费、利润按规定编制招标控制价时不调整。

（5）调整后多孔砖墙综合单价 =237.009 526 875+356.868 6+0.236+16.316+37.098=647.53（元 /m^3）。将多孔砖墙综合单价填入招标工程量清单并计算合价，得多孔砖墙项目计价表，如表 3.2.4 所示。其中，定额人工费 =171.513×1.25×46.52=9 973.48（元），定额机械费 =0.236×46.52=10.98（元）。

表 3.2.4 （砌筑工程）分部分项工程项目计价表

序号	项目编码	项目名称	项目特征描述	计量单位	工程量	金额（元）				
						综合单价	合价	其中		
								定额人工费	定额机械费	暂估价
1	010401003001	多孔砖墙	1. 砖品种、规格：烧结多孔砖（KP3 型）200×115×90； 2. 墙体厚度：200mm； 3. 砂浆强度等级、配合比：M5 干混砌筑砂浆； 4. 实心配砖为标准砖 200×115×53。用量不单独计取，综合在投标报价中	m^3	46.52	647.53	30 123.10	9 973.48	10.98	

【**例 3.2.3**】成都某综合楼工程，结构形式为框架结构，位于成都市区。屋面保温隔热层材料采用 1∶6 水泥炉渣，并利用水泥炉渣找坡，坡度为 2%，最薄处 30mm 厚。已编制招标工程量清单如表 3.2.5 所示。保温隔热屋面的工程量按照《房屋建筑与装饰工程工程量计算规范》GB 50854–2013 的规则计算为 2 365.62m^2（清单工程量）。要求采用增值税一般计税方法编制招标控制价，计算保温隔热屋面清单项目的综合单价与合价（材料价调整按招标控制价编制当期的成都市工程造价信息计取，材料信息价缺价的，按材料市场价计取。人工费调整按招标控制价编制当期的四川省建设工程造价管理总站相关文件执行）。

解：按照 2020《计价定额》（房屋建筑与装饰工程）计算综合单价。按《房屋建筑与装饰工程工程量计算规范》GB 50854–2013 和 2020《计价定额》（房屋建筑与装饰工程）计量规则的规定，保温隔热屋面项目的清单工程量≠定额工程量，2020《计价定额》（房屋建筑与装饰工程）中保温隔热屋面的计量单位为“m^3”，所以首先应计算保温隔热屋面的定额工程量。再经组价折算后得到保温隔热屋面项目的清单综合单价。

经计算，保温隔热屋面的定额工程量为 325.10m^3（计算过程略）。

表 3.2.5 （屋面保温工程）分部分项工程项目清单

序号	项目编码	项目名称	项目特征描述	计量单位	工程量	金额（元）				
						综合单价	合价	其中		
								定额人工费	定额机械费	暂估价
1	011001001001	保温隔热屋面	1．保温隔热材料品种、规格、厚度：1∶6 水泥炉渣找坡层，坡度为 2%，最薄处 30mm 厚。 2．部位：屋面。 3．其他：满足设计和规范要求	m^2	2 365.62					

（1）定额选择。依据项目特征选择 2020《计价定额》K.1.1 保温隔热屋面项子目 AK0016 水泥炉渣，基价为 329.064 元 /m^3。其中人工费为 122.760 元 /m^3，材料费为 168.003 元 /m^3（含水费），企业管理费为 11.785 元 /m^3，利润为 26.516 元 /m^3。

（2）人工费调整。施工当期四川省建设工程造价总站颁布配套 2020《计价定额》的人工费调整系数为 10.55%，故人工费调整为：122.760 ×（1+10.55%）=135.711 18（元 /m^3）。

（3）材料费调整。从定额 AK0016 可知，保温隔热屋面使用的材料有：水泥炉渣混凝土 1∶6（含水泥及炉渣）和水。

1）水泥炉渣混凝土 1∶6 价格调整。水泥炉渣混凝土的定额消耗量为 1.01m^3/m^3，水泥炉渣混凝土 1∶6 定额基价为 165.50 元 /m^3（不含税），水泥炉渣混凝土 1∶6 材料信息价缺价，市场询价后的水泥炉渣混凝土 1∶6 的市场价为 274.80 元 /m^3（不含税）。价格调整后的实际费用 =274.8 × 1.01=277.548（元 /m^3）。

2）水价格调整。水的定额消耗量为 0.303m^3/m^3，定额基价为 2.80 元 /m^3（不含税），当期水的材料信息价为 3.89 元 /m^3（不含税）。

水价调整后实际费用 =3.89 × 0.303=1.178 7（元 /m^3）。

3）材料费合计 =277.548+1.178 7=278.73（元 /m^3）。

（4）机械费、企业管理费、利润按规定编制招标控制价时不调整。

（5）调整后保温隔热屋面定额综合单价 =135.711 18+278.73+11.785+26.516=452.742 18（元 /m^3）。

（6）将定额综合单价转换为清单综合单价。

保温隔热屋面清单综合单价 =325.10 × 452.742 18/2 365.62=62.22（元 /m^2）。

将保温隔热屋面综合单价填入招标工程量清单并计算合价，得保温隔热屋面项目计价表，见表 3.2.6。其中定额人工费 =122.760 × 325.10/2 365.62=16.87（元 /m^2），定额机械费 = 0（元）。

表 3.2.6 （屋面保温工程）分部分项工程项目计价表

序号	项目编码	项目名称	项目特征描述	计量单位	工程量	金额（元）				
						综合单价	合价	其中		
								定额人工费	定额机械费	暂估价
1	011001001001	保温隔热屋面	1. 保温隔热材料品种、规格、厚度：1∶6水泥炉渣找坡层，坡度为2%，最薄处30mm厚。 2. 部位：屋面。 3. 其他：满足设计和规范要求	m^2	2 365.62	62.22	147 188.88	39 909.28	0	

三、工程量清单计价定额的有关说明

（1）国家计量规范中部分项目，采用了两个及以上的计量单位，而定额中相应项目只使用一种常用的计量单位，这就要求使用者在理解招标工程量清单或使用计价定额组价时，应注意二者的不同，要结合清单项目特征描述，并按照2020《计价定额》的计算规则进行计量，再按清单中的工程量换算出相应综合单价，做到正确组价、合理报价。

（2）材料用量。2020《计价定额》中仅列出主要材料的用量，次要和零星材料均包括在其他材料费内，以“元”表示，编制设计概算、施工图预算、最高投标限价（招标控制价、标底）时不得调整。

（3）2020《计价定额》的“工作内容”指主要施工工序，除另有规定和说明者外，其他工序虽未详列，但定额均已考虑。

（4）2020《计价定额》以成品编制项目，其成品的制作、运输不再单列，成品单价包括制作及运杂费等。

（5）2020《计价定额》若遇各专业工程定额未编制的项目，应按各专业“册说明”及规定执行其他专业工程定额相关项目，除单独发包专业工程及有关规定外，仍执行本专业工程“工程类型”取费标准。

（6）2020《计价定额》总说明未尽事宜，详见各专业工程定额中的册说明或章节说明。

（7）2020《计价定额》中若遇有两个或两个以上系数时，按连乘法计算。

（8）2020《计价定额》说明中未注明（或省略）尺寸单位的直径、宽度、厚度、断面等，均以毫米（mm）为单位。

（9）2020《计价定额》中内容系从四川省建设工程造价总站材料数据库中提取，以住房和城乡建设部颁发的标准为依据，有的属行业标准，故不修改。

（10）其他：

1）海拔降效调整。2020《计价定额》适用于海拔高度≤ 2km 地区，工程建设所在地点（房屋建筑及构筑物以 ±0 标高的海拔高度；市政及城市道路、排水管网非开挖修复工程、园林绿化工程、总平工程、城市地下综合管廊工程、城市轨道交通工程等以 ±0 标高按平均海拔高度）若海拔高度 >2km 时，定额综合基价人工费、机械费调整系数按以下海拔降效系数计算。

人工费海拔降效系数见表 3.2.7。

表 3.2.7　人工费海拔降效系数表

海拔高度（h）km	2.0	2<h ≤ 2.5	2.5<h ≤ 3	3<h ≤ 3.5	3.5<h ≤ 4	4<h ≤ 4.5	4.5<h ≤ 5
调整系数	1	1.089	1.155	1.231	1.328	1.450	1.588

机械费海拔降效系数见表 3.2.8。

表 3.2.8　机械费海拔降效系数表

海拔高度（h）km	2.0	2<h ≤ 2.5	2.5<h ≤ 3	3<h ≤ 3.5	3.5<h ≤ 4	4<h ≤ 4.5	4.5<h ≤ 5
调整系数	1	1.047	1.101	1.147	1.219	1.351	1.548

2）既有小区改造工程。

①既有小区改造的房屋建筑的加固、维修、外貌改造工程土建工程项目（包括拆除及装饰工程项目）按 2020 年《四川省建设工程工程量清单计价定额——既有及小区改造房屋建筑维修与加固工程》相关项目及有关规定执行，以上取费标准均按既有及小区改造房屋建筑维修与加固工程专业执行。

②既有小区改造的园林绿化、总平土建工程项目（包括拆除及装饰工程项目）分别按 2020《计价定额》中房屋建筑与装饰工程、园林绿化工程、绿色建筑工程、市政工程等专业相关项目及有关规定执行，若小区道路按市政工程道路设计施工，按市政工程专业相关项目及有关规定执行。

ⓐ在执行过程中，所有项目均按表 3.2.9 调整系数。

表 3.2.9　人工费、机械费调整系数表

小区总平改造规模	总平面积（m^2）				
	≤ 1 000	≤ 2 000	≤ 3 000	≤ 5 000	＞ 5 000
调整系数	1.25	1.20	1.15	1.1	1.0

ⓑ在执行过程中，所有项目取费标准均按总平工程类型执行。

③既有小区改造的安装工程（包括房屋建筑及总平工程）项目，按2020年《四川省建设工程工程量清单计价定额——通用安装工程》相关项目及有关规定执行。其中，房建改造安装工程人工费、机械费调整按系数1.20调整，房建改造安装工程取费标准按既有及小区改造房屋建筑维修与加固工程专业执行；总平改造的安装工程按以上第②条第ⓐ款规定系数调整，总平改造的安装工程取费标准均按总平工程类型执行。

第三节　建筑安装工程费用

在2020《计价定额》中，专门发布了《建筑安装工程费用》（以下简称"费用标准"）。费用标准规定：建筑安装工程费由分部分项工程费、措施项目费、其他项目费、规费、税金组成，分部分项工程费、措施项目费、其他项目费包含人工费、材料费、施工机具使用费、企业管理费和利润。

在建筑安装工程费组成中，分部分项工程费和单价措施项目费是按照工程量乘以综合单价计算的，总价措施项目费、其他项目费、规费、税金是按照规定的取费基础乘以对应的费率计算的，所以费用标准主要规定了总价措施项目费、其他项目费、规费、税金的计算方法及相应的费率或税率。

一、费用标准的适用范围

费用标准适用于四川省行政区域内与建设项目各专业工程相配套的各项费用。具体专业工程主要包括：房屋建筑与装饰工程、仿古建筑工程、通用安装工程、市政工程、园林绿化工程、构筑物工程、爆破工程、城市轨道交通工程、既有及小区改造房屋建筑维修与加固工程、城市地下综合管廊工程、绿色建筑工程、装配式建筑工程、城市道路桥梁养护维修工程、排水管网非开挖修复工程。

费用标准按费率或税率计算的项目主要包括：安全文明施工费、夜间施工增加费、二次搬运费、冬雨季施工增加费、已完工程及设备保护费、工程定位复测费、暂列金额、总承包服务费、规费及税金。

二、费用标准的取费费率

（一）安全文明施工费

安全文明施工费不得作为竞争性费用。安全文明施工费包括环境保护费、文明施工费、安全施工费、临时设施费，其费用按照基本费、现场评价费两部分计取。

1. 费用定义

（1）环境保护费。环境保护费是指施工现场为达到环保等部门要求所需要的各项措施费用。包括：

1）对施工现场裸露的场地和堆放的土石方采取覆盖、固化、绿化或洒水，以及对施工现场易产生粉尘的土石方开挖等采取喷雾等防治扬尘污染措施的费用。

2）为避免施工车辆车轮带泥行驶，在施工现场出入口设置清洗沟或清洗设备等发生的人工、材料与设施摊销费用；运输土石方、渣土、砂石、灰浆和施工垃圾等采取密闭式运输车或采取覆盖措施所增加的周转、摊销费用。

3）在施工现场设置密闭式垃圾站、办公区和生活区设置封闭式垃圾容器。实现施工垃圾与生活垃圾分类存放而购置容器的周转、摊销费用。

4）贮存水泥、石灰、石膏、砂土等易产生扬尘的物料采取密闭措施；不能密闭的，设置不低于堆放物高度的严密围挡，并采取有效覆盖措施防治扬尘污染发生的费用。

5）为保证施工现场排水通畅，在办公区、生活区以及作业区（包括明挖基坑的四周）设置排水沟等发生的措施费用。

6）施工现场施工机械设备降噪声、防扰民措施费用。

7）工程完工后，就以上措施发生的拆除、清运与恢复费用。

8）施工现场实际发生的其他环保措施费用。

（2）文明施工费。文明施工费是指施工现场文明施工所需要的各项措施费用。包括：

1）"五牌一图"的费用，包括工程概况牌、管理人员名单及监督电话牌、消防保卫牌、安全生产牌、文明施工牌及施工现场总平面图。

2）现场围挡的墙面美化（包括内外粉刷、标语等）、压顶装饰费用；现场食堂制作间灶台及周边、厕所便槽贴瓷砖，地面混凝土硬化或贴地砖的费用；其他施工现场临时设施的装饰装修、美化措施费用。

3）符合场容场貌、材料堆放等相关规定要求采取措施发生的费用。

4）现场卫生清扫和保洁的费用；符合卫生要求的饮水设备、淋浴、消毒等设施费用；采取灭鼠、蚊虫、防煤气中毒、防疫等措施的费用。

5）施工现场地面的硬化费用。

6）施工现场出入口道路接顺发生的人工、材料与机械费用。

7）工程完工后，就以上措施发生的拆除、清运与恢复费用。

8）现场实际发生的为保证文明施工的其他措施费用。

（3）安全施工费。安全施工费是指施工现场安全施工所需要的各项措施费用。包括：

1）安全资料编制、安全施工标志的购置及安全宣传的费用。包括：施工现场入口处及主要施工区域、危险部位设置相应的安全警示标志牌；绘制安全标志布置图；根据工程部位和现场设施的变化，调整安全标志牌的设置；设置重大危险源公示牌。

2）"三宝"（安全帽、安全带、安全网）、"四口"（楼梯口、电梯井口、通道口、预留洞口）、"五临边"（阳台围边、楼板围边、屋面围边、槽坑围边、卸料平台两侧）、水平防护架、垂直防护架、外架封闭等防护的费用。

3）施工安全用电的费用，包括采用三级配电系统（配备总配电箱、分配电箱、开关箱三类标准电箱）、TN-S接零保护系统、二级漏电保护系统、外电线路防护措施。

4）起重机、塔吊等起重设备（含井架、门架）及外用电梯的安全防护措施（含警示标志）费用及卸料平台的临边防护、层间安全门、防护棚等设施费用。

5）建筑工地起重机械的监测及检验检测费用。

6）施工机具防护棚及其围栏的安全保护设施费用。

7）保证消防器材配置合理，符合消防要求的消防器材的购置、周转、维护与定期检验等发生的费用。

8）施工现场配备常用药及绷带、止血带、担架等急救器材的费用。

9）治安综合治理费用。

10）施工现场安装和使用视频管理的费用。

11）建立健全安全隐患排查治理体系及施工现场安全隐患排查等所产生的费用。

12）工程完工后，就以上措施发生的拆除、清运与恢复费用。

13）为保证安全施工所发生的其他措施费用。

（4）临时设施费。临时设施费是指施工企业为工程施工所必须搭设的生活和生产用的临时建筑物、构筑物和其他临时设施费用等。包括：

1）施工现场围挡的安拆、维修、周转或摊销的费用；

2）施工现场临时建筑物、构筑物的搭设、维修、周转或摊销的费用。如门卫室、办公室、宿舍、食堂、厕所、淋浴间、开水房、文体活动室及盥洗设施，临时仓库、加工场、搅拌台、临时简易水塔、水池、泥浆沉淀池等。临时设施应符合环保、消防等要求；

3）施工现场规定范围内为达到现场办公、生活与作业的基本条件修建的临时给水、排水、供电、通信等临时管线等发生的搭设、维修、周转或摊销等费用；

4）施工现场规定范围内临时简易道路铺设及施工便桥的搭设、维修、周转或摊销等费用。具体范围如下：

①建筑工程：施工现场范围内临时简易道路铺设；

②市政工程：施工现场范围内临时简易道路铺设及施工便桥的搭设，但不包括为保证正常的公共交通秩序而修建的社会便桥及交通导改费用。

5）生产工人生活设施的购置、维护与周转等费用，包括宿舍内配置的床、衣柜、桌椅等。

6）工程完工后，就以上措施发生的拆除、清运与恢复费用。

7）其他临时设施搭设、维修、拆除、清运或摊销的费用。

2. 费率标准及计取方法

安全文明施工费包括环境保护费、文明施工费、安全施工费、临时设施费，其费用分为基本费和现场评价费两部分。

（1）基本费。基本费是指承包人在施工过程中发生的安全文明施工措施的基本保障费。增值税计算分为一般计税法和简易计税法，其安全文明施工基本费费率标准分别见表 3.3.1 和表 3.3.2。

（2）现场评价费。现场评价费是指承包人执行有关安全文明施工规定，经发包人、监理人、承包人共同依据相关标准和规范性文件规定对施工现场承包人执行有关安全文明施工规定情况进行自评，并经住房和城乡建设行政主管部门施工安全监督机构（以下简称施工安全监督机构）核定安全文明施工措施最终综合评价得分，由承包人自愿向安全文明施工费费率测定机构申请并经测定费率后获取的安全文明施工措施增加费。

表 3.3.1　安全文明施工基本费费率标准（一般计税法）

<table>
<tr><th>序号</th><th>项目名称</th><th>工程类型</th><th>取费基础</th><th>基本费费率（%）</th><th>说明</th></tr>
<tr><td>一</td><td>环境保护费</td><td></td><td rowspan="17">分部分项工程及单价措施项目（定额人工费＋定额机械费）</td><td>0.55</td><td rowspan="17">1. 表中所列工程均为单独发包工程。房屋建筑与装饰工程、仿古建筑工程、绿色建筑工程、装配式房屋建筑工程、构筑物工程包括未单独发包的与其配套的线路、管道设备安装工程及室内外装饰装修工程。
2. 单独装饰工程、单独通用安装工程包括未单独发包的与其配套的工程以及单独发包的城市轨道交通中的通信工程、信号工程、供电工程、智能与控制系统安装工程。
3. 市政工程、综合管廊工程包括未单独发包的与其配套的工程以及单独发包的市政给水、燃气、水处理、生活垃圾处理机械设备安装、路灯工程。
4. 城市轨道交通工程（不含单独发包的通信工程、信号工程、供电工程、智能与控制系统安装工程）包括未单独发包的与其配套的工程。
5. 园林绿化工程包括未单独发包的园路、园桥、亭廊等与其配套的工程。
6. 既有及小区改造房屋建筑维修与加固工程、排水管网非开挖修复工程、拆除工程包括未单独发包的与其配套的工程。
7. 单独土石方、单独地基处理与边坡支护工程、单独桩基工程包括未单独发包的与其配套的工程。</td></tr>
<tr><td rowspan="8">二</td><td rowspan="8">文明施工费</td><td>房屋建筑与装饰工程、仿古建筑工程、绿色建筑工程、装配式房屋建筑工程、构筑物工程</td><td>2.30</td></tr>
<tr><td>单独装饰工程、单独通用安装工程</td><td>1.25</td></tr>
<tr><td>市政工程、综合管廊工程、城市道路桥梁养护维修工程</td><td>1.65</td></tr>
<tr><td>城市轨道交通工程</td><td>1.65</td></tr>
<tr><td>园林绿化、总平、运动场工程</td><td>1.35</td></tr>
<tr><td>既有及小区改造房屋建筑维修与加固工程、排水管网非开挖修复工程、拆除工程</td><td>1.35</td></tr>
<tr><td>单独土石方、单独地基处理与边坡支护工程、单独桩基工程</td><td>0.55</td></tr>
<tr><td>房屋建筑与装饰工程、仿古建筑工程、绿色建筑工程、装配式房屋建筑工程、构筑物工程</td><td>3.95</td></tr>
<tr><td rowspan="8">三</td><td rowspan="8">安全施工费</td><td>单独装饰工程、单独通用安装工程</td><td>1.95</td></tr>
<tr><td>市政工程、综合管廊工程、城市道路桥梁养护维修工程</td><td>2.10</td></tr>
<tr><td>城市轨道交通工程</td><td>2.10</td></tr>
<tr><td>园林绿化、总平、运动场工程</td><td>2.10</td></tr>
<tr><td>既有及小区改造房屋建筑维修与加固工程、排水管网非开挖修复工程、拆除工程</td><td>2.10</td></tr>
<tr><td>单独土石方、单独地基处理与边坡支护工程、单独桩基工程</td><td>0.70</td></tr>
</table>

续表 3.3.1

<table>
<tr><th>序号</th><th>项目名称</th><th>工 程 类 型</th><th>取费基础</th><th>基本费费率（%）</th><th>说　明</th></tr>
<tr><td rowspan="7">四</td><td rowspan="7">临时设施费</td><td>房屋建筑与装饰工程、仿古建筑工程、绿色建筑工程、装配式房屋建筑工程、构筑物工程</td><td rowspan="7">分部分项工程及单价措施项目（定额人工费＋定额机械费）</td><td>3.00</td><td rowspan="7">8. 房屋建筑与装饰工程、仿古建筑工程、构筑物工程、市政工程、城市轨道交通工程安全施工费已包括施工现场设置安防监控系统设施的费用，如未设置或经现场评价不符合《四川省住房和城乡建设厅关于开展建设工程质量安全数字化管理工作的通知》（川建质安发〔2013〕39 号）的规定，安全文明施工费费率乘以系数 0.75。
9. 承包人采取的扬尘防治措施不符合《四川省建筑工程扬尘污染防治技术导则（试行）》要求的，安全文明施工费中的环境保护费、文明施工费、临时设施费乘以系数 0.80。
10. 承包人未按规定采取建筑工人实名制管理措施的，安全文明施工费中的安全施工费乘以系数 0.98。
11. 城市轨道交通工程中地下区间工程定额安全文明施工费取费基础里的定额机械费乘以系数 0.15</td></tr>
<tr><td>单独装饰工程、单独通用安装工程</td><td>3.20</td></tr>
<tr><td>市政工程、综合管廊工程、城市道路桥梁养护维修工程</td><td>2.80</td></tr>
<tr><td>城市轨道交通工程</td><td>2.80</td></tr>
<tr><td>园林绿化、总平、运动场工程</td><td>3.35</td></tr>
<tr><td>既有及小区改造房屋建筑维修与加固工程、排水管网非开挖修复工程、拆除工程</td><td>2.95</td></tr>
<tr><td>单独土石方、单独地基处理与边坡支护工程、单独桩基工程</td><td>1.15</td></tr>
</table>

表 3.3.2　安全文明施工基本费费率标准（简易计税法）

序号	项目名称	工 程 类 型	取费基础	基本费费率（%）	说　明
一	环境保护费		分部分项工程及单价措施项目（定额人工费＋定额机械费）	0.57	1. 表中所列工程均为单独发包工程。房屋建筑与装饰工程、仿古建筑工程、绿色建筑工程、装配式房屋建筑工程、构筑物工程包括未单独发包的与其配套的线路、管道设备安装工程及室内外装饰装修工程。

续表 3.3.2

<table>
<tr><th>序号</th><th>项目名称</th><th>工 程 类 型</th><th>取费基础</th><th>基本费费率（%）</th><th>说 明</th></tr>
<tr><td rowspan="7">二</td><td rowspan="7">文明施工费</td><td>房屋建筑与装饰工程、仿古建筑工程、绿色建筑工程、装配式房屋建筑工程、构筑物工程</td><td rowspan="14">分部分项工程及单价措施项目（定额人工费＋定额机械费）</td><td>2.32</td><td rowspan="14">2. 单独装饰工程、单独通用安装工程包括未单独发包的与其配套的工程以及单独发包的城市轨道交通中的通信工程、信号工程、供电工程、智能与控制系统安装工程。
3. 市政工程、综合管廊工程包括未单独发包的与其配套的工程以及单独发包的市政给水、燃气、水处理、生活垃圾处理机械设备安装、路灯工程。
4. 城市轨道交通工程（不含单独发包的通信工程、信号工程、供电工程、智能与控制系统安装工程）包括未单独发包的与其配套的工程。
5. 园林绿化工程包括未单独发包的园路、园桥、亭廊等与其配套的工程。
6. 既有及小区改造房屋建筑维修与加固工程、排水管网非开挖修复工程、拆除工程包括未单独发包的与其配套的工程。
7. 单独土石方、单独地基处理与边坡支护工程、单独桩基工程包括未单独发包的与其配套的工程。
8. 房屋建筑与装饰工程、仿古建筑工程、构筑物工程、市政工程、城市轨道交通工程安全施工费已包括施工现场设置安防监控系统设施的费用，如未设置或经现场评价不符合《四川省住房和城乡建设厅关于开展建设工程质量安全数字化管理工作的通知》（川建质安发〔2013〕39 号）的规定，安全文明施工费费率乘以系数 0.75。</td></tr>
<tr><td>单独装饰工程、单独通用安装工程</td><td>1.26</td></tr>
<tr><td>市政工程、综合管廊工程、城市道路桥梁养护维修工程</td><td>1.66</td></tr>
<tr><td>城市轨道交通工程</td><td>1.66</td></tr>
<tr><td>园林绿化、总平、运动场工程</td><td>1.36</td></tr>
<tr><td>既有及小区改造房屋建筑维修与加固工程、排水管网非开挖修复工程、拆除工程</td><td>1.36</td></tr>
<tr><td>单独土石方、单独地基处理与边坡支护工程、单独桩基工程</td><td>0.55</td></tr>
<tr><td rowspan="7">三</td><td rowspan="7">安全施工费</td><td>房屋建筑与装饰工程、仿古建筑工程、绿色建筑工程、装配式房屋建筑工程、构筑物工程</td><td>4.14</td></tr>
<tr><td>单独装饰工程、单独通用安装工程</td><td>2.04</td></tr>
<tr><td>市政工程、综合管廊工程、城市道路桥梁养护维修工程</td><td>2.20</td></tr>
<tr><td>城市轨道交通工程</td><td>2.20</td></tr>
<tr><td>园林绿化、总平、运动场工程</td><td>2.20</td></tr>
<tr><td>既有及小区改造房屋建筑维修与加固工程、排水管网非开挖修复工程、拆除工程</td><td>2.20</td></tr>
<tr><td>单独土石方、单独地基处理与边坡支护工程、单独桩基工程</td><td>0.73</td></tr>
</table>

续表 3.3.2

序号	项目名称	工程类型	取费基础	基本费费率（%）	说明
四	临时设施费	房屋建筑与装饰工程、仿古建筑工程、绿色建筑工程、装配式房屋建筑工程、构筑物工程	分部分项工程及单价措施项目（定额人工费＋定额机械费）	3.16	9. 承包人采取的扬尘防治措施不符合《四川省建筑工程扬尘污染防治技术导则（试行）》要求的，安全文明施工费中的环境保护费、文明施工费、临时设施费乘以系数 0.80。 10. 承包人未按规定采取建筑工人实名制管理措施的，安全文明施工费中的安全施工费乘以系数 0.98。 11. 城市轨道交通工程中地下区间工程定额安全文明施工费取费基础里的定额机械费乘以系数 0.15
		单独装饰工程、单独通用安装工程		3.37	
		市政工程、综合管廊工程、城市道路桥梁养护维修工程		2.95	
		城市轨道交通工程		2.95	
		园林绿化、总平、运动场工程		3.53	
		既有及小区改造房屋建筑维修与加固工程、排水管网非开挖修复工程、拆除工程		3.11	
		单独土石方、单独地基处理与边坡支护工程、单独桩基工程		1.21	

1）安全文明施工现场评价费费率。依据施工安全监督机构核定的安全文明施工最终综合评价得分确定。

具体计算方法为：得分为 80 分者，现场评价费费率按基本费费率的 40% 计取，80 分以上每增加 1 分，其现场评价费费率在基本费费率的基础上增加 3%，中间值采用插入法计算，保留小数点后两位数字，第三位四舍五入。现场评价费费率计算公式如下：

现场评价费费率 = 基本费费率 ×40%+ 基本费费率 ×（最终综合评价得分 −80）×3%

2）最终综合评价得分低于 70 分（不含 70 分）的，只计取安全文明施工费中的临时设施基本费。

3）施工期间承包人发生一般及以上生产安全事故的，安全文明施工费中的安全施工费按应计费率的 60% 计取。

4）工地地面应做硬化处理而未做的，其安全文明施工费中的文明施工费按应计费率的 60% 计取。

5）房屋建筑与装饰工程、仿古建筑工程、绿色建筑工程、装配式房屋建筑工程、构筑物工程、市政工程、综合管廊工程、城市轨道交通工程安全施工费已包括施工现场安装和使用视频监控系统的费用以及专门的安全隐患排查等费用，如未安装和使用或经现场评价不符合《四川省住房和城乡建设厅关于开展建设工程质量安全数字化管理工作的通知》（川建质安发〔2013〕39 号）的规定，或未按要求组织专门的安全隐患排查的，其安全文明施工费中的安全施工费按应计费率的 75% 计取。

（3）安全文明施工费的费率测定。安全文明施工费的费率测定采取自愿的原则。工程竣工后，自愿申请安全文明施工费费率测定的承包人持施工安全监督机构确认的《建设工程安全文明施工措施评价及费率测定表》到工程所在地工程造价管理机构申请办理测定。未设工程造价管理机构的县（区、市）所属建设工程项目，其安全文明施工费费率的测定机构由县（区、市）住房城乡建设行政主管部门确定，报市、州工程造价管理机构备案。

（4）安全文明施工费的计费方法。

环境保护费 =（分部分项工程及单价措施项目的定额人工费 + 定额机械费）× 环境保护费测定费率

文明施工费 =（分部分项工程及单价措施项目的定额人工费 + 定额机械费）× 文明施工费测定费率

安全施工费 =（分部分项工程及单价措施项目的定额人工费 + 定额机械费）× 安全施工费测定费率

临时设施费 =（分部分项工程及单价措施项目的定额人工费 + 定额机械费）× 临时设施费测定费率

（5）安全文明施工费计取的有关规定。

1）在编制设计概算、施工图预算、招标控制价（最高投标限价、标底）时应足额计取，即环境保护费、文明施工费、安全施工费、临时设施费费率按基本费费率加现场评价费最高费率计取。

环境保护费费率 = 环境保护基本费费率 ×2

文明施工费费率 = 文明施工基本费费率 ×2

安全施工费费率 = 安全施工基本费费率 ×2

临时设施费费率 = 临时设施基本费费率 ×2

2）在编制投标报价时，应按招标人在招标文件中公布的安全文明施工费金额计取。

3）在编制竣工结算时，安全文明施工费按如下规定计取：

①承包人向安全文明施工费费率测定机构申请测定费率，并出具《建设工程安全文明施工措施评价及费率测定表》的，按《建设工程安全文明施工措施评价及费率测定表》测定的费率办理竣工结算；承包人未向安全文明施工费费率测定机构申请测定费率的，只能按规定计取安全文明施工费基本费。

②对因发包人原因造成施工安全监督机构未核定安全文明施工措施最终评价得分，承包人无法向安全文明施工费费率测定机构申请测定费率的，发包人、监理人、承包人共同对施工现场承包人执行有关安全文明施工规定情况进行检查和评分的结果，测定安全文明施工费费率，在《建设工程安全文明施工措施评价及费率测定表》中确认并说明原因，作为竣工结算的依据。

③对发包人直接发包的专业工程，纳入总包工程现场评价范围但未单独进行安全文明施工措施现场评价的，其安全文明施工费以发包人直接发包的工程类型，只能按规定计取安全文明施工费基本费。

④对发包人直接发包的专业工程，纳入总包工程现场评价范围但未单独进行安全文明施工措施现场评价的，其安全文明施工费按该工程总承包人的《建设工程安全文明施工措施评价及费率测定表》测定的费率执行；纳入总包工程现场评价范围但该工程总承包人未测定安全文明施工费费率的，其安全文明施工费以该总承包工程类型，只能按基本费费率计取。发包人直接发包工程的安全文明施工纳入总包人统一管理的，总承包人收取相应项

目安全文明施工费的40%。

4）对采用工程总承包方式（含EPC方式）或按建筑面积平方米造价包干等方式发包的工程，在签订工程承包合同时无法确定安全文明施工费具体金额或未采用四川省计价依据确定工程造价的，房屋建筑工程和市政基础实施工程的安全文明施工费计取基础分别暂按签订合同价中建安工程造价（含合同价款调整）的22.5%、17.5%计算，以此作为发包人与承包人在工程承包合同中明确安全文明施工费总费用以及编制费用预付计划的依据，并在结算时以此作为计算合同中安全文明施工费的依据。

（二）夜间施工增加费、二次搬运费、冬雨季施工增加费、已完工程及设备保护费、工程定位复测费

夜间施工增加费、二次搬运费、冬雨季施工增加费、已完工程及设备保护费、工程定位复测费等其他总价措施项目费应根据拟建工程的特点确定。

1. 费用定义

（1）夜间施工增加费。夜间施工增加费是指因夜间施工所发生的夜班补助费、夜间施工降效、夜间施工照明设备摊销及照明用电等费用。

（2）二次搬运费。二次搬运费是指因施工场地条件限制而发生的材料、构配件、半成品等一次运输不能到达堆放地点，必须进行二次或多次搬运所发生的费用。

（3）冬雨季施工增加费。冬雨季施工增加费是指在冬季或雨季施工需增加的临时设施、防滑、排除雨雪、人工及施工机械效率降低等费用。

（4）已完工程及设备保护费。已完工程及设备保护费是指竣工验收前，对已完工程及设备采取的必要保护措施所发生的费用。

（5）工程定位复测费。工程定位复测费是指工程施工过程中进行全部施工测量放线和复测工作的费用。

2. 费率标准及计取规定

夜间施工增加费、二次搬运费、冬雨季施工增加费、已完工程及设备保护费、工程定位复测费等其他总价措施项目费费率标准见表3.3.3。

表3.3.3 其他总价措施项目费计费标准

<table>
<tr><th rowspan="2">序号</th><th rowspan="2">项目名称</th><th rowspan="2">取费基础</th><th>一般计税</th><th>简易计税</th><th rowspan="2">说　明</th></tr>
<tr><th colspan="2">费率（%）</th></tr>
<tr><td>1</td><td>夜间施工</td><td rowspan="4">分部分项工程及单价措施项目（定额人工费＋定额机械费）</td><td>0.48</td><td>0.49</td><td rowspan="4">城市轨道交通工程中地下区间工程定额安全文明施工费取费基础中的定额机械费乘以系数0.15</td></tr>
<tr><td>2</td><td>二次搬运</td><td>0.23</td><td>0.24</td></tr>
<tr><td>3</td><td>冬雨季施工</td><td>0.36</td><td>0.37</td></tr>
<tr><td>4</td><td>工程定位复测</td><td>0.09</td><td>0.10</td></tr>
</table>

（1）编制招标控制价（最高投标限价、标底）时，招标人应根据工程实际情况选择列项，按以上标准计取。

（2）编制投标报价时，投标人应按照招标人在总价措施项目清单中列出的项目和计算

基础自主确定相应费率并计算措施项目费。

（3）编制竣工结算时，其他总价措施项目费应根据合同约定的金额（或费率）计算，发承包双方依据合同约定对其他总价措施项目费进行了调整的，应按调整后的金额计算。

（三）暂列金额

（1）暂列金额是指建设单位在工程量清单中暂定并包括在工程合同价款中的一笔款项。用于施工合同签订时尚未确定或者不可预见的所需材料、工程设备、服务的采购，施工中可能发生的工程变更、合同约定调整因素出现时的工程价款调整以及发生的索赔、现场签证确认等的费用。

（2）计算方法。暂列金额应根据拟建工程特点确定。

1）编制招标控制价（最高投标限价、标底）时，暂列金额可按分部分项工程费和措施项目费的10%~15%计取。

2）编制投标报价时，暂列金额应按招标人在其他项目清单中列出的金额填写。

3）编制竣工结算时，若发生属于暂列金额范围的事项，应按照合同约定的原则计入竣工结算。

（四）暂估价

（1）暂估价是指招标人在工程量清单中提供的用于支付必然发生但暂时不能确定价格的材料、工程设备的单价以及专业工程的金额，包括材料暂估单价、工程设备暂估单价、专业工程暂估价。

（2）计算方法。

1）编制招标控制价（最高投标限价、标底）时，暂估价中的材料、工程设备单价应根据招标工程量清单中列出的单价计入综合单价；暂估价中的专业工程金额应分不同专业，按有关计价规定估算。

2）编制投标报价时，材料暂估价应按招标人在其他项目清单中列出的单价计入综合单价；专业工程暂估价应按招标人在其他项目清单中列出的金额填写。

3）编制竣工结算时，暂估价中的材料单价应按发、承包双方最终确认价在综合单价中调整；专业工程暂估价应按中标价或发包人、承包人与分包人最终确认价计算。

（五）计日工

（1）计日工是指在施工过程中，承包人完成发包人提出的工程合同范围以外的零星项目或工作，按合同中约定的单价计价的费用。

（2）计算方法。

1）在编制招标控制价（最高投标限价、标底）时，计日工项目和数量应按其他项目清单列出的项目和数量执行，计日工中人工、机械台班单价应包括综合费。综合费包括管理费、利润、安全文明施工费等。其综合费的计取不分一般计税和简易计税。计日工中的人工单价（含税）应按工程造价管理机构公布的单价计算，计日工中人工单价综合费按定额人工单价的28.38%计算；计日工中的施工机械台班单价按2020《计价定额》“附录一施工机械台班费用定额”为基础计算。计日工中机械单价综合费按定额机械台班单价的23.83%计算。若海拔高度大于2km时，定额人工单价及定额机械台班单价应按定额规定乘以海拔降效系数为基础计取综合费。

计日工中的材料单价应按工程造价管理机构发布的工程造价信息中的材料单价计算，工程造价信息未发布材料单价的材料，其价格应按市场调查确定的单价计算。

2）在编制投标报价时，计日工按招标人在其他项目清单列出的项目和数量执行，投标人自主确定综合单价并计算计日工费用。

3）在编制竣工结算时，计日工的费用应按发承包双方确认的实际数量和合同约定的相应项目综合单价计算。

（六）总承包服务费

（1）总承包服务费是指总承包人为配合协调发包人进行的专业工程发包，对发包人自行采购的材料、工程设备等进行保管以及施工现场管理、竣工资料汇总整理等服务所需的费用。

（2）计算方法与费率。

1）编制招标控制价（最高投标限价、标底）时，总承包服务费应根据招标文件列出的服务内容和要求按下列规定计算。

①当招标人仅要求总包人对其发包的专业工程进行施工现场协调和统一管理、对竣工资料进行统一汇总整理等服务时，总包服务费按发包的专业工程估算造价的1.5%左右计算。

②当招标人要求总包人对其发包的专业工程既进行总承包管理和协调，又要求提供相应配合服务时，总承包服务费根据招标文件列出的配合服务内容，按发包的专业工程估算造价的3%~5%计算。

③招标人自行供应材料、设备的，按招标人供应材料、设备价值的1%计算。

2）编制投标报价时，总承包服务费应依据招标人在招标文件中列出的分包专业工程内容和供应材料设备情况，按照招标人提出的协调、配合与服务内容和施工现场管理需要由投标人自主确定。

3）编制竣工结算时，总承包服务费应依据合同约定的金额计算，发承包双方依据合同约定对总承包服务费进行了调整的，应按调整后的金额计算。

（七）规费

（1）规费是指根据国家法律、法规规定，由省级政府或省级有关权力部门规定施工企业必须缴纳，应计入建筑安装工程造价的费用。规费包括工程社会保险费、住房公积金、工程排污费。规费不得作为竞争性费用。

1）社会保险费包括养老保险费、失业保险费、医疗保险费、工伤保险费、生育保险费。

①养老保险费是指企业按照规定标准为职工缴纳的基本养老保险费；

②失业保险费是指企业按照规定标准为职工缴纳的失业保险费；

③医疗保险费是指企业按照规定标准为职工缴纳的基本医疗保险费；

④工伤保险费是指企业按照规定标准为职工缴纳的工伤保险费；

⑤生育保险费是指企业按照规定标准为职工缴纳的生育保险费。

2）住房公积金是指企业按照规定标准为职工缴纳的住房公积金。

3）工程排污费是指按照规定缴纳的施工现场工程排污费。

（2）计算方法与费率。

1）使用国有资金投资的建设工程，编制设计概算、施工图预算、招标控制价（最高投标限价、标底）时，规费按表 3.3.8“规费费率计取表”中的Ⅰ档费率计算。

2）投标人投标报价按招标人在招标文件中公布的招标控制价（最高投标限价）的规费金额填写，计入工程造价。

3）发承包双方签订承包合同和办理工程竣工结算时，按表 3.3.4“规费费率计取表”计算。

4）工程排污费按工程所在地环境保护部门和国家有关规定执行，按实计入。按照《关于停征排污费等行政事业性收费有关事项的通知》（财税〔2018〕4 号）的规定，工程排污费从 2018 年 1 月 1 日后停止征收，但费用名称没有取消。

5）无资质企业，规费费率按下限计取；同一承包人有多种资质，规费费率按最高资质对应的费率计取。

表 3.3.4　规费费率计取表

序号	取费类别	企 业 资 质	计取基础	规费费率（%）
1	Ⅰ档	房屋建筑工程施工总承包特级 市政公用工程施工总承包特级	分部分项工程及单价措施项目定额人工费	9.34
2	Ⅱ档	房屋建筑工程施工总承包一级 市政公用工程施工总承包一级		8.36
3	Ⅲ档	房屋建筑工程施工总承包二、三级 市政公用工程施工总承包二、三级		6.58
4	Ⅳ档	施工专业承包 劳务分包资质		4.8

（八）税金

税金是指国家税法规定应计入建筑安装工程造价内的增值税、城市维护建设税、教育费附加及地方教育费附加等。

税金应按规定标准计算，不得作为竞争性费用。

1. 增值税一般计税法

（1）销项税额 = 税前不含税工程造价 × 销项增值税税率 9%。

（2）附加税按以下规定计算。

1）编制招标控制价（最高投标限价、标底）和投标报价时，按综合附加税税率表计算，见表 3.3.5。

2）编制竣工结算时，按合同约定的方式计算。方式一：按国家规定附加税计取标准计算，见表 3.3.6。方式二：发承包双方约定综合附加税税率计算。

表 3.3.5　综合附加税税率表

项 目 名 称	计 算 基 础	综合附加税税率
附加税（城市维护建设税、教育费附加、地方教育费附加）	税前不含税工程造价	（1）工程在市区时：0.313%； （2）工程在县城镇时：0.261%； （3）工程不在县城镇时：0.157%

表 3.3.6　国家规定附加税计取标准

项 目 名 称	计 算 基 础	综合附加税税率
附加税（城市维护建设税、教育费附加、地方教育费附加）	增值税（销项税额 – 进项税额）	（1）工程在市区时：12%； （2）工程在县城镇时：10%； （3）工程不在县城镇时：6%

2. 增值税简易计税法

（1）以“元”为计算单位的费用调整，见表 3.3.7。

表 3.3.7　以“元”为计算单位的费用调整表

调整项目	机械费（其他机械费）	管理费	其他材料费、安装定额计价材料费、轨道、市政定额等部分计价材料费	摊销材料费	调整方法
调整系数	1.108 2	1.009 1	1.11	1.129 6	以定额项目综合基价中的相应费用乘以对应调整系数

（2）以“费率（%）”表现的费用标准详见 2020 年《四川省建设工程工程量清单计价定额——构筑物工程、爆破工程、建筑安装工程费用、附录》。

（3）材料预算含税价格（含税信息价）。

1）材料预算价格应是含税价格，2020《计价定额》材料基价为不含税价格。

2）材料含税价格计算公式：

$$材料单价 = \{(材料原价 + 运杂费) \times [1+ 运输损耗率(\%)]\} \times [1+ 采购保管费率(\%)]$$

3）材料价格包括材料原价、运杂费、运输损耗、采购保管费等。其中，材料原价按“材料分类及适用税率表”进行计算，见表 3.3.8。运杂费均按交通运输业增值税税率 9% 进行计算。财税部门规定与表 3.3.8 不一致时，按财税部门的规定执行。

（4）简易计税方法下增值税及附加税费费率见表 3.3.9。表 3.3.9 中的税前工程造价不包括规定不计税的工程设备金额及甲供材料（设备）费。

表 3.3.8　材料分类及适用税率表

材料名称	文件依据	税率（征收率）
建筑用和生产建筑材料所用的砂、土、石料、商品混凝土（仅限于以水泥为原材料生产的水泥混凝土），以自己采掘的砂、土、石料或其他矿物连续生产的砖、瓦、石灰（不含黏土实心砖、瓦）、自来水	《关于部分货物适用增值税低税率和简易办法征收增值税政策的通知》（财税〔2009〕9号）及《关于简并增值税征收率政策的通知》（财税〔2014〕57号）	3%
苗木、草皮、农膜、暖气、冷气、煤气、石油液化气、天然气、沼气、居民用煤炭制品、农药、化肥、二甲醚	《关于深化增值税改革有关政策的公告》（财政部　税务总局　海关总署公告2019年第39号）	9%
其余材料	《关于部分货物适用增值税低税率和简易办法征收增值税政策的通知》（财税〔2009〕9号）及《财政部　税务总局　海关总署关于深化增值税改革有关政策的公告》（财政部　税务总局　海关总署公告2019年第39号）	13%

表 3.3.9　简易计税方法下增值税及附加税费费率

项目名称	计算基础	增值税及附加税费费率（%）		
		工程在市区	工程在县城、镇	工程不在县城、镇
增值税及附加税费	税前工程造价	3.37	3.31	3.19

第四节　建筑工程最高投标限价的编制

一、建筑工程最高投标限价编制规定

最高投标限价是指工程招投标活动中招标人在招标文件中明确地对招标工程限定的最高报价，投标报价高于该价格的投标文件将被否决。按照最高投标限价要求编制的就是招标控制价。

招标控制价是招标人根据国家或省级、行业建设主管部门颁发的有关计价依据和计价定额，以及拟定的招标文件和招标工程量清单，结合工程具体情况编制的招标工程的最高限价。

按照我国现行工程量清单计价规范规定，我国国有资金投资的工程建设项目必须采用工程量清单招标，招标人应负责编制招标控制价或委托具有相应资质的工程造价咨询人编制招标控制价。招标控制价编制完成后，不应上调或下浮。同时为了体现招标的公平、公正性，防止招标人有意抬高或压低工程造价，按照《中华人民共和国招标投标法实施条例》的相关规定，招标人设有最高投标限价的，应当在招标文件中明确最高投标限价或者最高投标限价的计算方法。

（一）招标控制价的表式组成

按照 2020《计价定额》的规定，招标控制价表格须采用统一格式，由下列内容组成：

（1）招标控制价封面。

（2）招标控制价扉页。

（3）总说明。

（4）建设项目招标控制价汇总表。

（5）单项工程招标控制价汇总表。

（6）单位工程招标控制价汇总表。

（7）分部分项工程和单价措施项目清单与计价表。

（8）综合单价分析表。

（9）总价措施项目清单与计价表。

（10）其他项目清单与计价汇总表：

1）暂列金额明细表；

2）材料（工程设备）暂估单价及调整表；

3）专业工程暂估价及结算价表；

4）计日工表；

5）总承包服务费计价表。

（11）发包人提供材料和工程设备一览表。

（12）承包人提供主要材料和设备一览表（适用于造价信息差额调整法）。

（13）承包人提供主要材料和设备一览表（适用于价格指数调整法）。

上述内容的具体表式详见本书附录三：招标控制价编制实例。

（二）招标控制价编制的主要内容

1. 招标控制价封面

招标控制价封面编制要求与招标工程量清单一样，必须填写与招标工程量清单一致的工程项目名称，盖招标人公章。如果招标控制价是招标人委托工程造价咨询机构编制的，还应加盖工程造价咨询人的公章。

2. 招标控制价扉页

扉页签字、盖章应完整并符合相关规定。招标人自行编制招标控制价时，招标人及法定代表人或其授权人应签字或盖章，招标控制价的编制人应签字并盖造价人员专用章，复核人应是招标人的注册一级造价工程师，并签字盖一级造价工程师专用章。

招标人委托工程造价咨询人编制招标控制价时，除招标人加盖单位公章及其法定代表人或其授权人签字或盖章外，工程造价咨询人应盖单位资质专用章，其法定代表人或其授权人应签字或盖章，招标控制价的编制人应由在工程造价咨询人注册的造价工程师签字并盖专用章，复核人应是在工程造价咨询人注册的一级造价工程师签字并盖专用章。

在使用计算机软件进行工程计价和组价时，通常情况下，扉页上的招标控制价大小写数额均由计算机自动生成。

3. 总说明

招标控制价是在招标工程量清单的基础上编制的，必须完全按照招标工程量清单总说明的要求进行。所以招标控制价的编制总说明必须遵从招标工程量清单总说明的要求编写。

由于编制招标控制价是工程计价的范畴，编制中会出现一些新问题，也应在总说明中明示，以便招标人和投标人甚至评标专家正确使用。如材料基准价选用的哪一期工程造价信息，人工费调整系数如何确定，材料调价风险系数的选用等。

4. 建设项目招标控制价汇总表、单项工程招标控制价汇总表、单位工程招标控制价汇总表

在使用工程造价计价软件的情况下，上述三个汇总表都是由计算机自动汇总和分类的。首先按照分部分项工程费、措施项目费、其他项目费、规费、税金项目费用的计算结果，自动生成单位工程招标控制价汇总表；若干个单位工程招标控制价，自动生成单项工程招标控制价汇总表；所有的单项工程招标控制价一起，自动生成建设项目招标控制价汇总表。编制中对最后的结果一定要认真比较和核对，通过各个数据之间的逻辑关系，对其正确性做出判断。

5. 分部分项工程和单价措施项目清单与计价表

这是招标控制价编制中最重要的环节。

分部分项工程费用是指完成工程量清单列出的各分部分项工程量所需的费用，包括人工费、材料费、机械使用费、企业管理费、利润以及一定范围内的风险费用。

《建设工程工程量清单计价规范》GB 50500–2013 规定，分部分项工程费应根据招标文件中的分部分项工程量清单项目的特征描述及有关要求，按综合单价计算。

采用综合单价计价是工程量清单计价方法的一个重要特征。按照《建设工程工程量清单计价规范》GB 50500–2013 的规定，综合单价是完成一个规定清单项目所需的人工费、材料和工程设备费、施工机具使用费和企业管理费、利润以及一定范围内的风险费用。这样的综合单价还不是全费用单价，没有包括总价措施项目费、规费和税金等费用。综合单价中的风险费用的考虑和计算也是目前工程造价管理中的重要问题。

分部分项工程费计算的实质就是综合单价的组价问题。一般情况下，综合单价的组价方法有以下两种：

（1）套用计价定额计算综合单价。针对工程量清单中的一个项目描述的特征，按照与工程量清单计价配套的有关计价定额的项目划分和工程量计算规则，套用定额基价、计算综合单价。套用计价定额时，必须仔细核对工程内容、项目特征、材料规格，并根据施工图及说明的做法选择正确的定额项目，尽量避免漏项、重项、错项、高项低套、低项高套及定额档次划分混淆不清等情况发生。

由于工程量清单项目编制的综合性，每个清单项目可能包括一个或几个定额子目，在套用计价定额时，就必须将几个定额子目的单价查出，乘以各自的定额工程量得到各自的合价；几个定额子目的合价叠加，再除以工程量清单的工程量，就得到一个清单项目的综合单价。这就是工程量清单计价通过计价定额的组价过程。

工程量清单项目套用计价定额组价的结果是计算该清单项目的综合单价。在套用定额时，还需要考虑对需要调整或换算的项目进行调整或换算。一是根据各地规定对人工费、材料单价、机械费等进行调整。二是当分部分项工程的内容、材料规格、施工方法、强度等级及配合比等条件与定额项目不相符合时，应根据定额的说明要求，在规定的允许范围内做出配合比换算、混凝土强度等级换算、厚度换算、其他有关的材料代换等，最后才能得出该项目的正确的综合单价。

综合单价乘以对应的清单工程量，就得到一个分部分项工程的合价，所有合价相加得到总价，就完成了分部分项工程量清单的计价过程。

（2）根据实际费用估算综合单价。针对工程量清单中的一个项目描述的特征，按照实际可能发生的费用项目进行有关费用估算并考虑风险费用，然后再除以清单工程量得出该项目的综合单价。比如，某基础土方工程，工程量清单中项目描述的特征为土方开挖、土方运输，工程量为 1 000m^3。在清单组价时，首先根据工程实际情况和施工组织设计确定采用单斗液压挖掘机对基坑开挖，同时配有自卸汽车运土，基底加宽施工工作面每边为 300mm，确定堆弃土地点及运距为 15km；然后计算出实际的挖土方量为 1 200m^3；根据市场上的单斗液压挖掘机挖土和自卸汽车运土 15km 以及包括人工修边检底及一定风险的每立方米单价（假如为 15 元 /m^3），计算出机械土方施工的费用（18 000 元）；汇总 1 200m^3 土方工程施工所需的各项估算费用及管理费、预期利润（假如为 1 800 元）；最后，将总费用除以 1 000m^3，得出每立方米的综合单价（19.8 元 /m^3）。这种方法由于需要丰富的造价经验和大量的基础数据，所以目前应用较少。

在编制招标控制价时，分部分项工程费应根据拟定的招标文件中的分部分项工程量清单项目的特征描述及有关要求计价，综合单价中应包括招标文件中划分的应由投标人承担的风险范围及其费用，招标文件中没有明确的，应提请招标人明确。招标工程量清单提供了暂估单价的材料和工程设备，在计算其综合单价时，应按暂估的单价计入综合单价。

单价措施项目清单计价是指可以计算工程量的措施项目，如钢筋混凝土模板及支架、脚手架等，应按照单价措施项目清单计价，即完全按照分部分项工程量清单的方式，套用计价定额，按规定进行人工、材料的调整，按规则进行定额换算，最后得出清单综合单价，再乘以对应的单价措施项目工程量，完成了单价措施项目清单计价。

6. 综合单价分析表

综合单价分析表包括分部分项工程费综合单价分析表和单价措施项目费综合单价分析表。综合单价分析表就是将构成招标控制价综合单价中所含人工费、材料费、机械使用费、企业管理费和利润各项费用进行分拆和分析的表格。它以构成分部分项工程和单价措施项目工程的每一项综合单价为基础，重点对综合单价中工料机费用构成进行分析。

对人工费，综合单价分析表可以反映综合单价中人工工日消耗量的多少以及人工工日的单价。如果人工费进行了调整，分析表也能看出调整的幅度大小。

对材料费，综合单价分析表可以分析出构成综合单价的材料种类和数量，以及每一种材料的消耗量及损耗率，同时能提供每一种材料的单价。如果材料价格进行了调整，分析表也能反映材料调价的情况。

对机械费，综合单价分析表可以反映构成综合单价的机械消耗量以及机械费的价格。以及机械费是否进行了调整的情况。

对企业管理费和利润，综合单价分析表可以反映出构成综合单价的管理费和利润价格的高低。如果调整了管理费和利润，综合单价分析表也可以分析出调整幅度的大小。

7. 总价措施项目清单与计价表

总价措施项目计价是指措施项目费用的发生和金额与实际完成的实体工程量大小无法直接联系的措施项目，如安全文明施工费、夜间施工增加费、二次搬运费等，应按总价措施项目计价。总价措施项目计价以“项”为单位，查用计价定额中准确的费率，按照规定采用正确的计算基数，完成总价措施项目计价。

在编制招标工程量清单时，招标人提出的措施项目清单是根据一般情况确定的，没有考虑不同投标人的“个性”，由于各投标人拥有的施工装备、技术水平和采用的施工方法有所差异。因此在编制招标控制价时，措施项目费应根据拟定的招标文件中的措施项目清单，依据国家或省级、行业建设主管部门颁发的计价定额和计价办法规定的标准计算。

措施项目清单中的安全文明施工费应按照国家或省级、行业建设主管部门规定的标准计取，不得作为竞争性费用。

8. 其他项目清单与计价汇总表

其他项目是指暂列金额、暂估价（包括材料暂估单价、工程设备暂估单价、专业工程暂估价）、计日工、总承包服务费。前两个费用是招标人暂估的费用，后两个费用是招标人和投标人都需编制的费用。其他项目的具体内容应根据拟建工程的具体情况确定。

（1）暂列金额明细表。暂列金额是招标人在编制招标工程量清单中已经确定的，编制招标控制价时只需直接引用并填入暂列金额明细表即可，并按规定计入招标控制价的总价中。

（2）材料（工程设备）暂估单价及调整表。材料和设备的暂估单价是招标人在编制招标工程量清单中已经确定的，只需直接填入表内即可。暂估价中的材料单价或工程设备单价在编制招标控制价时应根据招标工程量清单中提供的单价计入综合单价。

（3）专业工程暂估价及结算价表。专业工程暂估价是招标人在编制招标工程量清单中已经确定的，编制招标控制价时只需直接引用并填入该表即可，并按规定计入招标控制价的总价中。

（4）计日工表。在编制招标工程量清单时，计日工项目和数量已在计日工表中列出了项目和数量，其目的是要求投标人报价。在招标人编制招标控制价时，计日工中的人工单价应按工程造价管理机构公布的单价计算；计日工中的施工机械台班单价应按 2020《计价定额》附录一的规定为基础计算；计日工中的材料单价应按照工程造价管理机构发布的工程造价信息中的材料单价计算，工程造价信息没有发布材料单价的材料，其价格应按市场询价确定的单价计算。

（5）总承包服务费计价表。在编制招标控制价时，总承包服务费的费率和金额由招标人依据招标文件列出的服务内容和具体要求，按照 2020《计价定额》的相关规定确定。

9. 发包人提供材料和工程设备一览表

此表已经由招标人在编制招标工程量清单时提出。在编制招标控制价时，编制人只需全部照转即可。

10. 承包人提供主要材料和设备一览表（适用于造价信息差额调整法），承包人提供主要材料和设备一览表（适用于价格指数调整法）

此两表也已经由招标人在编制招标工程量清单时提出。在编制招标控制价时，编制人只需全部照转即可。

招标控制价编制的内容及具体表式详见本书附录三：招标控制价编制实例。

（三）编制招标控制价应注意的问题

（1）采用的材料价格应该是政府工程造价管理机构每月通过工程造价信息发布的材料价格，一般称为材料信息价。工程造价信息中未发布价格的材料，应通过市场询价确定，称为材料市场价。如果在编制招标控制价时未采用工程造价管理部门发布的材料信息价而是采用的材料市场价，需要在招标文件中予以说明。

（2）编制招标控制价时，规费应按照 2020《计价定额》中“规费费率计取表”中的Ⅰ档费率计算。

（3）编制招标控制价时，安全文明施工费应足额计取，即环境保护费、文明施工费、安全施工费、临时设施费的费率按照基本费费率加现场评价费最高费率计取。

二、建筑工程最高投标限价编制实例

最高投标限价就是招标控制价，最高投标限价编制即招标控制价编制。

（一）招标控制价编制实例的有关说明

（1）本实例工程概况：本实例工程与本书附录二中招标工程量清单编制实例为同一工程。工程概况见本书第二章第七节。

（2）招标控制价的编制完全按照本书附录二中招标工程量清单编制实例的要求进行。

（3）招标控制价编制其他问题的说明见本书附录三的招标控制价总说明。

（二）招标控制价编制实例

招标控制价编制实例详见本书附录三。

第五节　建筑工程投标报价的编制

一、建筑工程投标报价编制原则

投标报价是投标人响应招标文件的要求，结合施工现场条件，根据自身的施工水平和管理能力，以企业定额或者参照建设行政主管部门发布的计价定额，所报出的对招标工程项目期望进行承包施工的交易总价。

按照《建设工程工程量清单计价规范》GB 50500–2013 的规定，投标报价应由投标人或受其委托具有相应资质的工程造价咨询人编制。投标人应按照相关规定自主确定投标报价，且投标报价不得低于工程成本。同时投标人必须按招标工程量清单填报价格。项目编码、项目名称、项目特征、计量单位、工程量必须与招标工程量清单一致。投标人的投标报价高于招标控制价的应拒绝其投标。

（一）投标报价的表式组成

按照 2020《计价定额》的规定，投标报价表格须采用统一格式，由下列表式组成：

（1）投标总价封面。

（2）投标总价扉页。

（3）总说明。

（4）建设项目投标报价汇总表。

（5）单项工程投标报价汇总表。

（6）单位工程投标报价汇总表。

（7）分部分项工程和单价措施项目清单与计价表。

（8）综合单价分析表。

（9）总价措施项目清单与计价表。

（10）其他项目清单与计价汇总表：

1）暂列金额明细表；

2）材料（工程设备）暂估单价及调整表；

3）专业工程暂估价及结算价表；

4）计日工表；

5）总承包服务费计价表。

（11）发包人提供材料和工程设备一览表。

（12）承包人提供主要材料和设备一览表（适用于造价信息差额调整法）。

（13）承包人提供主要材料和设备一览表（适用于价格指数调整法）。

（二）投标报价编制的基本原则

从上述投标报价的表式组成可以看出，投标报价与招标控制价的组成基本一致。在编制投标报价的各项费用时，采用的方式方法也基本相同。但是编制投标报价的基本原则仍有不同。

（1）投标人自主报价。投标报价由投标人或受其委托具有相应资质的工程造价咨询机构编制。投标人应按照自己的企业定额和市场状况报价，也可以参照政府建设行政主管部门发布的计价定额结合市场情况报价。除工程造价管理机构规定的安全文明施工费、规费、税金不得作为竞争性费用外，其余费用投标人应自主报价。

（2）投标报价不得低于工程成本。工程成本是投标人为实施合同工程并达到质量标准，在确保安全施工的前提下，必须耗用或使用的人工、材料、工程设备、施工机械台班及其管理等方面发生的费用和按照规定缴纳的规费和税金。投标报价低于工程成本的，在评标时将会被否决。

（3）编制依据有不同。在采用计价定额方面，招标控制价的编制只能使用政府建设行政主管部门发布的计价定额；而投标人编制投标报价应优先采用企业定额，同时也可以参照政府建设行政主管部门发布的计价定额。

（4）采用材料、设备单价的要求不同。招标控制价的编制应优先采用工程造价管理机构发布的材料信息价，只有在材料信息价缺价的情况或某些特殊情况下，才能采用材料市场价。而投标报价的编制并没有这样的规定，而是提倡优先采用材料市场价，同时也可以参照材料信息价。

（5）价格标准不同。编制招标控制价只能使用政府主管部门发布的计价定额，编制的结果不能上调或下浮，必须体现招标控制价的公正性。而投标报价的价格标准掌握在投标人手中，除不能超过招标控制价、不得低于工程成本外，价格变化的幅度完全由投标人自己的投标策略决定。

上述招标控制价与投标报价的不同点，完全体现了投标人自主确定投标报价的基本原则。

二、建筑工程投标报价编制方法

1. 分部分项工程费编制

在编制投标报价时，分部分项工程量必须是招标工程量清单提供的工程量，综合单价应依据招标文件及其招标工程量清单中的分部分项工程量清单项目的特征描述确定计算，综合单价中应包括招标文件中划分的应由投标人承担的风险范围及其费用。其中人工费依据企业定额和市场价格计算，也可以按国家或省级、行业建设主管部门颁发的计价定额和计价办法的规定计算；材料费依据企业定额和市场价格计算，也可以按国家或省级、行业建设主管部门颁发的计价定额和计价办法的规定计算。招标工程量清单提供了暂估单价的材料和工程设备，投标人应按暂估的单价计入综合单价。机械费依据企业定额和市场价格计算，也可以按国家或省级、行业建设主管部门颁发的计价定额和计价办法的规定计算。企业管理费和利润，可以依据企业定额结合市场和企业具体情况计算，也可以按国家或省级、行业建设主管部门颁发的计价定额和计价办法的规定计算。

2. 综合单价分析表编制

投标报价的综合单价分析表编制包括分部分项工程综合单价分析表，单价措施项目综合单价分析表两部分。

通过综合单价分析表，将构成投标报价综合单价中所含人工费、材料费、机械使用费、企业管理费和利润各项费用进行分拆和分析，它以构成分部分项工程和单价措施项目工程的每一项综合单价为基础，重点对综合单价中人工、材料、机械费用构成、消耗量、损耗率进行分析，为实施工程造价管控提供依据。投标报价综合单价分析表的分析内容与招标控制价综合单价分析表内容相同。

3. 总价措施项目清单与计价表编制

在编制总价措施项目清单与计价表时，投标人应根据招标文件中的措施项目清单及投标时拟定的施工组织设计或施工方案依据企业定额和市场价格自主计算，也可以按国家或省级、行业建设主管部门颁发的计价定额和计价办法的规定计算。另外，投标人投标时可根据招标工程实际情况结合施工组织设计或施工方案，对招标人所列的措施项目进行增补。投标人对招标文件编列的措施项目或施工组织设计或施工方案中已有的措施项目未报价的，若中标，结算时不得增加或调整相应措施项目的措施费。

按照2020《计价定额》的规定，为了保证招标投标的公正性和可操作性，投标人在投标报价时填报安全文明施工费，应按招标人在招标文件中公布的安全文明施工费固定金额计取，不需自行计算安全文明施工费金额。竣工结算时，再按2020《计价定额》规定重新计算安全文明施工费。

4. 其他项目清单与计价汇总表编制

（1）对暂列金额，在投标报价时投标人应按招标人在招标工程量清单中的其他项目清单列出的金额填写，不得增加或减少。

（2）对材料、工程设备暂估价，投标人投标报价时，应将招标人在其他项目清单中列出的材料单价或设备单价计入投标报价综合单价；专业工程暂估价应按招标人在其他项目清单中列出的金额填写，并计入合同总价。

（3）对计日工的报价，投标人应按招标人在其他项目清单中列出的项目和数量，自主确定综合单价并计算计日工费用。一般情况下，计日工中的人工单价和施工机械台班单价应按工程造价管理机构公布的单价计算，计日工中的材料单价应按工程造价管理机构发布的工程造价信息中的材料单价计算，工程造价信息未发布材料单价的材料，其价格应按市场询价确定的单价计算。编制竣工结算时，计日工的费用应按发包人实际签证确认的数量和投标人所填报的相应计日工综合单价计算。

（4）对总承包服务费的投标报价，投标人应依据招标人在招标文件中列出的分包专业工程内容和甲供材料设备情况，按照招标人提出的协调、配合与服务要求和施工现场管理需要由投标人自主确定报价。一般情况下，对总承包服务费报价，招标人仅要求对分包的专业工程进行总承包管理和协调时，按分包的专业工程估算造价的 1.5% 计算；招标人要求对分包的专业工程进行总承包管理和协调并同时要求提供配合服务时，根据招标文件中列出的配合服务内容和提出的要求按分包的专业工程估算造价的 3%~5% 计算；招标人自行供应材料的，按招标人供应材料价值的 1% 计算。

5. 发包人提供材料和工程设备一览表编制

本表为招标人填写。招标人已经在招标工程量清单中填写完毕并提供给投标人。投标人可将此表直接列入投标报价表式中，作为竣工结算的依据之一。

6. 承包人提供主要材料和设备一览表编制（适用于造价信息差额调整法）

本表除“投标单价”外，其他内容已经由招标人填写完毕。投标人在投标时，只需自主确定投标单价即可。

7. 承包人提供主要材料和设备一览表编制（适用于价格指数调整法）

本表招标人已经填写了“名称、规格、型号”和“基本价格指数 F_0”内容，投标人应根据招标工程的人工费、机械费和材料、工程设备价值在投标总价中所占的比例，填写“变值权重 B”的内容。竣工结算时，再按规定确定“现行价格指数 F_t”。

8. 规费金额的确定

按照 2020《计价定额》的统一要求，投标报价表式中没有列出规费清单表格，但投标人在编制投标报价时，必须确定规费的金额。为保证招标投标的公正性，按照 2020《计价定额》的规定，投标人投标报价时，应按照招标人在招标文件中公布的招标控制价的规费金额填写，不需投标人自己计算规费金额。竣工结算时，再按 2020《计价定额》的规定重新计算规费。

第六节　工程结算与合同价款的调整

工程结算指发承包双方根据国家有关的法律、法规和合同约定，对合同工程在实施中、终止时、已完工后的工程项目进行的合同价款计算、调整和确认，包括期中结算、终止结算、竣工结算。

合同价款指发承包双方在合同中约定的工程造价。合同价款调整指调整因素出现后，发承包双方根据合同约定，对合同价款进行变动的提出、计算和确认。合同价款的支付主要指发包人对承包人预付款的支付及扣回、期中支付、竣工结算价款支付及合同解除的价款支付等。本节主要介绍期中结算与支付、合同价价款的调整、竣工结算等内容。

一、期中结算与支付

合同价款的期中结算，指在合同工程施工过程中，按合同约定的付款周期进行的工程进度款结算。合同价款的期中支付，指发包人按照合同约定对付款周期内承包人完成的合同价款给予支付的款项，也就是工程进度款的结算支付。工程进度款的支付是合同价款期中支付最主要的一种支付。

发承包双方应按照合同约定的时间、程序和方法，根据工程计量结果，办理期中价款结算，支付进度款。进度款支付周期应与合同约定的工程计量周期一致。工程进度款支付涉及政府投资资金的，应按照国库集中支付等国家相关规定及合同中专用条款的约定办理。

（一）期中支付的计量

1. 期中支付工程计量的概念

工程计量是期中支付的前提和依据，工程量的计算既是发包人控制施工阶段工程造价的关键环节，也是约束承包人履行合同义务的重要手段。期中支付的计量工作是局部的，只能作为支付当期进度款的依据，不能作为竣工结算的依据。单价合同的特点是需要计算工程量后才能进行工程价款的结算，招标工程量清单中所列的工程量只是用于投标人报价参考的，是招标人根据拟建工程设计文件预计的工程量。工程合同价款结算必须按承包人履行合同义务所完成的实际工程量结算。

2. 工程计量的方法

工程量必须按照合同约定以及现行国家计量规范规定的工程量计算规则计算。工程计量可按月或工程形象进度分阶段计量，具体计量周期在合同中约定，主要分为单价合同计量和总价合同计量。

（1）单价合同的计量。单价合同的计量必须以承包人完成合同工程应予计量的工程量计算及确定。承包人施工中进行工程计量时，若发现招标工程量清单中出现漏项、工程量计算偏差以及工程变更引起工程量增减时，应按承包人履行合同义务完成的工程量计算。但由于因承包人原因造成的超出合同工程范围施工或返工的工程量，发包人不予计量。具体程序如下：

1）承包人应当按照合同约定的计量周期和时间向发包人提交当期已完工程量报告。发包人应在收到报告后 7 天内核实，并将核实计量结果通知承包人。发包人未在约定时间内进行核实的，承包人提交的计量报告中所列的工程量应视为承包人实际完成的工程量。

2）发包人认为需要进行现场计量核实时，应在计量前 24 小时通知承包人，承包人应为计量提供便利条件，并派人参加。当双方均同意核实结果时，双方应在上述记录上签字确认。承包人收到通知后不派人参加计量，视为认可发包人的计量核实结果。发包人不按照约定时间通知承包人，致使承包人未能派人参加计量，计量核实结果无效。

3）当承包人认为发包人核实后的计量结果有误时，应在收到计量结果通知后的 7 天内向发包人提出书面意见，并应附上其认为正确的计量结果和详细的计算资料。发包人收到书面意见后，应在 7 天内对承包人的计量结果进行复核后通知承包人。承包人对复核计量结果仍有异议的，按照合同约定的争议解决办法处理。

4）承包人完成已标价工程量清单中每个项目的工程量并经发包人核实无误后，发承包双方应对每个项目的历次计量报表进行汇总，以核实最终结算工程量，并应在汇总表上签字确认。

（2）总价合同的计量。采用工程量清单计价方式招标形成的总价合同，工程量计算按照单价合同计量的规定计算。

采用经审定批准的施工图及其预算方式发包形成的总价合同，除按照工程变更规定的工程量增减外，总价合同各项目的工程量应为承包人用于结算的最终工程量。

总价合同约定的项目计量应以合同工程经审定批准的施工图为依据，发承包双方应在合同中约定工程计量的形象目标或时间节点进行计量。

承包人应在合同约定的每个计量周期内对已完成的工程进行计量，并向发包人提交达到工程形象目标完成的工程量和有关计量资料的报告。

发包人应在收到报告后 7 天内对承包人提交的上述资料进行复核，以确定实际完成的工程量和工程形象目标。对其有异议的，应通知承包人进行共同复核。

当工程施工内容及条件方式变化而总价合同约定可以调整合同价款时的计量，按照单价合同计量的规定计算。

（二）期中结算与支付

1. 期中支付价款的计算

（1）已完工程的结算价款。已标价工程量清单的单价项目，承包人应按工程计量确认的工程量与综合单价计算。如综合单价发生调整，应按发承包双方确认的综合单价计算进度款。

已标价工程量清单的总价项目，承包人应按合同中约定的进度款支付分解，分别列入进度款支付申请中的安全文明施工费和本周期应支付的总价项目的金额中。

（2）支付价款的调整。承包人的现场签证和应得的索赔金额等调整费用列入本周期应增加金额中，由发包人提供的材料、设备等金额，应从进度款支付中扣出，列入本周期应扣减的金额中。

（3）支付比例。按照《建设工程价款结算暂行办法》及《建设工程工程量清单计价规范》GB 50500–2013 的规定：工程进度款的支付比例按合同约定，按期中结算价款总额计，不低于 60%，不高于 90%。

2. 期中支付的程序

承包人应在每个计量周期到期后的 7 天内向发包人提交已完工程进度款支付申请一式四份，详细说明此周期认为有权得到的款额，包括分包人已完工程的价款。支付申请应包括下列内容：

（1）累计已完成的合同价款。

（2）累计已实际支付的合同价款。

（3）本周期合计完成的合同价款，其中包括本周期已完成单价项目的金额、本周期应支付的总价项目的金额、本周期已完成的计日工价款、周期应支付的安全文明施工费、本周期应增加的金额。

（4）本周期合计应扣减的金额，其中包括本周期应扣回的预付款、本周期应扣减的金额。

（5）本周期实际应支付的合同价款。

上述金额中，“本周期应增加的金额”包括除单价项目、总价项目、计日工、安全文明施工费外的全部应增金额，如索赔、现场签证金额。“本周期应扣减的金额”包括除预付款外的全部应减金额。

3. 期中价款的支付

发承包双方应按照合同约定的时间、程序和方法，根据工程计量结果，办理期中价款结算。主要规定如下：

（1）计量和付款周期可采用分段或按月结算的方式。按月结算与支付，即实行按月支付进度款，竣工后结算的办法。

（2）支付时间要求。发包人应在收到承包人进度款支付申请后的14天内，根据计量结果和合同约定对申请内容予以核实，确认后向承包人出具进度款支付证书。若发承包双方对部分清单项目的计量结果出现争议，发包人应对无争议部分的工程计量结果向承包人出具进度款支付证书。

发包人应在签发进度款支付证书后的14天内，按照支付证书列明的金额向承包人支付进度款。若发包人逾期未签发进度款支付证书，则视为承包人提交的进度款支付申请已被发包人认可，承包人可向发包人发出催告付款的通知。发包人应在收到通知后的14天内，按照承包人支付申请的金额向承包人支付进度款。

二、合同价款的调整

（一）合同价款调整的原因

合同价款调整指在合同价款调整因素出现后，发承包双方根据合同约定，对其合同价款进行变动的提出、计算和确认。

发承包双方应当在施工合同中约定合同价款。施工合同是基于签订时静态的承包范围、设计标准、施工条件等为前提的，发承包双方的权利和义务的分配也是以此为基础的。工程在实施过程中，如果这种静态前提被打破，就会涉及合同价款的调整，发承包双方应当在施工合同中明确约定合同价款的调整事项、调整原则、调整方法及调整程序等主要内容。

按照《建设工程工程量清单计价规范》GB 50500–2013的规定，合同价款调整的主要事项（但不限于）有以下五大类：

（1）法规变化类，主要包括法律法规的变化事件。

（2）工程变更类，主要包括工程变更、项目特征不符、工程量清单缺项、工程量偏差、计日工等事项。

（3）物价变化类，主要包括物价变化、暂估价事项。

（4）工程索赔类，主要包括不可抗力、提前竣工或赶工补偿、误期赔偿、索赔等事项。

（5）其他类事项，主要包括现场签证以及发承包双方约定的其他调整事项。现场签证根据签证内容，有的可归于工程变更类，有的可归于索赔类，有的不涉及价款调整。

对于规范规定的这些调整事项，在实际施工合同约定时，可根据工程具体情况，选择通常对合同价影响及调整较大一些事项，在订立合同时具体约定。如法律法规变化、工程变更、物价变化、索赔等事项的调整。

（二）合同价款调整的主要方法

当工程施工时出现了事项导致合同价款需要调整时，首先按合同约定的条款执行。不详的按国家现行《建设工程工程量清单计价规范》GB 50500–2013 的规定执行。以下主要介绍物价变化和工程量偏差引起合同价款调整的主要方法。

1. 物价变化的调整

施工合同履行期间，因人工、材料、工程设备、施工机具台班价格变化影响合同价款时，发承包双方应根据合同约定的调整方法，对合同价款进行调整。按照现行《建设工程工程量清单计价规范》GB 50500–2013 的规定，物价变化引起合同价款调整方法有两种：价格指数调整价格差额和造价信息调整价格差额。

（1）采用价格指数调整价格差额。根据《建设工程工程量清单计价规范》GB 50500–2013 的规定：因人工、材料和工程设备、施工机械台班等价格波动影响合同价格时，发承包双方可根据规范附录 A 提供的价格调整公式计算差额并调整合同价款。

（2）采用造价信息调整价格差额。采用造价信息调整价格差额方法，是利用工程所在地发布的材料和设备的价格信息，对合同约定的可调项目一项一项单独计算价差累计调整差额的方法。这种调整方法比较直观，主要适用于使用材料及设备品种较多的工程项目。

施工合同履行期内，人工、机械使用费按照国家或省、自治区、直辖市建设行政管理部门、行业建设管理部门或其授权的工程造价管理机构发布的人工成本信息、机械台班单价或机械使用费系数进行调整；材料和设备价格需调整时，由发包人确认需调整的材料单价及数量作为调整合同价款差额的依据。

1）人工单价的调整。人工单价发生变化时，发承包双方应按省级或行业建设主管部门或其授权的工程造价管理机构发布的人工成本文件调整合同价款。但承包人人工费或人工单价报价高于发布的除外，不予调整。

2）材料及工程设备价格的调整。材料、工程设备价格变化的价款调整，按照发包人提供的主要材料和工程设备一览表，根据发承包双方约定的风险范围和幅度，按下列规定调整：

承包人投标报价中材料单价低于基准单价：施工期间材料单价涨幅以基准单价为基础超过合同约定的风险幅度值，或材料单价跌幅以投标报价为基础超过合同约定的风险幅度值时，其超过部分按实调整；承包人投标报价中材料单价高于基准单价：施工期间材料单价跌幅以基准单价为基础超过合同约定的风险幅度值，或材料单价涨幅以投标报价为基础超过合同约定的风险幅度值时，其超过部分按实调整；承包人投标报价中材料单价等于基准单价：施工期间材料单价涨、跌幅以基准单价为基础超过合同约定的风险幅度值时，其超过部分按实调整。

承包人应在采购材料前将采购数量和新的材料单价报送发包人核对，确认用于本合同工程时，发包人应确认采购材料的数量和单价。发包人在收到承包人报送的确认资料后 3 个工作日不予答复的视为已经认可，作为调整合同价款的依据。如果承包人未报经发包人核对即自行采购材料，再报发包人确认调整合同价款的，如发包人不同意，则不做调整。

3）施工机具台班单价的调整。施工机械台班单价或施工机械使用费发生变化超过省级或行业建设主管部门或其授权的工程造价管理机构规定的范围时，按其规定调整合同价款。

2. 工程量偏差的调整

（1）工程量偏差。工程量偏差指承包人按照合同工程的图纸（含经发包人批准由承包人提供的图纸）实施，按照现行国家计量规范规定的工程量计算规则计算得到的完成合同工程项目应予计量的工程量与相应的招标工程量清单项目列出的工程量之间出现的量差。

（2）合同价款调整方法。施工合同履行期间，因工程量偏差引起综合单价调整，根据《建设工程工程量清单计价规范》GB 50500-2013 的规定按下列方法调整：

对于任一招标工程量清单项目，当工程量偏差超过 15% 时，可进行调整。当工程量增加 15% 以上时，增加部分的工程量的综合单价应予调低；当工程量减少 15% 以上时，减少后剩余部分的工程量的综合单价应予调高。

工程量变化引起相关措施项目相应发生变化，如按系数或单一总价方式计价的，工程量增加的措施项目费调增，工程量减少的措施项目费调减。如未引起相关措施项目发生变化，则不予调整。

三、竣工结算与支付

竣工结算是指发承包双方根据国家有关法律、法规规定和合同约定，在承包人完成合同约定的全部工作后，对最终工程价款的调整和确定。竣工结算分为：单位工程竣工结算、单项工程竣工结算和建设项目竣工总结算。竣工结算文件一般由承包商编制，建设单位审核，也可由建设单位委托具有相应资质的工程造价咨询公司审核。

（一）竣工结算的编制

1. 竣工结算的编制规定

工程完工后，发承包双方必须在合同约定时间内办理工程竣工结算。工程竣工结算应由承包人或受其委托具有相应资质的工程造价咨询人编制，并应由发包人或受其委托具有相应资质的工程造价咨询人核对。竣工结算由承包人编制，发包人核对。实行总承包的工程，由总承包人对竣工结算的编制负总责。

2. 竣工结算的编制依据

竣工结算编制的主要依据有：

（1）国家现行的工程量清单计价规范。

（2）工程合同。

（3）发承包双方实施过程中已确认的工程量及其结算的合同价款。

（4）发承包双方实施过程中已确认调整后的合同价款。

（5）建设工程设计文件及相关资料。

（6）投标文件。

（7）其他相关资料及依据。

3. 竣工结算的计价原则

（1）分部分项工程和措施项目中的单价项目应依据发承包双方确认的工程量与已标价工程量清单的综合单价计算；发生调整的，应以发承包双方确认调整的综合单价计算。

（2）措施项目中的总价项目应依据已标价工程量清单的项目和金额计算；发生调整的，应以发承包双方确认调整的金额计算，其中安全文明施工费应按照国家或省级、行业建设主管部门的规定计算。

（3）其他项目应按下列规定计价：计日工的费用应按发包人实际签证确认的数量和相应项目综合单价计算；若暂估价中的材料、工程设备是招标采购的，其单价按中标价在综合单价中调整。若暂估价中的材料、工程设备为非招标采购的，其单价按发承包双方最终确认的单价在综合单价中调整。若暂估价中的专业工程是招标发包的，其专业工程费按中标价计算；若暂估价中的专业工程为非招标发包的，其专业工程费按发承包双方与分包人最终确认的金额计算；总承包服务费应依据已标价工程量清单的金额计算，发承包双方依据合同约定对总承包服务费进行了调整，应按调整后的金额计算。现场签证发生的费用在办理竣工结算时应在其他项目费中反映。现场签证费用金额依据发承包双方签证确认的金额计算。

（4）规费和税金计算应按照国家或省级、行业建设主管部门对规费和税金的计取标准计算。规费中的工程排污费应按工程所在地环境保护部门规定的标准缴纳后按实列入。

（5）发承包双方在合同工程实施过程中已经确认的工程计量结果和合同价款，在竣工结算办理中应直接进入结算。

（二）竣工结算的程序

1. 承包人提交竣工结算文件

合同工程完工后，承包人应编制竣工结算文件，并应在提交竣工验收申请的同时向发包人提交竣工结算文件。承包人未在合同约定的时间内提交竣工结算文件，经发包人催告后 14 天内仍未提交或没有明确答复的，发包人有权根据已有资料编制竣工结算文件，作为办理竣工结算和支付结算款的依据，承包人应予以认可。

2. 发包人核对竣工结算文件

（1）发包人应在收到承包人提交的竣工结算文件后的 28 天内核对。发包人经核实，认为承包人还应进一步补充资料和修改结算文件，应在上述时限内向承包人提出核实意见，承包人在收到核实意见后的 28 天内应按照发包人提出的合理要求补充资料，修改竣工结算文件，并应再次提交给发包人复核后批准。

（2）发包人应在收到承包人再次提交的竣工结算文件后的 28 天内予以复核，将复核结果通知承包人。如果发包人、承包人对复核结果无异议的，应在 7 天内在竣工结算文件上签字确认，竣工结算办理完毕；如果发包人或承包人对复核结果认为有误的，无异议部分办理不完全竣工结算；有异议部分由发承包双方协商解决；协商不成的，应按照合同约定的争议解决方式处理。

（3）发包人在收到承包人竣工结算文件后的 28 天内，不核对竣工结算或未提出核对意见的，应视为承包人提交的竣工结算文件已被发包人认可，竣工结算办理完毕。

（4）承包人在收到发包人提出的核实意见后的 28 天内，不确认也未提出异议的，应视为发包人提出的核实意见已被承包人认可，竣工结算办理完毕。

3. 发包人委托工程造价咨询机构核对竣工结算文件

发包人委托工程造价咨询人核对竣工结算的，工程造价咨询人应在 28 天内核对完毕，核对结论与承包人竣工结算文件不一致的，应提交给承包人复核；承包人应在 14 天内将同意核对结论或不同意见的说明提交工程造价咨询人。工程造价咨询人收到承包人提出的异议后，应再次复核，复核无异议的，发承包双方应在 7 天内在竣工结算文件上签字确认，竣工结算办理完毕；复核后仍有异议的，对于无异议部分办理不完全竣工结算；有异议部分由发承包双方协商解决；协商不成的，按照合同约定的争议解决方式处理。承包人逾期未提出书面异议的，应视为工程造价咨询人核对的竣工结算文件已经承包人认可。

4. 竣工结算文件的签认

对发包人或发包人委托的工程造价咨询人指派的专业人员与承包人指派的专业人员经核对后无异议并签名确认的竣工结算文件，除非发承包人能提出具体、详细的不同意见，发承包人都应在竣工结算文件上签名确认。

合同工程竣工结算核对完成，发承包双方签字确认后，发包人不得又要求承包人与另一个或多个工程造价咨询人重复核对竣工结算。

（三）竣工结算的支付

1. 承包人提交支付申请

承包人应根据办理的竣工结算文件，向发包人提交竣工结算款支付申请。申请应包括：竣工结算合同价款总额，累计已实际支付的合同价款，应预留的质量保证金，实际应支付的竣工结算款金额。

2. 发包人签发支付证书

发包人应在收到承包人提交竣工结算款支付申请后 7 天内予以核实，向承包人签发竣工结算支付证书。

3. 支付竣工结算款

发包人签发竣工结算支付证书后的 14 天内，应按照竣工结算支付证书列明的金额向承包人支付结算款。

发包人在收到承包人提交的竣工结算款支付申请后 7 天内不予核实，不向承包人签发竣工结算支付证书的，应视为承包人的竣工结算款支付申请已被发包人认可；发包人应在收到承包人提交的竣工结算款支付申请 7 天后的 14 天内，按照承包人提交的竣工结算款支付申请列明的金额向承包人支付结算款。

发包人未按上述规定支付竣工结算款的，承包人可催告发包人支付，并有权获得延迟支付的利息。发包人在竣工结算支付证书签发后或者在收到承包人提交的竣工结算款支付申请 7 天后的 56 天内仍未支付的，除法律另有规定外，承包人可与发包人协商将该工程折价，也可直接向人民法院申请将该工程依法拍卖。承包人应就该工程折价或拍卖的价款优先受偿。

第七节　竣工决算的编制

一、竣工决算概述

竣工决算是指所有建设项目竣工后，建设单位根据国家有关规定在新建、改建和扩建工程建设项目竣工验收阶段编制的竣工决算报告，是由建设单位编制的反映建设项目实际造价和投资效果的综合文件。竣工决算书是以实物数量和货币指标为计量单位，综合反映竣工项目从筹建开始到项目竣工交付使用为止的全部建设费用、建设成果和财务情况的总结性文件，是建设项目竣工验收报告的重要组成部分，是正确核定新增固定资产的价值、考核分析投资效果、建立健全经济责任制的重要依据，是反映建设成果的总结性经济文件。

建设单位通过竣工决算，以便考核投资效果。同时施工单位在承包的工程完工后，也要对工程实际施工的成本做出一个内部的工程决算，也称工程竣工成本决算，通常是以单位工程为对象，对其预算成本、实际成本和成本变化额度进行核算对比，它是以单位工程竣工结算为依据进行编制的，目的在于进行实际成本分析，反映经营管理效果，总结经验，提高企业的管理水平，特别是在工程量清单招标中，企业只有不断降低成本，提高报价的竞争力，充分研究企业消耗量定额，合理确定综合单价，控制施工成本，革新施工技术，才能在市场竞争中处于有利地位。所以施工企业的成本决算也是企业经营管理的一项重要经济措施及手段。

二、竣工决算的内容和编制

（一）竣工决算的内容

竣工决算由“竣工决算报表”和“竣工情况说明书”两大部分组成。一般大中型建设项目的竣工决算报表包括：竣工工程概况表、竣工财务决算表、建设项目交付使用财产总表和建设项目交付使用财产明细等。小型建设项目的竣工决算报表一般包括：竣工决算总表和交付使用财产明细表两部分。其主要内容有以下几个方面。

1. 竣工财务决算说明书

竣工财务决算说明书主要反映竣工工程建设成果和经验，是对竣工决算报表进行分析和补充分说明的文件，是全面考核分析工程投资与造价的书面总结，其内容主要包括建设项目概况、资金来源及运用等财务分析、基本建设收入、投资包干结余、竣工结余资金的上交分配情况、各项经济技术指标的分析等。

2. 竣工财务决算报表

建设项目竣工财务决算报表要根据大、中型建设项目和小型建设项目分别制定。大、中型建设项目竣工决算报表包括：建设项目竣工财务决算审批表，大、中型建设项目交付使用资产总表。小型建设项目竣工财务决算报表包括：建设项目竣工财务决算审批表，竣工财务决算总表，建设项目交付使用资产明细表。

3. 工程竣工图

工程竣工图是真实地记录各种地上、地下建筑物、构筑物等情况的技术文件，是工程进行交工验收、维护改建和扩建的依据，是国家的重要技术档案。国家规定，各项新建、扩建、改建的基本建设工程，都要编制竣工图。其具体要求有：

（1）凡按图竣工没有变动的，由施工单位（包括总包和分包施工单位）在原施工图上加盖“竣工图”标志后，即作为竣工图。

（2）凡在施工过程中，虽有一般性设计变更，但能将原施工图加以修改补充作为竣工图的，可不重新绘制，由施工单位负责在原施工图（必须是新蓝图）上注明修改部分，并附以设计变更通知单和施工说明，加盖“竣工图”标志后，作为竣工图。

（3）凡结构形式改变、施工工艺改变、平面布置改变、项目改变以及有其他重大改变，不宜再在原施工图上修改、补充时，应重新绘制改变后的竣工图。由原设计原因造成的，由设计单位负责重新绘制；由施工原因造成的，由施工单位负责重新绘图；由其他原因造成的，由建设单位自行绘制或委托设计单位绘制。施工单位负责在新图上加盖“竣工图”标志，并附以有关记录和说明，作为竣工图。

4. 工程竣工造价对比分析

对控制工程造价所采取的措施、效果及其动态的变化进行认真地比较，总结经验教训。批准的概算是考核建设工程造价的依据，主要对实物工程量、主要材料消耗量、建设单位管理费、建筑及安装工程其他直接费等进行分析对比。

（二）竣工决算文件的编制

建设项目竣工决算由建设单位组织有关人员进行编制，设计、施工、物资供应及使用单位等密切配合，并提供有关资料。其编制过程主要有以下几个方面。

1. 竣工决算文件的编制要求

为了严格执行建设项目竣工验收制度，正确核定新增固定资产价值，考核分析投资效果，建立健全经济责任制，所有新建、扩建和改建等建设项目竣工后，都应及时、完整、正确地编制好竣工决算。建设单位要做好以下工作：

（1）按照规定组织竣工验收，保证竣工决算的及时性。所有建设项目（或单项工程）按照批准的设计文件所规定的内容建成后，具备了投产和使用条件的，都要及时组织验收。对于竣工验收中发现的问题，应及时查明原因，采取措施加以解决。

（2）整理竣工项目资料，保证竣工决算的完整性。在建设过程中，建设单位必须随时收集项目建设的各种资料，并在竣工验收前，对各种资料进行系统整理，分类立卷，为编制竣工决算提供完整的数据资料，为投产后加强固定资产管理提供依据。

（3）核对各项账目，保证竣工决算的正确性。工程竣工后，建设单位要认真核对各项交付使用资产的建设成本；做好各项账务、物资以及债权的清理结余工作，应偿还的及时偿还，该收回的应及时收回，对各种结余的材料、设备、施工机械工具等，要逐项清点核实，妥善保管，按照国家有关规定进行处理不得任意侵占，对竣工后结余资金，要按规定上交财政部门或上级主管部门。

2. 竣工决算文件的编制步骤

（1）收集、整理和分析有关依据资料。在编制竣工决算文件之前，要系统地整理所有的技术资料、工料结算的经济文件、施工图纸和各种变更与签证资料，并分析它们的准确性。完整、齐全的资料是准确而迅速地编制竣工决算的必要条件。

（2）清理各项财务、债务和结余物资。在收集、整理和分析有关资料，要特别注意建设工程从筹建到竣工投产或使用的全部费用的各项账务，债权和债务的清理，做到工程完毕，账目清晰，既要核对账目，又要查点库有实物的数量，做到账与物相符，账与账相符，对结余的各种材料、工器具和设备要逐项清点核实，妥善管理，并按规定及时处理，收回资金。对各种往来款项要及时进行全面清理，为编制竣工决算提供准确的数据和结果。

（3）填写竣工决算报表。建设工程决算表格中的内容，根据编制依据中的有关资料进行统计或计算各个项目和数量，并将其结果填到相应表格的栏目内，完成所有报表的填写。

（4）编制建设工程竣工决算说明。按照建设工程竣工决算说明的内容要求，根据编制依据材料填写在报表中的结果，编写文字说明书。

（5）做好工程造价对比分析。

（6）清理、装订好竣工图。

（7）上报主管部门审查。

将上述编写的文字说明和填写的表格经核对无误后，装订成册，即为建设工程竣工决算文件。将其上报主管部门审查，并把其财务成本部分送交开户银行签证。

附录 案例分析

附录一 工程量计算书

1. 工程量计算书编制概述

（1）本实例工程概况。本实例工程为成都 ××× 科技公司综合楼。项目位于成都市龙泉驿区，占地面积为 589.26m^2，建筑面积为 4 373.67m^2，结构形式为框架结构，建筑高度 21m，地上 6 层，地下 1 层，抗震设防烈度 7 度。建筑主体结构设计使用年限 50 年。本工程采用商品混凝土，干拌砂浆。

（2）本实例工程设计图纸可通过扫描二维码获得。

（3）工程量计算书的组成。本实例工程的《工程量计算书》的内容包括序号、项目编码、项目名称、计量单位、计算式、工程量六部分，涵盖土方工程、砌筑工程、混凝土及钢筋混凝土工程、门窗工程、屋面及防水工程、保温工程、楼地面装饰工程、墙面装饰工程、天棚装饰工程、油漆涂料工程 10 个分部工程，共计 66 项分项工程。

工程量列项计算顺序按照《房屋建筑与装饰工程工程量计算规范》GB 50854-2013 附录先后顺序进行，且部分计算式结合必要文字备注，便于读者结合图纸和计量规范进行查看阅读。计算过程中，由于篇幅的原因，不能将全部计算式一一列出。只是对典型项目的计算过程给出计算式。给出详细计算过程和计算式的有：

1）土方工程工程量，包括土方大开挖工程量，局部挖土方，土方回填。从工程量计算程序上讲，回填应在土方回填扣除物计算完后才能计算。这里为保持土石方工程计算完整性，仍先放在土方工程中。

2）地下室工程工程量，包括混凝土工程（钢筋除外）、地下防水工程、保温工程、地面装饰工程等。

3）本实例工程第三层主要典型施工项目工程量，包括砌筑工程、混凝土工程、钢筋工程量、墙面保温工程、门窗工程、楼地面装饰工程、墙柱面装饰工程、天棚工程、涂料工程等。

4）屋面工程工程量，包括屋面防水工程、屋面保温工程、女儿墙工程等。

2. 工程量计算书相关说明

（1）因无原始地貌图，土方开挖暂按设计室外地坪标高为开挖起点。本工程地下室基础垂直面需做防水层，所以基础施工增加工作面按 1 000mm 计取。

（2）柱墩与抗水板底部的斜面交接处混凝土工程量并入抗水板工程量中。

（3）抗震构件（如 KL）箍筋弯心直径按 2.5d 计取。

（4）因门窗工程需二次深化设计，涉及门窗洞口侧壁的装饰工程量暂未计取。

（5）其余未列出计算式的工程数量，请参见附录二的招标工程量清单编制实例。

（6）本书附录二的招标工程量清单编制实例中的工程量，是本实例工程的全部完整工程量。由于只列出部分工程量计算过程，所以实例工程工程量计算书与招标工程量清单的工程量，并不完全存在一一对应关系。

工程量计算书

序号	项目编码	项目名称	计量单位	计算式	工程量
土方工程					
1	010101002001	挖一般土方	m^3	大开挖范围：X 和 Y 方向的基础最外侧（含垫层 0.1m）外加 1.0m 工作面，开挖深度 h=5.15+0.5−0.3=5.35m，放坡系数 k=0.25， V=［1 027.89（底面积）+1 219.75（顶面积）+ $\sqrt{1\,027.89\times1\,219.75}$ ］×5.35/3=6 005.13（m^3）	6 005.13
2	010101003001	挖沟槽土方	m^3	沟槽中心线及净长线的长度 L=（5.4+1.5+2.25+0.35+2.5+4.05+5.9+4.05+2.5+0.2+4.5+5.00+3.9+5.75+5.9+5.9+5.75+3.9+5.00+3.1+2.3+2.1+3.6+4.3+5.9+3.9+6.1+1.75+2.1+1.75+7.7+2.1）=121.00（m） V=121.00×（1.5+0.1×2.00）×（0.7−0.5）=41.14（m^3）	41.14
3	010101004001	挖基坑土方	m^3	柱墩：放坡角度 60°。 DJ−1：V=［（2.1+0.1×2+0.2×0.58）×（2.1+0.1×2+0.2×0.58）×0.2+1/3×0.58×0.58×0.2×0.2×0.2］×4=4.67（m^3） DJ−2：V=［（2.1+0.1×2+0.2×0.58）×（2.1+0.1×2+0.2×0.58）×0.2+1/3×0.58×0.58×0.2×0.2×0.2］×7=8.18（m^3） DJ−3：V=［（5.3+0.1×2+0.35×0.58）×（5.5+0.1×2+0.35×0.58）×0.35+1/3×0.58×0.58×0.35×0.35×0.35］×1=11.79（m^3） DJ−4：V=（5.9+0.1×2）×（8.8+0.1×2）×0.7×3=115.29（m^3） DJ−5：V=(3+0.1×2)×(5.7+0.1×2)×0.2×2=7.55（m^3） DJ−6：V=［（2.1+0.1×2+0.2×0.58）×（3.1+0.1×2+0.2×0.58）×0.2+1/3×0.58×0.58×0.2×0.2×0.2］×2=3.30（m^3） DJ−7：V=［（2.5+0.1×2+0.2×0.58）×（2.5+0.1×2+0.2×0.58）×0.2+1/3×0.58×0.58×0.2×0.2×0.2］×1=1.59（m^3） 小计：V=4.67+8.18+11.79+115.29+7.55+3.3+1.59=152.37（m^3）（集水坑处略）	152.37
4	010103001001	基础回填	m^3	条形基础和柱墩均为大开挖至标高减去 5.65m 后往下开挖原槽浇筑，故此部分无回填方。回填体积 V=6 005.13（大开挖体积）−885.90×0.5（抗水板及其垫层体积）−800.16×（5.15−0.9）（挡土墙底部至 −0.9m 处合围空间体积）−606.98×（0.9−0.3）（−0.9m 至室外地坪高度挡土墙合围空间体积）=1 797.31（m^3）	1 797.31

续表

序号	项目编码	项目名称	计量单位	计算式	工程量
砌筑工程					
5	010401004001	多孔砖墙	m^3	计算范围（三层）： 外墙：D 轴线 V=（2.85+0.8+1.1+0.8+6.5−0.5+0.8+1.1+0.8+6.5−0.5+0.8+1.1+0.8+6.5−0.5+0.8+1.1+0.8+2.85）×0.2×（3.3−0.6）=18.63（m^3） A 轴线外墙同 D 轴线 V=18.63（m^3） 1 轴线外墙同 5 轴线外墙 V=［（17.3−0.5−0.5）×0.2×（3.3−0.6）］×2=17.6（m^3） 烟道：V=0.6×0.2×（3.3−0.6）+（0.7+0.6）×0.2×（3.3−0.35）=1.09（m^3） 扣外墙门窗：V=（14.7+44.63+6.1）（详门窗工程计算表）×0.2=13.09（m^3） 扣构造柱：V=6.18（m^3）（详外墙构造柱计算表） 外墙小计：V=18.63+18.63+8.8+8.8+1.09−13.09−6.18=36.68（m^3） 卫生间内隔墙：V=（2.1+1.4）×0.1×（3.3−0.35）×14+（31.8+23.8）×0.1×（3.3−0.55）+1.5×0.2×（3.3−0.55）×8+1.8×0.2×（3.3−0.6）×6=42.18（m^3） 扣门窗：V=103.74（详门窗工程计算表）×0.1=10.37（m^3） 扣门洞上过梁：V=0.26（m^3）（详过梁工程计算表） 卫生间内隔墙小计：V=42.18−10.37−0.26=31.55（m^3） 电井：V=（1.2+0.7）×0.2×（3.3−0.12）+0.9×0.2×（3.3−0.6）−0.31（构造柱）−0.01（过梁）=1.37（m^3） 三层多孔砖墙合计：V=36.68+31.55+1.37−2.49（卫生间翻边）=67.11（m^3）	67.11
6	010401004002	屋顶女儿墙	m^3	屋面1：V=（32.2+18.3+32.2−4.1+10.2）×0.2×1.45−（0.2×0.2+0.03×2×0.2）×1.45×44（女儿墙构造柱）=22.43（m^3） 屋面 2：V=（7.8+4）×2×0.2×0.55−（0.2×0.2+0.03×2×0.2）×0.55×12（女儿墙构造柱）=2.25（m^3） 小计：V=22.43+2.25=24.68（m^3）	24.68
7	010401005001	空心砖墙	m^3	计算范围（三层）： 办公室间隔墙：V=（5.4×8）×0.2×（3.3−0.55）+（5.1×6）×0.2×（3.3−0.6）=40.28（m^3） 走道两侧墙：V=（30.3−0.5×3+31.2−0.5×3）×0.2×（3.3−0.6）=31.59（m^3） 扣门窗：V=1×2.1×14×0.2+1.5×2.1×2×0.2=7.14（m^3） 扣构造柱：V=（0.2×0.2+0.03×2×0.2）×（3.3−0.55）×8+（0.2×0.2+0.03×2×0.2）×（3.3−0.6）×6+（0.2×0.2+0.03×3×0.2）×（3.3−0.6）×8=3.24（m^3） 小计：V=40.28+31.59−7.14−3.24−0.47（过梁）=61.02（m^3）	61.02

续表

序号	项目编码	项目名称	计量单位	计 算 式	工程量
混凝土及钢筋工程					
8	010501001001	基础垫层	m^3	抗水板＋柱墩＋挡墙基础下垫层水平投影面积 S=897.12（m^2） 柱墩与抗水板斜面交接垫层增加面积： DJ1：S=［（2.1+2×0.2/1.732）×（2.1+2×0.2/1.732）－2.1×2.1］×（1/COS60−1）×4=4.08（m^2） DJ2：S=［（2.1+2×0.2/1.732）×（2.1+2×0.2/1.732）－2.1×2.1］×（1/COS60−1）×7=7.14（m^2） DJ3：S=［（5.3+2×0.35/1.732）×（5.5+2×0.35/1.732）－5.3×5.5］×（1/COS60−1）×1=4.53（m^2） DJ4：S=［（5.9+2×0.7/1.732）×（8.8+2×0.7/1.732）－5.9×8.8］×（1/COS60−1）×3=37.61（m^2） DJ5：S=［（3+2×0.2/1.732）×（5.7+2×0.2/1.732）－5.7×3.0］×（1/COS60−1）×2=4.13（m^2） DJ6：S=［（3.1+2×0.2/1.732）×（2.1+2×0.2/1.732）－2.1×3.1］×（1/COS60−1）×2=2.51（m^2） DJ7：S=［（2.5+2×0.2/1.732）×（2.5+2×0.2/1.732）－2.5×2.5］×（1/COS60−1）×1=1.21（m^2） 挡墙基础与抗水板斜面交接垫层增加面积：S=9.97（m^2） 小　计：V=（897.12+4.08+7.14+4.53+37.61+4.13+2.51+1.21+9.97）×0.1=96.83（m^3）	96.83
9	010501003001	独立基础	m^3	DJ1：V=（2.1×2.1×0.6）×4=10.58（m^3） DJ2：V=（2.1×2.1×0.6）×7=18.52（m^3） DJ3：V=5.3×5.5×0.75×1=21.86（m^3） DJ4：V=5.9×8.8×1.1×3=171.34（m^3） DJ5：V=3.0×5.7×0.6×2=20.52（m^3） DJ6：V=3.1×2.1×0.6×2=7.81（m^3） DJ7：V=2.5×2.5×0.6×1=3.75（m^3） 小计：V=10.58+18.52+21.86+171.34+20.52+7.81+3.75=254.38（m^3）	254.38
10	010501002001	条形基础	m^3	DQ1 下条形基础： V=（3.9+5.75+5.9+5.9+5.75+3.9）×1.5×0.6=27.99（m^3） DQ2 下条形基础： V=（2.3+2.25+4.05+5.9+4.05+4.5）×1.5×0.6=20.75（m^3） DQ3 下条形基础： V=（5+3.1+3.3+5.4+1.5+2.5+0.35+2.5+0.2+5）×1.5×0.6−2.3×0.55×0.6−2.1×0.4×0.6=24.70（m^3）	110.61

续表

序号	项目编码	项目名称	计量单位	计算式	工程量
10	010501002001	条形基础	m^3	其余挡墙下条形基础： V=（2.1+3.6+4.3+5.9+3.9+6.1+1.75+2.1+1.75+7.7+2.1）×1.5×0.6=37.17（m^3） 小计：V=27.99+20.75+24.70+37.17=110.61（m^3）	110.61
11	010501004001	抗水板基础	m^3	抗水板+独立基础+挡墙基础水平投影面积：S=885.90（m^2） 扣独立基础所占面积：S=2.1×2.1×4+2.1×2.1×7+5.3×5.5+5.9×8.8×3+3.0×5.7×2+3.1×2.1×2+2.5×2.5=286.89（m^2） 扣条形基础所占面积：S=（5.4+1.5+2.25+0.35+2.5+4.05+5.9+4.05+2.5+0.2+4.5+5+3.9+5.75+5.9+5.9+5.75+3.9+5+3.1+2.3+2.1+3.6+4.3+5.9+3.9+6.1+1.75+2.1+1.75+7.7+2.1）×1.5=181.50（m^2） 抗水板净体积：V=（885.90−286.89−181.50）×0.4=167.05（m^3） 柱墩与抗水板斜面交接混凝土体积：V=（4.67+8.18+11.79+3.3+1.59）（详挖柱墩基坑土方工程量）−2.1×2.1×0.2×4−2.1×2.1×0.2×7−5.3×5.5×0.35−2.1×3.1×0.2×2−2.5×2.5×0.2=5.77（m^3） 小计：V=167.05+5.77=172.82（m^3）	172.82
12	010504004001	挡土墙	m^3	DQ1：V=（5.5+7.35+7.5+7.5+7.35+5.5）×（5.15−0.9）×0.3=51.89（m^3） DQ2：V=（3.8+2.3+7+5.7+7.4+5.7+3.9）×（5.15−0.05）×0.3=54.77（m^3） DQ3：V=（7+1.6+3.6+1.6+1.5+4.2+1.5+1+2.4+1+1+2.4+0.7+7）×（5.15−0.05）×0.3=55.85（m^3）（余略）	162.51
13	010502001001	矩形柱	m^3	高度范围（−5.15~−0.05m） KZ1，5个：V=（0.5×0.5）×（5.15−0.05）×5=6.38（m^3） KZ2（KZ2″），4个：V=（0.5×0.5）×（5.15−0.05）×4=5.10（m^3） KZ3（KZ3″），4个：V=（0.5×0.5）×（5.15−0.05）×4=5.10（m^3） KZ4，3个：V=（0.6×0.5）×（5.15−0.05）×3=4.59（m^3） KZ5，3个：V=（0.6×0.6）×（5.15−0.05）×3=5.51（m^3） KZ6，3个：V=（0.6×0.6）×（5.15−0.05）×3=5.51（m^3） KZ7，3个：V=（0.6×0.5）×（5.15−0.05）×3=4.59（m^3） 小计：V=6.38+5.1×4+4.59×2=35.96（m^3）	35.96

续表

序号	项目编码	项目名称	计量单位	计算式	工程量
14	010505001001	有梁板	m^3	计算范围（三层梁板）梁：KL1：$V=(0.25\times0.6)\times(7+2.3+2.4)=1.76$（$m^3$） KL2，2 根：$V=(0.25\times0.6)\times(7+2.3+7)\times2=4.89$（$m^3$） KL3：$V=(0.25\times0.6)\times(7+2.3+2.4)=1.76$（$m^3$） KL4：$V=(0.25\times0.6)\times(7+2.3+7)=2.45$（$m^3$） KL5：$V=(0.25\times0.6)\times(3.75+7.5+7.5+3.75)=3.38$（$m^3$） KL6：$V=(0.25\times0.6)\times(1.6+7.35+7.5+7.5+7.35)=4.70$（$m^3$） KL7：$V=(0.25\times0.6)\times(1.6+7.35+7.5+7.5+7.35)=4.70$（$m^3$） KL8：$V=(0.25\times0.6)\times(7.35+7.5+7.5+7.35)=4.46$（$m^3$） L1，2 根：$V=(0.2\times0.55)\times(7.5+2.3+7.5)\times2=3.81$（$m^3$） L2，8 根：$V=(0.2\times0.35)\times1.95\times8=1.09$（$m^3$） L3，2 根：$V=(0.2\times0.55)\times(7.5+2.3+7.5)\times2=3.81$（$m^3$） L4：$V=(0.2\times0.4)\times6.1=0.49$（$m^3$） L5：$V=(0.2\times0.55)\times(3.775\times6)=2.49$（$m^3$） L6：$V=(0.2\times0.35)\times3.75=0.26$（$m^3$） L7：$V=(0.2\times0.55)\times(3.775\times6+3.75\times2)=3.32$（$m^3$） L8：$V=(0.2\times0.35)\times3.75=0.26$（$m^3$） L9：$V=(0.2\times0.35)\times(1.275\times12)=1.08$（$m^3$） L10：$V=(0.2\times0.35)\times(1.95\times6)=0.82$（$m^3$） L11：$V=(0.2\times0.4)\times(1.6\times2)=0.26$（$m^3$） L12：$V=(0.2\times0.35)\times1.25\times2=0.18$（$m^3$） 板：$V=(3.75\times5.35\times2+3.775\times5.35\times12)\times0.12+2.3\times(3.75\times2+3.775\times6)\times0.1+3.75\times2.55\times2\times0.1+2.3\times1.95\times14\times0.1+1.25\times0.9\times2\times0.1+1.25\times0.85\times2\times0.1+1.275\times0.9\times12\times0.1+1.275\times0.85\times12\times0.1+1.6\times1.45\times2\times0.1+2.3\times1.6\times0.1=52.97$（$m^3$） 小计：$V=1.76+4.89+1.76+2.45+3.38+4.7+4.7+4.46+3.81+1.09+3.81+0.49+2.49+0.26+3.32+0.26+1.08+0.82+0.26+0.18+52.97=98.94$（$m^3$）	98.94
15	010503002001	矩形梁	m^3	计算范围（三层矩形梁）： KL1（1 轴线 /A 轴 ~B 轴段）：$V=(0.25\times0.6)\times4.6=0.69$（$m^3$） KL5（A 轴线 /1 轴 ~1 轴 +4m 段）：$V=(0.25\times0.6)\times3.6=0.54$（$m^3$） KL4（5 轴线 /A 轴 ~B 轴段）：$V=(0.25\times0.6)\times4.6=0.69$（$m^3$） KL5（A 轴线 /5 轴 ~5 轴 –4m 段）：$V=(0.25\times0.6)\times3.6=0.54$（$m^3$）	2.64

续表

序号	项目编码	项目名称	计量单位	计 算 式	工程量
15	010503002001	矩形梁	m^3	XL1（D 轴线 /1 轴左）：V=（0.2×0.35）×0.6=0.04（m^3） KL8（D 轴线 /1 轴左）：V=（0.25×0.6）×0.6=0.09（m^3） L13（D 轴线 /1 轴左）：V=（0.2×0.35）×0.7=0.05（m^3） 小计：V=0.69+0.54+0.69+0.54+0.04+0.09+0.05=2.64（m^3）	2.64
16	010506001001	直形楼梯	m^2	1# 楼梯水平投影面积： S=［（3.92+1.9）×3.7+（3.39×1.8+3.36×1.95+2.1×3.75）+（3.36×1.8+2.8×1.95+2×3.75）+（5.9×3.75）×4］=149.57（m^2） 2# 楼梯水平投影面积： S=［（3.92+1.9）×3.7+（3.39×1.8+3.36×1.95+2.1×3.75）+（3.36×1.8+2.8×1.95+2×3.75）+（5.9×3.75）×3］=127.45（m^2） 小计：S=149.57+127.45=277.02（m^2）	277.02
17	010502001001	构造柱	m^3	计算范围（三层）GZ1： 1 轴线：V=（0.2×0.2+0.03×2×0.2）×（3.3−0.6）×5+（0.2×0.2+0.03×3×0.2）×（3.3−0.6）×1=0.86（m^3） 2 轴线：V=（0.2×0.2+0.03×2×0.2）×（3.3−0.6）×2=0.28（m^3） 3 轴线：V=（0.2×0.2+0.03×2×0.2）×（3.3−0.6）×2=0.28（m^3） 4 轴线：V=（0.2×0.2+0.03×2×0.2）×（3.3−0.6）×2=0.28（m^3） 5 轴线：V=（0.2×0.2+0.03×2×0.2）×（3.3−0.6）×3=0.42（m^3） 1 轴线 +0.4m 处墙：V=（0.2×0.2+0.03×3×0.2）×（3.3−0.55）×4+（0.2×0.2+0.03×2×0.2）×（3.3−0.55）×2=0.92（m^3） 2 轴线 +0.4m 处墙：V=（0.2×0.2+0.03×3×0.2）×（3.3−0.55）×4+（0.2×0.2+0.03×2×0.2）×（3.3−0.55）×2=0.92（m^3） 3 轴线 +0.4m 处墙：V=（0.2×0.2+0.03×3×0.2）×（3.3−0.55）×4+（0.2×0.2+0.03×2×0.2）×（3.3−0.55）×2=0.92（m^3） 4 轴线 +0.4m 处墙：V=（0.2×0.2+0.03×3×0.2）×（3.3−0.55）×4+（0.2×0.2+0.03×2×0.2）×（3.3−0.55）×2=0.92（m^3） 排烟井处：V=（0.2×0.2+0.03×2×0.2）×（3.3−0.35）×2=0.31（m^3） 电井处：V=（0.2×0.2+0.03×2×0.2）×（3.3−0.12）×2=0.33（m^3）	11.44

续表

序号	项目编码	项目名称	计量单位	计 算 式	工程量
17	010502001001	构造柱	m^3	GZ2：V=（0.25×0.2+0.03×1×0.2）×2.7×14=2.12（m^3） GZ3（200×300）：V=（0.3×0.2+0.03×1×0.2）×2.7×14+（0.3×0.2+0.03×2×0.2）×2.7×2=2.88（m^3） 小计：V=0.86+0.28+0.28+0.28+0.42+0.92+0.92+0.92+0.92+0.31+0.33+2.12+2.88=11.44（m^3）	11.44
18	010503005001	过梁	m^3	计算范围（三层）：外墙门窗及室内推拉门上为主体结构梁，无须布置过梁 M1021 处过梁：V=0.2×0.09×（1+0.2+0.25）×1+0.2×0.09×（1+0.25+0.25）×14=0.40（m^3） $FM_乙$0718 处过梁：V=（0.2×0.09×0.7）×1=0.01（m^3） $FM_乙$1521 处 过 梁：V=0.2×0.09×（1.5+0.25+0.25）×2=0.07（m^3） 卫生间 M0821 处过梁：V=0.1×0.09×2.1×14=0.26（m^3） 小计：V=0.4+0.01+0.07+0.26=0.74（m^3）	0.74
19	010505008001	悬挑板	m^3	计算范围（三层）：V=0.55×0.65×0.15×2=0.11（m^3）	0.11
20	010507005001	女儿墙压顶	m^3	计算范围（屋面）： 屋面 1：V=（32.2+18.3+32.2−4.1+10.2）×0.1×0.25=2.22（m^3） 屋面 2：V=（7.8+4）×2×0.1×0.25=0.59（m^3） 小计：V=2.22+0.59=2.81（m^3）	2.81
21	010507007001	卫生间翻边	m^3	计算范围（三层）： V=［（1.5+2.2）×0.2×0.2+（1.4+1.4+2.1−0.8×2）×0.1×0.2］×2+［（3+2.1）×0.2×0.2+（1.4+1.4+3.2+2.1+2.1−0.8×4）×0.1×0.2］×6=2.49（m^3）	2.49
22	010515001001	现浇构件，钢筋三级钢，直径>16mm	t	计算范围：梁筋：三层 KL1，板筋：三层（A 轴 ~A 轴 +2.2m）/（1 轴 +4m~2 轴 −1.5m） 梁筋 KL1： 上部通长筋（端支座弯锚）⌀20：L=（500−20+15×20+17 300+500−20+15×20）×2=37 720（mm） A~B 跨，左支座筋第一排（端支座弯锚）⌀20：L=（500−20+15×20+7 000/3）×2=6 226.67（mm） A~B 跨，左支座筋第二排（端支座弯锚）⌀20：L=（500−20+15×20+7 000/4）×2=5 060（mm） B~C 跨，上部筋第一排 ⌀20：L=（7 000/3+500+2 300+500+7 000/3）×2=15 933.33（mm） B~C 跨，上部筋第二排 ⌀20：L=（7 000/4+500+2 300+500+7 000/4）×2=13 600（mm）	0.435

续表

<table>
<tr><th>序号</th><th>项目编码</th><th>项目名称</th><th>计量单位</th><th>计 算 式</th><th>工程量</th></tr>
<tr><td>23</td><td>010515001002</td><td>现浇构件，钢筋三级钢，12mm<直径<16mm</td><td>t</td><td rowspan="3">A~B 跨，右支座筋第二排Φ20：L=（7 000/4+500+7 000/4）×1=4 000（mm）
C~D 跨，右支座筋第一排（端支座弯锚）Φ20：L=（500−20+15×20+7 000/3）×2=6 226.67（mm）
C~D 跨，左支座筋第二排（端支座弯锚）Φ20：L=（500−20+15×20+7 000/4）×2=5 060（mm）
侧面构造通长筋Φ12：L=（15×12+17 300+15×12）×4=70 640（mm）
A~B 跨，下部筋（端支座弯锚）Φ22：L=（500−20+15×22+7 000+37×22）×3=25 872（mm）
B~C 跨，下部筋Φ22：L=（37×22+2 300+37×22）×2=7 856（mm）
B~C 跨，下部筋Φ20：L=（37×20+2 300+37×20）×2=7 560（mm）
C~D 跨，下部筋（端支座弯锚）Φ20：L=（500−20+15×20+7 000+37×20）×4=34 080（mm）
箍筋ϕ10：L=｛2×［（250−2×20）+（600−2×20）］+18.5×10｝×163=281 175（mm）
板筋：三层（A 轴~A 轴 +2.2m）/（1 轴 +4m~2 轴 −1.5m）
底筋Φ8：L=［（2.3−0.2/2×2）/0.2（向上取整）+1］×（1.95+0.2/2+0.25/2）+［（1.95−0.2/2×2）/0.2（向上取整）+1］×（2.3+0.2/2+0.2/2）=46.89（m）
负筋Φ8：L=［（1.95−0.2）/0.2（向上取整）+1］×（0.6+0.1−2×0.015+0.35×35×0.008+15×0.008）×2+［（2.3−0.2）/0.2（向上取整）+1］×（0.6+0.1−2×0.015+0.35×35×0.008+15×0.008）×2=37.74（m）
负筋分布筋ϕ6.5：L=［（0.6−0.1）/0.2（向上取整）+1］×（1.95−0.6×2+0.15×2）×2+［（0.6−0.1）/0.2（向上取整）+1］×（2.3−0.6×2+0.15×2）×2=17.15（m）
钢筋统计：
Φ20：T=（37.72+6.23+5.06+15.93+13.6+4+6.23+5.06+7.56+34.08）×2.468=334.34kg=0.334（t）
Φ22：T=（25.872+7.856）×2.986=100.71kg=0.101（t）
Φ12：T=70.64×0.888=62.73kg=0.063（t）
ϕ10：T=281.175×0.617=173.48kg=0.173（t）
Φ8：T=（46.89+37.74）×0.394=33.34kg=0.033（t）
ϕ6.5：T=17.15×0.261=4.48kg=0.004（t）</td><td>0.063</td></tr>
<tr><td>24</td><td>010515001003</td><td>现浇构件，钢筋一级钢，直径≤10mm</td><td>t</td><td>0.177</td></tr>
<tr><td>25</td><td>010515001004</td><td>现浇构件，钢筋三级钢，直径≤10mm</td><td>t</td><td>0.033</td></tr>
</table>

续表

序号	项目编码	项目名称	计量单位	计 算 式	工程量
门 窗 工 程					
26	010807001001	金属型材窗	m^2	计算范围（三层）： 外墙： C0618，14 樘：S=（0.6×1.75）×14=14.7（m^2） C1518，17 樘：S=（1.5×1.75）×17=44.63（m^2） 小计：S=14.7+44.63=59.33（m^2）	59.33
27	010801004001	木质防火门	m^2	计算范围（三层）： 电井，$FM_乙$0718，1 樘：S=（0.7×1.8）×1=1.26（m^2） 楼梯间，$FM_乙$1521，2 樘：S=（1.5×2.1）×2=6.3（m^2） 小计：S=1.26+6.3=7.56（m^2）	7.56
28	010802001001	金属型材门联窗	m^2	计算范围（三层）： 外墙，MC2327，1 樘：S=（2.3×2.65）×1=6.10（m^2）	6.10
29	010802001002	金属型材推拉门	m^2	计算范围（三层）： 办公室，TM1527，14 樘：S=（1.5×2.7）×14=56.70（m^2）	56.70
30	010801001001	卫生间门	m^2	计算范围（三层）： 卫生间，M0821，28 樘：S=（0.8×2.1）×28=47.04（m^2）	47.04
屋面及防水工程					
31	010902001001	屋面卷材防水	m^2	屋面 1：S=（31.8×17.9−7.8×4）+（31.8+17.9+27.8+7.8+4−1.5+10.1）×0.6=596.76（m^2） 屋面 2：S=7.6×3.8+（7.6+3.8）×0.6=35.72（m^2） 小计：S=596.76+35.72=632.48（m^2）	632.48
32	010902002001	屋面涂膜防水	m^2	屋面阳台雨罩同屋面 3 做法。 S=（6.1−0.2×2）×1.6+（5.7+1.6）×2×0.2=12.04（m^2）	12.04
33	010902003001	屋面刚性层	m^2	40mm 厚 C20 细石混凝土有筋刚性层： S=（31.8×17.9−7.8×4）=538.02（m^2）	538.02
34	010902003001	地下室顶板刚性层	m^2	70mm 厚 C20 细石混凝土有筋刚性层： S=（32+0.1×2）×（3+3）=193.20（m^2）	193.20

续表

序号	项目编码	项目名称	计量单位	计 算 式	工程量
35	010904001001	地下室底板卷材防水	m^2	地下室底板防水卷材面积：S= 整体基础水平投影面积 + 高差间斜面增加面积 + 外侧挡土墙基础包边面积： S=885.90+（4.08+7.14+4.53+37.61+4.13+2.51+1.21+9.97）（详基础垫层计算书）+134.9（外侧挡土墙基础周长）×（0.6+0.6）=1 118.96（m^2）	1 118.96
36	010903001001	地下室侧墙卷材防水	m^2	外侧挡墙高度范围 −5.15~−0.90m 的周长：L=124.60（m） 外侧挡墙高度范围 −0.90~−0.05m 的周长：L=112.50（m） S=124.6×（5.15−0.9）+112.5×（0.9−0.05）=625.18（m^2）	625.18
37	010904001002	地下室顶板卷材防水	m^2	墙面翻边（超过 0.3m）工程量已计入墙面防水：S=（32+0.1×2）×（3+3）=193.20（m^2）	193.20
38	010904002001	地面涂膜防水	m^2	计算范围（三层）： 卫生间：S=（1.4×1.0+1.4×1.0+0.8×0.3×2）×14=45.92（m^2） 阳台：S=｛（1.65×2.1+0.65×1.5+1.5×0.3+［（2.1+2.3）×2−0.8×2−1.5）］×0.3｝×14=44.48（m^2） 小计：S=45.92+44.48=90.40（m^2）	90.40
39	010903002001	墙面涂膜防水	m^2	计算范围（三层）： 卫生间：S=［（1.4+1.0）×2×1.2−0.8×1.2］×2×14=134.40（m^2）	134.40
保 温 工 程					
40	011001001001	挤塑聚苯板保温屋面	m^2	S=（31.8×17.9−7.8×4）（屋面 1）+7.6×3.8（屋面 2）=566.90（m^2）	566.90
41	011001001002	1∶6 水泥炉渣屋面	m^2	S=（31.8×17.9−7.8×4）（屋面 1）+7.6×3.8（屋面 2）=566.90（m^2）	566.90
42	011001003002	地下室外墙保温 50mm 厚	m^2	外侧挡墙高度范围 −5.15~−0.90m 的周长：L=124.60（m） 外侧挡墙高度范围 −0.90~−0.05m 的周长：L=112.50（m） S=124.6×（5.15−0.9）+112.5×（0.9−0.05）=625.18（m^2）	625.18

续表

序号	项目编码	项目名称	计量单位	计 算 式	工程量
43	011001003001	−0.05m以上外墙保温35mm厚	m^2	一层： S=（32.8+18.3+32.2+17.2+0.6+1.1）×（4.2+0.05）−（1.5×2.1×2+2.8×2.1+4.5×1.2+1.2×1.8+6×3.55×2+6.2×3.55+2.2×1.2）（窗洞面积）−（1.5×3×3+6.2×3.55+1.5×2.1） （门洞面积）=308.7（m^2） 二～六层： S=（32.8+18.3+32.2+17.2+0.6+1.1+0.55×16）×（26.65−4.2）−［（0.6×1.75×14+1.5×1.75×17）（窗洞面积）−（2.3×2.65）（门洞面积）］×5=2 225.8（m^2） 女儿墙： S=（32.8+18.3+28+9.2+0.6+1.1）×1.55（屋面1）+（8+4.2）×2×0.65（屋面2）=155.36（m^2） 出屋面楼梯间： S=（8+4.2）×2×（23.95−20.65）−1.5×2.1−1.5×1.75=74.75（m^2） 小计：S=308.7+2 225.8+155.36+74.75−6.1×0.1×6（公共阳台与外墙接触的占位面积）=2 760.95（m^2）	2 764.61
楼地面装饰工程					
44	011101001001	地下室水泥砂浆楼面（一）	m^2	走道：S=11.7×2.3+3.7×2.3−1.2×1.2（集水井）=33.98（m^2） 风井：S=1.3×3.6+3.8×0.6+3×1.4+3.7×0.6=13.38（m^2） 非设备用房区域：S=15.8×10=158（m^2） 小计：S=33.98+13.38+158=205.36（m^2）	205.36
45	011101001002	地下室水泥砂浆楼面（二）	m^2	消防水池：S=23.65×5.7+5.55×0.3−1×1（消防取水口）+11.65×7.4+6×3.65+4×5.7+1.8×0.3−1×1（消防取水口）=265.92（m^2） 集水坑、吸水坑：S=5.55×1.8+5.8×1.8+1.2×1.2+2×1.2=24.27（m^2） 小计：S=265.92+24.27=290.19（m^2）	290.19
46	011101001003	地下室水泥豆石楼面（一）	m^2	风机房：S=3.8×6.7+3.7×6.7=50.25（m^2）	50.25

续表

序号	项目编码	项目名称	计量单位	计 算 式	工程量
47	011101001004	地下室水泥豆石楼面（二）	m^2	消防水泵房：$S=13.7\times5.4-1.2\times1.2-4.05\times0.3-11.4\times0.3=67.91$（$m^2$）	67.91
48	011101003001	地下室细石混凝土保护层	m^2	地下室底板防水卷材［不含独立基础侧壁（水泥砂浆保护层）］： $S=885.9$（卷材水平投影面积）-61.21（独立基础斜侧面对应水平投影面积详见基础垫层计算式）$=824.69$（m^2）	824.69
49	011101006001	地下室顶板水泥砂浆保护层	m^2	$S=$（$32+0.1\times2$）$\times$（$3+3$）$=193.20$（m^2）	193.20
50	011101005001	地下室环氧涂料楼面	m^2	$S=$（$7.7\times5.7+1.8\times5.9$）（发动机房）$+1.6\times1.6$（储油间）$=57.07$（$m^2$）	57.07
51	011102003001	地砖地面（300×300×10）（一）（二）	m^2	计算范围（三层）： 办公室卫生间：$S=$（$1.4\times1.0-0.3\times0.3+1.4\times1.0$）$\times2+$（$1.4\times1.0-0.3\times0.15+1.4\times1.0$）$\times12=38.48$（$m^2$） 阳台：$S=$［$2.1\times2.3-0.6\times0.65+0.8\times0.1\times2$（门洞开口部分）］$\times14=64.40$（$m^2$） 小计：$S=38.48+64.40=102.88$（$m^2$）	102.88
52	011102003002	走道防滑地砖（600×600×10）（三）	m^2	计算范围（三层）： 走道：$S=31.8\times2.3=73.14$（m^2）	73.14
53	011102003003	办公室地砖地面（四）	m^2	计算范围（三层）： 办公室：$S=$［$3.8\times5.4-1.2\times0.9+1\times0.2$（门洞开口部分）］$+$（$3.8\times5.4-0.15\times0.3+1\times0.2$）$\times12+$（$3.8\times5.4-0.3\times0.3+1\times0.2$）$=288.37$（$m^2$）	288.37
54	011101001005	水泥砂浆楼面	m^2	计算范围（三层）： 电井：$S=1.0\times0.7=0.70$（m^2）	0.70

续表

序号	项目编码	项目名称	计量单位	计　算　式	工程量
55	011105001001	水泥砂浆踢脚线（地下室）	m^2	S=｛[（11.7+2.3）×2−1.5×4−1−2+（3.9×2+2.3）−1.5×2]（走道）+[（3.8+6.7）×2+（3.7+6.7）×2−1.5×2]（风机房）+[（15.8+10）×2+0.2×4−1.5−2.3]（非设备用房区域）｝×0.15=113.50（m^2）	113.50
56	011105003001	地砖踢脚线	m^2	计算范围（三层）： S=｛[（5.4+3.8）×2−1.5−1]×14（办公室）+[（31.8+2.3）×2−1×14−1.5×2−0.7]（走道）+[（2.1+2.3）×2−1.5−0.8×2]×14（卫生间外阳台）+[（5.7+1.6）×2−2.3]（公共阳台）｝×0.15=54.78（m^2）	54.78
57	011106001001	石材楼梯面层	m^2	1# 楼梯水平投影面积：S=[（3.92+1.9）×3.7+（3.39×1.8+3.36×1.95+2.1×3.75）+（3.36×1.8+2.8×1.95+2×3.75）+（5.9×3.75）×4]=149.57（m^2） 2# 楼梯水平投影面积：S=[（3.92+1.9）×3.7+（3.39×1.8+3.36×1.95+2.1×3.75）+（3.36×1.8+2.8×1.95+2×3.75）+（5.9×3.75）×3]=127.45（m^2） 小计：S=149.57+127.45=277.02（m^2）	277.02
墙面装饰工程					
58	011201004001	地下室侧墙卷材水泥砂浆保护层	m^2	外侧挡墙高度范围 −5.15~−0.90m 的周长：L=124.60（m） 外侧挡墙高度范围 −0.90~−0.05m 的周长：L=112.50（m） S=124.6×（5.15−0.9）+112.5×（0.9−0.05）=625.18（m^2）	625.18
59	011201001001	墙面一般抹灰	m^2	计算范围（三层）： 办公室：S=[（3.8+5.4）×2×（3.3−0.12）−（1.5×2.7+1.0×2.1）（门洞部分）]×14=733.07（m^2） 走道：S=（31.8+2.3）×2×（3.3−0.1）−（2.3×2.65+1.0×2.1×14+1.5×2.1×2+0.7×1.8+1.5×1.75）（门洞部分）=172.56（m^2） 阳台：S=[（2.1+2.3）×2×（3.3−0.1）−（1.5×1.75+0.8×2.1×2+1.5×2.7）（门洞部分）]×14=253.75（m^2） 楼梯间：S=[（7.6+3.8）×2×（3.3−0.1）−（1.5×2.1+1.5×1.75）（门洞部分）]×2=134.37（m^2） 小计：S=733.07+172.56+253.75+134.37=1 293.75（m^2）	1 293.75

续表

序号	项目编码	项目名称	计量单位	计算式	工程量
60	011201001002	墙面一般抹灰（电井）	m^2	计算范围（三层）： 电井：S=(0.7+1.0)×2×(3.3−0.12)−0.7×1.8=9.55(m^2)	9.55
61	011204003001	块料墙面	m^2	计算范围（三层）： 卫生间：S=[(1.4+1.0−0.03×4)×2×2.65−0.8×2.1−0.6×1.75+(1.4+1.0−0.03×4)×2×2.65−0.8×2.1]×14=276.61(m^2)	276.61
天棚装饰工程					
62	011302001001	铝扣板顶棚	m^2	计算范围（三层）： 卫生间：S=(1.4×1.0)×2×14=39.20(m^2)	39.20
油漆涂料工程					
63	011406001001	墙面、天棚乳胶漆	m^2	计算范围（三层）： （1）墙面： 办公室：S={(3.8+5.4)×2×(3.3−0.12)−(1.5×2.7+1.0×2.1)(门洞部分)−[(5.4+3.8)×2−1.5−1]×0.15(踢脚线)}×14=699.68(m^2) 走道：S=(31.8+2.3)×2×(3.3−0.1)−(2.3×2.65+1.0×2.1×14+1.5×2.1×2+0.7×1.8+1.5×1.75)(门洞部分)−[(31.8+2.3)×2−1×14−1.5×2−0.7]×0.15(踢脚线)=164.99(m^2) 办公室阳台：S={(2.1+2.3)×2×(3.3−0.1)−(1.5×1.75+0.8×2.1×2+1.5×2.7)(门洞部分)−[(2.1+2.3)×2−1.5−0.8×2]×0.15(踢脚线)}×14=241.78(m^2) （2）天棚： 办公室：S=(3.8×5.4−1.2×0.9)+(3.8×5.4−0.15×0.3)×12+(3.8×5.4−0.3×0.3)=285.57(m^2) 办公室阳台：S=(2.1×2.3−0.6×0.65)×14=62.16(m^2) 公共阳台：S=1.6×5.7=9.12(m^2) 小计：S=699.68+164.99+241.78+285.57+62.16+9.12=1 463.30(m^2)	1 463.30
64	011407001001	墙面无机涂料	m^2	计算范围（三层）： 楼梯间：S=[(7.6+3.8)×2×(3.3−0.1)−(1.5×2.1+1.5×1.75)(门洞部分)]×2=134.37(m^2)	134.37

续表

序号	项目编码	项目名称	计量单位	计　算　式	工程量
65	011407001002	天棚无机涂料	m^2	计算范围（三层）： 楼梯间：S=［3.8×2+3.8×（0.35−0.1）（休息平台）+3.18×1.8×2（梯段部分）］=20（m^2） 走道：S=31.8×2.3+2.3×（0.45×2×4+0.5×2×3）（梁侧面）=88.32（m^2） 小计：S=20+88.32=108.32（m^2）	108.32
66	011407001003	外墙真石漆	m^2	保温墙面： 一层： S=（32.8+18.3+32.2+17.2+0.6+1.1）×（4.2+0.3）−（1.5×2.1×2+2.8×2.1+4.5×1.2+1.2×1.8+6×3.55×2+6.2×3.55+2.2×1.2）（窗洞面积）−（1.5×3×3+6.2×3.55+1.5×2.1）（门洞面积）=334.25（m^2） 二～六层： S=（32.8+18.3+32.2+17.2+0.6+1.1+0.55×16）×（26.65−4.2）−［（0.6×1.75×14+1.5×1.75×17）（窗洞面积）−（2.3×2.65）（门洞面积）］×5=2 225.8（m^2） 女儿墙： S=（32.8+18.3+28+9.2+0.6+1.1）×1.55（屋面1）+（8+4.2）×2×0.65（屋面2）=155.36（m^2） 出屋面楼梯间： S=（8+4.2）×2×（23.95−20.65）−1.5×2.1−1.5×1.75=74.75（m^2） 非保温墙面： S=（1.8×2+6.1）×（1.1+0.4）×5+（1.8×2+6.1）×0.6=78.57（m^2） 小计：S=334.25+2 225.8+155.36+74.75+78.57−6.1×0.1×6（公共阳台与外墙接触的占位面积）=2 865.07（m^2）	2 865.07

附录二　招标工程量清单编制实例

1. 招标工程量清单编制实例概述

（1）本实例工程概况。本实例工程为成都 ××× 科技公司综合楼。项目位于成都市龙泉驿区，占地面积为 589.26m^2，建筑面积为 4 373.67m^2，结构形式为框架结构，建筑高度 21m，地上 6 层，地下 1 层，抗震设防烈度 7 度。建筑主体结构设计使用年限 50 年。本工程采用商品混凝土，干拌砂浆。

（2）本实例工程与本书附录一中工程量计算书的实例工程为同一工程。

（3）本实例工程设计图纸可通过扫描二维码获得。“招标工程量清单编制实例”完整版也可以通过扫描二维码获得。

（4）《招标工程量清单》的组成。

本附录的招标工程量清单由下列表式组成：

1）招标工程量清单封面。

2）招标工程量清单扉页。

3）工程量清单总说明。

4）分部分项工程和单价措施项目清单与计价表（共 67 页，只列出前 6 页，第 57 页，第 60 页）。

5）总价措施项目清单与计价表。

6）其他项目清单与计价汇总表：①暂列金额明细表；②材料（工程设备）暂估单价及调整表；③专业工程暂估价及结算价表；④计日工表；⑤总承包服务费计价表。

7）承包人提供主要材料和工程设备一览表（共 3 页，附录中只列出本表第 1 页）。

由于篇幅的原因，未将全部招标工程量清单内容一一列出，但基本表式是完整的。

2. 招标工程量清单编制相关说明

（1）本实例工程《招标工程量清单》中“招标工程量清单封面”“招标工程量清单扉页”适用于招标人委托工程造价咨询企业编制情况。

（2）本实例工程无甲供材料，故招标工程量清单未列出“发包人提供材料和工程设备一览表”。

（3）本实例工程招标工程量清单“总价措施项目清单与计价表”中安全文明施工费的“环境保护费”“文明施工费”“安全施工费”“临时设施费”，依据川建造价发〔2017〕5 号文件要求，给出了固定金额，要求投标人在投标报价时应按招标人给定的固定金额填报。办理工程结算时，再按照相关规定按实调整。

（4）本实例工程招标工程量清单列出的“承包人提供主要材料和工程设备一览表”适用于造价信息差额调整法。招标人给出了相关材料数量及基准单价，提供给投标人要求其报价时结合自身情况进行对应材料的投标单价填写。在工程施工中，当材料和设备价格发生较大变化达到合同约定的价格调整条件时，可以使用此表方便地进行材料和设备价格调整。

成都 ××× 科技公司综合楼　　　　工程

招标工程量清单

招　标　人：________________________________

（单位盖章）

造价咨询人：________________________________

（单位盖章）

年　　月　　日

成都 ××× 科技公司综合楼＿＿＿＿工程

招标工程量清单

招　标　人：＿＿＿＿＿＿＿＿＿＿
（单位盖章）

造价咨询人：＿＿＿＿＿＿＿＿＿＿
（单位资质专用章）

法定代表人
或其授权人：＿＿＿＿＿＿＿＿＿＿
（签字或盖章）

法定代表人
或其授权人：＿＿＿＿＿＿＿＿＿＿
（签字或盖章）

编　制　人：＿＿＿＿＿＿＿＿＿＿
（造价人员签字盖专用章）

复　核　人：＿＿＿＿＿＿＿＿＿＿
（一级造价工程师签字盖专用章）

编制时间：　年　月　日

复核时间：　年　月　日

工程量清单总说明

1. 工程概况

（1）工程名称：成都 ××× 科技公司综合楼。

（2）工程概况：本项目建设单位为成都 ××× 科技有限公司，项目位于成都市龙泉驿区，占地面积为 589.26m^2，建筑面积为 4 373.67m^2，结构形式为框架结构，建筑高度 21m，地上 6 层，地下 1 层，抗震设防烈度 7 度。建筑主体结构设计使用年限 50 年。

（3）工程设计单位：成都 ××× 建筑设计有限公司。

2. 工程量清单编制范围

（1）成都 ××× 科技有限公司新建成都 ××× 科技公司综合楼项目施工图范围内的建筑工程及预留预埋工程，具体施工范围及内容详见施工图纸、工程量清单等。

1）建筑与装饰工程，包括土石方工程、砌筑工程、混凝土及钢筋混凝土、金属钢结构工程、门窗工程、屋面及防水工程、保温隔热工程、楼地面装饰工程、墙面及天棚工程、油漆、涂料、栏杆及其他工程等（具体详见工程量清单）。

2）建筑与装饰工程需说明问题：

①由于无地基处理图纸，本清单基底 CFG 桩、基坑护壁、基坑降水工程按专业工程暂估价计取。

②无原始地貌图，土方开挖暂按设计室外地坪标高为开挖起点。

③突出墙面的框架柱框架梁、独立柱及天棚工程均未计取抹灰工程量。

（2）所有甲方单独分包工程在主体施工阶段的预留、预埋、套管、设备基础、沟槽、预埋件等，以及设备、部件、构配件等安装到位后的堵补、管吊洞、收边收口和防火封堵工作等由施工总承包负责，总包负责整个项目的技术管理，包含综合管线布置、分包进度管理、资料管理等，施工单位报价须综合考虑上述工作，后期结算上述工作不再单独计价。同时对甲方单独分包单位的统一管理及协调配合工作也均由总承包负责。

3. 工程量清单编制依据

（1）成都 ××× 建筑设计有限公司设计的“成都 ××× 科技公司综合楼项目设计施工图”（2018 年 11 月）。

（2）施工现场实际情况、工程特点及常规施工方案。

（3）国家、省、市有关工程量清单编制的文件。

（4）中华人民共和国国家标准《建设工程工程量清单计价规范》GB 50500–2013、《房屋建筑与装饰工程工程量计算规范》GB 50854–2013 及相关配套文件。

（5）2020 年《四川省建设工程工程量清单计价定额》及相关配套文件。

（6）工程相关的施工和验收规范。

4. 工程质量、材料的要求

（1）工程质量要求：工程质量及材料应达到国家、省、市现行验收标准，并按四川省现行相关文件规定满足安全文明施工的相关要求，材料品质、规格必须满足施工图纸的要求且达到国家或地方相关质量技术规范、标准的要求及甲方合同约定要求。本工程所有项目应满足国家相关法律、法规、规范及相关章程条例等，满足相应工程竣工验收规范，满足使用要求及移交物业要求。

（2）材料质量要求：本工程使用的材料均为符合国家环保要求的材料，工程所用的材料均应达到国家相关质量技术规范、标准的要求且有合格证及相应检验报告。

5. 报价注意事项

（1）工程量清单是依据《房屋建筑与装饰工程工程量计算规范》GB 500854-2013、施工图及相关技术规范、标准图集等进行编制的。清单项工程量计算规则如清单编制说明或项目特征有说明按清单说明或项目特征计量，未说明按上述规范计量规则计量。

（2）本工程所有项目的工作内容应包含清单计价规范所列出的工作内容（但不仅限于此），其完整的工作内容应为按照设计图纸、现行的相关施工工艺、技术规范标准、施工质量验收标准和施工规范等要求实施完成该项工程并达到设计和验收规范要求的所有内容。

（3）工程量清单中所列工程量仅作为报价基础，不能作为最终结算的依据，结算时以合同约定计量方式为准。

（4）甲方保留取消工程量清单中某些项目和减少或增加工程量清单中某些项目工程数量的权利。施工方须在综合单价内充分考虑此风险，不得以此作为理由提出任何形式的索赔。

（5）本清单所提供暂估材料及设备品牌范围仅作为此次报价之用，甲方保留对其品牌更换的权利。更换材料及设备品牌对应项目的结算综合单价为该项目所报综合单价扣除原报品牌材料及设备价格后加经甲方认质认价的更换品牌材料及设备价格，施工方须充分考虑此风险，不得以此作为理由提出任何形式的索赔。

6. 报价要求

（1）本次招标工程分部分项与单价措施项目清单采用工程量清单综合单价报价，综合单价的测定应按设计要求（包括须施工方完成或配合完成的深化设计图纸范围）、工程量清单中的工程项目特征及工作内容、施工及验收规范的要求，以保证工程质量、工程进度和安全生产及文明施工管理为前提。报价应由施工方依据甲方提供的工程量清单、图纸、勘察报告、补遗书、答疑书等，结合施工现场实际情况、自然条件和施工方自身技术、管理水平、经营状况、机械设备以及编制的施工组织设计和有关要求自行编制确定。

（2）综合单价为完成一个规定清单项目所需的人工费、材料和工程设备费、施工机具使用费和企业管理费、利润，以及一定范围内的风险费用。

（3）安全文明施工费、规费与税金：总价措施项目清单中安全文明施工费（包含环境保护费、安全施工费、文明施工费、临时设施费），投标人投标报价时应按招标人在招标文件中公布的安全文明施工费固定金额计取，结算时另行计算。规费是指政府和政府有关部门规定必须缴纳的费用，投标人投标报价时也应按招标人在招标文件中公布的招标控制价的规费金额填写，计入报价。增值税和附加税按照2020年《四川省建设工程工程量清单计价定额》中的规定计取。

（4）工程量清单的每一个项目都需填入综合单价及合价，对于没有填入综合单价及合价的项目，其费用视为已包括在工程量其他综合单价及合价中；不同单位工程的分部分项清单相同项目的报价应统一，如有差异，按最低的一个报价进行结算。

（5）施工方到工地踏勘以充分了解工地位置、情况、道路、装卸限制及任何其他影响报价的情况，任何因忽视或误解工地情况而导致的索赔或工期延长申请将不被批准；施工现场内部道路等由施工方自行完成。由施工单位自行从甲方提供的取水接驳点引至使用点安装水表计量，按月付费使用，上述费用由施工方自行完成并办理相关手续及承担相应费用（含水费）；由施工单位自行从甲方提供的电源接驳点箱变引至各使用点，安装电表计量，按月付费使用接驳点后的所有费用（含电费）由施工方承担。施工过程中总承包单位需协调并配合分包单位水电使用，施工方报价须综合考虑上述因素。

（6）清单内的工作内容和工程特征描述为该分部分项的主要内容，未列完或未明确的内容及特征以设计及相关规范为准，设计及规范未明确的由投标人根据现场考察、施工经验和所有资料综合考虑报价，中标后，其所报综合单价不予调整。

（7）清单项目中所包含的各种主材、辅材等全部材料均应包含在清单项目综合单价内；所有设施设备均应满足设计及相关规范要求、业主的使用要求，包含对移交单位人员培训等相关费用。

（8）特别注意：若投标文件中通过汇总计算的合价出现计算错误，则结算时以不利于投标人的原则进行相应单价或合价的修正；若投标文件中修改了招标人给定的数据时，则结算时以不利于投标人的原则进行相应单价或合价的修正。

（9）其他未尽事宜详见招标文件。

（10）本工程招标控制价为 11 874 314.34 元，其中暂列金额为 760 839.21 元。

本工程投标报价时，安全文明施工费按 442 942.52 元计取，规费按 192 284.92 元计取。

需要说明的是，由于本工程案例分析的需要，上述数据仅限于土建工程。

分部分项工程和单价措施项目清单与计价表

工程名称：成都 ××× 科技公司综合楼 / 综合楼（建筑与装饰工程）　　标段：　　　　第 1 页　共 67 页

序号	项目编码	项目名称	项目特征描述	计量单位	工程量	金额（元）				
						综合单价	合价	其中		
								定额人工费	定额机械费	暂估价
0101　土石方工程										
1	010101002001	挖一般土方	1. 土石方及软弱淤质土方综合考虑。 2. 人工或机械开挖综合考虑。各部位开挖边线的测定，工程控制点的引测、定点、抄测标高及开挖深度的控制综合考虑在报价中。 3. 土石方场内外运距及堆场：投标人综合考虑报价，并须满足城市建筑碴土清运管理规定及要求，投标人自行考虑按土类分别堆放。 4. 人力运输、机械运输及弃土运距、投标人自行考虑，土石方外运处置价格补贴参照《关于我市城区土（石）方外运处置价格补贴执行标准的说明》（成建价〔2013〕06 号）、《关于我市城区建设工程土（石）方外运处置实行价格补贴的指导意见》（成建价〔2013〕04 号）及现行最新政府文件规定投标人自行考虑在综合单价中，结算时不做任何调整，过程中不单独签证	m^3	6 005.13					
本页小计										

（表 -08）

分部分项工程和单价措施项目清单与计价表

工程名称：成都 ××× 科技公司综合楼 / 综合楼（建筑与装饰工程）　标段：　　　　第 2 页　共 67 页

序号	项目编码	项目名称	项目特征描述	计量单位	工程量	金额（元）				
						综合单价	合价	其中		
								定额人工费	定额机械费	暂估价
2	010101004001	挖基坑土方	1. 土石方及软弱淤质土方综合考虑。 2. 人工或机械开挖综合考虑。各部位开挖边线的测定，工程控制点的引测、定点、抄测标高及开挖深度的控制综合考虑在报价中。 3. 土石方场内外运距及堆场：投标人综合考虑报价，并须满足城市建筑碴土清运管理规定及要求，投标人自行考虑按土类分别堆放。 4. 人力运输、机械运输及弃土运距、投标人自行考虑，土石方外运处置价格补贴参照《关于我市城区土（石）方外运处置价格补贴执行标准的说明》（成建价〔2013〕06 号）、《关于我市城区建设工程土（石）方外运处置实行价格补贴的指导意见》（成建价〔2013〕04 号）及现行最新政府文件规定投标人自行考虑在综合单价中，结算时不做任何调整，过程中不单独签证	m^3	152.37					
			本页小计							

（表 -08）

分部分项工程和单价措施项目清单与计价表

工程名称：成都 ××× 科技公司综合楼 / 综合楼（建筑与装饰工程）　　标段：　　第 3 页　共 67 页

序号	项目编码	项目名称	项目特征描述	计量单位	工程量	金额（元）				
						综合单价	合价	其中		
								定额人工费	定额机械费	暂估价
3	010101003001	挖沟槽土方	1. 土石方及软弱淤质土方综合考虑。 2. 人工或机械开挖综合考虑。各部位开挖边线的测定，工程控制点的引测、定点、抄测标高及开挖深度的控制综合考虑在报价中。 3. 土石方场内外运距及堆场：投标人综合考虑报价，并须满足城市建筑碴土清运管理规定及要求，投标人自行考虑按土类分别堆放。 4. 人力运输、机械运输及弃土运距、投标人自行考虑，土石方外运处置价格补贴参照《关于我市城区土（石）方外运处置价格补贴执行标准的说明》（成建价〔2013〕06 号）、《关于我市城区建设工程土（石）方外运处置实行价格补贴的指导意见》（成建价〔2013〕04 号）及现行最新政府文件规定投标人自行考虑在综合单价中，结算时不做任何调整，过程中不单独签证	m^3	41.14					
本页小计										

（表 -08）

分部分项工程和单价措施项目清单与计价表

工程名称：成都 ××× 科技公司综合楼 / 综合楼（建筑与装饰工程）　标段：　　第 4 页　共 67 页

序号	项目编码	项目名称	项目特征描述	计量单位	工程量	金额（元）				
						综合单价	合价	其中		
								定额人工费	定额机械费	暂估价
4	010103001001	回填方	1. 土质要求：合格土壤，符合相关工程的质量规范要求，投标人应根据设计图纸、投标施工组织设计、现场实际情况和企业自身情况综合考虑报价，不论采用人工回填、机械回填、原土回填或买土回填均执行该综合报价。 2. 密实度要求：满足图纸及规范要求，夯填。 3. 运距及运输方式：投标人自行考虑。 4. 大开挖、基槽、基坑、房心回填等所有需回填部位均综合考虑，过程中不单独签证，结算时不予调整。 5. 人力运输、机械运输投标人自行考虑，运输过程相关要求需符合现行最新政府文件规定。上述要求投标人自行考虑在综合单价中，结算时不做任何调整，过程中不单独签证	m^3	1 797.31					
			分部小计							
			0102　地基处理与边坡支护工程							
			本页小计							

（表 -08）

分部分项工程和单价措施项目清单与计价表

工程名称：成都 ××× 科技公司综合楼 / 综合楼（建筑与装饰工程）　　标段：　　　　第 5 页　共 67 页

序号	项目编码	项目名称	项目特征描述	计量单位	工程量	金额（元）				
						综合单价	合价	其中		
								定额人工费	定额机械费	暂估价
5	010201017001	碎石滤水层地下室顶板　防3	1．150mm 厚碎石滤水层。 2．上覆盖土工布（型号规范满足甲方要求）。 3．其他应满足设计及规范要求	m^2	192					
			分部小计							
			0104　砌筑工程							
6	010401003001	耐火砖墙	1．砖品种、规格、强度等级：耐火砖。 2．墙体厚度：综合。 3．砂浆强度等级：M5 干混砌筑砂浆。 4．砖的规格由投标单位自行考虑，综合在投标报价内。 5．其他：详设计并符合相关规范要求，墙身防潮层综合考虑在报价中	m^3	5.86					
7	010401003002	实心砖墙	1．砖品种、规格、强度等级：MU10 页岩实心砖。 2．墙体厚度：综合。 3．砂浆强度等级：M5 干混砌筑砂浆。 4．砖的规格由投标单位自行考虑，综合在投标报价内。 5．其他：详设计并符合相关规范要求，墙身防潮层综合考虑在报价中	m^3	62.72					
			本页小计							

（表 -08）

分部分项工程和单价措施项目清单与计价表

工程名称：成都 ××× 科技公司综合楼 / 综合楼（建筑与装饰工程）　标段：　　第 6 页　共 67 页

序号	项目编码	项目名称	项目特征描述	计量单位	工程量	金额（元）				
						综合单价	合价	其中		
								定额人工费	定额机械费	暂估价
8	010401004001	多孔砖墙	1. 砖品种、规格、强度等级：MU10 页岩多孔砖。 2. 墙体厚度：综合。 3. 砂浆强度等级：M5 干混砌筑砂浆。 4. 砖的规格由投标单位自行考虑，综合在投标报价内。 5. 实心砖配砖用量不单独计取，综合在投标报价内。 6. 其他：详设计并符合相关规范要求	m^3	282.59					
9	010401005001	空心砖墙	1. 砖品种、规格、强度等级：页岩空心砖。 2. 墙体厚度：综合。 3. 砂浆强度等级：M5 干混砌筑砂浆。 4. 砖的规格由投标单位自行考虑，综合在投标报价内。 5. 实心砖配砖用量不单独计取，综合在投标报价内。 6. 其他：详设计并符合相关规范要求	m^3	425.43					
10	010401012001	零星砌砖	1. 部位：台阶挡墙、排水沟、砖砌踏步、强弱电井门槛等。 2. 砖品种：页岩实心砖。 3. 砂浆强度等级：干混砌筑砂浆 M5	m^3	0.252					
			本页小计							

（表 -08）

分部分项工程和单价措施项目清单与计价表

工程名称：成都 ××× 科技公司综合楼 / 综合楼（建筑与装饰工程）　　标段：　　　　第 57 页　共 67 页

序号	项目编码	项目名称	项目特征描述	计量单位	工程量	金额（元）				
						综合单价	合价	其中		
								定额人工费	定额机械费	暂估价
126	011701001001	综合脚手架	1．脚手架支架材料：钢管、竹、木支架综合。 2．本项目投标人应根据施工经验，并考虑外脚手架、满堂脚手架、里脚手架现场实际情况和企业自身情况综合报价，不论采用何种支架方式均执行该综合报价	m^2	4 373.67					
	分部小计									
		混凝土模板及支架（撑）								
127	011702001001	基础垫层	1．支模高度：综合。 2．模板类型：木模、组合钢模板、复合模板综合考虑。 3．支架材料：钢管、竹、木支架综合。 4．本项目投标人应根据设计图纸、投标施工组织设计、现场实际情况和企业自身情况综合报价，不论采用何种支模方式均执行该综合单价。 5．构件类型：垫层、室外台阶垫层、排水沟垫层等设计需设模板部位	m^2	49.46					
	本页小计									

（表 -08）

分部分项工程和单价措施项目清单与计价表

工程名称：成都 ××× 科技公司综合楼 / 综合楼（建筑与装饰工程）　　标段：　　　　第 60 页　共 67 页

序号	项目编码	项目名称	项目特征描述	计量单位	工程量	金额（元）				
						综合单价	合价	其中		
								定额人工费	定额机械费	暂估价
130	011702003001	构造柱	1. 支模高度：综合，模板超高综合考虑在报价中。 2. 模板类型：木模、组合钢模板、复合模板综合。 3. 支架材料：钢管、竹、木支架综合。 4. 本项目投标人应根据设计图纸、投标施工组织设计、现场实际情况和企业自身情况综合报价，不论采用何种支模方式均执行该综合单价。 5. 模板超高费用投标人在综合单价中综合考虑，结算时不予调整	m^2	1 362.99					
131	011702008001	圈梁	1. 支模高度：综合，模板超高综合考虑在报价中。 2. 模板类型：木模、组合钢模板、复合模板综合。 3. 支架材料：钢管、竹、木支架综合。 4. 本项目投标人应根据设计图纸、投标施工组织设计、现场实际情况和企业自身情况综合报价，不论采用何种支模方式均执行该综合单价。 5. 构件类型：圈梁、砌体现浇带、挡水墙带等	m^2	59.72					
本页小计										

（表 -08）

总价措施项目清单与计价表

工程名称：成都 ××× 科技公司综合楼 / 综合楼（建筑与装饰工程）　　标段：　　第 1 页　共 1 页

序号	项目编码	项目名称	计算基础 定额（人工费 + 机械费）	费率（%）	金额（元）	调整费率（%）	调整后金额（元）	备注
1	011707001001	安全文明施工费			442 942.52			
1.1	①	环境保护费	分部分项工程及单价措施项目（定额人工费 + 定额机械费）		24 859.02			
1.2	②	文明施工费	分部分项工程及单价措施项目（定额人工费 + 定额机械费）		103 955.90			
1.3	③	安全施工费	分部分项工程及单价措施项目（定额人工费 + 定额机械费）		178 532.95			
1.4	④	临时设施费	分部分项工程及单价措施项目（定额人工费 + 定额机械费）		135 594.65			
2	011707002001	夜间施工增加费						
3	011707003001	非夜间施工照明						
4	011707004001	二次搬运费						

续表

序号	项目编码	项目名称	计算基础 定额（人工费 + 机械费）	费率（%）	金额（元）	调整费率（%）	调整后金额（元）	备注
5	011707005001	冬雨季施工增加费						
6	011707006001	地上、地下设施，建筑物的临时保护设施						
7	011707007001	已完工程及设备保护费						
8	011707008001	工程定位复测费						
9	011706002001	排水、降水						
合　计					442 942.52			

注：按施工方案计算的措施费，若无“计算基础”和“费率”的数值，也可只填“金额”数值，但应在备注栏说明施工方案出处或计算方法。用于投标报价时，“调整费率”及“调整后的金额”无须填写。

（表 -11）

其他项目清单与计价汇总表

工程名称：成都 ××× 科技公司综合楼 / 综合楼（建筑与装饰工程）　标段：　第 1 页　共 1 页

序号	项目名称	金额（元）	结算金额（元）	备注
1	其他项目清单			
2	暂列金额	760 839.21		明细详见表 -12-1
3	暂估价	850 000.00		
3.1	材料（工程设备）暂估价	—		明细详见表 -12-2
3.2	专业工程暂估价	850 000.00		明细详见表 -12-3
4	计日工			明细详见表 -12-4
5	总承包服务费			明细详见表 -12-5
合　计			—	—

注：材料（工程设备）暂估单价进入清单项目综合单价，此处不汇总。

（表 -12）

暂列金额明细表

工程名称：成都 ××× 科技公司综合楼 / 综合楼（建筑与装饰工程）　　标段：　　　　第 1 页　共 1 页

序号	项目名称	计量单位	暂定金额（元）	备注
1	暂列金额	项	760 839.21	
合　计			760 839.21	—

注：本表由招标人填写，如不能详列，也可只列暂定金额总额，投标人应将上述暂列金额计入投标总价中。

（表 -12-1）

材料（工程设备）暂估单价及调整表

工程名称：成都 ××× 科技公司综合楼 / 综合楼（建筑与装饰工程）　标段：　第 1 页　共 1 页

序号	材料（工程设备）名称、规格、型号	计量单位	数量		暂估（元）		确认（元）		差额 ±（元）		备注
			暂估	确认	单价	合价	单价	合价	单价	合价	
1	成品卫生间门 M0821	m^2	228.238		300.00	68 471.40					
2	成品活动用房、管理用房门 M1521	m^2	6.114		380.00	2 323.32					
3	成品宿舍门 M1021	m^2	144.687		330.00	47 746.71					
4	成品宿舍门 TM1527	m^2	275.108		500.00	137 554.00					
合　计						256 095.43					

注：本表由招标人填写"暂估单价"，并在备注栏说明暂估价的材料、工程设备拟用在哪些清单项目上，投标人应将上述材料、工程设备暂估单价计入工程量清单综合单价报价中。工程结算时，依据承发包双方确认价调整差额。

（表 -12-2）

专业工程暂估价及结算价表

工程名称：成都 ××× 科技公司综合楼 / 综合楼（建筑与装饰工程）　　标段：　　　　第 1 页　共 1 页

序号	工程名称	工程内容	暂估金额（元）	结算金额（元）	差额 ±（元）	备注
2.2.1	CFG 桩		300 000.00			
2.2.2	基坑护壁		350 000.00			
2.2.3	基坑降水		200 000.00			
合　计			850 000.00	—	—	—

注：本表“暂估金额”由招标人填写，投标人应将“暂估金额”计入投标总价中。结算时按合同约定结算金额填写。

（表 -12-3）

计日工表

工程名称：成都 ××× 科技公司综合楼 / 综合楼（建筑与装饰工程）　　标段：　　　第 1 页　共 1 页

编号	项目名称	单位	暂定数量	实际数量	综合单价（元）	合价（元）	
						暂定	实际
一	人工						
1	房屋建筑、仿古建筑、市政、园林绿化、抹灰工程、构筑物、爆破、城市轨道交通、既有及小区改造房屋建筑维修与加固、城市地下综合管廊、绿色建筑、装配式房屋建筑、城市道路桥梁养护维修、排水管网非开挖修复工程普工	工日	20				
2	装饰（抹灰工程除外）、通用安装工程普工	工日	15				
3	房屋建筑、仿古建筑、市政、园林绿化、抹灰工程、构筑物、爆破、城市轨道交通、既有及小区改造房屋建筑维修与加固、城市地下综合管廊、绿色建筑、装配式房屋建筑、城市道路桥梁养护维修、排水管网非开挖修复工程技工	工日	10				
4	装饰（抹灰工程除外）、通用安装工程技工	工日	10				
5	高级技工	工日	5				
人工小计							
二	材料						
材料小计							
三	施工机械						
施工机械小计							
四	企业管理费和利润						
总　计							

注：1. 本表项目名称、暂定数量由招标人填写，编制招标控制价时，单价由招标人按有关计价规定确定；投标时，单价由投标人自主报价，按暂定数量计算合价计入投标总价中。结算时，按发承包双方确认的实际数量计算合价。若采用一般计税法，材料单价、施工机械台班单价应不含税。

2. 本表综合单价中包括管理费、利润、安全文明施工费等。

（表 -12-4）

总承包服务费计价表

工程名称：成都 ××× 科技公司综合楼 / 综合楼（建筑与装饰工程） 标段： 第 1 页 共 1 页

序号	项目名称	项目价值（元）	服务内容	计算基础	费率（%）	金额（元）
1	发包人发包专业工程		1. 按专业工程承包人的要求提供施工工作面并对施工现场进行统一管理，对竣工资料进行统一整理汇总。 2. 为专业工程承包人提供垂直运输机械和焊接电源接入点，并承担垂直运输费和电费			
	合计	—	—		—	

注：本表项目名称、服务内容由招标人填写，编制招标控制价时，费率及金额由招标人按有关计价规定确定；投标时，费率及金额由投标人自主报价，计入投标总价中。

（表 -12-5）

承包人提供主要材料和工程设备一览表
（适用造价信息差额调整法）

工程名称：成都 ××× 科技公司综合楼 / 综合楼（建筑与装饰工程）　　标段：　　第 1 页　共 3 页

序号	名称、规格、型号	单位	数量	风险系数（%）	基准单价（元）	投标单价（元）	发承包人确认单价（元）	备注
1	白水泥	kg	1 981.76		0.615			
2	标准砖	千匹	43.544		587.76			
3	柴油（机械）	kg	1.877		6.74			
4	汽油（机械）	kg	0.808		8.34			
5	商品混凝土 C25	m^3	147.926		449.57			
6	水泥 32.5	kg	47 016.916		0.358			
7	摊销卡具和支撑钢材	kg	36.554		5.201			
8	商品混凝土 C15	m^3	117.628		430.14			
9	锯材 综合	m^3	3.837		2 035.50			
10	二等锯材	m^3	75.034		1 947.00			
11	摊销卡具和支撑钢材	kg	5 667.473		5.05			
12	砾石 5~10mm	m^3	0.131		184.58			
13	商品混凝土 C20	m^3	78.447		439.87			
14	聚合物水泥（JS）防水涂料 Ⅱ型	kg	7 219.45		16.15			
15	细砂	m^3	2.592		189.44			
16	商品混凝土 C30	m^3	754.872		459.30			
17	烧结空心砖	m^3	394.374		276.88			
18	土工布	m^2	214.118		2.32			
19	普通土	m^3	1 854.814		15.00			

注：1. 本表由招标人填写除“投标单价”栏的内容，投标人在投标时自主确定投标单价。

2. 招标人应优先采用工程造价管理机构发布的单价作为基准单价，未发布的，通过市场调查确定其基准单价。

（表 -20）

附录三　招标控制价编制实例

1. 招标控制价编制实例概述

（1）本实例工程概况。本实例工程为成都某科技公司综合楼。项目位于成都市龙泉驿区，占地面积为589.26m^2，建筑面积为4 373.67m^2，结构形式为框架结构，建筑高度21m，地上6层，地下1层，抗震设防烈度7度。建筑主体结构设计使用年限50年。本工程采用商品混凝土，干拌砂浆。

（2）本实例工程与本书附录一的工程量计算书的实例工程为同一工程。

（3）本实例工程设计图纸可通过扫描二维码获得。招标控制价完整版也可以通过扫描二维码获得。

（4）招标控制价组成。

本附录的招标控制价编制实例由下列表式组成：

1）招标控制价封面。

2）招标控制价扉页。

3）招标控制价总说明。

4）建设项目招标控制价汇总表。

5）单项工程招标控制价汇总表。

6）单位工程招标控制价汇总表。

7）分部分项工程和单价措施项目清单与计价表（共79页，只列出前6页，第69页，第73页）。

8）总价措施项目清单与计价表。

9）其他项目清单与计价汇总表：

①暂列金额明细表；

②材料（工程设备）暂估单价及调整表；

③专业工程暂估价及结算价表；

④计日工表。

10）承包人提供主要材料和工程设备一览表（共3页，只列出本表第1页）。

由于篇幅的原因，不能将全部招标控制价内容一一列出，但基本表式是完整的。

2. 招标控制价编制相关说明

（1）本工程招标控制价中“招标控制价封面”“招标控制价扉页”适用于招标人委托工程造价咨询企业编制情况。

（2）本工程无甲供材料，故招标控制价未列出“发包人提供材料和工程设备一览表”。

（3）本工程无招标人分包的专业工程及甲供材料，故招标控制价未列出“总承包服务费计价表”。

（4）本工程招标控制价列出“承包人提供主要材料和工程设备一览表”，适用于造价信息差额调整法，招标人给出相关材料数量及基准单价。

（5）本工程招标控制价由于篇幅的原因，未列出“综合单价分析表”。

成都 ××× 科技公司综合楼＿＿＿＿＿＿工程

招标控制价

招　标　人：＿＿＿＿＿＿＿＿＿＿＿＿＿＿＿＿

（单位盖章）

造价咨询人：＿＿＿＿＿＿＿＿＿＿＿＿＿＿＿＿

（单位盖章）

年　　月　　日

成都 ××× 科技公司综合楼 工程

招标控制价

招标控制价（小写）：11 874 314.34 元

（大写）：壹仟壹佰捌拾柒万肆仟叁佰壹拾肆元叁角肆分

招 标 人：________________（单位盖章）

造价咨询人：________________（单位资质专用章）

法定代表人
或其授权人：________________（签字或盖章）

法定代表人
或其授权人：________________（签字或盖章）

编 制 人：________________（造价人员签字盖专用章）

复 核 人：________________（一级造价工程师签字盖专用章）

编制时间： 年 月 日

复核时间： 年 月 日

招标控制价总说明

1. 工程概况

（1）工程名称：成都 ××× 科技公司综合楼。

（2）工程概况：本项目建设单位为成都某科技有限公司，项目位于成都市龙泉驿区，占地面积为589.26m^2，建筑面积为4 373.67m^2，结构形式为框架结构，建筑高度21m，地上6层，地下1层，抗震设防烈度7度。建筑主体结构设计使用年限50年。

（3）工程设计单位：成都 ××× 建筑设计有限公司。

2. 招标控制价编制范围

成都 ××× 科技有限公司新建成都某科技公司综合楼项目施工图范围内的建筑工程及预留预埋工程，具体施工范围及内容详见施工图纸、工程量清单等。

（1）建筑与装饰工程，包括土石方工程、砌筑工程、混凝土及钢筋混凝土、金属钢结构工程、门窗工程、屋面及防水工程、保温隔热工程、楼地面装饰工程、墙面及天棚工程、油漆、涂料、栏杆及其他工程等（具体详见工程量清单）。

（2）建筑与装饰工程需说明问题：

1）由于无地基处理图纸，本清单基底CFG桩、基坑护壁、基坑降水工程按专业工程暂估价计取。

2）无原始地貌图，土方开挖暂按设计室外地坪标高为开挖起点。

3）突出墙面的框架柱框架梁、独立柱及天棚工程均未计取抹灰工程量。

3. 招标控制价编制依据

（1）成都 ××× 建筑设计有限公司设计的“成都 ××× 科技公司综合楼项目设计施工图”（2018年11月）。

（2）施工现场实际情况、工程特点及常规施工方案。

（3）国家、省、市有关工程量清单编制的文件。

（4）《建设工程工程量清单计价规范》GB 50500–2013、《房屋建筑与装饰工程工程量计算规范》GB 50854–2013及相关配套文件。

（5）2020年《四川省建设工程工程量清单计价定额》及相关配套文件。

（6）材料价格按2021年第4期成都市《工程造价信息》中龙泉驿区材料价格及相关市场价格按中等水平计取。

（7）人工费调整按照《四川省关于对各市州2020年〈四川省建设工程工程量清单计价定额〉人工费调整的批复》川建价发〔2021〕4号文件执行。

（8）安全文明施工费按照2020年《四川省建设工程工程量清单计价定额》一般计税法下对应的基本费费率乘以2计取。

（9）规费费率按照2020年《四川省建设工程工程量清单计价定额》“规费费率计取表”中的Ⅰ档费率计取。

（10）增值税及附加税按照2020年《四川省建设工程工程量清单计价定额》规定计取。

（11）工程相关的施工和验收规范。

4. 工程质量、材料的要求

（1）工程质量要求：工程质量及材料应达到国家、省、市现行验收标准，并按四川省现行相关文件规定满足安全文明施工的相关要求，材料品质、规格必须满足施工图纸的要求且达到国家或地方相关质量技术规范、标准的要求及甲方合同约定要求。本工程所有项目应满足国家相关法律、法规、规范及相关章程条例等，满足相应工程竣工验收规范，满足使用要求及移交物业要求。

（2）材料质量要求：本工程使用的材料均为符合国家环保要求的材料，工程所用的材料均应达到国家相关质量技术规范、标准的要求且有合格证及相应检验报告。

5. 本工程招标控制价、安全文明施工费、规费

本工程招标控制价为 11 874 314.34 元，其中暂列金额为 760 839.21 元；

本工程投标报价时，安全文明施工费按 442 942.52 元计取，规费按 192 284.92 元计取。

需要说明的是，由于本工程案例分析的需要，上述数据仅限于土建工程。

建设项目招标控制价汇总表

工程名称：成都 ××× 科技公司综合楼 / 综合楼　　　　第 1 页　共 1 页

序号	单项工程名称	工程规模		金额（元）	其中：（元）		
		数值	计量单位		暂估价	安全文明施工费	规费
1	综合楼	4 373.67	m^2	11 874 314.34	1 106 095.43	442 942.52	192 284.92
合　计				11 874 314.34	1 106 095.43	442 942.52	192 284.92

注：1. 本表适用于建设项目招标控制价或投标报价的汇总；

2. 工程规模是指根据工程类型的特征进行描述的建筑面积、占地面积、体积、长度、宽度等具体数值及计量单位。

（表 -02）

单项工程招标控制价汇总表

工程名称：成都 ××× 科技公司综合楼 / 综合楼　　　　第 1 页　共 1 页

序号	单位工程名称	金额（元）	其中：（元）		
			暂估价	安全文明施工费	规费
1	建筑与装饰工程	11 874 314.34	1 106 095.43	442 942.52	192 284.92
合　计		11 874 314.34	1 106 095.43	442 942.52	192 284.92

注：本表适用于单项工程招标控制价或投标报价的汇总。暂估价包括分部分项及单价措施项目中的暂估价和专业工程暂估。

（表 -03）

单位工程招标控制价汇总表
（适用于一般计税方法）

工程名称：成都 ××× 科技公司综合楼 / 综合楼（建筑与装饰工程）　标段：　第 1 页　共 2 页

序号	汇总内容	金额（元）	其中：暂估价（元）
1	分部分项及单价措施项目	8 574 238.81	256 095.43
1.1	土石方工程	193 169.88	
1.2	地基处理与边坡支护工程	8 762.88	
1.3	砌筑工程	513 872.88	
1.4	混凝土及钢筋混凝土工程	3 699 437.90	
1.5	金属结构工程	80 378.73	
1.6	门窗工程	591 223.67	256 095.43
1.7	屋面及防水工程	512 431.17	
1.8	保温、隔热、防腐工程	384 463.49	
1.9	楼地面装饰工程	482 308.75	
1.10	墙、柱面装饰与隔断、幕墙工程	466 763.78	
1.11	天棚工程	34 504.30	
1.12	油漆、涂料、裱糊工程	568 202.07	
1.13	其他装饰工程	72 872.63	
1.14	单价措施项目	965 846.68	
2	总价措施项目	477 157.48	—
2.1	其中：安全文明施工费	442 942.52	—
3	其他项目	1 624 162.16	—

注：1. 本表适用于单位工程招标控制价或投标报价的汇总，如无单位工程划分，单项工程也使用本表汇总。

2. 税前不含税工程造价 6=1+2+3+4+5。其中各项费用均不含税。

3. 销项增值税额 =［税前不含税工程造价 – 按规定不计税的工程设备金额 – 除税甲供材料（设备）费］× 税率。

（表 -04-1）

单位工程招标控制价汇总表
（适用于一般计税方法）

工程名称：成都 ××× 科技公司综合楼 / 综合楼（建筑与装饰工程）　标段：　第 2 页　共 2 页

序号	汇总内容	金额（元）	其中：暂估价（元）
3.1	其中：暂列金额	760 839.21	—
3.2	其中：专业工程暂估价	850 000.00	—
3.3	其中：计日工	13 322.95	—
3.4	其中：总承包服务费		—
4	规费	192 284.92	—
5	创优质工程奖补偿奖励费		—
6	税前不含税工程造价	10 867 843.37	—
6.1	其中：除税甲供材料（设备）费		—
7	销项增值税额	978 105.90	—
8	附加税	28 365.07	—
招标控制价 / 投标报价总价合计 = 税前不含税工程造价 + 销项增值税额 + 附加税		11 874 314.34	256 095.43

注：1. 本表适用于单位工程招标控制价或投标报价的汇总，如无单位工程划分，单项工程也使用本表汇总。

2. 税前不含税工程造价 6=1+2+3+4+5。其中各项费用均不含税。

3. 销项增值税额 = [税前不含税工程造价 – 按规定不计税的工程设备金额 – 除税甲供材料（设备）费] × 税率。

（表 -04-1）

分部分项工程和单价措施项目清单与计价表

工程名称：成都 ××× 科技公司综合楼 / 综合楼（建筑与装饰工程）　　标段：　　　　第 1 页　共 67 页

序号	项目编码	项目名称	项目特征描述	计量单位	工程量	金额（元）				
						综合单价	合价	其中		
								定额人工费	定额机械费	暂估价
			0101　土石方工程							
1	010101002001	挖一般土方	1. 土石方及软弱淤质土方综合考虑。 2. 人工或机械开挖综合考虑。各部位开挖边线的测定，工程控制点的引测、定点、抄测标高及开挖深度的控制综合考虑在报价中。 3. 土石方场内外运距及堆场：投标人综合考虑报价，并须满足城市建筑碴土清运管理规定及要求，投标人自行考虑按土类分别堆放。 4. 人力运输、机械运输及弃土运距、投标人自行考虑，土石方外运处置价格补贴参照《关于我市城区土（石）方外运处置价格补贴执行标准的说明》（成建价〔2013〕06 号）、《关于我市城区建设工程土（石）方外运处置实行价格补贴的指导意见》（成建价〔2013〕04 号）及现行最新政府文件规定投标人自行考虑在综合单价中，结算时不做任何调整，过程中不单独签证	m^3	6 005.13	24.27	145 744.51	40 474.58	77 466.18	
			本页小计				145 744.51	40 474.58	77 466.18	

（表 -08）

分部分项工程和单价措施项目清单与计价表

工程名称：成都 ××× 科技公司综合楼 / 综合楼（建筑与装饰工程）　　标段：　　　　第 2 页　共 67 页

序号	项目编码	项目名称	项目特征描述	计量单位	工程量	金额（元）				
						综合单价	合价	其中		
								定额人工费	定额机械费	暂估价
2	010101004001	挖基坑土方	1. 土石方及软弱淤质土方综合考虑。 2. 人工或机械开挖综合考虑。各部位开挖边线的测定，工程控制点的引测、定点、抄测标高及开挖深度的控制综合考虑在报价中。 3. 土石方场内外运距及堆场：投标人综合考虑报价，并须满足城市建筑碴土清运管理规定及要求，投标人自行考虑按土类分别堆放。 4. 人力运输、机械运输及弃土运距、投标人自行考虑，土石方外运处置价格补贴参照《关于我市城区土（石）方外运处置价格补贴执行标准的说明》（成建价〔2013〕06 号）、《关于我市城区建设工程土（石）方外运处置实行价格补贴的指导意见》（成建价〔2013〕04 号）及现行最新政府文件规定投标人自行考虑在综合单价中，结算时不做任何调整，过程中不单独签证	m^3	152.37	32.30	4 906.31	1 831.49	2 122.51	
本页小计							4 906.31	1 831.49	2 122.51	

（表 -08）

分部分项工程和单价措施项目清单与计价表

工程名称：成都 ××× 科技公司综合楼 / 综合楼（建筑与装饰工程）　标段：　第 3 页　共 67 页

序号	项目编码	项目名称	项目特征描述	计量单位	工程量	金额（元）				
						综合单价	合价	其中		
								定额人工费	定额机械费	暂估价
3	010101003001	挖沟槽土方	1. 土石方及软弱淤质土方综合考虑。 2. 人工或机械开挖综合考虑。各部位开挖边线的测定，工程控制点的引测、定点、抄测标高及开挖深度的控制综合考虑在报价中。 3. 土石方场内外运距及堆场：投标人综合考虑报价，并须满足城市建筑碴土清运管理规定及要求，投标人自行考虑按土类分别堆放。 4. 人力运输、机械运输及弃土运距、投标人自行考虑，土石方外运处置价格补贴参照《关于我市城区土（石）方外运处置价格补贴执行标准的说明》（成建价〔2013〕06 号）、《关于我市城区建设工程土（石）方外运处置实行价格补贴的指导意见》（成建价〔2013〕04 号）及现行最新政府文件规定投标人自行考虑在综合单价中，结算时不做任何调整，过程中不单独签证	m^3	41.14	32.20	1 324.71	494.50	573.08	
本页小计							1 324.71	494.50	573.08	

（表 -08）

分部分项工程和单价措施项目清单与计价表

工程名称：成都 ××× 科技公司综合楼 / 综合楼（建筑与装饰工程）　标段：　　第 4 页　共 67 页

序号	项目编码	项目名称	项目特征描述	计量单位	工程量	金额（元）				
						综合单价	合价	其中		
								定额人工费	定额机械费	暂估价
4	010103001001	回填方	1. 土质要求：合格土壤，符合相关工程的质量规范要求，投标人应根据设计图纸，投标施工组织设计，现场实际情况和企业自身情况不论采用人工回填、机械回填、原土回填或买土回填投标人综合考虑报价。 2. 密实度要求：满足图纸及规范要求，夯填。 3. 运距及运输方式：投标人自行考虑。 4. 大开挖、基槽、基坑、房心回填等所有需回填部位均综合考虑，过程中不单独签证，结算时不予调整。 5. 人力运输、机械运输投标人自行考虑，运输过程相关要求需符合现行最新政府文件规定。上述要求投标人自行考虑在综合单价中，结算时不做任何调整，过程中不单独签证	m^3	1 797.31	22.92	41 194.35	2 857.72	7 944.11	
分部小计							193 169.88	45 658.29	88 105.88	
0102 地基处理与边坡支护工程										
本页小计							41 194.35	2 857.72	7 944.11	

（表 -08）

分部分项工程和单价措施项目清单与计价表

工程名称：成都 ××× 科技公司综合楼 / 综合楼（建筑与装饰工程）　　标段：　　第 5 页　共 67 页

序号	项目编码	项目名称	项目特征描述	计量单位	工程量	金额（元）				
						综合单价	合价	其中		
								定额人工费	定额机械费	暂估价
5	010201017001	碎石滤水层地下室顶板　防3	1. 150mm 厚碎石滤水层。 2. 上覆盖土工布（型号规范满足甲方要求）。 3. 其他应满足设计及规范要求	m^2	192	45.64	8 762.88	1 937.28	53.76	
			分部小计				8 762.88	1 937.28	53.76	
			0104　砌筑工程							
6	010401003001	耐火砖墙	1. 砖品种、规格、强度等级：耐火砖。 2. 墙体厚度：综合。 3. 砂浆强度等级：M5 干混砌筑砂浆。 4. 砖的规格由投标单位自行考虑，综合在投标报价内。 5. 其他：详设计并符合相关规范要求，墙身防潮层综合考虑在报价中	m^3	5.86	662.99	3 885.12	939.77	1.88	
7	010401003002	实心砖墙	1. 砖品种、规格、强度等级：MU10 页岩实心砖。 2. 墙体厚度：综合。 3. 砂浆强度等级：M5 干混砌筑砂浆。 4. 砖的规格由投标单位自行考虑，综合在投标报价内。 5. 其他：详设计并符合相关规范要求，墙身防潮层综合考虑在报价中	m^3	62.72	769.98	48 293.15	12 572.85	20.07	
			本页小计				60 941.15	15 449.90	75.71	

（表 -08）

分部分项工程和单价措施项目清单与计价表

工程名称：成都 ××× 科技公司综合楼 / 综合楼（建筑与装饰工程）　标段：　第 6 页　共 67 页

序号	项目编码	项目名称	项目特征描述	计量单位	工程量	金额（元）				
						综合单价	合价	其中		
								定额人工费	定额机械费	暂估价
8	010401004001	多孔砖墙	1．砖品种、规格、强度等级：MU10 页岩多孔砖。 2．墙体厚度：综合。 3．砂浆强度等级：M5 干混砌筑砂浆。 4．砖的规格由投标单位自行考虑，综合在投标报价内。 5．实心砖配砖用量不单独计取，综合在投标报价内。 6．其他：详设计并符合相关规范要求	m^3	282.59	622.83	176 005.53	54 689.64	67.82	
9	010401005001	空心砖墙	1．砖品种、规格、强度等级：页岩空心砖。 2．墙体厚度：综合。 3．砂浆强度等级：M5 干混砌筑砂浆。 4．砖的规格由投标单位自行考虑，综合在投标报价内。 5．实心砖配砖用量不单独计取，综合在投标报价内。 6．其他：详设计并符合相关规范要求	m^3	425.43	611.14	259 997.29	83 371.52	59.56	
10	010401012001	零星砌砖	1．部位：台阶挡墙、排水沟、砖砌踏步、强弱电井门槛等。 2．砖品种：页岩实心砖。 3．砂浆强度等级：干混砌筑砂浆 M5	m^3	0.252	803.09	202.38	53.59	0.07	
本页小计							436 205.20	138 114.75	127.45	

（表 -08）

分部分项工程和单价措施项目清单与计价表

工程名称：成都 ××× 科技公司综合楼 / 综合楼（建筑与装饰工程）　　标段：　　第 57 页　共 67 页

序号	项目编码	项目名称	项目特征描述	计量单位	工程量	金额（元）				
						综合单价	合价	其中		
								定额人工费	定额机械费	暂估价
126	011701001001	综合脚手架	1. 脚手架支架材料：钢管、竹、木支架综合。 2. 本项目投标人应根据施工经验，并考虑外脚手架、满堂脚手架、里脚手架现场实际情况和企业自身情况综合报价，不论采用何种支架方式均执行该综合报价	m^2	4 373.67	18.14	79 338.37	44 961.33	1 836.94	
		分部小计					79 338.37	44 961.33	1 836.94	
		混凝土模板及支架（撑）								
127	011702001001	基础垫层	1. 支模高度：综合。 2. 模板类型：木模、组合钢模板、复合模板综合考虑。 3. 支架材料：钢管、竹、木支架综合。 4. 本项目投标人应根据设计图纸、投标施工组织设计、现场实际情况和企业自身情况综合报价，不论采用何种支模方式均执行该综合单价。 5. 构件类型：垫层、室外台阶垫层、排水沟垫层等设计须设模板部位	m^2	49.46	35.18	1 740.00	790.37	10.88	
		本页小计					81 078.37	45 751.70	1 847.82	

（表 -08）

分部分项工程和单价措施项目清单与计价表

工程名称：成都 ××× 科技公司综合楼 / 综合楼（建筑与装饰工程）　　标段：　　第 60 页　共 67 页

序号	项目编码	项目名称	项目特征描述	计量单位	工程量	金额（元）				
						综合单价	合价	其中		
								定额人工费	定额机械费	暂估价
130	011702003001	构造柱	1．支模高度：综合，模板超高综合考虑在报价中。 2．模板类型：木模、组合钢模板、复合模板综合。 3．支架材料：钢管、竹、木支架综合。 4．本项目投标人应根据设计图纸、投标施工组织设计、现场实际情况和企业自身情况综合报价，不论采用何种支模方式均执行该综合单价。 5．模板超高费用投标人在综合单价中综合考虑，结算时不予调整	m^2	1 362.99	53.49	72 906.34	33 284.22	722.38	
131	011702008001	圈梁	1．支模高度：综合，模板超高综合考虑在报价中。 2．模板类型：木模、组合钢模板、复合模板综合。 3．支架材料：钢管、竹、木支架综合。 4．本项目投标人应根据设计图纸、投标施工组织设计、现场实际情况和企业自身情况综合报价，不论采用何种支模方式均执行该综合单价。 5．构件类型：圈梁、砌体现浇带、挡水墙带等	m^2	59.72	55.82	3 333.57	1 702.02	31.05	
本页小计							76 239.91	34 986.24	753.43	

（表 -08）

总价措施项目清单与计价表

工程名称：成都 ××× 科技公司综合楼 / 综合楼（建筑与装饰工程）　　标段：　　第 1 页　共 1 页

序号	项目编码	项目名称	计算基础 定额 （人工费 + 机械费）	费率（%）	金额（元）	调整费率（%）	调整后金额（元）	备注
1	011707001001	安全文明施工费			442 942.52			
1.1	①	环境保护费	分部分项工程及单价措施项目（定额人工费 + 定额机械费）	1.1	24 859.02			
1.2	②	文明施工费	分部分项工程及单价措施项目（定额人工费 + 定额机械费）	4.6	103 955.90			
1.3	③	安全施工费	分部分项工程及单价措施项目（定额人工费 + 定额机械费）	7.9	178 532.95			
1.4	④	临时设施费	分部分项工程及单价措施项目（定额人工费 + 定额机械费）	6	135 594.65			
2	011707002001	夜间施工增加费			10 847.57			
3	011707003001	非夜间施工照明			8 000.00			
4	011707004001	二次搬运费			5 197.79			
5	011707005001	冬雨季施工增加费			8 135.68			
6	011707006001	地上、地下设施，建筑物的临时保护设施						

续表

序号	项目编码	项目名称	计算基础	费率（%）	金额（元）	调整费率（%）	调整后金额（元）	备注
			定额（人工费＋机械费）					
7	011707007001	已完工程及设备保护费						
8	011707008001	工程定位复测费			2 033.92			
9	011706002001	排水、降水						
合　计					477 157.48			

注：按施工方案计算的措施费，若无“计算基础”和“费率”的数值，也可只填“金额”数值，但应在备注栏说明施工方案出处或计算方法。用于投标报价时，“调整费率”及“调整后的金额”无须填写。

（表 -11）

其他项目清单与计价汇总表

工程名称：成都 ××× 科技公司综合楼 / 综合楼（建筑与装饰工程）　标段：　第 1 页　共 1 页

序号	项目名称	金额（元）	结算金额（元）	备注
1	其他项目清单			
2	暂列金额	760 839.21		明细详见表 -12-1
3	暂估价	850 000.00		
3.1	材料（工程设备）暂估价	—		明细详见表 -12-2
3.2	专业工程暂估价	850 000.00		明细详见表 -12-3
4	计日工	13 322.95		明细详见表 -12-4
5	总承包服务费			明细详见表 -12-5
合　计		1 624 162.16	—	—

注：材料（工程设备）暂估单价进入清单项目综合单价，此处不汇总。

（表 -12）

暂列金额明细表

工程名称：成都 ××× 科技公司综合楼 / 综合楼（建筑与装饰工程）　标段：　第 1 页　共 1 页

序号	项目名称	计量单位	暂定金额（元）	备注
1	暂列金额	项	760 839.21	
合　计			760 839.21	—

注：本表由招标人填写，如不能详列，也可只列暂定金额总额，投标人应将上述暂列金额计入投标总价中。

（表 -12-1）

材料（工程设备）暂估单价及调整表

工程名称：成都 ××× 科技公司综合楼 / 综合楼（建筑与装饰工程）　标段：　第 1 页　共 1 页

序号	材料（工程设备）名称、规格、型号	计量单位	数量		暂估（元）		确认（元）		差额 ±（元）		备注
			暂估	确认	单价	合价	单价	合价	单价	合价	
1	成品卫生间门 M0821	m^2	228.238		300.00	68 471.40					
2	成品活动用房、管理用房门 M1521	m^2	6.114		380.00	2 323.32					
3	成品宿舍门 M1021	m^2	144.687		330.00	47 746.71					
4	成品宿舍门 TM1527	m^2	275.108		500.00	137 554.00					
合　计						256 095.43					

注：本表由招标人填写“暂估单价”，并在备注栏说明暂估价的材料、工程设备拟用在哪些清单项目上，投标人应将上述材料、工程设备暂估单价计入工程量清单综合单价报价中。工程结算时，依据承发包双方确认价调整差额。

（表 -12-2）

专业工程暂估价及结算价表

工程名称：成都 ××× 科技公司综合楼 / 综合楼（建筑与装饰工程）　标段：　第 1 页　共 1 页

序号	工程名称	工程内容	暂估金额（元）	结算金额（元）	差额 ±（元）	备注
2.2.1	CFG 桩		300 000.00			
2.2.2	基坑护壁		350 000.00			
2.2.3	基坑降水		200 000.00			
合　计			850 000.00	—	—	—

注：本表“暂估金额”由招标人填写，投标人应将“暂估金额”计入投标总价中。结算时按合同约定结算金额填写。

（表 -12-3）

计 日 工 表

工程名称：成都 ××× 科技公司综合楼 / 综合楼（建筑与装饰工程）　　标段：　　第 1 页　共 1 页

编号	项目名称	单位	暂定数量	实际数量	综合单价（元）	合价（元）	
						暂定	实际
一	人工						
1	房屋建筑、仿古建筑、市政、园林绿化、抹灰工程、构筑物、爆破、城市轨道交通、既有及小区改造房屋建筑维修与加固、城市地下综合管廊、绿色建筑、装配式房屋建筑、城市道路桥梁养护维修、排水管网非开挖修复工程普工	工日	20		183.54	3 670.80	
2	装饰（抹灰工程除外）、通用安装工程普工	工日	15		210.54	3 158.10	
3	房屋建筑、仿古建筑、市政、园林绿化、抹灰工程、构筑物、爆破、城市轨道交通、既有及小区改造房屋建筑维修与加固、城市地下综合管廊、绿色建筑、装配式房屋建筑、城市道路桥梁养护维修、排水管网非开挖修复工程技工	工日	10		245.06	2 450.60	
4	装饰（抹灰工程除外）、通用安装工程技工	工日	10		264.06	2 640.60	
5	高级技工	工日	5		280.57	1 402.85	
人工小计						13 322.95	
二	材料						
材料小计							
三	施工机械						
施工机械小计							
四、企业管理费和利润							
总　计						13 322.95	

注：1. 本表项目名称、暂定数量由招标人填写，编制招标控制价时，单价由招标人按有关计价规定确定；投标时，单价由投标人自主报价，按暂定数量计算合价计入投标总价中。结算时，按发承包双方确认的实际数量计算合价。若采用一般计税法，材料单价、施工机械台班单价应不含税。

2. 本表综合单价中包括管理费、利润、安全文明施工费等。

（表 -12-4）

承包人提供主要材料和工程设备一览表
（适用造价信息差额调整法）

工程名称：成都 ××× 科技公司综合楼 / 综合楼（建筑与装饰工程）　标段：　第 1 页　共 3 页

序号	名称、规格、型号	单位	数量	风险系数（%）	基准单价（元）	投标单价（元）	发承包人确认单价（元）	备注
1	白水泥	kg	1 981.76		0.615			
2	标准砖	千匹	43.544		587.76			
3	柴油（机械）	kg	1.877		6.74			
4	汽油（机械）	kg	0.808		8.34			
5	商品混凝土 C25	m^3	147.926		449.57			
6	水泥 32.5	kg	47 016.916		0.358			
7	摊销卡具和支撑钢材	kg	36.554		5.201			
8	商品混凝土 C15	m^3	117.628		430.14			
9	锯材 综合	m^3	3.837		2 035.50			
10	二等锯材	m^3	75.034		1 947.00			
11	摊销卡具和支撑钢材	kg	5 667.473		5.05			
12	砾石 5~10mm	m^3	0.131		184.58			
13	商品混凝土 C20	m^3	78.447		439.87			
14	聚合物水泥（JS）防水涂料 Ⅱ型	kg	7 219.45		16.15			
15	细砂	m^3	2.592		189.44			
16	商品混凝土 C30	m^3	754.872		459.30			
17	烧结空心砖	m^3	394.374		276.88			
18	土工布	m^2	214.118		2.32			
19	普通土	m^3	1 854.814		15.00			

注：1. 本表由招标人填写除“投标单价”栏的内容，投标人在投标时自主确定投标单价。
2. 招标人应优先采用工程造价管理机构发布的单价作为基准单价，未发布的，通过市场调查确定其基准单价。

（表 -20）

参 考 文 献

[1] 中华人民共和国住房和城乡建设部. 建设工程工程量清单计价规范: GB 50500-2013 [S]. 北京: 中国计划出版社, 2013, 7.

[2] 中华人民共和国住房和城乡建设部. 建筑工程建筑面积计算规范: GB/T 50353-2013 [S]. 北京: 中国计划出版社, 2014, 7.

[3] 中华人民共和国住房和城乡建设部. 房屋建筑与装饰工程工程量计算规范: GB 50854-2013 [S]. 北京: 中国计划出版社, 2013, 7.

[4] 中华人民共和国住房和城乡建设部. 市政工程工程量计算规范: GB 50857-2013 [S]. 北京: 中国计划出版社, 2013, 7.

[5] 中华人民共和国住房和城乡建设部. 园林绿化工程工程量计算规范: GB 50858-2013 [S]. 北京: 中国计划出版社, 2013, 7.

[6] 中华人民共和国住房和城乡建设部. 房屋建筑制图统一标准: GB/T 50001-2017 [S]. 北京: 中国建筑工业出版社, 2018, 5.

[7] 全国造价工程师职业资格考试培训教材编审委员会. 建设工程技术与计量 (土木建筑工程) [M]. 北京: 中国计划出版社, 2021, 6.

[8] 全国造价工程师职业资格考试培训教材编审委员会. 建设工程计价 [M]. 北京: 中国计划出版社, 2021, 6.

[9] 四川省工程造价人员资格考试培训教材编写委员会. 工程造价技术 [M]. 成都: 四川科学技术出版社, 2002.

[10] 陶学明. 工程造价计价与管理 [M]. 北京: 中国建筑工业出版社, 2004.

[11] 陶学明, 熊伟. 建设工程计价基础与定额原理 [M]. 北京: 机械工业出版社, 2016.